Silvia Arabella Hinz

Ganzheitliches Wertschöpfungsmodell der Waldflurbereinigung

Silvia Arabella Hinz

Ganzheitliches Wertschöpfungsmodell der Waldflurbereinigung

Südwestdeutscher Verlag für Hochschulschriften

Impressum / Imprint

Bibliografische Information der Deutschen Nationalbibliothek: Die Deutsche Nationalbibliothek verzeichnet diese Publikation in der Deutschen Nationalbibliografie; detaillierte bibliografische Daten sind im Internet über http://dnb.d-nb.de abrufbar.

Alle in diesem Buch genannten Marken und Produktnamen unterliegen warenzeichen-, marken- oder patentrechtlichem Schutz bzw. sind Warenzeichen oder eingetragene Warenzeichen der jeweiligen Inhaber. Die Wiedergabe von Marken, Produktnamen, Gebrauchsnamen, Handelsnamen, Warenbezeichnungen u.s.w. in diesem Werk berechtigt auch ohne besondere Kennzeichnung nicht zu der Annahme, dass solche Namen im Sinne der Warenzeichen- und Markenschutzgesetzgebung als frei zu betrachten wären und daher von jedermann benutzt werden dürften.

Bibliographic information published by the Deutsche Nationalbibliothek: The Deutsche Nationalbibliothek lists this publication in the Deutsche Nationalbibliografie; detailed bibliographic data are available in the Internet at http://dnb.d-nb.de.

Any brand names and product names mentioned in this book are subject to trademark, brand or patent protection and are trademarks or registered trademarks of their respective holders. The use of brand names, product names, common names, trade names, product descriptions etc. even without a particular marking in this works is in no way to be construed to mean that such names may be regarded as unrestricted in respect of trademark and brand protection legislation and could thus be used by anyone.

Coverbild / Cover image: www.ingimage.com

Verlag / Publisher:
Südwestdeutscher Verlag für Hochschulschriften
ist ein Imprint der / is a trademark of
OmniScriptum GmbH & Co. KG
Heinrich-Böcking-Str. 6-8, 66121 Saarbrücken, Deutschland / Germany
Email: info@svh-verlag.de

Herstellung: siehe letzte Seite /
Printed at: see last page
ISBN: 978-3-8381-3272-3

Zugl. / Approved by: München, Universität der Bundeswehr, Diss, 2012

Copyright © 2013 OmniScriptum GmbH & Co. KG
Alle Rechte vorbehalten. / All rights reserved. Saarbrücken 2013

Danksagung

Es haben mich bei der Erstellung dieser Arbeit zahlreiche Personen unterstützt, denen ich an dieser Stelle herzlich danke.

In zeitintensiven Gesprächen erhielt ich fachliche Beratung und Hintergrundwissen zur Flurbereinigung auf Waldgrundstücken. Dafür danke ich Axel Lorig, Hubertus Mauerhof, Luz Berendt, Gustav Oberholzer, Martin Schumann, Maximilian Geierhos und Wolfgang Ewald.

Durch Waldbegehungen in laufenden und abgeschlossenen Waldflurbereinigungsgebieten sowie in Waldbereichen, die einer Bodenordnung bedürften, konnte ich mir vor Ort ein erstes Bild machen. Für die lehrreichen Führungen und zur Verfügung gestelltes Material danke ich dem DLR Eifel und dem DLR Westerwald-Osteifel, insbesondere Karl-Josef Ahle, Michael Vicktorius und Günter Hack sowie Jürgen Lehnigk-Emden, Sebastian Turck, Norbert Löhr, Gerd Koll und Heike Jacoby

Das DLR Eifel unterstütze mich mit zahlreichen Informationen und Details zu den durchgeführten Waldflurbereinigungsverfahren, stellte die Daten für die Kosten- und Wirkungsanalyse bereit und beantwortete geduldig alle meine Fragen in vielen Telefonaten. Dafür gilt besonders herzlicher Dank an Michael Vicktorius und Günter Hack.

In einem Experteninterview konnte ich wichtige Informationen und Details zur Praxis der Waldflurbereinigung sammeln. Ich danke dafür Bernd Schiffarth, Winand Schmitz, Dieter Reiher, Erhard Günter und Anton Harst und dem DLR Westerwald-Osteifel für die Abschrift des aufgezeichneten Interviews.

Bei der Teilnehmerbefragung wurde ich tatkräftig von Bernd Schiffarth und Wolfgang Witzel unterstützt und außerdem erhielt ich von ihnen und Martin Fleck eine Einschätzung der Situation aus ihre Sicht. Vielen Dank!

Für die ausführliche Beantwortung der schriftlichen Befragung der Flurbereinigungsverwaltungen und die freundlichen Telefongespräche für weitere Auskünfte danke ich Luz Berendt (Baden-Württemberg), Wolfgang Ewald (Bayern), Tobias Wienand (Brandenburg), Karl-Heinrich Franz (Hessen), Wilfried Reiners (Mecklenburg-Vorpommern), Stefan Gruber (Niedersachsen), Martina Hunke-Klein (Nordrhein-Westfalen), Axel Lorig (Rheinland-Pfalz), Eberhard Ritsch (Saarland), Thomas Ebert-Hatzfeld (Sachsen), Hubert Bertling, Henner Springemann (Sachsen-Anhalt), Detlev Brodtmann (Schleswig-Holstein) und Karl-Martin Prell (Thüringen).

Ich danke Harald Durben und Margarethe Theisen für die persönliche Einführung in die vermessungstechnische Bearbeitung von Waldflurbereinigungsverfahren. Für fachbezogene Auskünfte bin ich Sebastian Sommer und Heinrich Peck dankbar.

Für die anregenden Gespräche und den Einblick in weitere Forschungsbereiche zur Waldflurbereinigung danke ich Michael Suda, Anika Gaggermeier und Marc Koch sowie Martin Redmann, Norbert Riel und Edgar Henkes.

Mein besonderer Dank gilt den Mitgliedern der Sonderarbeitsgruppe Leistungsvergleich der Bund-Länder-Arbeitsgemeinschaft Nachhaltige Landentwicklung (ARGE Landentwicklung) für die fruchtbringenden Diskussionen und der Unterstützung bei der Erarbeitung der Wertschöpfungsmodellvariationen.

Besonders herzlich bedanke ich mich bei meinem Mann, der mir immer eine hilfreiche und sorgende Stütze war.

Inhaltsverzeichnis

Inhaltsverzeichnis	I
Tabellenverzeichnis	X
Abbildungsverzeichnis	XII
Abkürzungsverzeichnis	XVI
1 Einleitung	17
1.1 Problemstellung	17
1.2 Forschungsansätze zur Waldflurbereinigung	18
1.3 Aktueller Forschungsbedarf zur Wertschöpfung über Waldflurbereinigung	23
1.4 Zielsetzung und Vorgehensweise	25
2 Die Forstwirtschaftliche Situation in Deutschland und in den Bundesländern	28
2.1 Zusammenfassende Darstellung der Situation in Deutschland	29
2.1.1 Verteilung der Waldflächen	29
2.1.2 Waldflächenanteil an den Landesflächen	30
2.1.3 Die natürlichen Waldgesellschaften	31
2.1.3.1 Buchenwaldstandorte	31
2.1.3.2 Eichenwaldstandorte	32
2.1.3.3 Nadelwaldstandorte	33
2.1.3.4 Standorte wassergeprägter und sonstiger Waldgesellschaften	33
2.1.4 Vorherrschende Bestockungstypen	33
2.1.5 Waldrandlänge	35
2.1.6 Waldbesitzverteilung in Deutschland	35
2.1.7 Bewirtschaftungseinheiten des Waldbesitzes	36
2.1.8 Holzvorräte der Eigentumsarten	37
2.1.9 Nutzungsintensität in den Waldeigentumsformen	39
2.2 Forstwirtschaftliche Situation in ausgewählten Bundesländern	39
2.2.1 Forstwirtschaftliche Situation in Bayern	39
2.2.1.1 Wald- und Baumartenverteilung	39
2.2.1.2 Waldeigentumstruktur	40
2.2.1.3 Forstliche Strukturprobleme des Privatwaldes	41
2.2.2 Forstwirtschaftliche Situation in Baden-Württemberg	43

2.2.2.1	Wald- und Baumartenverteilung	43
2.2.2.2	Waldeigentumstruktur	44
2.2.2.3	Forstliche Strukturprobleme des Privatwaldes	44
2.2.3	Forstwirtschaftliche Situation in Niedersachsen	45
2.2.3.1	Wald- und Baumartenverteilung	45
2.2.3.2	Waldeigentumstruktur	46
2.2.3.3	Forstliche Strukturprobleme des Privatwaldes	48
2.2.4	Forstwirtschaftliche Situation in Nordrhein-Westfalen	49
2.2.4.1	Wald- und Baumartenverteilung	49
2.2.4.2	Waldeigentumstruktur	50
2.2.4.3	Forstliche Strukturprobleme des Privatwaldes	50
2.2.5	Forstwirtschaftliche Situation in Rheinland-Pfalz	51
2.2.5.1	Wald- und Baumartenverteilung	51
2.2.5.2	Waldeigentumstruktur	52
2.2.5.3	Forstliche Strukturprobleme des Privatwaldes	53
2.2.6	Überblick Eigentums- und Waldstruktur in allen Bundesländern	54
2.3	Waldflurbereinigungen zur Behebung der Strukturmängel	58
2.3.1	Flurbereinigungsbedürftigkeit von Waldflächen	59
2.3.2	Sondervorschriften der Waldflurbereinigung	60
2.4	Waldflurbereinigung in den Bundesländern	62
2.4.1	Baden-Württemberg	63
2.4.2	Bayern	64
2.4.3	Brandenburg	64
2.4.4	Hessen	65
2.4.5	Mecklenburg-Vorpommern	65
2.4.6	Niedersachsen	66
2.4.7	Nordrhein-Westfalen	66
2.4.8	Rheinland-Pfalz	67
2.4.9	Saarland	67
2.4.10	Sachsen	68
2.4.11	Sachsen-Anhalt	69

2.4.12	Schleswig-Holstein	70
2.4.13	Thüringen	70
2.4.14	Schlussfolgerungen	71
3	**Die Leistung der Waldflurbereinigung**	**72**
3.1	Forstlicher Wegebau als Grundlage einer nachhaltigen Forstwirtschaft	75
3.1.1	Senkung der Rückekosten durch die optimale Wegedichte	76
3.1.2	Reduzierung der Anfahrtszeiten	80
3.1.3	Grundlage für die Verbesserung des Waldzustandes	81
3.1.4	Minimierung der Bodenverdichtung	82
3.1.5	Regulierung des Wasserregimes	84
3.1.6	Vorbeugung von Waldbrand und Kalamitäten	85
3.1.7	Schaffung von Holzlagerplätzen	86
3.1.8	Verbesserung der Arbeitssicherheit, Reduzierung der Unfallhäufigkeit	88
3.1.9	Verkehrsunfallprävention durch Wegeverlegung - Äußere Erschließung	89
3.1.10	Steigerung der Attraktivität des Waldes für Erholungssuchende	91
3.2	Arrondierung zur betriebswirtschaftlichen und rechtlichen Verbesserung	93
3.2.1	Verbesserung der Grundstücksstruktur	94
3.2.2	Bildung größerer Holzlose	100
3.2.3	Reduzierung der Umzäunungskosten	100
3.2.4	Reduzierung der Grundstücksrandeffekte	101
3.2.5	Verbesserung der Auffindbarkeit und des Liegenschaftskatasters	102
3.2.6	Reduzierung des Verwaltungsaufwands bei Führung des Grundbuchs	105
3.2.7	Sicherung der Holzbodenwerte	105
3.2.8	Auflösung von Erbengemeinschaften	105
3.2.9	Verbesserung der Beratung und Betreuung	107
3.2.10	Anregung des Grundstücksmarkts	107
3.3	Motivation der Eigentümer, Maßnahmen der Landentwicklung	108
3.3.1	Steigerung der Holznutzung	109
3.3.2	Sicherung und Schaffung ortsgebundener Arbeitsplätze	109
3.3.3	Sicherung inländischer Rohstoffversorgung	111
3.3.4	Anlage von Erholungseinrichtungen	111

	3.3.5	Waldrandaufbau für Artenvielfalt und Bestandsschutz 112
	3.3.6	Entwicklung von Biotopverbund 113
	3.3.7	Sicherung ökologisch bedeutsamer Gebiete 114
	3.3.8	Lenkung der Aufforstung 117
	3.3.9	Offenhaltung der Kulturlandschaft... 118
	3.3.10	Sicherung von Kulturdenkmälern 119
	3.3.11	Beitrag zum Klimaschutz 121
	3.3.12	Entwicklung der Energieversorgung 122
3.4	Fazit	 122
4	**Wertschöpfung durch Waldflurbereinigung**	**124**
4.1	Ermittlung von Nutzwerten und Wirkungen in Flurbereinigungsverfahren .. 124
4.2	Wirkungen, Nutzen u. Kosten der Waldflurbereinigung U-O-R 127
	4.2.1	Ergebnisse des Flurbereinigungsverfahrens U-O-R 127
	4.2.2	Ergebnisse des Teilgebiets Oberalpfen 131
	4.2.3	Kosten-Nutzen-Analyse des Teilgebiets Oberalpfen 132
	4.2.3.1	Wahl des Zinsfußes 132
	4.2.3.2	Berechnung der Kosten 132
	4.2.3.3	Berechnung des Nutzens für den Waldeigentümer 133
	4.2.3.3.1	Steigerung des Rohholzertrages 134
	4.2.3.3.2	Bildung marktgerechter Holzpreise 135
	4.2.3.3.3	Reduzierung der Rückekosten 135
	4.2.3.3.4	Verkürzung der Anfahrtszeiten 136
	4.2.3.3.5	Sicherung der Grenzverhältnisse 136
	4.2.3.4	Nutzen für die Forstwirtschaft 137
	4.2.3.5	Nutzen für die Volkswirtschaft 137
	4.2.4	Ergebnis der Kosten-Nutzen-Analyse des Teilgebiets Oberalpfen 138
	4.2.4.1	Monetär nicht berücksichtigte Wirkungen für Waldeigentümer 139
	4.2.4.2	Monetär nicht berücksichtigte Wirkungen für die Forstverwaltung. 139
	4.2.4.3	Monetär nicht berücksichtigte Wirkungen für die Volkswirtschaft .. 139
	4.2.4.4	Monetär nicht berücksichtigte Wirkungen für Regionalentwicklung 140
	4.2.5	Bewertung der Ergebnisse durch Klare (2006) 140

- 4.2.6 Bewertung der Ergebnisse durch Oberholzer (1997) 141
- 4.3 Vorgehensweise der Wertschöpfungsanalyse nach BMS Consulting 143
- 4.4 Anwendung der Wertschöpfungsanalyse 145
  - 4.4.1 Auswertung der Waldflurbereinigung Hinterhausen-Büdesheim 146
    - 4.4.1.1 Berechnung der Verfahrenskosten 147
    - 4.4.1.2 Berechnung der Ausführungskosten 147
    - 4.4.1.3 Berechnung der Wirkungen - Nutzen für den Waldeigentümer 148
      - 4.4.1.3.1 Jährlicher Bewirtschaftungsvorteil der Forstwirtschaft 148
      - 4.4.1.3.2 Einmalige Erhöhung des Bodenwertes: 149
      - 4.4.1.3.3 Jährl. Bewirtschaftungsvorteile durch Wegenetzverbesserung. 149
      - 4.4.1.3.4 Gebühreneinsparungen bei Grundstückstransaktionen 150
    - 4.4.1.4 Berechnung der Wirkungen - Nutzen für die Allgemeinheit 150
      - 4.4.1.4.1 Vorteile durch Verbesserung des regionalen Wegenetzes 150
      - 4.4.1.4.2 Verbesserung der regionalen Rad- und Wanderwege 151
      - 4.4.1.4.3 Erschließungsfunktion des regionalen Wegenetzes 151
      - 4.4.1.4.4 Einkommens- Beschäftigungseffekt aus baulich. Investitionen 151
      - 4.4.1.4.5 Erhaltung der Kulturlandschaft und des Landschaftsbildes 152
      - 4.4.1.4.6 Einmalige Verbesserung des Liegenschaftskatasters.............. 153
    - 4.4.1.5 Nutzen für die öffentliche Verwaltung 154
      - 4.4.1.5.1 Verringerung Verwaltungskosten im Kataster- / Grundbuchamt 154
      - 4.4.1.5.2 Kostenersparnisse bei der Unterhaltung des Waldwegenetzes 155
    - 4.4.1.6 Ergebnis der Kosten-Nutzen-Analyse 155
  - 4.4.2 Auswertung der Waldflurbereinigung Lissingen 156
    - 4.4.2.1 Berechnung der Verfahrenskosten 156
    - 4.4.2.2 Berechnung der Ausführungskosten 156
    - 4.4.2.3 Berechnung der Wirkungen 157
    - 4.4.2.4 Ergebnis der Kosten-Nutzen-Analyse 158
  - 4.4.3 Auswertung der Waldflurbereinigung Birresborn 158
    - 4.4.3.1 Berechnung der Verfahrenskosten 159
    - 4.4.3.2 Berechnung der Ausführungskosten 159
    - 4.4.3.3 Berechnung der Wirkungen 159

4.4.3.4	Ergebnis der Kosten-Nutzen-Analyse	160
4.4.4	Zusammenfassung der Berechnungen	161
4.5	Auswertung von Teilnehmerbefragungen von Waldflurbereinigungen	161
4.5.1	Auswertung Teilnehmerbefragung der Waldflurbereinigung Adenau	162
4.5.1.1	Kenndaten des Verfahrens Adenau-Herschbroich-Leimbach	162
4.5.1.2	Auswahl und Befragung der Teilnehmer	163
4.5.1.3	Einschätzung der Wirkung aus Sicht des Waldbauvereins	163
4.5.2	Auswertung Teilnehmerbefragung Waldflurbereinigung Birresborn	164
4.5.2.1	Kenndaten des Verfahrens Birresborn, Auswahl der Teilnehmer	164
4.5.2.2	Einschätzung der Wirkung aus Sicht des Forstamtsleiters	164
4.5.2.3	Einschätzung der Wirkung aus Sicht des Privatwaldbetreuers	165
4.5.3	Auswertung der Fragebögen	166
4.5.3.1	Bedeutung der verschiedenen Waldfunktionen für die Befragten	168
4.5.3.2	Änderung von Waldfunktionen nach der Waldflurbereinigung	169
4.5.3.3	Änderungen in der Bewirtschaftung nach der Waldflurbereinigung	170
4.5.3.4	Wichtigkeit der verschiedenen Maßnahmen des Verfahrens	170
4.5.3.5	Einschätzung der Wirkung des Verfahrens	172
4.5.3.6	Zunahme der Zeitinvestition nach der Flurbereinigung	172
4.5.3.7	Zunahme an Weiterbildungen / Bewirtschaftungskooperationen	173
4.5.4	Schlussfolgerung	174
4.6	Ergebnis des Experteninterviews mit Waldbetreuern	175
4.7	Vorschläge zur Berechnung der Wertschöpfungen	185
4.7.1	Steigerung der Holznutzung	186
4.7.2	Bildung größerer Holzlose	187
4.7.3	Senkung der Rückekosten	188
4.7.4	Reduzierung der Anfahrtszeiten	188
4.7.5	Reduzierung der Fußwegzeiten (Vorbeug. Waldbrand, Kalamitäten)	189
4.7.6	Verbesserung der Holzertragsqualität durch Zusammenlegung	189
4.7.7	Reduzierung der Grundstücksrandeffekte	191
4.7.8	Verbesserung des Waldzustandes durch Erstdurchforstung	192
4.7.9	Schaffung von Holzlagerplätzen	192

4.7.10	Reduzierung der Umzäunungskosten	193
4.7.11	Verbesserung der Auffindbarkeit und des Liegenschaftskatasters	193
4.7.12	Verringerung Verwaltungsaufwand bei Führung des Grundbuchs	195
4.7.13	Sicherung der Holzbodenwerte	196
4.7.14	Effizientere Beratung, Wissens- Motivationsgewinn durch Fortbildung	198
4.7.15	Auflösung von Erbengemeinschaften	199
4.7.16	Anregung des Grundstückmarkts	200
4.7.17	Steigerung der Attraktivität des Waldes für Erholungssuchende	201
4.7.18	Anlage von Erholungseinrichtungen	201
4.7.19	Offenhaltung und Aufwertung der regionalen Kulturlandschaft	203
4.7.20	Sicherung von Kulturdenkmälern	203
4.7.21	Beitrag zum Klimaschutz	207
4.7.22	Waldrandaufbau für Artenvielfalt und Bestandsschutz	208
4.7.23	Sicherung ökologisch wertvoller Gebiete	210
4.7.24	Entwicklung von Biotopverbund	211
4.7.25	Lenkung der Aufforstung	213
4.7.26	Minimierung der Bodenverdichtung	214
4.7.27	Regulierung des Wasserregimes	215
4.7.28	Sicherung und Schaffung ortsgebundener Arbeitsplätze	217
4.7.29	Sicherung inländischer Rohstoffversorgung	217
4.7.30	Entwicklung der Energieversorgung (Windenergie)	218
4.7.31	Verbesserung Arbeitssicherheit u. Reduzierung der Unfallhäufigkeit	219
4.7.32	Prävention von Verkehrsunfällen durch Wegeverlegung	220
4.8	Anwendung des neuen Wertschöpfungsmodells	222
4.8.1	Ganzheitliche Wertschöpfungsberechnung Hinterhausen-Büdesheim	224
4.8.2	Ganzheitliche Wertschöpfungsberechnung Verfahren Lissingen	226
4.8.3	Ganzheitliche Wertschöpfungsberechnung Verfahren Birresborn	228
4.8.4	Zusammenfassende Bewertung der Wertschöpfungsberechnungen	230
4.9	Gewichtung der Leistungen nach ihrer Bedeutung für die Wertschöpfung	231
4.9.1	Wirkungstreiber im sozialen Bereich	235
4.9.2	Wirkungstreiber im touristischen Bereich	235

4.9.3	Wirkungstreiber im ökonomischen Bereich	235
4.9.4	Wirkungstreiber im eigentumssichernden Bereich	236
4.9.5	Wirkungstreiber im naturschutzfachlichen Bereich	236

4.10 Variationen der Berechnungsansätze der 32 Wertschöpfungsbereiche der Waldflurbereinigung für die Anwendung in allen deutschen Bundesländern 236

4.10.1	Steigerung der Holznutzung	237
4.10.2	Bildung größerer Holzlose	237
4.10.3	Senkung der Rückekosten	237
4.10.4	Reduzierung der Anfahrtszeiten	238
4.10.5	Reduzierung der Fußwegzeiten	238
4.10.6	Mehr Waldbaumöglichkeiten durch Zusammenleg. (Bestandsqualität)	238
4.10.7	Reduzierung der Grundstücksrandeffekte	239
4.10.8	Verbesserung des Waldzustandes	239
4.10.9	Erhöhung der Transporteffizienz	239
4.10.10	Reduzierung der Umzäunungskosten	240
4.10.11	Verbesserung Auffindbarkeit und Liegenschaftskataster	240
4.10.12	Verringerung Verwaltungsaufwand bei der Grundbuchführung	241
4.10.13	Sicherung der Holzbodenwerte	241
4.10.14	Effizientere Beratung, Wissens- und Motivationsgewinn	241
4.10.15	Ermittlung von Erbengemeinschaften	241
4.10.16	Kostenersparnis bei Landabfindungsverzicht	242
4.10.17	Steigerung der Attraktivität des Waldes für Erholungssuchende	242
4.10.18	Anlage von Erholungseinrichtungen	243
4.10.19	Offenhaltung und Aufwertung der regionalen Kulturlandschaft	243
4.10.20	Sicherung von Kulturdenkmälern	243
4.10.21	Beitrag zum Klimaschutz	244
4.10.22	Waldrandaufbau für Artenvielfalt und Bestandesschutz	244
4.10.23	Sicherung ökologisch wertvoller Gebiete	245
4.10.24	Entwicklung von Biotopverbund	245
4.10.25	Lenkung der Aufforstung	246
4.10.26	Minimierung der Bodenverdichtung	246

	4.10.27	Regulierung des Wasserregimes	246
	4.10.28	Sicherung, Schaffung ortsgebundener Arbeitsplätze (Wegebau)	247
	4.10.29	Sicherung inländischer Rohstoffversorgung	247
	4.10.30	Entwicklung der Energieversorgung durch Windenergie	248
	4.10.31	Verbesserung Arbeitssicherheit und Reduzierung Unfallhäufigkeit	248
	4.10.32	Prävention von Verkehrsunfällen durch Wegeverlegung	248
	4.10.33	Zusammenfassung der Variationen	248
4.11		Zusammenfassung und Fazit	251
5		**Effizienzsteigerung des Waldflurbereinigungsverfahrens**	**253**
5.1		Vereinfachung und Beschleunigung durch Wahl der Verfahrensart	254
5.2		Zerlegung des Verfahrens in Ausbau- und Neugestaltungsabschnitte	256
5.3		Effizenzsteigerung bei der technischen Bearbeitung der Waldflurb.	261
	5.3.1	Minimierung des Aufwands für Herstellung der Verfahrensgrenze	261
	5.3.2	Neue Ansätze Punktfestlegung in Waldflurbereinigungsverfahren	266
	5.3.3	Verzicht auf Abmarkung von Grenzen	270
5.4		Ansätze zur Reduzierung des Aufwands bei Bewertung der Holzbestände	273
5.5		Verknüpfung der Flurbereinigung mit FWZ	277
5.6		Zuteilung nach Eigentümerzielsetzungen	282
5.7		Zukunftsfähige Waldbewirtschaftung (Forschungsprojekt)	286
6		**Zusammenfassung**	**287**
		Literaturverzeichnis	**290**
		Anhang	**316**

Tabellenverzeichnis

Tab. 2-1: Kategorien der Forstflächen in NRW..51
Tab. 2-2: Betriebsfläche u. Betriebsanzahl der Betriebsgrößenklassen im Privatwald. 53
Tab. 2-3: Wegedichte im Staatsforst, Kommunalwald und Privatwald........................53
Tab. 2-4: Flurbereinigungsbedürftige Privatwaldfläche, alte Bundesländer................59
Tab. 2-5: Flurbereinigungsbedürftige Privatwaldfläche..................................60
Tab. 3-1: Bundesweites Cluster Forst und Holz im Jahr 2007............................110
Tab. 3-2: Umsatz im Cluster Forst und Holz und Gesamtholzeinschlag 2005-2007 .. 111
Tab. 3-3: Gliederung der Leistungen der Waldflurb. in Wertschöpfungsbereiche.....123
Tab. 4-1: Parzellengröße und Eigentümeranzahl vor und nach der Waldflurb..........129
Tab. 4-2: Kosten der Flurbereinigung für das Teilgebiet Oberalpfen für 10 Jahre 133
Tab. 4-3: Durchschnittliche Rückedistanz vor und nach der Flurbereinigung 136
Tab. 4-4: Nutzen für das Teilgebiet Oberalpfen...138
Tab. 4-5: Gesamtkosten und -nutzen in 4 Szenarien in €...............................138
Tab. 4-6: Tatsächlich entstandene Ausführungskosten (Hinterhausen-B.)................147
Tab. 4-7: Nutzen im Flurbereinigungsverfahren Hinterhausen-Büdesheim 155
Tab. 4-8: Tatsächlich verausgabte Ausführungskosten (Lissingen)......................156
Tab. 4-9: Nutzen im Verfahren Lissingen (Waldanteil) 158
Tab. 4-10: Tatsächlich verausgabte Ausführungskosten (Birresborn) 159
Tab. 4-11: Nutzen im Verfahren Birresborn..160
Tab. 4-12: Ergebniszusammenstellung der untersuchten Waldflurbereinigungen 161
Tab. 4-13: Holzeinschlag im Privatwald von 2005 – 2009 186
Tab. 4-14: Erntekostenfreier Holzerlös in Abhängigkeit vom Holzeinschlag 2009 187
Tab. 4-15: Erntekostenfreier Holzerlös in Abhängigkeit der Holzbodenfläche 187
Tab. 4-16: Bodenwert im Verhältnis zur Ertragsklasse abhängig von Bewirtschaftbarkeit 197
Tab. 4-17: Abgeschätzte Fläche der aufgewerteten regionalen Kulturlandschaft 203
Tab. 4-18: Linienhafte Öffnungsfläche durch Waldwegebau 212
Tab. 4-19: Ausweisung von Gewässerschutzstreifen, Retentionsflächen mit Kosten 216
Tab. 4-20: Nutzenberechnung proportional zur Waldfläche mit verschied. Methoden216
Tab. 4-21: Kostensätze je verunglückte Person im Jahr 2008 im Straßenverkehr.....219

Tab. 4-22: Unfallhäufigkeit 2005 – 2008 im Landesforst Niedersachsen 219

Tab. 4-23: Todesfall pro geschlagene Holzmenge 1990 – 2004 in der Schweiz 219

Tab. 4-24: Ganzheitliche Wertschöpfungsberechnung Verfahren Hinterhausen-B 224

Tab. 4-25: Ganzheitliche Wertschöpfungsberechnung Verfahren Lissingen 226

Tab. 4-26: Ganzheitliche Wertschöpfungsberechnung Verfahren Birresborn 228

Tab. 4-27: Ergebnisse in den Waldflurbereinigungsverfahren Hinterhausen-Büdesheim, Lissingen und Birresborn nach dem ganzheitlichem Wertschöpfungsmodell 230

Tab. 4-28: Einteilung der Wertschöpfungen in Kategorien 232

Tab. 4-29: Einteilung der Nutzentreiber der Wertschöpfungskette in Kategorien 232

Tab. 4-30: Variationen der Wertschöpfungsansätze für alle Bundesländer 249

Tab. 5-1: Beschreibung der Wertklassen im Verfahren Mühlhausen 3 276

Tab. 5-2: Kombination der + Stärken und – Schwächen von Waldflurbereinigung und Forstwirtschaftlichem Zusammenschluss bei der Überwindung von Strukturmängeln im Privatwald in einem gemeinsamen Modell 278

Abbildungsverzeichnis

Abb. 2-1: Waldflächenverteilung in Deutschland 28
Abb. 2-2: Ausdehnung der Waldfläche in 1000 ha nach Bundesland 30
Abb. 2-3: Prozentuale Bewaldung der Bodenfläche der Bundesländer 30
Abb. 2-4: Anteil der potentiellen natürlichen Waldgesellschaften an der Waldfläche ... 33
Abb. 2-5: Vorherrschende Bestockungstypen in Deutschland 34
Abb. 2-6: Durchschnittliche Waldrandlänge nach Eigentumsart in [m/ha] 35
Abb. 2-7: Verteilung des Waldeigentums in Deutschland in Prozent 36
Abb. 2-8: Eigentumsgrößenklassen Privat- und Körperschaftswald 37
Abb. 2-9: Holzvorrat [m³/ha] nach Eigentumsart 37
Abb. 2-10: Vorratsdichte [m³/ha] im Privatwald nach Bundesland 38
Abb. 2-11: Holznutzung [m³/ha * a] nach Eigentumsart von 1987-2002 39
Abb. 2-12: Verbreitung der potentiellen natürl. Waldgesellschaften 40
Abb. 2-13: Bestockungstyp der Waldflächen in Bayern in Prozent 40
Abb. 2-14: Verteilung des Waldeigentums in Bayern in Prozent. 41
Abb. 2-15: Durchschnittl. Waldgrundstücksgröße im Privat- und Körperschaftswald ... 41
Abb. 2-16: Holzeinschlag nach Sortimenten im Jahr 2006 42
Abb. 2-17: Verbreitung der potentiellen natürl. Waldgesellschaften 43
Abb. 2-18: Bestockungstyp der Waldflächen in Baden-Württemberg 43
Abb. 2-19: Verteilung des Waldeigentums in Baden-Württemberg 44
Abb. 2-20: Anteil der Eigentumsgrößenklassen im Privatwald 44
Abb. 2-21: Natürliche Waldgesellschaften in Niedersachsen 46
Abb. 2-22: Vorherrschende Bestockungstypen der Waldflächen 46
Abb. 2-23: Verteilung des Waldeigentums in Niedersachsen 47
Abb. 2-24: Anteil der Eigentumsgrößenklassen im niedersächsischen Privatwald 47
Abb. 2-25: Natürliche Waldgesellschaften in Nordrhein-Westfalen 49
Abb. 2-26: Vorherrschende Bestockungstypen der Waldflächen 50
Abb. 2-27: Verteilung des Waldeigentums in NRW 50
Abb. 2-28: Eigentumsgrößenklassen im nordrhein-westfälischen Privatwald 51
Abb. 2-29: Natürliche Waldgesellschaften in Rheinland-Pfalz 52
Abb. 2-30: Vorherrschende Bestockungstypen der Waldflächen 52

Abb. 2-31: Verteilung des Waldeigentums in Rheinland-Pfalz in % 52
Abb. 2-32: Potentielle natürl. Waldgesellschaft nach Bundesland 55
Abb. 2-33:Der vorherrschende Bestockungstyp nach Bundesland 57
Abb. 2-34: Verteilung des Waldeigentums nach Bundesland 58
Abb. 3-1: Graphische Herleitung der optimalen Wegedichte 79
Abb. 3-2: Graphische Herleitung der optimalen Wegedichte, vereinfacht 79
Abb. 3-3: Ungepflegtes Waldgrundstück im Flurbereinigungsverfahren Lissingen 81
Abb. 3-4: Waldbestand mit Fichten im Stangenbereich in Lissingen 81
Abb. 3-5: Gepflegtes Waldgrundstück im Verfahrensgebiet Lissingen 82
Abb. 3-6: Irreversible Bodenverdichtung durch häufige Befahrung in Birresborn 83
Abb. 3-7: Neu angelegte Rückegasse in Lissingen in 30 m-Abständen 83
Abb. 3-8: Neu geschaffener Holzlagerplatz und Lagerstreifen in Lissingen 88
Abb. 3-9: Holzlagerstreifen am Hauptabfuhrweg am Waldausgang 88
Abb. 3-10: Einmündung des Holzabfuhrwegs auf die B 410 90
Abb. 3-11: Entschärfung des Verkehrsgefahrenpunktes durch Verlegung der Zufahrt 90
Abb. 3-12: UOR alter (oben) und neuer (unten) Bestand 95
Abb. 3-13: Verteilung der Parzellen (in %) auf Größenklassen (alter Bestand) 95
Abb. 3-14: Verteilung der Parzellen (in %) auf Größenklassen (neuer Bestand) 96
Abb. 3-15 und Abb. 3-16: Adenau-Herschbroich-Leimbach alter und neuer Bestand .. 96
Abb. 3-17: Grundstücksformen in der Waldflurbereinigung Waldorf-Gönnersdorf 97
Abb. 3-18: Flureinteilung vor u. nach der Flurneuordnung, in Hinterhausen-B. 97
Abb. 3-19: Eigentumsgrößen vor der Flurbereinigung in Hinterhausen-Büdesheim 98
Abb. 3-20: Eigentumsgrößen nach der Flurbereinigung in Hinterhausen-Büdesheim . 98
Abb. 3-21: Gegenüberstellung der Größenklassen im alten und neuen Bestand 98
Abb. 3-22 u. Abb. 3-23: Lissingen, Gegenüberstellung alter und neuer Bestand 98
Abb. 3-24: Lissingen, Gegenüberstell. der Größenklassen alter und neuer Bestand ... 99
Abb. 3-25: Schutz gegen Wildverbiss und Schälschäden am Einzelbaum 100
Abb. 3-26: Schutz gegen Wildverbiss durch Umzäunung in Hinterhausen-B. 101
Abb. 3-27 u. Abb. 3-28: Verfahren Habscheid-Hollnich alter und neuer Bestand 101
Abb. 3-29: Versagen des Katasternachweises 102
Abb. 3-30 u. Abb. 3-31: Versagen des Katasternachweis 103

Abb. 3-32: Vermarkung einer abgehenden Eigentumsgrenze 104
Abb. 3-33: Zusätzliche Kennzeichnung einer Eigentumsgrenze mit Eisenrohr 104
Abb. 3-34: Zusätzliche Kennzeichnung einer Eigentumsgrenze mit Plastikschlauch. 104
Abb. 3-35: Zusätzliche Kennzeichnung einer Eigentumsgrenze mit Plastikrohr 104
Abb. 3-36: Querschnitt optimaler Waldrandaufbau 112
Abb. 3-37: Steiler dicht geschlossener Waldrand 113
Abb. 3-38: Gut durchlässiger Waldrand 113
Abb. 3-39: Sanft ansteigender Waldrand 113
Abb. 3-40: Gestufter Waldrandaufbau in Hinterhausen-Büdesheim 113
Abb. 3-41: Maßnahmen zur Förderung der Biodiversität im Wald 115
Abb. 3-42: Akzeptanz des gesamten Maßnahmenbündels 116
Abb. 3-43: Gesicherter Blockschutthaldenwald im Verfahrensgebiet Lissingen........ 117
Abb. 3-44: unerwünschte Aufforstungen in der Feldflur 118
Abb. 3-45: neu angelegte, teilweise aufgeforstete Aufforstungsgewanne.................. 118
Abb. 3-46 Wachtturmsfundament auf dem kahlen Buckel 120
Abb. 3-47: Wall und Graben des ehemaligen Limes 120
Abb. 3-48: Mönchbrunnen, errichtet 150-200 n.Chr., vor Sicherung.......................... 120
Abb. 3-49: Historischer Grenzstein, gesichert im Verfahren Hinterhausen-B. 120
Abb. 4-1: Größe der Parzellen vor und nach der Waldflurbereinigung 129
Abb. 4-2: Allgemeines Wirkungsgefüge von Bodenordnungsverfahren..................... 145
Abb. 4-3: Wirkungsdauer der Ländlichen Bodenordnung 145
Abb. 4-4 : Bedeutung der verschiedenen Waldfunktionen... 168
Abb. 4-5: Veränderung von Waldfunktionen nach der Flurbereinigung 169
Abb. 4-6: Veränderungen in Adenau und Birresborn durch die Flurbereinigung........ 170
Abb. 4-7: Einschätzung der Wichtigkeit verschiedener Maßnahmen......................... 171
Abb. 4-8: Einschätzung der Wirkung der Flurbereinigung in Adenau, Birresborn 172
Abb. 4-9: Zeitinvestition nach der Flurbereinigung 173
Abb. 4-10: Teilnahme an Weiterbildungen / Kooperationen 174
Abb. 4-11: Wegebau in Schalkenbach 176
Abb. 4-12 u. Abb. 4-13: Wegebau in Dedenbach vor und nach Ausbau.................... 176

Abb. 4-14: Darstellung der Wertschöpfungsbereiche mit Dimensionierung des Nutzens als Wertschöpfungsstern 234
Abb. 5-1: Verfahrensgebiet mit 65 km Verfahrensgrenze und 1.800 Grenzpunkten .. 262
Abb. 5-2: Skizze für die Abgrenzung eines Verfahrensgebietes 263
Abb. 5-3: Skizze für die Abgrenzung eines Verfahrensgebietes 264
Abb. 5-4: Skizze für die Abgrenzung eines Verfahrensgebietes 265
Abb. 5-5: Skizze für die Abgrenzung entlang einer Eisenbahntrasse 265
Abb. 5-6: Skizze für die Abgrenzung entlang eines Gewässer 265
Abb. 5-7: Skizze für die Abgrenzung entlang eines Waldes 266
Abb. 5-8: PuDig-Bestimmung entlang eines Waldrands 268
Abb. 5-9: gut ausmessbare PuDig-Messpunkte entlang eines Waldrands 268
Abb. 5-10: PuDig-Punktauswertung entlang eines Waldrands 269
Abb. 5-11: abgemarkte Grenzen und Blockgrenzen der Waldflurb. Schönecken 272
Abb. 5-12: tatsächlich abgemarkte Grenzen der Waldflurbereinigung Schönecken .. 272
Abb. 5-13: unvermarkte und abgemarkte Grenzen Waldflurb. Thalfröschen 273
Abb. 5-14: Waldbilder aus der Legende zur Wertklassenkarte 274
Abb. 5-15: Wertklassenkarte des Pilotverfahrens Mühlhausen 3 275
Abb. 5-16: Pilotprojektgebiet 283
Abb. 5-17: Beispielhafte Visualisierung „Waldneuordnung 2020" 285

Abkürzungsverzeichnis

AELF	Amt für Ernährung, Landwirtschaft und Forsten
ALE	Amt für ländliche Entwicklung
BGB	Bürgerliches Gesetzbuch
BASt	Bundesanstalt für Straßenwesen
BGH	Bundesgerichtshof
BHO	Bundeshaushaltsordnung
BMELV	Bundesministerium für Ernährung, Landwirtschaft und Verbraucherschutz
BMU	Bundesministerium für Umwelt, Naturschutz und Reaktorsicherheit
BMVBS	Bundesministerium für Verkehr, Bau und Stadtentwicklung
BMVEL	Bundesministerium für Ernährung, Landwirtschaft und Verbraucherschutz
BUND	Bund für Umwelt und Naturschutz
BVVG	Bodenverwertungs- und -verwaltungs GmbH
BWaldG	Bundeswaldgesetz
BWI	Bundeswaldinventur
BZV	Beschleunigtes Zusammenlegungsverfahren
DLR	Dienstleistungszentrum Ländlicher Raum
Doppik	Doppelte Buchführung in Konten
DVS	Deutsche Vernetzungsstelle Ländliche Räume
Efm	Erntefestmeter
FBG	Forstbetriebsgemeinschaft
FLT	Freiwilliger Landtausch
FlurbG	Flurbereinigungsgesetz
Fm	Festmeter
ForstBW	Landesbetrieb Forst Baden-Württemberg
FWZ	Forstwirtschaftlichen Zusammenschlüssen
GAKG	Gesetz über die Gemeinschaftsaufgabe Verbesserung der Agrarstruktur und des Küstenschutzes
GBO	Grundbuchordnung
HgrG	Haushaltsgrundsätzegesetz
HOAI	Verordnung über die Honorare und Leistungen der Architekten u. d. Ingenieure
IZT	Institut für Zukunftsstudien und Technologiebewertung
LN	landwirtschaftliche Nutzfläche
KNA	Kosten-Nutzen-Analyse
KostO	Kostenordnung
KWA	Kosten-Wirksamkeits-Analyse
LG	Landgericht
LN	landwirtschaftliche Nutzfläche
LNRG	Landesnachbarrechtsgesetz
LUBW	Landesanstalt für Umwelt, Messungen und Naturschutz
LWF	Landesanstalt für Wald und Forstwirtschaft
MLWF	Ministerium für Landwirtschaft, Weinbau und Forsten
MUFV	Ministerium für Umwelt, Forsten und Verbraucherschutz
NWA	Nutzwertanalyse
PEFC	Program for the Endorsement of Forest Certification Schemes
PuDig	Punktfestlegung durch Digitalisierung
RiVerm	Richtlinien für die Vermessungsarbeiten
SRU	Sachverständigenrat für Umweltfragen
StMELF	Bayerisches Staatsministerium für Ernährung, Landwirtschaft und Forsten
TG	Teilnehmergemeinschaft
TMLNU	Thüringer Ministerium für Landwirtschaft, Forsten, Umwelt und Naturschutz
U-O-R	Unteralpfen-Oberalpfen-Remetschwiel
VV-BHO	Verwaltungsvorschriften zur Bundeshaushaltsordnung
Vfm	Vorratsfestmeter
Waldföpr	Richtlinie für Zuwendungen zu waldbaulichen Maßnahmen im Rahmen eines forstlichen Förderprogramms

1 Einleitung

1.1 Problemstellung

In den letzten Jahren traten zunehmend Sturmschäden und Schadinsektenbefall auf Waldflächen auf, die die öffentliche Aufmerksamkeit vermehrt auf die Wälder lenkten. Die Klimadiskussion stellt den Wald als Kohlenstoffsenke eindeutig als Schutzgut zum Erhalt unserer gewohnten Lebensumgebung dar. Jeder Bundesbürger schätzt die Erholungswirkung des Waldes sehr. Und nicht zuletzt ist der Cluster Forst und Holz ein starker, standortgebundener Wirtschaftszweig, der dauerhaft Arbeitsplätze im ländlichen Raum und darüber hinaus bindet. Dennoch wird der Wald durch die fortschreitende Klimaänderung in seinen Beständen bedroht und die Waldbewirtschaftung vor allem im Privatwald durch Strukturmängel massiv behindert.

Um auch zukünftigen Generationen den Wald zu sichern, sind der naturnahe Waldbau, der Waldumbau und regelmäßige Pflegeeingriffe die beste Anpassungsstrategie an den Klimawandel (Brosinger, Tretter 2007). Allerdings kann diese Anpassungsstrategie nur vom wirtschaftenden Waldeigentümer umgesetzt werden, der dafür aber eine ausreichende Waldstruktur benötigt. Eine dringende Herausforderung, die jetzt angenommen werden muss, ist es, im kleinparzellierten und schlecht erschlossenen Privatwald Bewirtschaftungsbedingungen herzustellen, die eine nachhaltige Forstwirtschaft zulassen. Der Handlungsbedarf ist groß, da knapp die Hälfte der deutschen Forstfläche in privater Hand liegt und davon 75% zum Kleinprivatwald zählen, in dem Strukturmängel Bewirtschaftungshindernisse darstellen.

Das geeignete Instrument zur Verbesserung der Produktions- und Arbeitsbedingungen in der Forstwirtschaft ist die Waldflurbereinigung. Nur die Waldflurbereinigung ist in der Lage, in einem zuvor ausgewiesenen begrenzten Gebiet alle Betroffenen, auch Weggezogene oder große Erbengemeinschaften, an einen Tisch zu holen, um unter der Beteiligung aller Eigentümer eine wirtschaftsfähige neue Struktur des Gebietes herzustellen. Dies wird durch langjährige vereinzelte Ergebnisse der Waldflurbereinigung in waldreichen Bundesländern belegt, über die allerdings nur selten in der Literatur berichtet wurde. Vor allem die Leistungen und Wertschöpfungspotenziale der Waldflurbereinigung wurden bisher nur unzureichend untersucht und dargestellt. Es verwundert daher nicht, dass die Waldflurbereinigung viel zu selten eingesetzt wurde und sich die Strukturmängel im Wald im Laufe langjähriger Untätigkeit akkumuliert haben. Die im Kleinprivatwald vorzufindenden kleinen, schlecht geformten und zersplitterten Flurstücke erlaubten aufgrund mangelnder Erschließung noch nie eine rentable Bewirtschaftung.

Wie den Forstberichten der einzelnen Bundesländern zu entnehmen ist, stellt sich gerade jetzt enormer Handlungsbedarf, da die Wälder vor zunehmenden Schadeinflüssen geschützt werden müssen. Das Alter vieler Bäume und der Vorrat in den Wäldern verlangen geradezu eine baldige Ernte. Die Rohstoffnachfrage nach Holz und damit die Holzpreise sind gestiegen. Ein sich gerade vollziehender Generationswechsel entfremdet die neuen Waldeigentümer aufgrund der Unrentabilität von ihrem Eigentum. Die Forsttechnik hat sich weiter entwickelt, so dass neue Anforderungen an die Erschließung bestehen.

1.2   Forschungsansätze zur Waldflurbereinigung

Die nutzbringenden Möglichkeiten und verfahrenstechnischen Besonderheiten der Waldflurbereinigung untersucht erstmals **Hahn (1960)** umfassend in einer Dissertation. Seine hierin enthaltene Literaturauswertung belegt, dass die Flurbereinigung von Waldflächen bis zu dieser Untersuchung vorrangig als Behandlung des parzellierten Waldes in der Flurbereinigung diskutiert wurde. So wurden in der von ihm herangezogenen Literatur vor allem Fragen der Bewertung des Waldbodens und des Aufwuchses erörtert. Erst Hahn liefert eine weitgehend geschlossene Darstellung für die rechtlichen und technischen Abläufe einer Waldflurbereinigung. Er erkannte die hohe volkswirtschaftliche Bedeutung der strukturverbessernden Maßnahmen und die Hemmnisse, die im Kleinprivatwald einer geregelten Waldwirtschaft entgegenstehen. Es werden die Besonderheiten bei Waldflächen hinsichtlich der Anforderungen an den Wege- und Gewässerplan und der Bewertung von Boden und Bestand detailliert erläutert. Für die Sicherstellung der Verbesserungen durch die Flurbereinigung schlägt er vor, das Eigentum an eine der verschiedenen Formen der forstlichen Zusammenschlüsse zu binden. Das Fazit der Dissertation ist die Forderung, die damals bestehenden gesetzlichen Bestimmungen des Flurbereinigungsgesetzes so zu ändern, dass eine großzügige Bereinigung von zersplittertem Kleinwaldbesitz möglich wird. Die vorgeschlagenen Änderungen wurden in der Novellierung des Flurbereinigungsrechtes 1976 zum Teil umgesetzt.

Ebenso kritisiert **Eggers (1961)** die gesetzlichen Regelungen des § 85 Nr. 7 und 8 FlurbG und führt dies auf mangelnde Erfahrung zurück, da der Wald bisher wenig oder gar nicht in den vorausgegangenen Stadien der Umlegungsgesetzgebung berücksichtigt worden ist. In der Reichsumlegungsordnung von 1937 war eine Umlegung im Allgemeinen nur bis zu einer Größe von 25 ha möglich und die preußische Umlegungsordnung von 1920 hatte keine besonderen gesetzlichen Verfahrensvorschriften für die Behandlung von Waldflächen. Eggers befasst sich eingehend mit dem Vorgehen bei der Schätzung der Waldböden und des Bestandes und verwirft entschieden den Gedanken zur Erleichterung der Zuteilung, entstehende Mehr- oder Minderwerte des Bestandes im Zuge der Neuverteilung durch eine größere bzw. kleinere Bodenzuteilung auszugleichen. Er begrüßt zur Erreichung größerer Wirtschaftlichkeit den freiwilligen forstlichen Zusammenschluss, lehnt aber einen von der Forstverwaltung angeregten mit der Waldflurbereinigung gekoppelten Zwangszusammenschluss von Kleinprivatwaldgrundstücken kleiner als 1-3 ha ab. Die Frage, ob die Flurbereinigung landwirtschaftlicher Flächen dringlicher sei, verneint er, da die Auswahl der Verfahrensgebiete nicht allein auf die Bodengüte und Ertragskraft der Betriebe gegründet werden soll. Eggers empfiehlt bei eingeleiteten Ackerflurbereinigungen zersplitterten Waldbesitz mit einzubeziehen, weil ein gesondertes Verfahren zu einem späteren Zeitpunkt zu Mehrarbeit und Mehrkosten führt. Der Wille zur Teilnahme an Waldflurbereinigungsverfahren und Übernahme der Beitragslast ist seitens der Waldeigentümer gegeben.

Allnoch (1967) befasst sich intensiv mit den gesetzlichen Regelungen zur Begründung von Holznutzungsrechten in der Flurbereinigung. Um bei unterschiedlichen Holzbeständen sehr hohe Geldabfindungen, die die Grenze der Zumutbarkeit überschreiten, zu vermeiden, kann in Einzelfällen im Sinne einer großzügigen Neuordnung und zum Schutz des Waldeigentümers, ein befristetes Holznutzungsrecht unter Zustimmung der Betroffenen festgesetzt werden.

Oberholzer (1974) sieht als Ursache für die zurückhaltende Einbeziehung von Waldgrundstücken in Flurbereinigungsverfahren, dass in der Nachkriegszeit die Steigerung und Rationalisierung der landwirtschaftlichen Erzeugung im Vordergrund stand. Die vorrangige Neuordnung der landwirtschaftlichen Nutzflächen war wegen der beschränkten finanziellen Mittel eine politische Entscheidung. Aufgrund seiner Erfahrung in der Abwicklung von kombinierten Feld-Waldflurbereinigungen gewann er die Erkenntnis, dass sich in stark bewaldeten Gebieten wegen der vorherrschenden Verzahnung von Feld und Wald ein befriedigendes Ergebnis des Flurbereinigungsverfahrens nur durch eine Einbeziehung des Waldes in der Gemarkung ergibt. Oberholzer sieht die Waldflurbereinigung nicht als Alternative zu forstlichen Zusammenschlüssen, sondern misst der Koppelung beider Maßnahmen den größten Erfolg bei.

Oberholzer (1975) zeigt neue Wege in der Verfahrensabwicklung auf, um die Kosten zu senken. Zur Erleichterung der Bodenschätzung schlägt er vor, sie aus einer zuvor erstellten forstlichen Standortkartierung abzuleiten. Die Holzbestandsbewertung der zu tauschenden Grundstücke wird durch photogrammetrische Auswertung der Aufgliederung des Waldbestandes nach Flächen einheitlicher Altersklassen und Bestandestypen ermöglicht. Die grundbuchrechtliche Sicherung der neuen Wege durch Dienstbarkeiten verringert den vermessungstechnischen Aufwand, ebenso der Austausch von ganzen Grundstücken.

Die Waldflurbereinigung leistet nach **Oberholzer (1976)** einen entscheidenden Beitrag zur Stärkung einer marktwirtschaftlich orientierten und sozialen Forstwirtschaft. Der Wald als wesentlicher Bestandteil des ländlichen Raumes sollte in integrale Wald-/Feldflurbereinigungsmaßnahmen eingebracht werden, da die Wertschöpfung in integralen Maßnahmen höher ausfällt als in zwei getrennten Verfahren. Die Zusammenarbeit von Forst- und Flurbereinigungsbehörde hat eine sehr positive Wirkung auf den Verfahrensablauf und auf das Vertrauen des Waldeigentümers, das erst gewonnen werden muss.

Weimann (1979) stellt fest, dass bei der Waldbewertung in Flurbereinigungsverfahren die Höhe der Gutachtenkosten relativ nah bei dem ermittelten Waldwert liegt. Gründe dafür sind das im extensiv genutzten Kleinprivatwald niedrige Substanz- und Wertniveau, die zufällige und nicht geplante Bestockungsstruktur, die eine Anwendung gängiger Wertungsmodelle nicht erlaubt und unklare Grenzverhältnisse. Aus forstlicher Sicht wird die getrennte Wertermittlung von Boden und Bestand kritisiert, da sie als untrennbare Einheit zu sehen ist.

Die Arbeitsgemeinschaft Flurbereinigung **ArgeFlurb (1985)** beschreibt in einem Sonderheft alle wesentlichen Grundlagen zur Waldflurbereinigung. Sie ist in dieser Hinsicht die zweite geschlossene Abhandlung nach der Dissertation Hahn (1960) und deckt die von Hahn aufgeworfenen Fragen weitgehend ab. Das durch seine umfassende Darstellung auch heute noch gültige Werk flurbereinigungs- und forstfachlicher Experten vermittelt Kenntnisse über den Verfahrensablauf sowie Wertermittlung und die Besonderheiten durch die forstliche Nutzung der Grundstücke. In der umfangreichen Anlage werden die Erkenntnisse in Beispielen verdeutlicht.

König (1985) berechnet im Rahmen einer Dissertation die Kosten-Nutzen-Analyse eines Waldflurbereinigungsverfahrens, dessen Ergebnisse in Kap. 4 genauer dargestellt werden.

Lorig (1987) regt eine Vereinfachung der Waldflurbereinigung an zum einen bei der Holzbestandsbewertung und zum anderen durch die Automation der Berechnung der Zuteilungswerte.

Friedrich (1987) stellt Verbesserungen für einzelne Arbeitsabschnitte der Waldflurbereinigung heraus.

Manger (1988) zeigt die Notwendigkeit der Flurbereinigung von Waldflächen in Bayern auf und gibt einen zusammenfassenden Überblick über die von ArgeFlurb (1985) bundesweit aufbereiteten Grundlagen zur Waldflurbereinigung.

Zillien (1989) behandelt die gesetzliche Grundlage der Waldflurbereinigung und setzt sich insbesondere mit den Regelungen des § 85 FlurbG auseinander. Er sieht in der Stärkung der Nutz-, Schutz- und Erholungsfunktion eine wesentliche forstpolitische Bedeutung, die im Bundeswaldgesetz zum Ausdruck kommt und durch die Waldflurbereinigung in der erforderlichen Weise herbeigeführt werden kann.

Staab (1990) stellt fest, dass entgegen anderer Meinung, nach dem Flurbereinigungsgesetz auch für Holzbestände, die in eine freizustellende Wegetrasse fallen, dem Teilnehmer eine Abfindung in Holzwerten oder Geldabfindung zu geben ist.

Henkes (1991) und **(2006)** beschreibt die große Bandbreite der Leistungen, die die Waldflurbereinigung als Instrument der Landentwicklung hervorbringt und geht auf die verfahrenstechnischen Besonderheiten ein.

Stadie (1993) entwickelt eine neue Methode, um eine Überbevorratung noch nicht hiebsreifer Bestände bei der Waldbewertung in Waldflurbereinigungsverfahren zu berücksichtigen.

Oberholzer (1997) greift die Ergebnisse von König (1985) auf und zeigt anhand der Analyse von anderen Waldflurbereinigungsverfahren, wie ein günstiges Kosten-Nutzen-Verhältnis erreicht werden kann (s. Kap.4).

Klare (2006) nimmt das Ergebnis von König (1985) zum Anlass, zu empfehlen, Verbesserungen der Arbeits- und Produktionsbedingungen in der Forstwirtschaft nur noch über Forstbetriebsgemeinschaften zu erwirken (s. Kap.4).

Uhlenberg (2009) erklärt, dass der neue politische und wirtschaftliche Stellenwert des nachwachsenden Rohstoffes Holz das Kosten-Nutzen-Verhältnis deutlich zu Gunsten von Investitionen in die Waldflurbereinigung verändert.

Zerhau (2009) zeigt die vielfältigen miteinander verknüpften Wirkungen der Waldflurbereinigung auf, die sich nach der Beseitigung der strukturellen Mängel entfalten.

Pawig (2009) stellt Überlegungen zu Kosteneinsparungen in der Waldflurbereinigung an, die durch Optimierung der Verfahrensschritte, Vereinfachungen in der Vermessung und Veränderungen des Boden- und Bestandesbewertungsverfahrens erreicht werden kann.

Bromma (2009) berichtet über die Entwicklung von neuen Vorgehensweisen und Methoden zu einer Vereinfachung der Waldflurbereinigung, um Zeitaufwand und Kosten zu reduzieren. Eine enge Einbindung der Beteiligten und das transparente Vorgehen bestimmen die Qualität, Akzeptanz und Effizienz des Verfahrens. Das Vertrauen des Waldeigentümers wird durch die Vermittlung von forstfachlichen Wissen gefördert.

Mauerhof (2009) legt dar, dass Eigentumsklarheit und Erschließung die wichtigsten Voraussetzungen für eine Waldbewirtschaftung sind, die am besten durch die Waldflurbereinigung hergestellt werden können. Weitere Maßnahmen der Landesforstbehörde zur Überwindung der Kleinteiligkeit der Waldbesitzstruktur sind die Unterstützung des Grundstückshandel durch eine Waldbörse und die Einrichtung von Privatwaldbetreuungsrevieren, da nur bewirtschaftete

Wälder die ökonomischen, ökologischen und sozialen Waldfunktionen erfüllen können.

Konnen (2009) erläutert die Ursachen für die kleinstrukturierte Parzellierung des Privatwaldes in Luxemburg und die Behebung durch Waldneuordnung, die aber nur auf Basis der freiwilligen Zustimmung jedes Eigentümers durchgeführt wird.

Henkes (2009) stellt vor, wie die Herstellung von ökologischen Vernetzungsachsen zwischen Offenlandbereichen durch die Rücknahme von landschaftsunverträglichen Aufforstungen und Ausweisung von Aufforstungsgewannen in Waldflurbereinigungsverfahren umgesetzt werden.

Besch (2012) erläutert das Vorgehen bei der Waldflurbereinigung in Luxemburg. Der hoch subventionierte Wegebau (90%) wird anhand der bautechnischen Geländesituation geplant, die von der Wegetrasse betroffenen Grundstücke erhalten keinen Ausgleich für den Landverlust, da sie durch die Erschließung eine Aufwertung erfahren. Es werden nur ganze Flurstücke getauscht oder verkauft, die am eigenen Grundstück angrenzen müssen, damit sich bei der Neuvermessung eine Reduzierung der Parzellenzahl ergibt. Das Zusammenlegungsergebnis ist in den freiwilligen Waldflurbereinigungsneuordnungen geringer als bei den Verfahren mit gezwungener Zusammenlegung in der Landwirtschaft, aber allein durch den Aus- und Neubau des Wegenetzes wird die Holzmobilisierung stark angekurbelt.

Konttinen, Uimonen (2012) berichten über die Waldflurbereinigungstätigkeit in dem stark bewaldeten Finnland, das im Privatwald ähnliche Mängel der Waldstruktur aufweist wie in Deutschland. In der Vergangenheit wurden wesentlich mehr Ackerflächen als Waldflächen geordnet, aber die veränderte Eigentümerstruktur mit überwiegend privaten Eigentümern mit steigendem Anteil an pensionierten, weiblichen, nicht mehr in der Landwirtschaft tätigen und urbanen Grundbesitzern lässt die Nachfrage nach einer Verbesserung der Grundstücksstrukturen steigen, um erschlossene, besser geformte und vor allem größere Besitzeinheiten zu schaffen.

Backmann (2012) stellt die Waldflurbereinigung in Schweden vor, die großen Nutzen für die Eigentümer wie auch für die Gesellschaft bringt, der oft unterschätzt wird, da auch der Nachteil von zersplittertem Grundbesitz meist unterschätzt wird. Es werden die zahlreichen Erfahrungen und Verbesserungen im Verfahrensablauf dargestellt, die durch die rege Bereinigungstätigkeit des Landes im Laufe der letzten 35 Jahre mit Waldflurbereinigungsgebieten von einer Größe bis zu 54 000 ha gesammelt wurden.

Hinz (2012) identifiziert erstmals alle Wirkungsbereiche der Waldflurbereinigung und unterzieht sie einer monetären Bewertung. Es wird das Ergebnis einer Kosten-Nutzen-Analyse mit einem neu entwickelten Wertschöpfungsmodell für Waldflurbereinigungsverfahren vorgestellt.

Osen (2012) erklärt, dass die Flurbereinigungsbehörde in Norwegen ein Gericht ist, dessen Aufgabe die Klärung von Grenz- und Rechtsstreitigkeiten sowie der Durchführung von Flurbereinigungsverfahren ist. Anlass für ein Waldflurbereinigungsverfahren sind Auflösung von Miteigentum, Neuordnung von zersplittertem Grundbesitz, Regelung von gemeinsamer Grundstücksnutzung wie bei Flussgrundstücken, die ein Wasserkraftwerk speisen, Ablösung von Rechten und Unternehmensflurbereinigung.

Wippel (2012) beschäftigt sich mit der Arrondierung von parzellierten Waldgrundstücken, die über temporäre Bewirtschaftungseinheiten oder in der Waldflurbereinigung dauerhaft durch die Bildung von Gemeinschaftswäldern zusammengefasst werden können.

Egidi (2012) veranschaulicht die Folgen des Klimawandels für die Baumarteneignung und die forstlichen Anpassungsstrategien um dem unkontrollierten Zusammenbrechen der klimalabilen Waldtypen vorzubeugen. Es ergeben sich zwei Handlungsfelder der Waldflurbereinigung, in denen die Schaffung gestaltbarer und bewirtschaftbarer Einheiten die Voraussetzung zur Klimawandelbewältigung ist. Dies sind zum einen klimalabile Regionen, in denen aufgrund der strukturellen Nachteile nicht mit einer Initiative zur Anpassung gerechnet werden kann und zum anderen klimastabile Regionen, in denen substanzielle Aufwertungspotentiale durch ihre Nadelbaumeignung bestehen, aber aufgrund der strukturellen Nachteile keine Aussicht auf Erfolg versprechen.

Schmitz (2012) würdigt die Waldflurbereinigung als wertvolles Instrument zur Kompensation der strukturellen Nachteile, wodurch weitere Instrumente der Holzmobilisierung eingesetzt werden können.

1.3 Aktueller Forschungsbedarf zur Wertschöpfung über Waldflurbereinigung

Die Forschung zu Fragen zur Waldflurbereinigung beginnt 1960 mit der Arbeit von Hahn, der sie als ersten Versuch bezeichnet, die Problematik der Flurbereinigung von Waldflächen systematisch zu ordnen. Er hält eine umfassendere Darstellung zu einem späteren Zeitpunkt für notwendig. Nachdem in den Grundlagenwerken von Hahn (1960) und den Empfehlungen der ArgeFlurb (1985) die Vorgehensweise in der Waldflurbereinigung ausreichend beschrieben und erläutert wird, erscheint ein verbleibender Forschungsbedarf in der Ermittlung der tatsächlich erreichbaren Wertschöpfung durch Waldflurbereinigung, der auch durch König (1985) nicht zufriedenstellend beseitigt werden kann.

Um das Ergebnis eines Produktes bewerten zu können, ist es erforderlich, zuerst die einzelnen Komponenten aus denen es sich zusammensetzt, zu kennen und zu beschreiben. Das Ergebnis eines Waldflurbereinigungsverfahrens, das mehrdimensional in verschiedenen Ebenen Wirkungen entfaltet und von der Ausgangssituation abhängige Verbesserungen herbeiführt, kann nur umfassend bewertet werden, wenn möglichst alle Wirkungsfaktoren berücksichtigt werden. In der Literatur werden Wirkungsbereiche bereits teilweise dargestellt, aber eine geschlossene Darstellung aller durch die Waldflurbereinigung erbrachten Leistungen erfolgte bisher nicht.

Die Bereitstellung der Grundlage, um überhaupt eine Bewertung durchzuführen, die die tatsächliche Gesamtleistung abbildet, führt zum

1. Forschungsansatz:

Welche einzelnen Leistungen werden auf ökonomischer, ökologischer und sozialer Ebene in einem Waldflurbereinigungsverfahren erbracht?

Es ist relativ einfach, die Verbesserungen, die die Betriebe durch Waldflurbereinigung direkt erfahren, zu berechnen. Daher beschränkten sich ältere Kosten-Nutzen-Analysen auf die vorrangige Berechnung des betriebswirtschaftlichen Nutzens. Dies wird aber der Waldflurbereinigung nicht einmal ansatzweise gerecht, da sie sehr große Anstrengungen unternimmt, die allgemeine Landeskultur und Landentwicklung zu fördern. Dies führt zu hohen Aufwertungen ökologischer und sozialer Bereiche. Um die Leistung der Waldflurbereinigung auch in diesen Bereichen zu bewerten, bedarf es einer Ableitung und Übertragung von sehr unterschiedlichen Wertschöpfungsansätzen aus anderen Fachdisziplinen. Daraus folgt der

2. Forschungsansatz:

Erstmalige Erstellung eines alle Leistungen vollständig abdeckenden Wertschöpfungsmodells für die Waldflurbereinigung.

Dieses neu entwickelte ganzheitliche Wertschöpfungsmodell soll dann für die Berechnung der Wertschöpfung konkreter Waldflurbereinigungsverfahren und einer hieraus abgeleiteten durchschnittlichen Kosten-Nutzen-Relation der Waldflurbereinigung dienen.

Ein großer Teil der zitierten Forschungsansätze (Hahn 1960, Eggers 1961, Allnoch 1967, Lorig 1987, Friedrich 1987, Zillien 1989, Staab 1990, Henkes 1991, 2006) entstammt aus Ergebnissen von in Rheinland-Pfalz durchgeführten Waldflurbereinigungsverfahren. Da in diesem Bundesland die Flurbereinigungstätigkeit auf Waldflächen weitaus stärker war, als in anderen Bundesländern und damit wesentlich größere Erfahrungen auf dem Gebiet der Waldflurbereinigung vorliegen, werden für diese Arbeit Beispiele von Waldflurbereinigungsverfahren aus Rheinland-Pfalz ausgewählt. Daran schließt sich die nächste Frage an:

Wenn das neue Wertschöpfungsmodell anhand rheinland-pfälzischer Parameter erarbeitet wird, ist es dann auch übertragbar auf die Situation in anderen Bundesländern? Dieses verallgemeinerte Modell ist aus Gesprächen mit Waldflurbereinigungsexperten mit spezifischem Fachwissen über die vorherrschenden Gegebenheiten in verschiedenen Bundesländern abzuleiten. Daraus folgt der

3. Forschungsansatz:

Erarbeitung von Vorschlägen für Variationen des neuen Wertschöpfungsmodells zur deutschlandweiten Anwendung.

Bei Betrachtung des Ergebnisses von Kosten-Nutzen-Analysen stellt sich regelmäßig die Frage, ob eine Maximierung des Gewinns möglich wäre. In der Literatur der letzten Jahrzehnte werden zahlreiche Anregungen zur Reduzierung des Arbeitsaufwandes und Mitteleinsatzes diskutiert, die es zu untersuchen gilt. Eine Minimierung der Kosten führt zu einem besseren Kosten-Nutzen-Verhältnis und erlaubt mit den begrenzten Haushaltsmitteln mehr Verfahren durchzuführen. Des Weiteren wäre eine Sicherung der Ergebnisse des Waldflurbereinigungsverfahrens von hoher Bedeutung. Auch wenn im Rahmen dieser Arbeit eine konkrete Ausarbeitung von Optimierungsansätzen nicht vorgesehen ist und auch nicht geleistet werden könnte, ist es zur Abrundung des Wertschöpfungsmodells zweckmäßig, die bereits laufenden Verbesserungen und sich hieraus ergebende Weiterentwicklungsansätze zu erfassen und zu bewerten als abschließenden

4. Forschungsansatz:

Welche Optimierungsansätze bestehen in der Praxis bei der planerischen und technischen Verfahrensbearbeitung der Waldflurbereinigung? Wie kann das Waldflurbereinigungsergebnis optimiert werden?

1.4 Zielsetzung und Vorgehensweise

In dieser Arbeit soll gezeigt werden, dass die Waldflurbereinigung ein besonders geeignetes Instrument zur Aktivierung der nachhaltigen Forstwirtschaft im Kleinprivatwald ist.

Eine Betrachtung der forstpolitischen Zielsetzungen der Bundesländer zeigt, dass eine Verbesserung der forstwirtschaftlichen Situation des Kleinprivatwaldes gewünscht und angestrebt wird. Forstwirtschaftliche Zusammenschlüsse nach dem Bundeswaldgesetz haben einen großen Teil der kleinen Waldeigentümer, die unter der Strukturproblematik am meisten leiden, nicht in einer gemeinsamen Bewirtschaftung organisiert. Die Ansprache und Motivation kleiner Waldeigentümer ist aber eine bisher verkannte Stärke der Waldflurbereinigung. Anhand dieser Vorüberlegungen wurde das bodenordnerische Instrument Flurbereinigung gewählt, um zu untersuchen, wie und in welcher Art und Weise die Waldflurbereinigung eine Verbesserung der forstwirtschaftlichen Situation herbeiführen kann.

Nach der einleitenden Darlegung der Problemstellung wird im 1. Kapitel die Zielsetzung und Vorgehensweise dieser Arbeit erläutert. Anhand der Auswertung der bisherigen Forschungsansätze in der Waldflurbereinigung, die bis in das Jahr 1960 reichen, wird der aktuelle Forschungsbedarf in Thesen entworfen.

Die desolate Situation des Kleinprivatwaldes erstreckt sich über alle Flächenländer Deutschlands, wenn auch in unterschiedlicher Ausprägung aufgrund von Unterschieden in der naturräumlichen Ausstattung und der regionalen geschichtlichen Entwicklung. Die Darstellung der forstwirtschaftlichen Situation in Deutschland und einigen ausgewählten Bundesländern erfolgt im 2. Kapitel mit Hilfe der statistischen Daten der Bundeswaldinventur und Aussagen aus den Forstberichten der Länder. Die Auswertung einer Befragung der Flurbereinigungs-verwaltungen der Länder nach der derzeitigen Bedeutung der Flurbereinigung von Waldflächen zeigt Bedarf und Nachfrage nach Waldflurbereinigungen in Deutschland.

Im 3. Kapitel zeigt eine genaue Betrachtung der Wirkungsbereiche der Waldflurbereinigung, dass diese weit über die Privatnützigkeit hinaus auch dem Allgemeinwohl dient. Es werden 32 Leistungsbereiche der Flurbereinigung identifiziert, die dem Wegebau, der Arrondierung, der Motivation der Eigentümer und der Umsetzungsmöglichkeit von Landentwicklungsinteressen zugeordnet werden. Diese Maßnahmen haben einen wechselseitigen positiven Einfluss in verschiedenen Wirkungsbereichen, die in fünf Wertschöpfungsbereiche gegliedert werden können:

1. Vorteile für Bewirtschaftung und Vermarktung, Anregung zur nachhaltigen Forstwirtschaft

2. Eigentumssicherung, Rechtssicherheit, Anregung des Grundstückverkehrs

3. Steigerung der Erholungswirkung, Landschaftsgestaltung, Kulturdenkmalsicherung

4. Naturschutzmaßnahmen, Klimaschutz

5. Rohstoffversorgung, Beschäftigungseffekt und Unfallprävention

Während die Wertschöpfungsbereiche 1 und 2 dem Waldeigentümer Mehrwert verschaffen, der sich rechnerisch nachweisen lässt, sind die Bereiche 3 und 4 eine Dienstleistung des Staates an den Bürger, die im Kielwasser der Flurbereinigung vereinfacht und kostengünstiger durchgeführt werden kann, aber monetär nur schwer oder gar nicht fassbar ist. Der Bereich 5 ist von volkswirtschaftlicher Bedeutung, die bisher der Waldflurbereinigung nicht zugeordnet wurde.

Das 4. Kapitel befasst sich mit der Quantifizierung der 32 Wertschöpfungsbereiche der Waldflurbereinigung. Um die Wirkung eines Flurbereinigungsverfahrens darzustellen, ist die aussagekräftigste Methode die Kosten-Nutzen-Analyse. Es werden die Ergebnisse der von König (1985) angewandten Methode zur Kosten-Nutzen-Analyse diskutiert, die nur die monetäre Wirkung einiger weniger Vorteile eines Waldflurbereinigungsverfahrens ermittelte. BMS Consulting (2007) entwickelte eine Wirkungsanalyse für Flurbereinigungsverfahren für landwirtschaftliche Nutzflächen mit zusätzlicher Bewertung von Waldflächen, in der mehr Vorteile berücksichtigt werden. Anhand der Berechnungsweise von BMS Consulting (2007) und der von König (1985) und Lorig et al (2007) ermittelten Wirkungsdauer werden drei in Rheinland-Pfalz durchgeführte Waldflurbereinigungsverfahren ausgewertet.

Aufbauend auf die bisher entwickelten Kosten-Nutzen-Analysen werden alle neu identifizierten Wertschöpfungsbereiche einer monetären Bewertung zugeführt. Anschließend wird das neue ganzheitliche Wertschöpfungsmodell an den drei Waldflurbereinigungsverfahren getestet, die in dieser Arbeit schon mit dem von BMS Consulting (2007) entwickelten Bewertungsverfahren berechnet worden sind. Das wesentliche Ergebnis der Berechnung wird bei der Gewichtung der Leistungen nach ihrer Bedeutung für die Wertschöpfung ersichtlich. Es werden die Wirkungstreiber in den fünf Wertschöpfungsbereichen nach ihrer monetären Wertigkeit herausgestellt.

In einer Teilnehmerbefragung von Eigentümern von mehr als 200 ha Waldfläche von einem der berechneten Verfahren und einem länger zurück liegendem Waldverfahren in derselben Region wird die Wirkungsweise aus der Sicht der Teilnehmer dargestellt.

Eine Befragung von Experten aus den Bereichen Flurbereinigungsverwaltung, Forstverwaltung und Teilnehmervorstand gibt darüber Aufschluss, wie die Wirkung der Waldflurbereinigung und speziell des Wegebaus in ihren Augen gesehen wird. Außerdem werden Überlegungen zu Verfahrensvereinfachungen kontrovers diskutiert.

Dies führt zum 5. Kapitel, in welchem in speziellen Teilbereichen Verbesserungsansätze für die Verfahrensdurchführung eines Waldflurbereinigungsverfahrens zusammengestellt werden. Trotz einer sehr hohen Wertschöpfung in Waldflurbereinigungsverfahren ist es vordringliches Ziel, die Kosten für die planerische und technische Bearbeitung der Verfahren weiter zu senken. Mit diesen Ansätzen zur Steigerung der Effizienz durch Minimierung der Kosten und Maximierung des Nutzens schließt die Arbeit ab.

2 Die Forstwirtschaftliche Situation in Deutschland und in den Bundesländern

Die Verteilung der Waldflächen in Deutschland gestaltet sich durch die variierenden naturräumlichen und standörtlichen Voraussetzungen und Entwicklungen in den einzelnen Bundesländern sehr unterschiedlich. Großräumig kann Deutschland in die Waldzonen des kiefernreichen Nordens, die laubbaumreichen Mittelgebirge und Küstenregionen und in das fichtenreiche Süddeutschland eingeteilt werden. Um den Zustand und die Produktionsbedingungen eines Waldes festzustellen, werden seit dem 19. Jahrhundert in regelmäßigen Abständen Forsterhebungen durchgeführt.

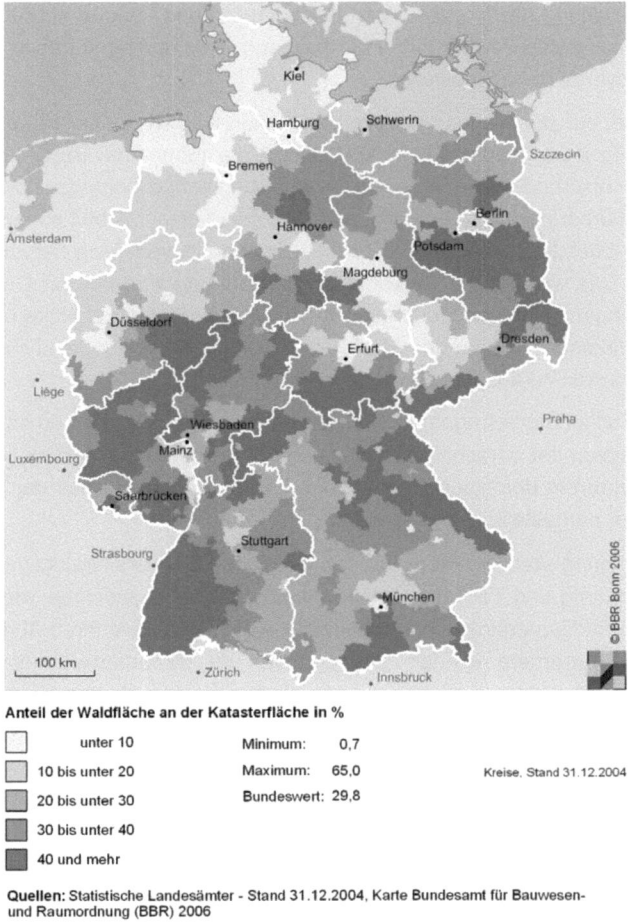

Anteil der Waldfläche an der Katasterfläche in %

- unter 10
- 10 bis unter 20
- 20 bis unter 30
- 30 bis unter 40
- 40 und mehr

Minimum: 0,7
Maximum: 65,0
Bundeswert: 29,8

Kreise, Stand 31.12.2004

Quellen: Statistische Landesämter - Stand 31.12.2004, Karte Bundesamt für Bauwesen- und Raumordnung (BBR) 2006

Abb. 2-1: Waldflächenverteilung in Deutschland (Umweltbundesamt)

Um raumübergreifende statistisch gesicherte Informationen für forstpolitische Entscheidungen zu erhalten, beschlossen Bund und Länder eine bundesweite Waldinventur durchzuführen. 1984 wurde im Bundeswaldgesetz der §41a BWaldG zur Bundeswaldinventur eingefügt, der zur Erfüllung der Aufgaben des Bundeswaldgesetzes eine forstliche Großrauminventur auf dem gesamten Bundesgebiet vorsieht, um einen Gesamtüberblick über die großräumigen Waldverhältnisse und Produktionsmöglichkeiten zu erhalten.

Zum ersten Mal wurde die Großrauminventur des Waldes, die Bundeswaldinventur, auf der Basis eines systematischen terrestrischen Stichprobennetzes in den alten Bundesländern von 1986 - 1988 durchgeführt. Nach der Wiedervereinigung wurde von 2001 - 2002, ausgewertet bis 2004, die zweite Bundeswaldinventur im gesamten Bundesgebiet durchgeführt. In den alten Bundesländern wurden die Probepunkte der ersten Bundeswaldinventur wieder aufgesucht und die waldwirtschaftliche Situation als Wiederholungsaufnahme erfasst. In den neuen Bundesländern wurden die Probepunkte zur Erstinventur dauerhaft und für den Waldbesucher nicht sichtbar vermarkt. Die Stichprobenpunkte liegen an den Schnittpunkten eines bundesweiten Gitternetzes von 4 km x 4 km das am Gauß-Krüger-Koordinatensystem orientiert ist. Einige Länder haben das Stichprobennetz verdichtet, um genauere Ergebnisse zu erreichen. Die Stichprobe selbst besteht aus einem Quadrat von 150 m x 150 m, indem die Merkmale der Waldstruktur erfasst werden. In den alten Bundesländern konnte außerdem noch die Waldentwicklung wie der Zuwachs und die Nutzung zwischen den beiden Bundeswaldinventuren ausgewertet werden. Die nachfolgende Darstellung der forstwirtschaftlichen Situation in Deutschland stützt sich im Wesentlichen auf die Daten aus den Bundeswaldinventuren (BWI 2004).

2.1 Zusammenfassende Darstellung der Situation in Deutschland

2.1.1 Verteilung der Waldflächen

Deutschland ist zu 31% bewaldet, das entspricht einer Fläche von mehr als 11 Millionen ha (genau 11.075.799 ha, BWI 2004). Der größte Anteil an der Waldfläche befindet sich in Bayern mit 2,6 Mio. ha, gefolgt von Baden-Württemberg mit 1,4 Mio. ha. Niedersachsen und Brandenburg besitzen ebenfalls mehr als 1 Mio. ha Wald, Nordrhein-Westfalen, Hessen und Rheinland-Pfalz liegen nur knapp darunter. Die geringen Waldflächen der Stadtstaaten Hamburg, Bremen und Berlin wurden den angrenzenden Bundesländern angerechnet. Die Länder Mecklenburg-Vorpommern, Thüringen, Sachsen und Sachsen-Anhalt haben jeweils etwa eine halbe Mio. ha Waldfläche. Schleswig-Holstein ist mit 0,2 Mio. ha Waldfläche bezogen auf seine Gesamtfläche das waldärmste Land, wohingegen das Saarland mit nur 0,1 Mio. ha aufgrund seiner kleinen Fläche zu den waldreichen Ländern gehört.

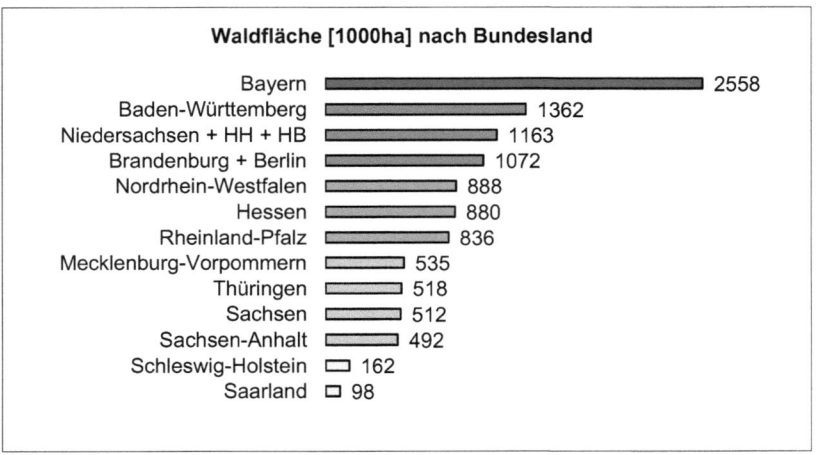

Abb. 2-2: Ausdehnung der Waldfläche in 1000 ha nach Bundesland (BWI 2004)

2.1.2 Waldflächenanteil an den Landesflächen

Neben der Größe der Waldfläche zeigt der Flächenanteil an der Landesfläche noch deutlicher die Wichtigkeit der Waldbewirtschaftung für ein Land.

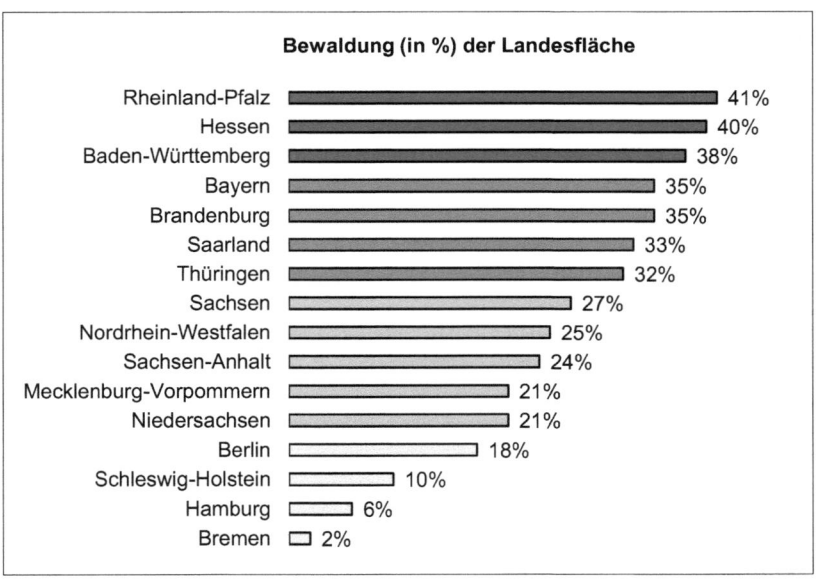

Abb. 2-3: Prozentuale Bewaldung der Bodenfläche der Bundesländer (Statistische Ämter des Bundes und der Länder 2008, www.statistik-portal.de)

Rheinland-Pfalz hat einen Waldlandanteil von 41%, Hessen von 40% und Baden-Württemberg von 38% - in diesen Ländern teilt sich der Wald mit der Landwirtschaft die land- und forstwirtschaftlich nutzbare Bodenfläche zur Hälfte. Aber auch in den Ländern Bayern, Brandenburg, Saarland und Thüringen, in denen ein Drittel der Bodenfläche bewaldet ist, beträgt der Anteil des Waldes an der Bodenfläche, die nicht als Siedlungs- und Verkehrsfläche oder Wasserfläche für eine land- und forstwirtschaftliche Nutzung ausfällt, um die 40% und ist somit ein wichtiger wirtschaftlicher Faktor des primären Sektors. In den Ländern Sachsen, Nordrhein-Westfalen, Sachsen-Anhalt und Mecklenburg-Vorpommern liegt die Bewaldung der Landesfläche bei etwa einem Viertel – auch das ist immer noch ein bedeutender Anteil an der Rohstoffproduktion des Produkts Holz und trägt zur Unabhängigkeit des deutschen Holzmarktes vom Importmarkt bei. Nur in den kleinen Stadtstaaten Berlin, Hamburg und Bremen und Schleswig-Holstein ist die Holzproduktion eher unbedeutend, in allen anderen Bundesländern ist eine ordnungsgemäße, nachhaltige Bewirtschaftung des Waldes von überragender wirtschaftlicher Bedeutung, denn neben der Schaffung von Arbeitsplätzen in der Waldwirtschaft und der Holzindustrie und der Befriedigung der Nachfrage nach Holz auf kurzen Lieferwegen liegt die Nutzung der vorhandenen Ressourcen im Interesse der Allgemeinheit.

2.1.3 Die natürlichen Waldgesellschaften

Die sich ohne anthropogene Einflüsse herausbildenden Waldgesellschaften werden von den Klimabedingungen und den Bodeneigenschaften bestimmt. Die Unterschiede in der Nährstoffversorgung bei Karbonat-, Lehm-, oder Sandböden und im Wasserhaushalt bei nassen, wechselfeuchten oder trockenen Böden im Zusammenspiel mit kontinentalem oder maritimen Klima und dem Relief von planar, kollin, oder montan führen zur Herausbildung von verschiedenen Pflanzengesellschaften. Diese natürlichen Waldgesellschaften sind weitgehend stabil und kehren bei vorübergehender Störung wie Sturmwurf, Waldbrand oder Holzernte wieder in den Zustand ihrer vorhergehenden Artenzusammensetzung zurück. Die starken Selbstregulierungskräfte natürlicher Waldgesellschaften erlauben eine nachhaltige Holznutzung mit extensivem Pflegeaufwand.

2.1.3.1 Buchenwaldstandorte

Die Konkurrenzkraft der Buchen gegenüber anderer Baumarten führt dazu, dass in Mitteleuropa die vorherrschende natürliche Waldgesellschaft der Buchenwald ist. In Deutschland würde auf 74 % der Waldfläche als Klimaxgesellschaft der Buchenwald dominieren, die von der planaren bis zur hochmontanen Klimastufe auf saurem wie auf basischem Gestein vorkommt.

Die in Deutschland häufigste natürliche Waldgesellschaft ist der nach der Weißen Hainsimse (Luzula luzuloides) benannte Hainsimsen-Buchenwald auf fast der Hälfte der Waldfläche (4,4 Mio. ha). Der im Hügel- und Bergland verbreitete Hainsimsen-Buchenwald hat als Begleitbaumart in den tieferen Lagen vorwiegend Eichen und in den höheren Lagen Tannen und Fichten. Der Drahtschmielen-Buchenwald, benannt nach der Grasart Drahtschmiele (Dschampsia flexuosa) wächst im norddeutschen Flachland (1 Mio. ha) und hat eine sehr ähnliche Artenzusammensetzung wie der Hainsimsen-Buchenwald. Beide Waldgesellschaften wachsen auf nährstoffarmem Silikatgestein oder auf lehmigen und sandigen Ablagerungen der Eiszeiten. Auf dem kalkfreien Ausgangsgestein entwickelten sich saure Braunerden oder Parabraunerden mit einer Moderauflage. Zur Acker- und Weidenutzung umgewandelte bodensaure Buchenwälder hatten häufig ertragsschwache Böden und so wurden diese im Lauf der letzten 200 Jahren mit Fichten und Kiefern wieder aufgeforstet.

Der Waldmeister-Buchenwald, benannt nach seiner Zeigerpflanze Waldmeister (Galium odoratum) wächst auf mäßig nährstoffversorgten Braunerden und Parabraunerden und ist artenreicher als die beiden zuvor beschriebenen Waldgesellschaften. Die Hauptbaumart ist die Buche zum Teil mit Tanne und mit einer gelegentlichen Beimischung der Edellaubhölzer Esche und Ahorn. Er ist die zweithäufigste Waldgesellschaft auf 1,4 Mio. ha der Waldfläche und würde eine erheblich größere Fläche bedecken, aber die Böden eignen sich gut für eine landwirtschaftliche Nutzung. In den Jahren von 1950 bis 1970 wurden viele Standorte der Waldmeister-Buchenwaldgesellschaft in sehr gut wachsende Nadelwälder umgewandelt.

2.1.3.2 Eichenwaldstandorte

Auf Standorten, die für die Buche zu trocken oder zu nass sind, ist die Konkurrenzkraft der Stiel- und Traubeneichen stärker. In Eichenwaldgesellschaften ist die Strauch- und Krautschicht meist artenreicher als in den Buchenwaldgesellschaften und es sind an der Baumschicht mehrere Baumarten beteiligt. In Deutschland gehören 18 % der bewaldeten Fläche den Eichenwaldgesellschaften an. Die Grenze zwischen potentiellen Buchenwald- und Eichenwald-Standorten ist nicht eindeutig und führt zu Mischwaldgesellschaften wie den Buchen-Traubeneichenwald. Er wächst vom norddeutschen Flachland bis in die Oberrheinebene auf Sandböden. Im Hügel- und Bergland an warmen und trockenen Standorten findet der Birken-Traubeneichenwald seine Verbreitung mit Eiche, Birke, Buche und Kiefer in der Baumschicht. An sehr nährstoffarmen und degradierten Standorten, vorwiegend in der norddeutschen Tiefebene wächst der buchenfreie Birken-Stieleichenwald. Im subkontinentalen Klimabereich von Ostbayern bis in das norddeutsche Flachland ist die häufigste Eichenwaldgesellschaft, der Preiselbeer-Eichenwald verbreitet. Die Baumschicht setzt sich aus der Stieleiche, der Traubeneiche und der Kiefer zusammen und daneben treten auch Birke, Eberesche und Aspe häufiger auf. Neben den oben beschriebenen Eichenwaldgesellschaften, die auf stark sauren und nährstoffarmen Böden gedeihen, kommt auf besser mit Nährstoffen versorgten Grund- und Stauwasserböden der Eichenwald mit Hainbuche und Beteiligung der Esche und Traubenkirsche vor und auf trockeneren Böden der Eichen-Lindenwald.

2.1.3.3 Nadelwaldstandorte

Auf 3 % der deutschen Waldfläche entspricht der Nadelwald der potentiellen natürlichen Vegetation. Geschlossene Bestände von Hochlagen-Fichtenwäldern wachsen bei kontinentalem Klima von montanen bis subalpinen Lagen der Mittelgebirge und der Alpen. Das Wuchsgebiet ist gekennzeichnet von einer kurzen Vegetationsperiode, sauren Böden und teilweise sehr nassen Böden. Kiefernwälder kommen auf basen- und nährstoffarmen, trockenen Sandböden oder auf Grund- und Stauwasserböden vor. Tannen-Mischwälder sind eine Übergangsform in der submontanen-montanen Stufe der Gebirge. Sehr artenreiche Tannenwälder finden sich auf Silikat- und Kalkstandorten und artenärmere Fichten-Tannenwälder auf sauren Böden in subkontinental geprägten Gebirgen. Der regionale Schwerpunkt der natürlichen Nadelwaldgesellschaften liegt in den Hochlagen Baden-Württembergs, Bayerns und Thüringen.

2.1.3.4 Standorte wassergeprägter und sonstiger Waldgesellschaften

Azonale Waldgesellschaften wassergeprägter Standorte wie die Auewälder, Sumpf- und Moorwälder haben ihre Verbreitung auf 4 % der Waldfläche und sonstige azonale Waldgesellschaften wie u. a. Schlucht-, Hang- und Blockwälder auf 1 % der Fläche.

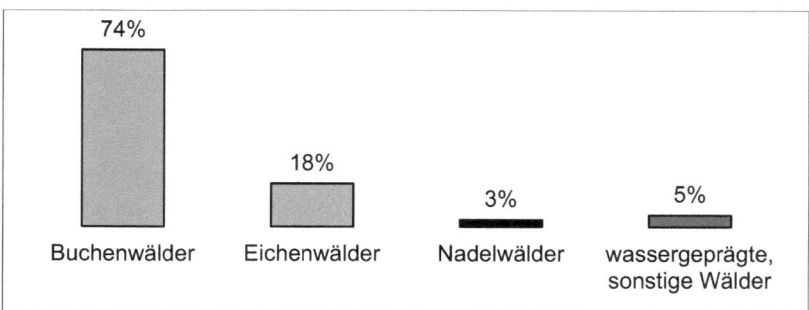

Abb. 2-4: Anteil der potentiellen natürlichen Waldgesellschaften an der Waldfläche (BWI 2004)

2.1.4 Vorherrschende Bestockungstypen

Die Baumarten Fichte, Kiefer, Buche und Eiche prägen das Waldbild in Deutschland. Der häufigste Bestockungstyp ist mit 32% die Fichte, gefolgt mit

24% die Kiefer. Der Nadelwald überwiegt den Laubwald. Buchenwälder sind zu 16% und Eichenwälder zu 8% verbreitet. Weitere regional bedeutende Baumarten sind Esche, Birke, Erle, Tanne, Douglasie und Lärche. Durch die naturräumlichen und standörtlichen Unterschiede sind die Baumartenzusammensetzungen der einzelnen Bundesländer sehr verschieden. Dennoch können großräumige Waldzonen in Deutschland unterschieden werden. Im Norden dominiert die Kiefer, in den Mittelgebirgen und an der Küste Laubbäume und im Süden die Fichte.

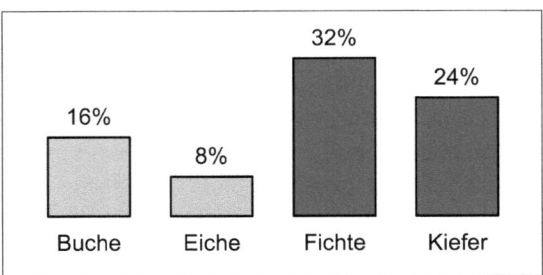

Abb. 2-5: Vorherrschende Bestockungstypen in Deutschland (BWI 2004)

Die vorherrschende Bestockung im Vergleich mit der potentiellen natürlichen Waldgesellschaft zeigt die Naturnähe des Waldes und ermöglicht Rückschlüsse über seine Stabilität. Bestockungen mit Buchen, Tannen, Eschen und Eichen stehen meist auf Standorten, die sie auch als natürliche Waldgesellschaft einnehmen würden und gelten als naturnah. Ein Großteil der Bestockungstypen Kiefer und Birke sind als bedingt naturnah eingestuft. Die Bestockungstypen Lärche, Douglasie, Fichte und Kiefer stehen häufig auf Standorten, die von Natur aus von anderen Waldgesellschaften eingenommen werden würden, daher werden sie als kulturbetont oder kulturbestimmt eingeordnet. (BWI 2004)

Ein bundesweiter Vergleich der potentiellen mit der tatsächlichen Waldgesellschaft ergab, dass im Landeswald 42 %, im Körperschaftswald 40 % und im Privatwald 30 % der Waldflächen naturnah bestockt sind. Es ist seit Jahren das forstpolitische Ziel, den Anteil der Laubbäume, der Mischwälder und der naturnah bewirtschafteten Wälder zu erhöhen, um die ökologische Stabilität zu verbessern. Erste Resultate zeigen sich in einer Zunahme der Naturnähe der Bestockung in der ersten Altersklasse (bis 20 Jahre). Die höchste Altersklasse (älter als 160 Jahre) weist die höchste Naturnähe mit 78 % auf und je jünger die Bestockung ist, umso geringer ist die Naturnähe. Die geringste Naturnähe zeigt die zweite Altersklasse (21-40 Jahre) mit 22%. Die erste Altersklasse durchbricht diesen Trend mit einer Naturnähe von 27 %, da in den letzten Jahren eine Aufforstung mit standortgerechten Baumarten forciert wird. Die Verjüngung mit standortgerechten Baumarten wird von den Eigentümern unterschiedlich stark umgesetzt, so dass zwar bei allen Eigentümern eine Zunahme der Naturnähe in der ersten Altersklasse zu verzeichnen ist, aber im Landeswald liegt sie bei 38 %, im Körperschaftswald bei 28 % und im Privatwald bei 22 %.

2.1.5 Waldrandlänge

Aufgrund kleiner Parzellierung und häufiger Streulage der Privatwaldflächen ist die Waldrandlänge im Privatwald mit durchschnittlich 71 m/ha außerordentlich hoch. Im Landeswald beträgt die Waldrandlänge wegen seiner kompakten Gestalt in großen Waldblöcken nur 16 m/ha. Der Nachteil eines langen Waldrandes liegt darin, dass neben dem Pflegeaufwand auch der Holzertrag sehr gering ist. Daher werden der Aufbau und die Pflege des Waldrandes im Privatwald finanziell gefördert, allerdings wird diese Förderung nur mäßig in Anspruch genommen. Die meisten Privatwälder besitzen keinen breiten, stufig aufgebauten Waldaußenrand, sondern die Wirtschaftsbäume enden abrupt an der Grundstücksgrenze und genießen nicht den Schutzwall von Strauch- und Übergangszone.

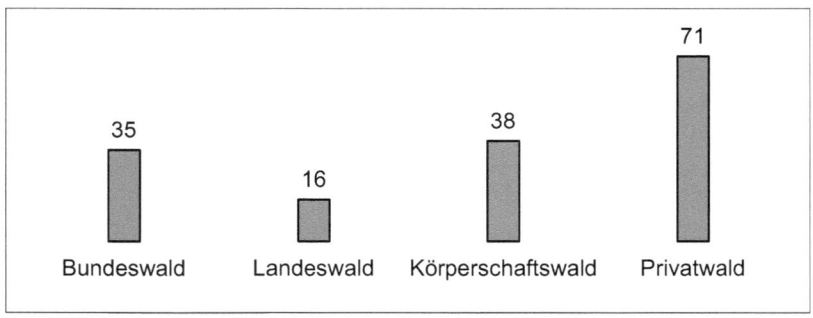

Abb. 2-6: Durchschnittliche Waldrandlänge nach Eigentumsart in [m/ha] (BWI 2004)

2.1.6 Waldbesitzverteilung in Deutschland

Die deutschen Waldflächen stehen im Eigentum unterschiedlicher Besitzer. Die Waldeigentumsarten sind im Bundeswaldgesetz festgelegt (§ 3 BWaldG). Als Staatswald oder Staatsforst werden Wälder im staatlichen Eigentum bezeichnet. Man unterscheidet den Landesforst, der im Eigentum der Bundesländer steht und 30% der Waldfläche ausmacht und den Bundesforst, der im Eigentum der Bundesrepublik Deutschland steht, der aber nur 4% der Waldfläche umfasst. Der Bundesforst befindet sich zum Großteil auf militärisch genutzten Flächen, entlang von Autobahnen und Bundeswasserstraßen und wird von der Bundesanstalt für Immobilienaufgaben verwaltet. Der Landesforst wird von jedem Bundesland durch eine eigene Forstverwaltung betreut.

20% der Waldfläche entfällt auf den Körperschaftswald. Das ist der Wald, der im Eigentum der Gemeinden, der Gemeindeverbände, der Zweckverbände sowie sonstiger Körperschaften, Anstalten und Stiftungen des öffentlichen Rechts steht. Er wird häufiger als Kommunalwald, Stadtwald oder Gemeindewald bezeichnet. Wald in Kircheneigentum zählt rechtlich als Privatwald, nicht als Körperschaftswald.

Wald, der weder Staatswald noch Körperschaftswald ist, ist Privatwald. Er steht im Eigentum von natürlichen oder juristischen Personen oder Personengesellschaften und umfasst 42% der Gesamtfläche. Der Privatwald ist somit die vorherrschende Eigentumsform, der, den Treuhandwald mit eingerechnet, fast die Hälfte der Waldfläche umfasst. Der Treuhandwald befindet sich im Prozess der Privatisierung. Es handelt sich dabei um Wald, der durch die Bodenreform der DDR den Eigentümern entzogen wurde und in Volkseigentum überführt worden war. Im Aufnahmezeitraum der 2. Bundeswaldinventur waren von dem 600 000 ha zu privatisierenden Treuhandwald 406 000 ha noch nicht privatisiert. 2002 wurde noch 4% der Gesamtwaldfläche als Treuhandwald durch die Landesforstverwaltungen und durch die Bodenverwertungs- und -verwaltungs GmbH (BVVG) bewirtschaftet. Der Privatisierungsprozess forstwirtschaftlicher Fläche ist bald abgeschlossen, 2010 verwaltete die BVVG nur noch 74 800 ha Forstflächen (BVVG 2010, S.10). Es wird daher in dieser Arbeit der von der 2. Bundeswaldinventur aufgenommene Treuhandwald als Privatwald dargestellt.

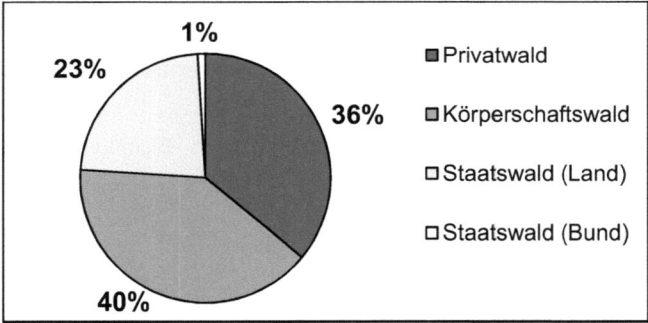

Abb. 2-7: Verteilung des Waldeigentums in Deutschland in Prozent (nach BWI 2004)

2.1.7 Bewirtschaftungseinheiten des Waldbesitzes

Die Bewirtschaftungseinheiten unterscheiden sich in den Eigentumsarten grundlegend. Während im Staatswald (Land und Bund) durchschnittlich mehr als 1000 ha Wald einem Forstrevier zur Bewirtschaftung zugeteilt ist, liegt im Privatwald der größte Teil der Fläche in der Größenklasse unter 20 ha. Der Privatwaldbesitz umfasst eine Gesamtfläche von 4,8 Mio. ha, das ist in etwa die

Hälfte der bundesdeutschen Waldfläche. Davon entfallen 3,7 Mio. ha auf die Besitzkategorie des Kleinprivatwaldes (bis 200 ha), zum Großteil sogar auf die Besitzkategorie Kleinstprivatwald (bis 5 ha), die aber in den amtlichen Statistiken nicht aufgeführt wird, sondern in die Größenklasse „bis 20 ha" fällt. Jeweils ca. 0,5 Mio. ha sind dem mittleren Privatwald (200-1000 ha) und dem Großprivatwald (ab 1000 ha) zugeordnet. Der Körperschaftswald, insgesamt 2,2 Mio. ha, teilt sich in etwa zur Hälfte in Großwaldbesitz und Mittelwaldbesitz, aber kaum Kleinwaldbesitz. Dieser Unterschied ist geschichtlichen Ursprungs und regional verschieden ausgeprägt (Mantel 1990, Hasel 1985).

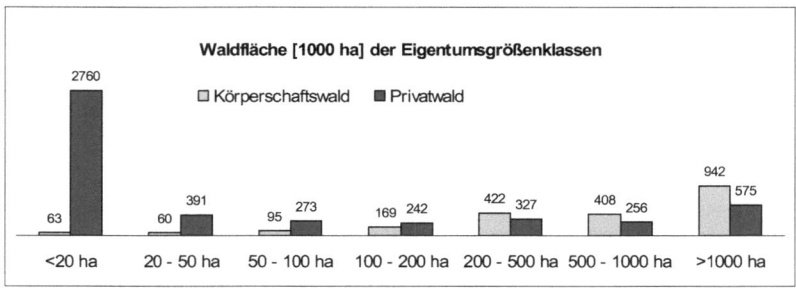

Abb. 2-8: Eigentumsgrößenklassen Privat- und Körperschaftswald (BWI 2004)

2.1.8 Holzvorräte der Eigentumsarten

Aufgrund des kleinflächigen Besitzes ist die Rentabilität der Bewirtschaftung von Kleinprivatwald stark eingeschränkt und führt im Zusammenspiel weiterer Faktoren zur Unterlassung der Holzernte. Daher konnte sich im Laufe der letzten Jahrzehnte ein sehr hoher Holzvorrat im Privatwald ansammeln. Im europäischen Vergleich hat Deutschland mit der Schweiz und Österreich die höchsten Holzvorräte pro ha, die in allen drei Ländern zum größten Teil im Kleinprivatwald stehen.

Durchschnittlich stockt in Deutschland im Privatwald auf einem ha Waldbodenfläche 337 m³ Holz. Im Staatswald und Körperschaftswald ist der Holzvorrat geringer, trotz Nutzungsbeschränkungen aufgrund von übergeordneten Funktionen wie Natur- und Artenschutz, Erholung oder wissenschaftliche Untersuchungen.

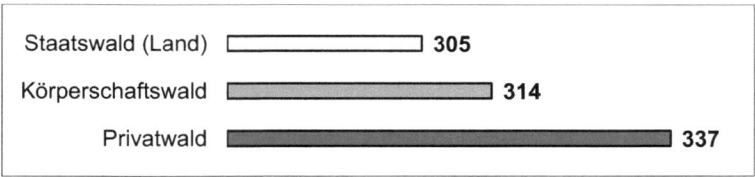

Abb. 2-9: Holzvorrat [m³/ha] nach Eigentumsart (BWI 2004)

Die allgemein hohen Vorräte in Deutschlands Wäldern zeigen, dass sich der Wald nach der Überbeanspruchung im dritten Reich, das seinen Nutzholzbedarf weit über die Nachhaltigkeitsgrenze hinaus befriedigte, sehr gut erholt hat. Nun stellt sich aber die Frage, inwieweit die Nichtnutzung der Holzvorräte negative Auswirkungen haben können. Der ökonomische Ausfall liegt auf der Hand, aber Kalamitäten durch Überalterung der Bestände wie Windwurf, Schneebruch und Schädlingsbefall können kaum abgeschätzt werden. Durch die Nichtnutzung kann der Waldumbau von Reinbeständen zu ökologisch stabileren Mischbeständen, die den genannten Kalamitäten besser trotzen, nicht umgesetzt werden. Außerdem wird kein zusätzlicher Kohlenstoff gebunden. Durch die Holzernte wird Klimaschutz auf zweifache Weise betrieben: die nachwachsenden Bäume sind eine Kohlendioxidsenke und das geerntete Holz kann energieintensive Materialien ersetzen oder klimaneutral energetisch verwertet werden.

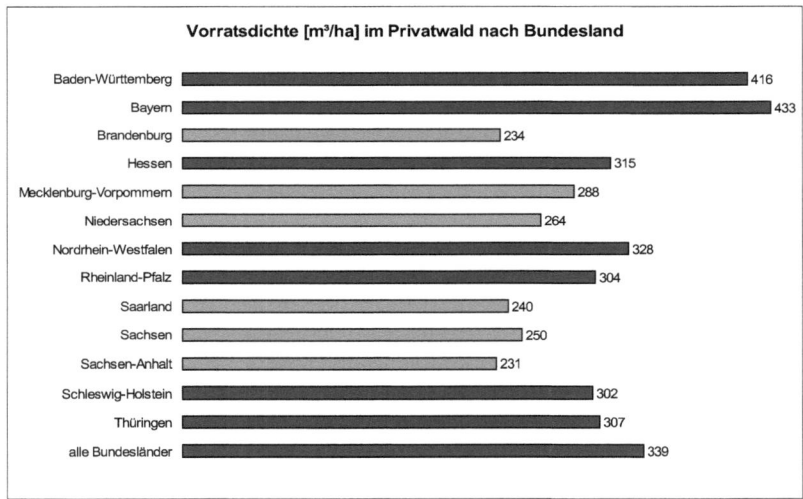

Abb. 2-10: Vorratsdichte [m³/ha] im Privatwald nach Bundesland (BWI 2004)

Ein Ländervergleich zeigt, dass in den Bundesländern im Privatwald die höchsten Vorräte liegen, in denen sich durch die geschichtliche Entwicklung des Waldbesitzes vornehmlich Kleinstrukturen gebildet haben. In Bayern und Baden–Württemberg, liegt der Holzvorrat mit 433 m³/ha und 416 m³/ha weit über dem Durchschnitt. Aber auch Nordrhein-Westfalen, Hessen, Thüringen, Rheinland-Pfalz und Schleswig-Holstein haben Vorräte von mehr als 300 m³/ha. Im Osten Deutschlands sowie in Niedersachsen und Saarland liegen die Vorräte um die 250 m³/ha.

2.1.9 Nutzungsintensität in den Waldeigentumsformen

Die Bundeswaldinventuren von 1987 und 2002 erlauben einen Überblick über den Zuwachs und die Abgänge des Holzvorrats in den alten Bundesländern. Die durchschnittliche jährliche Nutzung in diesem Zeitraum lag im Körperschaftswald und im Staatswald (Land) bei mehr als 9 m³ pro Hektar Waldbodenfläche. Im Privatwald wurde 7 m³ pro ha im Jahr geerntet, wobei die Nutzungsintensität mit der Eigentumsgröße anstieg, so dass bei Waldflächen über 1000 ha eine höhere Nutzung als im Staatswald vorlag, im Kleinprivatwald aber eine weitaus geringere. Der geringe Holzabgang des Staatswaldes (Bund) von knapp 5 m³ pro ha erklärt sich aus der militärischen Verwendung der Flächen, die der Holznutzung übergeordneten ist oder aus der Lage an den Bundesautobahnen und Wasserstraßen.

Grundsätzlich bedingen unterschiedliche Standorte, Baumarten und Altersklassen regional unterschiedliche Nutzungsmöglichkeiten und es kann auch nicht aus waldbaulichen Gründen jährlich der gesamte Zuwachs abgeschöpft werden. Dennoch zeigt der Vorratszuwachs im Privatwald von 26% gegenüber dem im Staatswald (Land) von 11% im Beobachtungszeitraum von 1987-2002, dass eine weitaus höhere Nutzung möglich wäre.

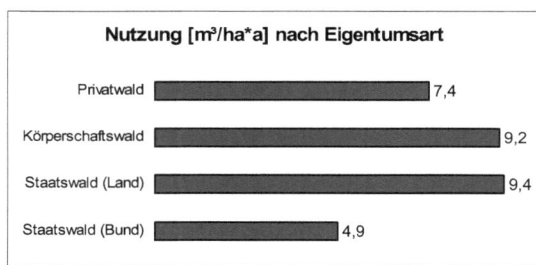

Abb. 2-11: Holznutzung [m³/ha * a] nach Eigentumsart von 1987-2002, alte Bundesländer (BWI 2004)

2.2 Forstwirtschaftliche Situation in ausgewählten Bundesländern

2.2.1 Forstwirtschaftliche Situation in Bayern

2.2.1.1 Wald- und Baumartenverteilung

Bayern besitzt die größte Waldfläche und den höchsten Holzvorrat und ist somit das waldreichste Bundesland. Große Waldflächen befinden sich im Süden in den Bayerischen Alpen und auf den Mittelgebirgslandschaften: im Norden an der Grenze zu Hessen der Spessart, der Odenwald und die Rhön, im Osten an der Grenze zu Tschechien der Bayerische Wald, der Oberpfälzer Wald, der Frankenwald, das Fichtelgebirge und die Fränkische Alb.

Die vorherrschende Bestockung der Waldflächen ist mit 52% der Fichtentyp, gefolgt vom Kieferntyp. Der Buchentyp ist lediglich zu 12% zu finden, obwohl die potenziell natürliche Waldgesellschaft überwiegend dem Buchenwaldtyp entspricht.

Bei einer Bestockung mit den potentiell natürlichen Waldgesellschaften, hätte Bayern fast nur Laubwälder. In der potentiellen natürlichen Vegetation dominieren die Buchenwälder mit 84%. Bayerns Wälder erstrecken sich zum größten Teil in höheren Lagen, dort sind im Hainsimsen-Buchenwald als Mischbaumarten Fichten und Tannen vertreten. Nadelwälder, insbesondere die Hochlagen-Fichtenwälder, sind hauptsächlich in den Hochgebirgslagen die natürliche Waldgesellschaft.

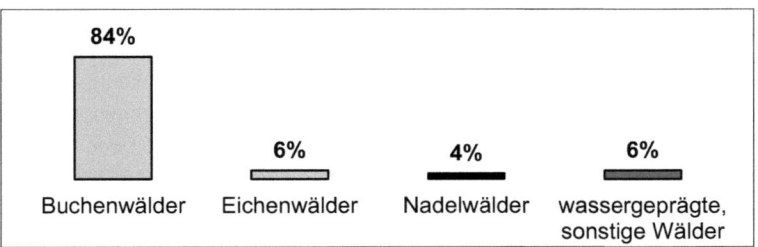

Abb. 2-12: Verbreitung der potentiellen natürl. Waldgesellschaften (BWI 2004)

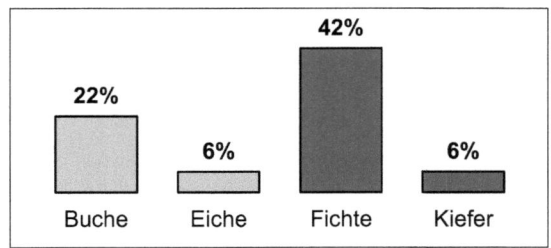

Abb. 2-13: Bestockungstyp der Waldflächen in Bayern in Prozent (BWI 2004)

2.2.1.2 Waldeigentumstruktur

In Bayern dominiert mit 54% der Privatwald in der Hand von 700 000 privaten Waldeigentümern. Zwei Drittel dieser Flächen werden von Betrieben mit einer Größe von unter 20 ha bewirtschaftet. 14% der Waldflächen sind Körperschaftswald, oftmals in Gemengelage mit kleinparzelliertem Privatwald. Der Anteil des Landeswaldes liegt mit 30% genau im Bundesdurchschnitt.

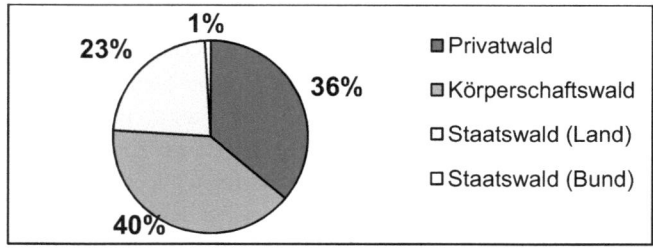

Abb. 2-14: Verteilung des Waldeigentums in Bayern in Prozent. (BWI 2004)

Die durchschnittliche Größe der Waldgrundstücke im Privat- und Körperschaftswald ist aufgrund der immens hohen Anzahl von Waldbesitzern extrem klein. Sie liegt im bayerischen Landesdurchschnitt bei 2,5 ha.

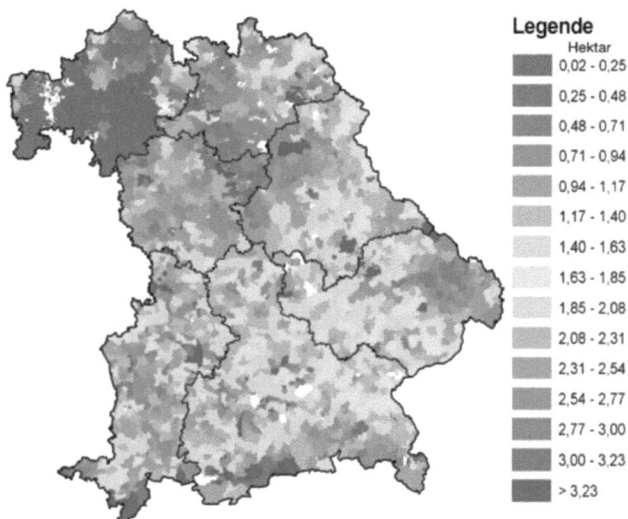

Abb. 2-15: Durchschnittliche Waldgrundstücksgröße im Privat- und Körperschaftswald (Bayerisches Staatsministerium für Landw. u. Forsten 2008, S.11)

2.2.1.3 Forstliche Strukturprobleme des Privatwaldes

Die Cluster-Studie Forst und Holz schreibt über den Privatwald: „Eine starke Parzellierung im Privat- und Körperschaftswald erschwert häufig die Bewirtschaftung, zum Beispiel durch unzureichende Erschließung der Parzellen mit Waldwegen und einen verstreuten Holzanfall. Hinzu kommt, dass bei vielen Eigentümern der Bezug zum Wald abnimmt. Sie wohnen zwar noch in der Nähe ihres Waldes, erzielen ihr Einkommen inzwischen aber außerhalb der Land und Forstwirtschaft und sind daher nicht von Einkünften aus der Waldbewirtschaftung abhängig." (Clusterinitiative Forst und Holz in Bayern 2008)

Die Besitzstruktur hat Einfluss auf das angebotene Holzsortiment. Im Kleinprivatwald kleiner als 20 ha Größe fällt die Brennholzgewinnung (Energieholz) besonders hoch aus und das Angebot von höherwertigem Nadelstammholz ist geringer als im Privatwald mit einer Besitzgröße größer als 20 ha. Laubstammholz wurde überwiegend im Landesforst und im Körperschaftswald geerntet. Das in allen Waldeigentumsformen geringfügig vorhandene unverwertete Holz dient als Totholz dem Biotop- und Artenschutz oder es handelt sich um liegen gelassenes unverwertbares Wipfel- und Astmaterial. Im Kleinprivatwald ist kaum Totholz vorhanden, da das von den Waldbesitzern als unästhetisch und als Schädlingsgefahr eingestuft wird.

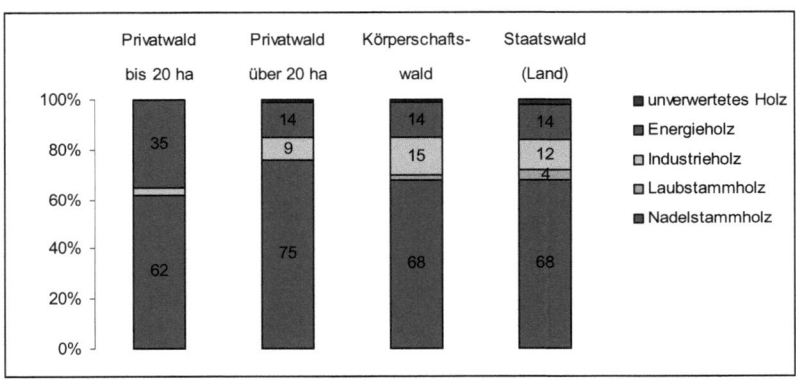

Abb. 2-16: Holzeinschlag nach Sortimenten im Jahr 2006
(Clusterinitiative Forst und Holz in Bayern 2008, S.29)

Große Flächen von nicht standortgemäßen Nadelholzreinbeständen gelten aufgrund der klimatischen Veränderungen als Risikostandorte (Borchert, Kölling 2004). Die Bayerische Staatsforstverwaltung betreibt seit Jahrzehnte einen großflächigen Waldumbau zu stabilen Mischwäldern, der im Kleinprivatwald bisher nur auf Kalamitätsflächen umgesetzt wurde.

Das Klimaprogramm Bayern 2020 der Bayerischen Staatsregierung sieht in seinem Waldumbauprogramm vor, von insgesamt ca. 260.000 ha akut gefährdeten Fichtenbeständen im Privat- und Körperschaftswald rund 100.000 ha bis 2020 in klimatolerante Mischwälder umzubauen (Bayerische Staatsregierung und Bayerisches Staatsministerium für Umwelt, Gesundheit und Verbraucherschutz 2008). Dazu sollen Information und Beratung der Waldbesitzer verstärkt, Forschung und Entwicklung vertieft, Bewirtschaftungsgrundlagen verbessert, die finanzielle Förderung aufgestockt und Wildbestände konsequent reguliert werden.

Die Weihenstephaner Erklärung zu Wald und Forstwirtschaft im Klimawandel (Bayerische Staatsregierung 2008) sieht in stabilen Wäldern und intelligenter

Holznutzung eine Schlüsselrolle im Klimaschutz. Sie schlägt unter anderem vor, für die Waldbesitzer günstige Rahmenbedingungen zu schaffen, um die Holznutzung im Rahmen der Nachhaltigkeit zu steigern und strukturelle Nachteile durch bedarfsgerechte Walderschließung, Waldneuordnungen sowie effiziente forstliche Zusammenschlüsse abzubauen.

2.2.2 Forstwirtschaftliche Situation in Baden-Württemberg

2.2.2.1 Wald- und Baumartenverteilung

Baden-Württemberg ist das Bundesland mit der zweitgrößten Waldfläche. 1,4 Mio. ha Wald stehen auf 38% der Landesfläche, womit Baden-Württemberg zu den waldreichen Ländern Deutschlands zählt. Besonders dicht bewaldet sind die Gebirgslagen des Schwarzwaldes, des schwäbisch-fränkischen Waldes und des Odenwaldes. Der Bestockungstyp Fichte prägt mit 42% den Wald, gefolgt von dem Buchentyp mit 22%. Die Tanne als bestandesbildende Baumart des Bergmischwalds ist zu 8% vertreten; es ist waldbauliches Ziel, die Tannenbestände zu vermehren. Langfristig soll der Anteil der Nadelbäume, insbesondere der Fichte, zugunsten der Laubbäume gesenkt werden. Es wird ein Verhältnis von Nadelbäumen zu Laubbäumen von 1:1 in dem potentiellen Buchenwaldland angestrebt.

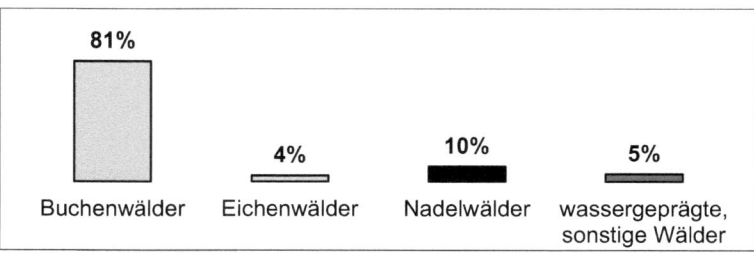

Abb. 2-17: Verbreitung der potentiellen natürl. Waldgesellschaften (BWI 2004)

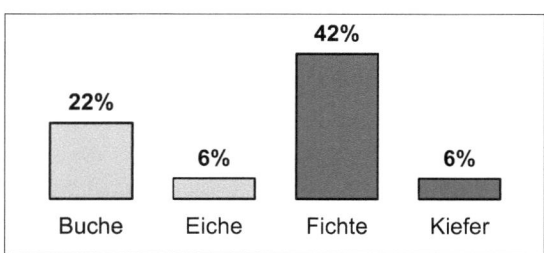

Abb. 2-18: Bestockungstyp der Waldflächen in Baden-Württemberg (BWI 2004)

2.2.2.2 Waldeigentumstruktur

In Baden-Württemberg beträgt der Privatwaldanteil an der Waldfläche 36 %, der sich auf 260 000 Eigentümer verteilt. Der Körperschaftswald auf 40% der Fläche wird von etwa 1100 Eigentümern bewirtschaftet.

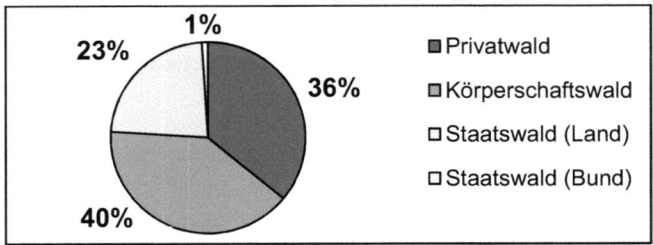

Abb. 2-19: Verteilung des Waldeigentums in Baden-Württemberg (BWI 2004)

Die durchschnittliche Waldfläche pro Privatwaldeigentümer berechnet sich auf 1,9 ha. Allerdings gestaltet sich die Situation bei Betrachtung der Einzelbetriebsflächen in der Größenklasse bis 10 ha als wesentlich kleinteiliger mit einer mittleren Besitzgröße von 0,8 ha für 233 000 Eigentümer (Wippel 2011). Mehr als die Hälfte der Privatwaldfläche liegt in der Eigentumsgrößenklasse des Kleinprivatwaldes.

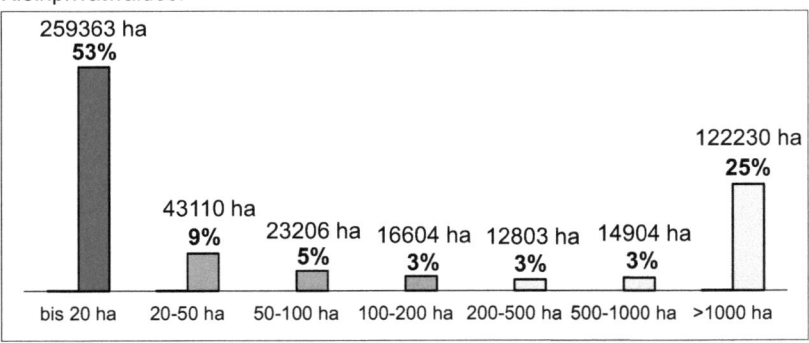

Abb. 2-20: Anteil der Eigentumsgrößenklassen im Privatwald (BWI 2004)

2.2.2.3 Forstliche Strukturprobleme des Privatwaldes

Basierend auf einer Auswertung von Statistiken und schriftlicher Befragung der unteren Forstbehörden stellte Wippel (2011) fest, dass die sehr unterschiedlichen naturräumlichen und strukturellen Gegebenheiten in den Landkreisen zu deutlich sehr unterschiedlichen Nutzungsverhalten im Kleinprivatwald unter 10 ha zwischen den Landkreisen führte. Es wurde in der Untersuchung eine Einteilung des Kleinprivatwaldes (<10 ha) in 4 Kategorien unternommen, die abhängig von der durchschnittlichen Waldbesitzgröße und dem Nadelholzanteil die Wirtschaftlichkeit der Holznutzung beurteilt. Ergebnis ist, dass Privatwald mit zunehmender Waldbesitzgröße und Nadelholzanteil, tendenziell leichter zu mobilisieren und wirtschaftlich interessanter ist und dort die Vermarktung des Holzes von den Waldeigentümern meist selbst umgesetzt wird. Eine deutlich geringere Ausschöpfung der Nutzungspotentiale wurde in dem Bereich mit durchschnittlich sehr kleinen Waldbesitzgrößen, trotz guter naturaler Ausstattung mit hohem Nadelholzanteil festgestellt. Grundsätzlich unattraktiv, unabhängig von der Waldbesitzgröße ist die Mobilisierung von Laubholz, da dieses aufgrund seiner Brennholzqualität wesentlich geringere Erlöse als Nadelholz erzielt. Wippel (2011) identifizierte die Hemmnisse der Holzbereitstellung durch eine schriftliche Befragung der unteren Forstbehörden und der Forstbetriebsgemeinschaften. Als größtes Hemmnis wurde von beiden befragten Gruppen an erster Stelle ein niedriges Holzpreisniveau genannt, dann fehlendes Wissen zu Einkommenspotenzialen und zur Waldbewirtschaftung, Reservedenken, die Höhe des Einkommenseffekts, Urbanität, Infrastruktur und Verfügbarkeit von Technik.

Nach Angaben der Interviewpartner liegen die größten Nutzungsreserven in Realteilungsgebieten brach. Diese sind gekennzeichnet durch sehr kleine Grundstücke, häufig mehrere getrennt voneinander liegende Grundstücken im Eigentum einer Person oder Erbengemeinschaft und nicht selten ohne Anschluss an ein Wegenetz (Wippel 2011, S.71). Die Erreichbarkeit vieler Kleinstflächen ist nach wie vor schwierig, da häufig nur über benachbarte Grundstücke Zugang besteht. Der gemeinschaftliche Wegebau hat trotz der bestehenden Fördermöglichkeiten häufig nur eine geringe Bedeutung, da jeder zwar gerne eine Zuwegung zu seinen Grundstücken haben möchte, aber niemand bereit ist Fläche für den Wegebau herzugeben (Wippel 2011, S.72). Der Erschließungsgrad wird im Kleinprivatwald zu einem Drittel, der Zustand der Wege zu zwei Drittel als eher schlecht beurteilt.

2.2.3 Forstwirtschaftliche Situation in Niedersachsen

2.2.3.1 Wald- und Baumartenverteilung

Niedersachsen ist zwar aufgrund seiner großen Fläche unterdurchschnittlich bewaldet, dennoch hat das Land im Bundesvergleich die drittgrößte Waldfläche mit 1,2 Mio. ha. Im niedersächsischen Tiefland, vor allem in der Lüneburger Heide dominiert die Kiefer sehr stark das Waldbild und Birkenwälder stehen dort auf degenerierten Moorstandorten. Im niedersächsischen Bergland, im Süden Niedersachsens überwiegen Buchen und Fichten.

Die potentielle natürliche Vegetation in Niedersachsen setzt sich auf 67% der Waldflächen aus Buchenwäldern zusammen, in denen als Mischbaumart die Eiche, Fichte und die Tanne vertreten sind und auf nährstoffreicheren Böden die Esche und der Ahorn. Auf 23% der Fläche ist der Eichenwald mit einer Beimischung von Birken und je nach Standort mit Buchen, Hainbuchen und Kiefern die natürliche Bewaldung. Mit Nadelbäumen dominierte Wälder würden natürlicherweise nicht vorkommen, aber große Kahlschläge in den Jahren vor und nach dem 1. und 2. Weltkrieg, Reparationshiebe der Besatzungsmächte, Waldzerstörungen durch die schweren Stürme 1972 und die Waldbrände 1975/76 führten zu einer Aufforstung der Kahlflächen mit Nadelbäumen.

Niedersachsen hat durch die großflächigen Holzverluste im letzten Jahrhundert und die darauffolgenden Aufforstungen sehr junge Bestände. Das geringe Vorkommen der älteren Altersklassen macht viele Betriebe zu einem Aufbaubetrieb, indem die Holzvorräte weiter erhöht werden müssen, aber auch der Waldaufbau kontinuierlich verbessert werden muss. Waldbauliche Maßnahmen wie Laubbaumpflanzungen zum Aufbau von Mischwäldern und Durchforstungen zur Waldpflege sollen neue vorratsvernichtende Schadereignisse vermeiden und ist nur durch eine zielgerichtete forstliche Bewirtschaftung möglich.

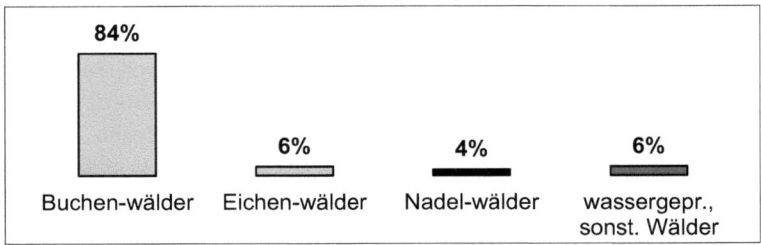

Abb. 2-21: Natürliche Waldgesellschaften in Niedersachsen (BWI 2004)

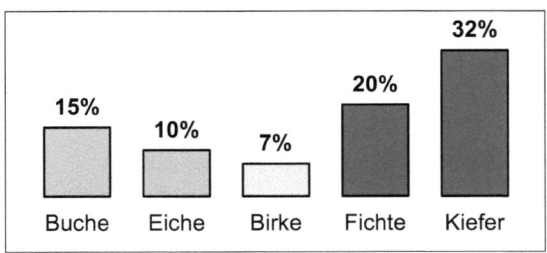

Abb. 2-22: Vorherrschende Bestockungstypen der Waldflächen (BWI 2004)

2.2.3.2 Waldeigentumstruktur

Der Privatwald erstreckt sich auf 0,7 Mio. ha und ist mit 58% die vorwiegende Eigentumsform. Er befindet sich größtenteils im Niedersächsischen Tiefland auf Kiefernwaldstandorten. Der Anteil des Privatwaldes im Niedersächsischen Bergland wird von den Wäldern der Genossenschaften, der als besonders gebundener Privatwald definiert wird und Realverbände geprägt. Der Körperschaftswald hat mit 7% nur eine geringe Verbreitung. 30% der Waldflächen gehören dem Landeswald, der im Niedersächsischen Bergland, vor allem im Harz und Solling überwiegt. Der Bundeswald, mit einem Anteil von 5% an der Gesamtwaldfläche, hat seine größten Flächen auf den Truppenübungsplätzen der Lüneburger Heide.

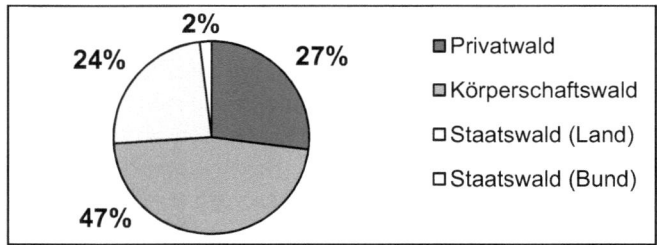

Abb. 2-23: Verteilung des Waldeigentums in Niedersachsen (BWI 2004)

Der Privatwald ist in Niedersachsen sehr kleinstrukturiert: 80% der Waldfläche gehört der Kategorie „Kleinprivatwald" mit einer Betriebsgröße bis 200 ha an, 46% der Betriebe sind kleiner als 20 ha. Die Betriebsgröße als grundlegendes Strukturmerkmal bestimmt sehr stark die Zielsetzung, Organisation und Leistungsfähigkeit eines Betriebes und bestimmt darüber, ob der Forstbetrieb als jährlich wirtschaftender Betrieb oder als aussetzender Betrieb in mehrjährigen Abständen bewirtschaftet wird. Für eine regelmäßige Bewirtschaftung wird standortabhängig eine Mindestgröße von 50-100 ha angegeben.

Abb. 2-24: Anteil der Eigentumsgrößenklassen im niedersächsischen Privatwald (Niedersächsisches Ministerium für den ländlichen Raum, Ernährung, Landwirtschaft und Verbraucherschutz 2004, S. 9)

Die sehr kleinen Betriebe entstanden durch die reale Teilung gemeindlichen Allmendebesitzes oder durch Neuaufforstungen aufgegebener landwirtschaftlicher Flächen. Der kleinere Privatwald ist daher oft von strukturellen Nachteilen wie z. B. einer starken Parzellierung seines Waldes beeinträchtigt. Da nur noch 50% des Privatwaldes in bäuerlicher Hand sind, bewirkt der rasche Wandel in der Eigentümerstruktur eine zunehmende Entfremdung des Eigentümers vom Wald. Dem Kleinstwaldbesitzer stehen auf Seiten der Holzwirtschaft zunehmend größere holzverarbeitende Unternehmen gegenüber, die die geringen Holzmengen eines einzelnen Kleinwaldbesitzers nicht mehr aufkaufen würden. Um auch künftig eine nachhaltige Nutzung der Wälder zu gewährleisten und die vorhandenen Holzmengen des Kleinstprivatwaldes zu mobilisieren wird die Beratung und Betreuung durch Forstfachkräfte und Forstwirtschaftliche Zusammenschlüsse als immer wichtiger gesehen. (Niedersächsisches Ministerium für den ländlichen Raum, Ernährung, Landwirtschaft und Verbraucherschutz 2004, S.8)

2.2.3.3 Forstliche Strukturprobleme des Privatwaldes

Der Privatwald ist von den forstlichen Strukturproblemen besonders betroffen. Er hat meist einen hohen Anteil junger Altersklassen, vielfach leistungsschwache Kiefernwälder und eine ungünstige Besitzstruktur.

Die zerstückelten Privatwaldflächen haben eine sehr hohe Waldaußenrandlänge von 70.000 km, die gesamte niedersächsische Waldrandlänge beträgt 83.000 km (BWI 2004). Niedersachsens Privatwald hat nach Bayerns Privatwald den zweitlängsten Waldaußenrand. Der Pflegeaufwand zur Schaffung stabiler Waldränder und der Holzproduktionsverlust in der Waldrandzone sind in Anbetracht der ökologischen und landschaftsästhetischen Funktion der Waldränder sehr ungleich zu Lasten der Privatwaldbesitzer verteilt.

Der Erschließungsgrad mit Fahrwegen ist im Privatwald mit 50 m/ha ähnlich gut wie im Landeswald mit 63 m/ha. Allerdings ist ein Großteil der Fahrwege im Privatwald weniger als 3 m breit und mit dem LKW nicht befahrbar, daher muss die Erschließung für den Holztransport als stellenweise unzureichend eingestuft werden.

Die Nutzung ist im Kleinprivatwald unterdurchschnittlich, teilweise wird er nicht oder nur sehr unregelmäßig bewirtschaftet. Mit zunehmender Betriebsgröße steigen der Holzeinschlag und die Bewirtschaftungsintensität, so dass erst Betriebe ab der Größenklasse 100-200 ha ihr Potential nutzen. Problematisch ist, dass sich der größte Teil der Waldflächen in der Besitzkategorie bis 100 ha befindet, nämlich 70% des Privatwaldes oder 40% des gesamten niedersächsischen Waldes. Das Niedersächsische Ministerium für den ländlichen Raum, Ernährung, Landwirtschaft und Verbraucherschutz ist der Ansicht, dass die existierenden Instrumente der Forstpolitik, wie forstwirtschaftliche Zusammenschlüsse und Fördermaßnahmen die Strukturschwächen insbesondere im kleinen Waldbesitz nur zum Teil abmildern können. Das Ministerium hält es für notwendig, die forstwirtschaftlichen Zusammenschlüsse zu leistungsstarken und handlungsfähigen Dienstleistungsorganisationen weiter zu entwickeln (Niedersächsisches Ministerium für den ländlichen Raum, Ernährung, Landwirtschaft und Verbraucherschutz, 2004, S.37). Die Clusterstudie sieht insbesondere im Kleinprivatwald ein Mobilisierungsproblem, aber auch eine mögliche vermehrte Holzmobilisierung durch eine künftige Bewirtschaftung von Wald, der bisher nicht bewirtschaftet wurde (Nordwestdeutsche Forstliche Versuchsanstalt 2007, S.82). Die Erschließung dieser bisher ungenutzten Potentiale soll durch Beratung, Betreuung und Entwicklung geeigneter Betreuungs- und Kooperationsmodelle erfolgen, die in der Clusterstudie nicht aufgeführt werden (Nordwestdeutsche Forstliche Versuchsanstalt 2007, S.86).

2.2.4 Forstwirtschaftliche Situation in Nordrhein-Westfalen

2.2.4.1 Wald- und Baumartenverteilung

Die Verteilung der Waldfläche ist in Nordrhein-Westfalen regional sehr unterschiedlich. Während sich die Waldgebiete in Eifel, Sauerland und Weserbergland in einer kompakten Gestalt zeigen, sind die Waldgebiete im Tiefland eher zerstückelt. Die durch die Höhenlagen geprägten Standortverhältnisse wirken sich bei der natürlichen Baumartenzusammensetzung aus. So setzen sich die Wälder in den niedrigen Lagen unterhalb 100m ü NN hauptsächlich aus Eichen, Kiefern und sonstigen Laubbäumen zusammen. Der Verbreitungsschwerpunkt der Buche liegt in der unteren Höhenlage des Hügellandes bis zur mittleren Lage des Mittelgebirges (100-500m ü NN). Mit zunehmender Höhenlage dominiert die Fichte. Das Verhältnis von Nadelbäumen zu Laubbäumen ist in etwa gleich. Die Baumart Fichte hat von allen Baumarten den größten Flächenanteil. Die Forstverwaltungen sind darum bemüht den Fichtenanteil zugunsten von Laubgehölzen zu senken.

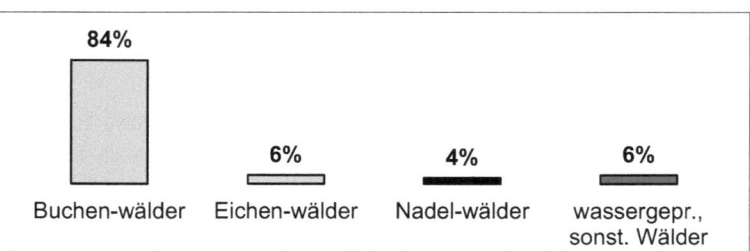

Abb. 2-25: Natürliche Waldgesellschaften in Nordrhein-Westfalen (BWI 2004)

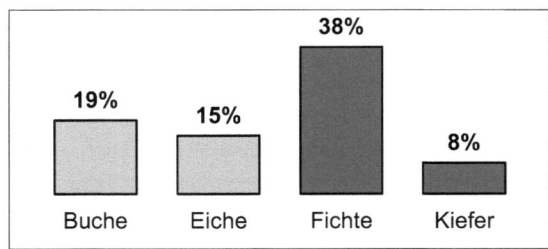

Abb. 2-26: Vorherrschende Bestockungstypen der Waldflächen (BWI 2004)

2.2.4.2 Waldeigentumstruktur

Die Waldeigentumsstruktur ist in Nordrhein-Westfalen einzigartig, denn es hat im Vergleich zu den anderen Bundesländern mit 67% den größten Privatwaldanteil und zugleich mit 14% den geringsten Landeswaldanteil an seinen Forstflächen (BWI 2004).

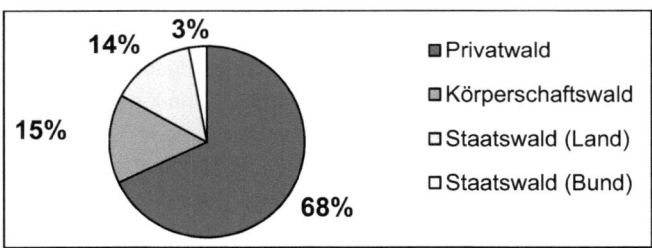

Abb. 2-27: Verteilung des Waldeigentums in NRW (BWI 2004)

2.2.4.3 Forstliche Strukturprobleme des Privatwaldes

Durch den außerordentlich hohen Anteil an Privatwald prägt dieser den Gesamtwald. Die Betriebsgröße und auch die Anzahl der Waldbesitzer haben großen Einfluss auf die Waldentwicklung. Der Landeswaldbericht von 2007 beschreibt die Situation wie folgt:

„Privatwaldbesitz war in der Vergangenheit meist in einen landwirtschaftlichen Betrieb eingebunden. Der Eigentümer hatte einen engen Bezug zu seinem Wald und führte einen großen Teil der Waldarbeiten selbst durch. Im Jahre 2005 bewirtschafteten die etwa 21.900 landwirtschaftlichen Haupterwerbsbetriebe eine Waldfläche von durchschnittlich 7,5 ha pro Betrieb. Durch den anhaltenden Strukturwandel in der Landwirtschaft wird die Bewirtschaftung der landwirtschaftlichen Fläche auf immer weniger Betriebe konzentriert, während die Waldfläche beim aufgebenden Landwirt verbleibt. Im Zuge des Generationswechsels nimmt die Bindung der Waldbesitzer an ihren Wald häufig ab. Zugleich hat der Wald aufgrund der Holzmarktentwicklung im Einkommensmix seines Besitzers an Bedeutung verloren. Dieser „Entfremdungsprozess" äußert sich nicht zuletzt auch in der Bereitschaft, sich in Forstbetriebsgemeinschaften zusammenzuschließen. Besitzer größerer Privatwälder haben meist eigenes Personal und beteiligen sich nur selten an Zusammenschlüssen. Dagegen ist der Organisationsgrad beim Privatwald von einer Betriebsgröße zwischen 5 und 500 ha hoch. Im Kleinstprivatwald unter 5 ha je Betrieb ist jedoch nur eine kleine Minderheit Mitglied in einer Forstbetriebsgemeinschaft. Nur ein Teil dieser Waldbesitzer wird von der Beratungtätigkeit der Landesforstverwaltung erreicht. Vielfach findet keine regelmäßige Waldbewirtschaftung mehr statt. Hier bleibt die Waldentwicklung der Naturdynamik überlassen." (Ministerium für Umwelt und Naturschutz, Landwirtschaft und Verbraucherschutz des Landes Nordrhein-Westfalen 2007)

Betriebsgröße	Anzahl Waldbesitzer
< 2 ha	120.000
2 – 5 ha	16.500
5 – 30 ha	11.500
> 30 ha	2.500

Tab. 2-1: Kategorien der Forstflächen in NRW
(nach Bestandsübersicht der Einheitsbewertung der Finanzverwaltung NRW in: Ministerium für Umwelt und Naturschutz, Landwirtschaft und Verbraucherschutz des Landes Nordrhein-Westfalen 2007)

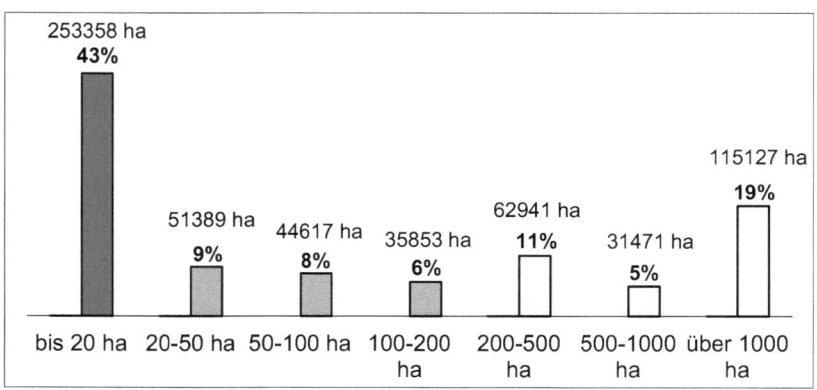

Abb. 2-28: Eigentumsgrößenklassen im nordrhein-westfälischen Privatwald

2.2.5 Forstwirtschaftliche Situation in Rheinland-Pfalz

2.2.5.1 Wald- und Baumartenverteilung

Rheinland-Pfalz ist das relativ waldreichste Bundesland, weil es das einzige Bundesland ist, indem der Wald mehr Fläche bedeckt als die Landwirtschaft. Besonders zu nennen ist der Pfälzerwald als der waldreichste Naturraum Deutschlands, weitere große Waldgebiete befinden sich im Westerwald,

Taunus, Hunsrück und in der Eifel. Die Forstwirtschaft hat daher in Rheinland-Pfalz eine sehr hervorgehobene Bedeutung. Von Natur aus würden fast ausschließlich Buchenwaldgesellschaften und wenige Eichenwaldgesellschaften vorkommen. Dennoch ist die vorherrschende Bestockung auch durch Nadelwaldbestände geprägt, die ihren Ursprung, wie in den anderen Bundesländern, in der Aufforstungswelle des 19. Jhd. mit Nadelholz haben.

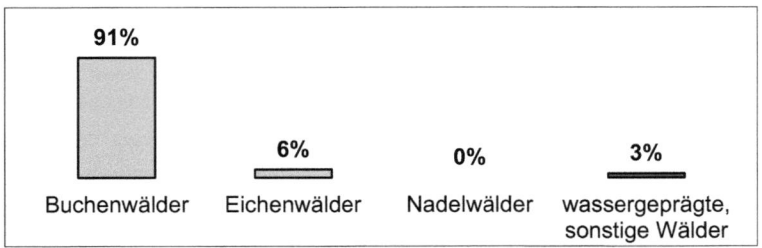

Abb. 2-29: Natürliche Waldgesellschaften in Rheinland-Pfalz (BWI 2004)

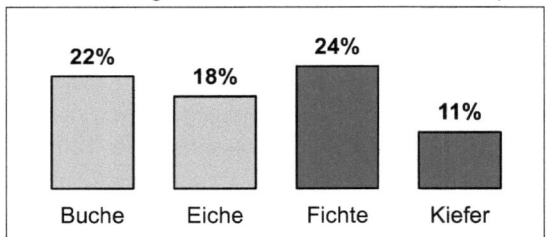

Abb. 2-30: Vorherrschende Bestockungstypen der Waldflächen (BWI 2004)

2.2.5.2 Waldeigentumstruktur

Der Körperschaftswald ist die dominierende Waldeigentumsart mit 47% zum Teil verzahnt mit dem Privatwald, der 27% der Waldfläche zum Eigentum hat. 26% der Waldfläche steht im Eigentum des Staatswaldes.

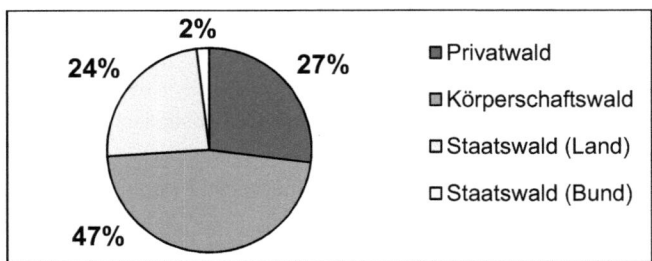

Abb. 2-31: Verteilung des Waldeigentums in Rheinland-Pfalz in % (BWI 2004)

Der Privatwald ist außerordentlich klein strukturiert, der durchschnittliche Waldbesitz beträgt für die mehr als 330 000 Privatwaldeigentümer lediglich 0,6 ha.

Es werden 66% der rheinland-pfälzischen Privatwaldfläche in Forstbetrieben kleiner als10 ha von 99,8% der Betriebe bewirtschaftet (Ministerium für Umwelt und Forsten 2005). Eine Zersplitterung des Kleinstbesitzes in mehrere Parzellen erschwert eine Bewirtschaftung zusätzlich.

Tab. 2-2: Betriebsfläche und Betriebsanzahl der Betriebsgrößenklassen im Privatwald Ministerium für Umwelt und Forsten 2005)

Betriebsgröße	Forstl. Betriebsfläche	Anzahl der Betriebe
0,1 – 10 ha	141.112 ha	331.313
10,1 – 100 ha	14.974 ha	462
100,1 – 1000 ha	40.477 ha	150
> 1000 ha	17.601 ha	6

2.2.5.3 Forstliche Strukturprobleme des Privatwaldes

Im Entwicklungsprogramm „Agrarwirtschaft, Umweltmaßnahmen, Landentwicklung" (PAUL) wird in der Analyse der Stärken und Schwächen des ländlichen Raumes Rheinland-Pfalz als Stärke der Forstwirtschaft, der deutlich über dem Bundesdurchschnitt liegende Beitrag der rheinland-pfälzischen Forstwirtschaft zur Bruttowertschöpfung angeführt. Die zu beseitigenden Schwächen der Forstwirtschaft sind „hohe Holzvorräte im Privatwald und teilweise im Kommunalwald, die wegen kleinteiliger Besitzstruktur und mangelnder Erschließung nicht genutzt werden. Die Bindung an Waldflächen in Privatbesitz nimmt immer mehr ab und führt zu schwindender Sachkenntnis der Waldeigentümer." (Ministerium für Wirtschaft, Verkehr, Landwirtschaft und Weinbau 2011). Als Chance wird die Beratung und Förderung des Kleinprivatwaldes gesehen.

Schmitz und Mauerhof (2006) führen die im Kleinprivatwald ungenutzten Nutzungspotentiale auf die strukturellen Nachteile von kleinparzellierten und schlecht erschlossenen und außerdem noch durch unklare Eigentumsverhältnisse geprägten Besitzstrukturen zurück.

Die Erschließung ist im Staats- und Kommunalwald mit ca. 50 lfm/ha abgeschlossen. Im Privatwald ist vor allem im Kleinprivatwald die Erschließungsdichte unzureichend, aber auch die Wegebreite und die Tragfähigkeit der vorhandenen Wege zum Teil für die Anforderungen moderner Holztransporter nicht geeignet.

Tab. 2-3: Wegedichte im Staatsforst, Kommunalwald und Privatwald (PEFC- Arbeitsgruppe Rheinland-Pfalz 2010)

	lfm Wege	lfm/ha
Staatswald	11.120.581	52,3
Kommunalwald	18.919.357	49,7
Privatwald	1.171.679	41,4

Im 3. Regionalen Waldbericht Rheinland-Pfalz wird bemängelt, dass nicht alle Waldeigentümer die tatsächlichen Nutzungsmöglichkeiten ausschöpfen. Problematischer wird durch die Überschreitung des planmäßig festgesetzten Hiebssatzes die Rückstellung von notwendigen Pflegeeingriffen gesehen (PEFC - Arbeitsgruppe Rheinland-Pfalz 2010, S.88). Bestände in denen keine oder ungenügende Pflegemaßnahmen durchgeführt wurden, wodurch das Erreichen des Betriebsziels gefährdet ist, werden vereinzelt in Kommunalwäldern, besonders aber in Klein- und Kleinstprivatwäldern vorgefunden (PEFC - Arbeitsgruppe Rheinland-Pfalz 2010, S.90).

2.2.6 Überblick Eigentums- und Waldstruktur in allen Bundesländern

Es gestaltet sich die Situation im Kleinprivatwald in allen Bundesländern ähnlich, daher wurde nur beispielhaft auf fünf Bundesländer näher eingegangen. Im Folgenden werden für alle Bundesländer die potenzielle natürliche Waldgesellschaft und die vorherrschende Bestockung deren Vergleich Aufschlüsse über die Naturnähe und damit über die Stabilität der Waldbestände gibt, dargestellt. Des Weiteren wird eine Übersicht der Verteilung des Waldeigentums in allen Bundesländern gezeigt. In der Darstellung wurde die geografische Reihenfolge der Bundesländer im Norden beginnend von Schleswig-Holstein bis in den Süden nach Bayern gewählt.

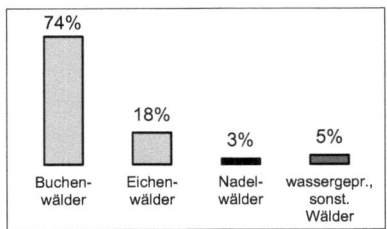

Deutschland

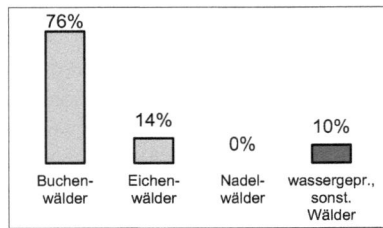

Schleswig-Holstein

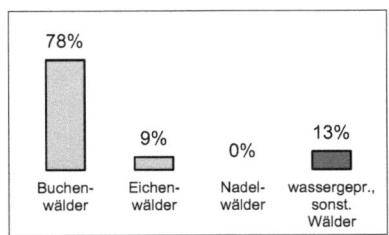

Mecklenburg-Vorpommern

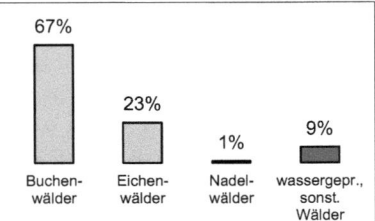

Niedersachsen, Hamburg, Bremen

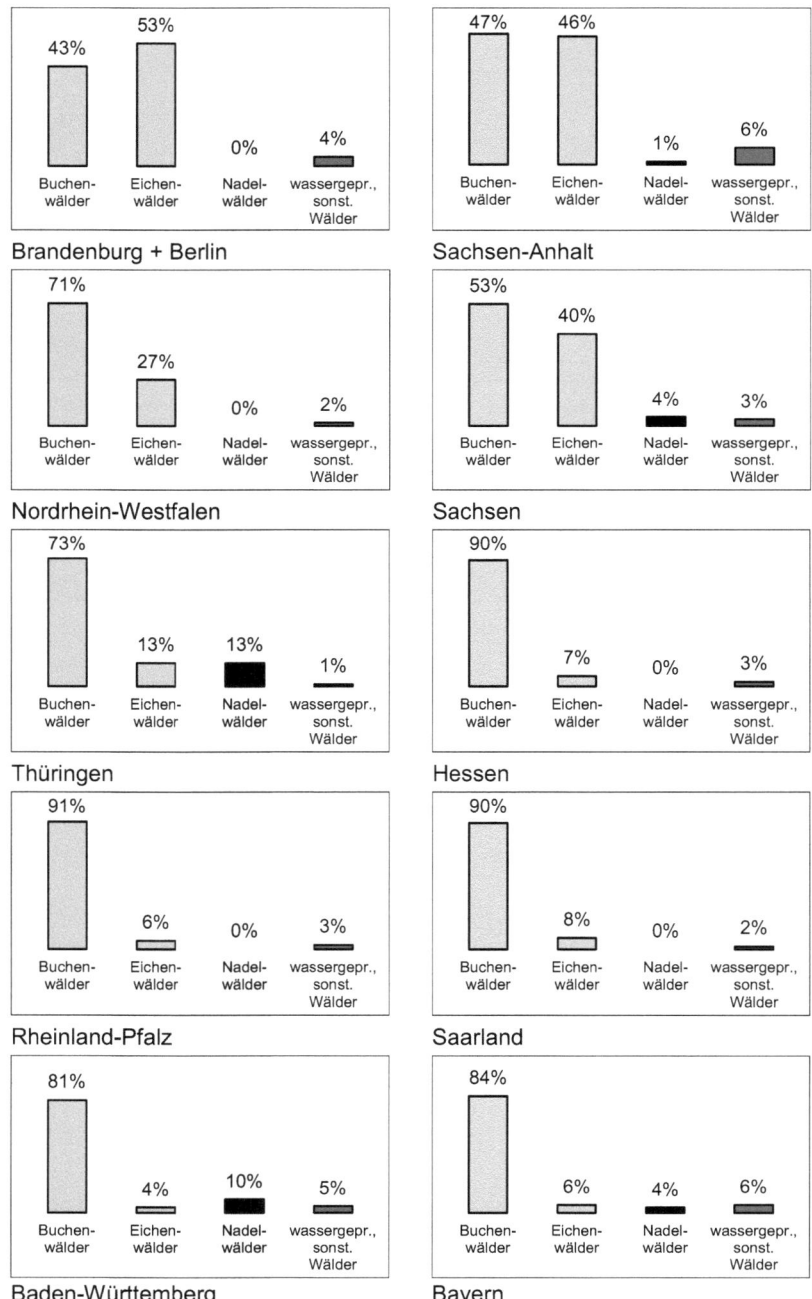

Abb. 2-32: Potentielle natürl. Waldgesellschaft nach Bundesland (BWI 2004)

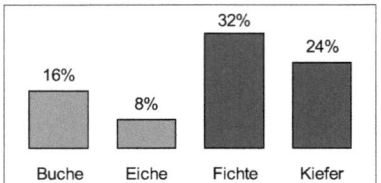
Deutschland

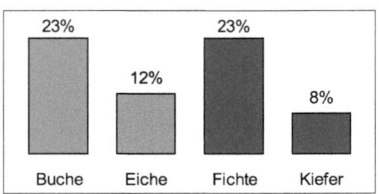
Schleswig-Holstein

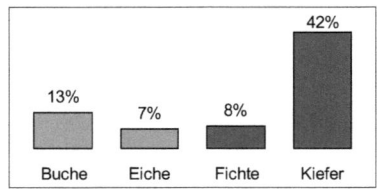
Mecklenburg-Vorpommern

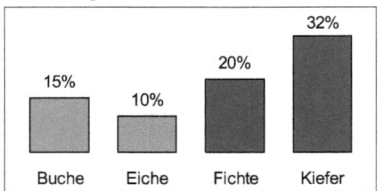
Niedersachsen, Hamburg, Bremen

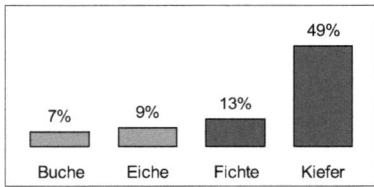
Brandenburg + Berlin

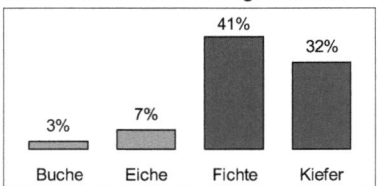
Sachsen-Anhalt

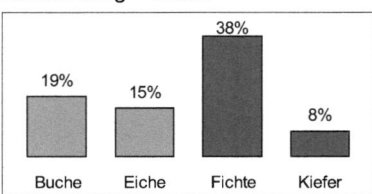
Nordrhein-Westfalen

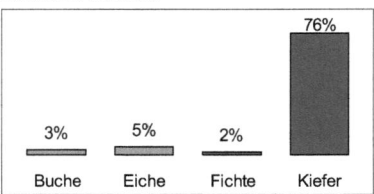
Sachsen

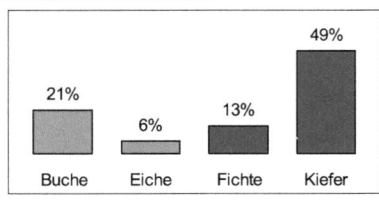
Thüringen

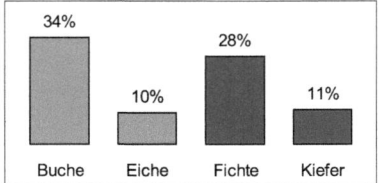
Hessen

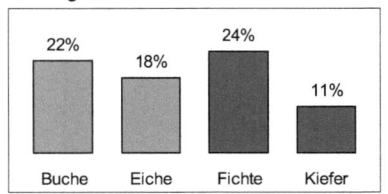
Rheinland-Pfalz

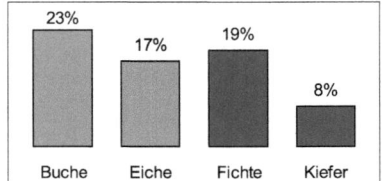
Saarland

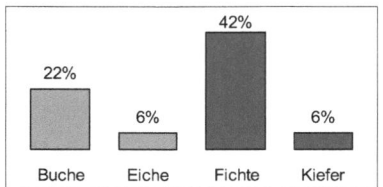
Baden-Württemberg

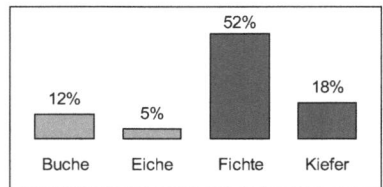
Bayern

Abb. 2-33: Der vorherrschende Bestockungstyp nach Bundesland (BWI 2004)

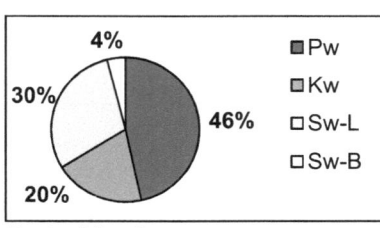
Deutschland

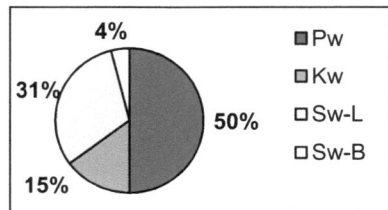
Schleswig-Holstein

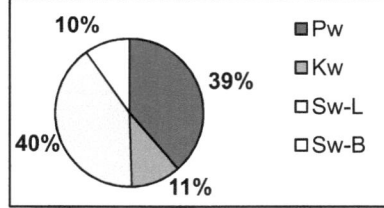
Mecklenburg-Vorpommern

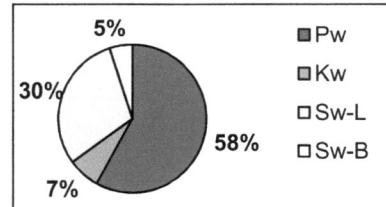
Niedersachsen, Hamburg, Bremen

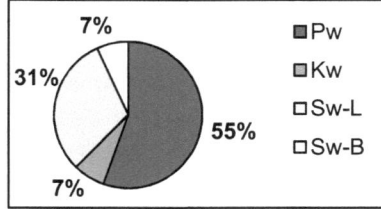
Brandenburg + Berlin

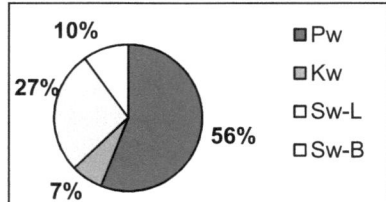
Sachsen-Anhalt

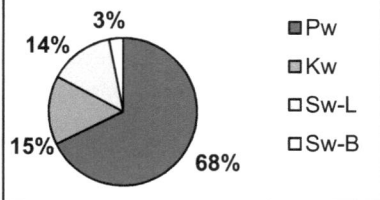
Nordrhein-Westfalen

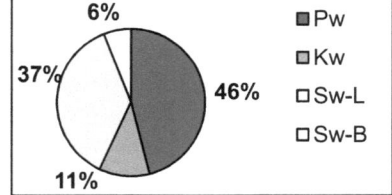
Sachsen

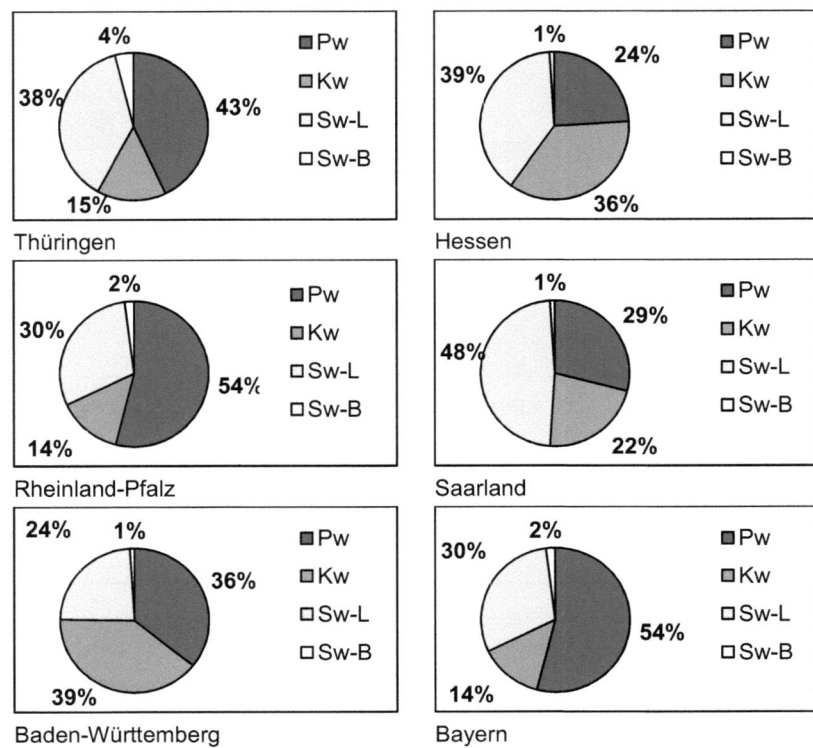

Abb. 2-34: Verteilung des Waldeigentums nach Bundesland (BWI 2004)
(Pw = Privatwald, Kw = Körperschaftswald, Sw-L = Staatswald Land, Sw-B = Staatswald Bund)

2.3 Waldflurbereinigungen zur Behebung der Strukturmängel

Ziel der Flurbereinigung ist die Verbesserung der Produktions- und Arbeitsbedingungen in der Land- und Forstwirtschaft, sowie die Förderung der allgemeinen Landeskultur und der Landentwicklung (§ 1 FlurbG). Die Aufgabe der Flurbereinigung ist, Maßnahmen zu treffen, welche die Grundlage der Wirtschaftsbetriebe verbessern, den Arbeitsaufwand vermindern und die Bewirtschaftung erleichtern. Dies kann erreicht werden durch eine Neueinteilung zersplitterten oder unwirtschaftlich geformten Grundbesitzes, durch die Schaffung von Wegen und gemeinschaftlichen Anlagen und bodenverbessernde, landschaftsgestaltenden Maßnahmen. Die Neugestaltung des Flurbereinigungsgebietes geschieht unter Berücksichtigung der gegeneinander abzuwägenden Interessen der Beteiligten, der allgemeinen Landeskultur, der Landentwicklung und dem Wohl der Allgemeinheit. (§ 37 FlurbG).

2.3.1 Flurbereinigungsbedürftigkeit von Waldflächen

Die Aufgabe der Waldflurbereinigung ist, wie aus dem Flurbereinigungsgesetz zu entnehmen, die Behebung der im vorherigen Abschnitt dargestellten Strukturmängel im Kleinprivatwald. Hahn (1960) ermittelte die Größe der Privatwaldfläche und ihren Flächenanteil, die aufgrund ihrer kleinteiligen Zersplitterung als flurbereinigungsbedürftig eingestuft wurde. Demnach sind ein Drittel der Privatwaldfläche mit fast 900 000 ha Umfang in der Statistik des Bundesministeriums für Ernährung, Landwirtschaft und Forsten von 1959 als bereinigungsbedürftig aufgeführt.

Tab. 2-4: Flurbereinigungsbedürftige Privatwaldfläche, alte Bundesländer (Hahn 1960)

	in ha	Privatwald
Bayern	300 000	26 %
Baden-Württemberg	92 000	23 %
Hessen	29 000	16 %
Nordrhein-Westfalen	329 000	68 %
Rheinland-Pfalz	80 000	66 %
Niedersachsen	32 000	8 %
Schleswig-Holstein	30 000	44 %
Saarland	5 000	25 %
alte Bundesländer	**897 000**	**32 %**

Die in Kapitel 2.2. dargestellte heutige forstwirtschaftliche Situation bezeugt, dass sich der Bedarf an Bereinigung von Privatwaldflächen durch weitere Erbteilungen, zersplitterte Aufforstungen in der Feldflur und weiterentwickelter Forsttechnik wahrscheinlich vergrößert hat.

Klare (2006) versuchte aus Ableitungen aus der Agrarstatistik von 1971 und 1995 und der Bundeswaldinventur von 2002 den aktuellen potenziellen Flurbereinigungsbedarf im Privatwald zu ermitteln. Er verwendet als einziges Merkmal für eine Flurbereinigungsbedürftigkeit die Zersplitterung des Waldeigentums auf drei voneinander getrennten Teilflächen in der Größenklasse unter 5 ha, die sich auf grob geschätzt 750 000 ha Kleinprivatwald erstreckt.

Die flurbereinigungsbedürftige Fläche ist weitaus größer als nur die Fläche der zersplitterten Kleinstgrundstücke. Privatwald, der in Gemenge mit Körperschafts- und Staatswald liegt sowie auch einzelne Flurstücke mit ungünstiger Ausformung erhalten Vorteile von einer Flurbereinigung. Die größte Verbesserung erfahren aber die Waldeigentümer, unabhängig von einer Besitzzersplitterung, vor allem durch eine bedarfsgerechte Erschließung, die im Kleinprivatwald zum Teil sehr mangelhaft ist.

Tab. 2-5: Flurbereinigungsbedürftige Privatwaldfläche (Klare 2006)

	Waldeigentum < 5 ha	bereinigungsbedürftig
alte Bundesländer	1 675 700 ha	580 000 ha
neue Bundesländer	480 000 ha	170 000 ha
alle Bundesländer	2 155 700 ha	750 000 ha

Die Flurbereinigung versteht sich als ganzheitliches Instrument, dessen Leistung nach dem oben zitierten § 37 FlurbG, nicht in der Zusammenlegung von zersplittertem Grundbesitz endet, sondern durch Wegebau und landschaftsgestaltende Maßnahmen eine vielschichtige Verbesserung der Produktions- und Arbeitsbedingungen herbeiführt und die Landentwicklung fördert. Eine detaillierte Darstellung der Leistung der Waldflurbereinigung erfolgt im nächsten Kapitel.

Die Flurbereinigung sieht sich heute nicht mehr als Mittel, um allein einzelbetriebliche Verbesserungen für den Grundstückseigentümer umzusetzen, sondern vielmehr handelt sie zum Wohle der Allgemeinheit, der Natur und des einzelnen Eigentümers, deren Interessen insgesamt gegeneinander abgewägt werden müssen.

Aus diesem Grund ist die bisher geübte politische und administrative Zurückhaltung in der Waldflurbereinigungstätigkeit angesichts der Holzverknappung, des Klimawandels und des landwirtschaftlichen Strukturwandels abzulegen und unter Einbeziehung aller Partner (z.B. Flurbereinigungsbehörden, Forstbehörden, Waldbesitzerverbände, Naturschutzverbände, Gemeinden, Grundstückseigentümer) zu handeln. Forstwirtschaftliche Zusammenschlüsse können entgegen verschiedentlich artikulierter Wunschvorstellungen die Mängel im Kleinprivatwald in der Regel nicht vollends überwinden. Nur in Ausnahmefällen kann auf die Ausbau- und Ordnungsmaßnahmen der Waldflurbereinigung vollständig verzichtet werden. Die ordnende Wirkung der Flurbereinigung bereitet die bestmöglichen Voraussetzungen für eine nachhaltige forstwirtschaftliche Behandlung der Waldflächen.

2.3.2 Sondervorschriften der Waldflurbereinigung

Seit 1920 ist durch die preußische Umlegungsordnung auf dem preußischem Gebiet, das den Großteil des heutigen Deutschlands umfasste, eine Umlegung bzw. Flurbereinigung von forstwirtschaftlich genutzten Grundstücken zum Zweck der besseren Bewirtschaftung möglich. In der Reichsumlegungsordnung von 1937 wird die Umlegung von Waldflächen für das gesamte Reichsgebiet geregelt. Die besonderen Regelungen für die Umlegung von bewaldeten Grundstücken der Reichsumlegungsordnung flossen in die Fassung des Flurbereinigungsgesetzes von 1953 ein und finden sich zusammengefasst in den §§ 84 und 85 FlurbG wieder. (Weiß 2000)

§ 84 FlurbG betont noch einmal den in § 1 FlurbG schon festgestellten Grundsatz, dass landwirtschaftlich und forstwirtschaftlich genutzter Grundbesitz vor dem Flurbereinigungsgesetz gleich gestellt sind. Welche Beschaffenheit eine Fläche hat, um als Wald zu gelten, wird im Flurbereinigungsgesetz nicht näher bestimmt und kann aus dem Bundeswaldgesetz § 2 BWaldG entnommen werden.

Die Sondervorschriften für Waldgrundstücke gliedern sich in § 85 FlurbG in 10 Nummern, wobei die Vorschrift Nr. 4 die andersartige Behandlung zu landwirtschaftlichen Flächen am deutlichsten zeigt. Sie sieht für die Ermittlung des Wertes eines Holzbestandes die Anwendung der Grundsätze der Waldwertrechnung vor. Der Wert des Bodens und des Bestandes sind getrennt zu ermitteln, da der Wert des Holzbestandes nur den Anspruch auf Holzwerte oder Geld, aber nicht auf Land begründet. Für die Bewertung des Waldbodens gilt § 28 FlurbG, das nach dem Ertragswert das Wertverhältnis ermittelt. Es kann nicht auf die Ergebnisse der Bodenschätzung zurückgegriffen werden, weil Waldgrundstücke darin nicht erfasst wurden. Eine forstliche Standortkartierung, die im Kleinprivatwald oft erst aus Anlass einer Flurbereinigung durchgeführt wird, erlaubt den Waldboden in zweckmäßige 3-5 Bodenklassen einzuteilen. Der Wert des Holzbestandes wird nach dem Verkehrswert ermittelt, das einen Ausgleich von Holzwerten in Geld ermöglicht.

Für die Wertermittlung von Holzbestand und Boden sind anerkannte Forstsachverständige beizuziehen (§§ 85 Nr. 10 und 31 Abs. 2 FlurbG). Durch eine Holzeinschlagssperre nach § 36 FlurbG von kurzer Dauer wird die Wertermittlung erleichtert.

Man ist dazu bestrebt, bei der Zuteilung einer Waldfläche an einen anderen als den bisherigen Waldeigentümer, die Abfindung für aufstehendes Holz soweit möglich komplett in Holzwerten zugeben und den Ausgleich in Geld gering zu halten oder zu vermeiden (§ 85 Nr. 8 FlurbG). Der Teilnehmer hat aber keinen Anspruch darauf mit gleichwertigen oder gleichartigen Holzbeständen abgefunden zu werden, auch wäre dies in der Praxis nicht einhaltbar. Der Empfänger der neuen Waldparzelle hat den Holzbestand zu übernehmen (§§ 85 Nr. 10 und 50 FlurbG) solange das zu keiner Änderung der Struktur des Betriebes führt (§ 44 Abs. 5 FlurbG). Eine Abfindung mit Bäumen anderen Alters und anderer Baumart ist keine Strukturveränderung.

Seit der Novellierung des Flurbereinigungsgesetzes 1976 darf eine Waldfläche auch ohne Zustimmung des Eigentümers einem anderen zugeteilt werden. Hahn (1960) beurteilte die vor der Novellierung geltende Vorschrift des § 85 Nr. 8 als „abwegig und einer Zusammenlegung von Waldflächen durchaus hinderlich". Durch die Neuformulierung des § 85 Nr. 8 FlurbG ist eigentlich erst die Gleichbehandlung von land- und forstwirtschaftlichen Grundstücken im Verfahrensablauf umgesetzt geworden.

Die Zusammenarbeit der Flurbereinigungsverwaltung mit der Forstverwaltung ist einerseits aufgrund der Überschneidung der Zuständigkeitsbereiche erforderlich und andererseits aufgrund der sich ergänzenden Sachkompetenzen stets sehr produktiv. Die § 85 Nr. 1, 2, 5, 6 und 7 FlurbG regeln die Beteiligung der Forstaufsichtsbehörde bzw. forstwirtschaftlichen Berufsvertretung. Dabei stellen die § 85 Nr. 5 und 6 FlurbG Schutzvorschriften zum Schutz des Waldes im Sinne des Bundeswaldgesetzes und der Landeswaldgesetze dar.

Bei der Anhörung und Unterrichtung der Träger öffentlicher Belange (§ 5 Abs. 2 FlurbG), der Aufstellung der allgemeinen Grundsätze für die zweckmäßige Neugestaltung des Flurbereinigungsgebiets (§ 38 FlurbG) und der Erörterung des Wege- und Gewässerplanes (§ 41 Abs. 2 FlurbG) wird die forstwirtschaftliche Berufsvertretung beteiligt (§ 85 Nr. 1 FlurbG).

Die Zustimmung der Forstaufsichtsbehörde ist erforderlich bei der Einbeziehung einer geschlossenen Waldfläche von mehr als 10 ha (§ 85 Nr. 2 FlurbG), bei einer wesentlichen Veränderung einer Waldfläche von mehr als 3 ha (§ 85 Nr. 7 FlurbG) und bei Holzeinschlägen, ab der Bekanntgabe des Flurbereinigungsbeschlusses bis zur Ausführungsanordnung, die den Rahmen einer ordnungsgemäßen Bewirtschaftung übersteigen (§ 85 Nr. 5 FlurbG). Wird in diesem Zeitraum ein Holzeinschlag getätigt, der eine ordnungsgemäße Bewirtschaftung übersteigt, so ist die Fläche vom Verursacher wieder in Bestand zu bringen (§ 85 Nr. 6 FlurbG)

Eine Beitragsbefreiung für Teilnehmer die keinen wesentlichen Vorteil von der Flurbereinigung haben, gilt für Waldgrundstücke (§ 85 Nr. 3 FlurbG) ebenso wie für andere Grundstücke (§ 19 Abs. 3 FlurbG).

Die Vorschriften des Flurbereinigungsgesetzes in Verbindung mit den Sondervorschriften für Waldgrundstücke geben einen optimalen Rahmen für die Neuordnung von Waldeigentum, das den Schutz des Eigentums im Sinne des Art.14 GG und den Schutz des Waldes nach dem Bundeswaldgesetzes und der Landeswaldgesetze gewährleistet.

2.4 Waldflurbereinigung in den Bundesländern

Im Februar 2011 wurden die Flurbereinigungsverwaltungen der 13 Flächenländer angeschrieben um Einschätzungen aus der Sicht der Ministerien zur Waldflurbereinigung im jeweiligen Bundesland zu erhalten. Zwischen Februar und April 2011 haben sich alle 13 Flurbereinigungsbehörden schriftlich und zum Teil zusätzlich mündlich zu der gestellten Anfrage geäußert, so dass ein alle Länder umfassender Überblick über den heutigen und zukünftigen Stellenwerts der Waldflurbereinigung in Deutschland gegeben werden kann.

- Die bewaldete Fläche und die Waldstruktur sind in jedem Bundesland verschieden durch Unterschiede in der naturräumlichen Ausstattung und geschichtlichen Entwicklung.

  Wie ist die derzeitige und zukünftige Bedeutung der Neuordnung von Waldflächen aus der Sicht der Flurbereinigungsverwaltung?

- Die Waldwirtschaft hat angesichts der Klimadiskussion und des vermehrt nachgefragten Rohstoffes Holz an Bedeutung gewonnen.

  Kann aufgrund dieser Entwicklung ein gesteigerter Bedarf nach Waldflurbereinigungen festgestellt werden?

- Flurbereinigungsverfahren auf forstwirtschaftlichen Flächen sind aufgrund des Baumbestandes und z. T. schwierigen Eigentumsverhältnissen aufwendiger.

  Gibt es in ihrem Bundesland Bestrebungen, die Waldflurbereinigung zu vereinfachen?

Es wurde außerdem auf eine Umfrage vom Mai 2008 an dieselben Adressaten im Rahmen einer Studienarbeit mit dem Thema „Umfang und Bedeutung der Waldflurbereinigung in Deutschland" (Lünenschloß 2008) zurückgegriffen. Die Tendenz der Bedeutung der Waldflurbereinigung hat sich innerhalb der Bundesländer zwischen 2008 und 2011 nicht verändert.

2.4.1 Baden-Württemberg

Seit Beginn der 90er-Jahre werden durchschnittlich mehr als zehn Waldflurbereinigungen pro Dekade angeordnet. Die Nachfrage nach Waldflurbereinigungen nimmt in Baden-Württemberg zu, wobei sie regional sehr unterschiedlich ausfällt. (Ministerium für ländlichen Raum, Ernährung und Verbraucherschutz Baden-Württemberg 2011)

Eine Auswertung der 270 zwischen 1998 und 2007 abgeschlossenen Flurbereinigungsverfahren zeigt, dass zu der in diesem Zeitraum bearbeiteten Flurbereinigungsfläche von etwa 182 000 ha insgesamt, 60 000 ha Waldfläche gehören. Allerdings wurde ein Großteil dieser Waldfläche in sogenannte „Schwarzwaldverfahren" einbezogen. Ziel war es hier, abgelegene Höfe durch ein funktionsfähiges Wegenetz zu erschließen. Die zugehörige Neuordnung von Waldflächen war ein Nebenziel. Weitere Waldflächen wurden auch in Verfahren mit hauptsächlich agrarwirtschaftlicher Zielsetzung einbezogen. Es wurden in dem untersuchten Zeitraum dennoch insgesamt 13 Waldflurbereinigungsverfahren abgeschlossen, die auf einer Fläche von ca. 5000 ha die Arrondierung und Erschließung von Waldeigentum umsetzen. (Lünenschloß 2008).

Im Vergleich zur gesamten Fläche, die in Flurbereinigungsverfahren neu geordnet wurde, erscheint die einbezogene Waldfläche mit forstwirtschaftlicher Zielsetzung sehr klein (3 %), dennoch zählt das Land Baden-Württemberg zu den Bundesländern mit einer sehr regen Waldflurbereinigungstätigkeit.

Baden-Württemberg bereitet Innovationen zur Waldflurbereinigung vor. Das Landesamt für Geoinformation und Landentwicklung Baden-Württemberg wertet die Erfahrungen aus den bisherigen Waldflurbereinigungen aus, um eine Handreichungen für die Flurbereinigungsbehörden zu erarbeiten, die eine effizientere Bearbeitung der Waldflurbereinigung erlaubt (Ministerium für ländlichen Raum, Ernährung und Verbraucherschutz Baden-Württemberg 2011)

2.4.2 Bayern

In Bayern wird die Bedeutung der Waldflurbereinigung als hoch eingestuft.

Vor allem im fränkischen Realteilungsgebiet wird starker Handlungsbedarf gesehen. Die Nachfrage nach Waldflurbereinigungsverfahren war bis vor 5 Jahren eher verhalten, da die Holzpreise niedrig lagen, aber der Verfahrensaufwand für die Waldflurbereinigung hoch ist. Dennoch wurden in Unterfranken in den vergangenen 15 Jahren mehr als 20 Freiwillige Landtausche im Wald vom dortigen Amt für Ländliche Entwicklung durchgeführt. Aktuell werden in 10 Waldflurbereinigungsverfahren mehr als 1500 ha Wald neu geordnet. Die Nachfrage nach Waldflurbereinigungsverfahren ist in den letzten Jahren deutlich gestiegen. Allein im ALE Unterfranken liegen derzeit etwa 60 Anträge auf Durchführung einer Waldflurbereinigung vor.

Es wird von einer weiteren Zunahme von Anträgen ausgegangen, da die Rohstoffverknappung ansteigt und die nächstbetroffenen Sägewerke sich auch politisch Hilfe erbitten. Aufgrund der begrenzten Personalkapazitäten können nicht alle Anträge auf Durchführung einer Waldflurbereinigung durch Neuordnung von Waldflurbereinigungsverfahren in nächster Zeit abgearbeitet werden, daher beschränkt man sich auf Verfahren mit hoher Zersplitterung der Eigentumsflächen. Um die hohe Arbeitsbelastung unter dem fortgesetzten Personalabbau zu bewältigen, wird in Pilotprojekten eine deutlich vereinfachte Vorgehensweise erprobt (vgl. Kap.5). (Bayerisches Staatsministerium für Ernährung, Landwirtschaft und Forsten 2011)

2.4.3 Brandenburg

Die Waldflurbereinigung spielt in Brandenburg keine wesentliche Rolle. Das bisher einzige angeordnete Waldflurbereinigungsverfahren wurde im Jahr 2009 eingestellt. Als Grund für die Einstellung des Verfahrens wird angegeben, dass ein großer Teil der Waldeigentümer im Einklang mit der unteren Forstbehörde für die Durchführung dieses Verfahrens keine Notwendigkeit mehr sieht. Die Waldbewirtschaftung konnte auf freiwilliger Basis zur Zufriedenheit der Eigentümer geregelt werden. Die Beibehaltung der Verfahrensdurchführung hätte nach Einschätzung der Teilnehmer des Verfahrens zu erheblichen Kosten geführt, die in keinem Verhältnis zum erzielbaren bodenordnerischen Effekt stünden. (Ministerium für Infrastruktur und Landwirtschaft des Landes Brandenburg 2011)

2.4.4 Hessen

Da in Hessen die größten Waldanteile nicht im Privateigentum, sondern in kommunaler oder staatlicher Hand sind, hat Waldflurbereinigung nicht die gleiche Bedeutung wie in Ländern mit höherem Privatwaldanteil. In einem Privatwaldbereich (Amtsbezirk Marburg) wurden Waldflächen in einem Flurbereinigungsverfahren (mit)bearbeitet. (Hessisches Ministerium für Wirtschaft, Verkehr und Landesentwicklung 2011)

2.4.5 Mecklenburg-Vorpommern

Die Waldflurbereinigung hat derzeit in Mecklenburg-Vorpommern keinen großen Stellenwert.

Auf Initiative des Waldbesitzerverbandes Mecklenburg-Vorpommern wurde vom Ministerium im Jahre 2004 die Durchführung eines Pilot- / Musterflurbereinigungsverfahrens im Wald festgelegt. Grundlage dieser Entscheidung ist das weiter anhaltende politische Interesse, die Mobilisierung der Holzreserven aus Privatwäldern auch durch den Einsatz des Instruments der Waldflurbereinigung zu verfolgen. Das 2006 auf der Grundlage des § 91 FlurbG angeordnete Pilotverfahren hatte zum Ziel, durch Neuordnung und Erschließung des unförmigen, zersplitterten Grundbesitzes mit unklarem Grenzverlauf eine langfristige, standortgemäße Bewirtschaftung, eine zeit- und zielgerichtete Waldpflege sowie einen verbesserten Waldschutz zu ermöglichen. Allerdings gestalten sich die Neuordnung und die Erreichung der gesetzten Ziele als sehr schwierig, da nach den derzeitigen Kenntnissen des Verfahrensverlaufs ein Großteil der Eigentümer den Wald nur zur Brennholzgewinnung nutzen will und außerdem die Eigentümer eine hohe emotionale Bindung zum eigenen Grundstück haben.

Ein Schwerpunkt bei der Verfahrensbearbeitung wurde auf die Waldbewertung gelegt, die durch Vereinfachungen nach Kosten- und Zeitersparnissen bei gleichzeitiger Akzeptanz der Teilnehmer sucht (vgl. Kap.5). Um weitere Erfahrungen im Bereich der Waldflurbereinigung zu sammeln, wird in Kürze ein zweites Verfahren angeordnet werden.

Es besteht aber insgesamt derzeit keine große Nachfrage nach Waldflurbereinigungen seitens der Privatwaldeigentümer. Das Ministerium hat auch keine weitere Aufforderung an die Verwaltung erteilt, verstärkt Waldflurbereinigungsverfahren durchzuführen. Die obere Flurbereinigungsbehörde forciert die Anordnung von Waldflurbereinigungsverfahren nicht, da noch ein immenses Antragsvolumen zur Anordnung von Verfahren nach dem 8. Abschnitt des LwAnpG vorliegt und die eingeschränkten personellen Kapazitäten bereits damit vollständig gebunden sind. (Ministerium für Landwirtschaft, Umwelt und Verbraucherschutz Mecklenburg-Vorpommern 2011)

2.4.6 Niedersachsen

Die niedersächsische Forstverwaltung misst Waldflurbereinigungen eine steigende Bedeutung zu. Es ist davon auszugehen, dass in naher Zukunft eine deutliche Zunahme der Durchführung von Waldflurbereinigung zu verzeichnen sein wird.

Bisher wurden erst wenige Waldflurbereinigungen durchgeführt. Nach einer Abfrage der 11 Regionaldirektionen -Ämter für Landentwicklung-, in denen Flurbereinigungen bearbeitet werden, werden in 5 Regionaldirektionen im südöstlichen Bereich Niedersachsens Waldflächen neu geordnet.

In Niedersachsen wird im Zusammenhang mit der Waldflurbereinigung, der Zusammenschluss zu Waldbetriebsgemeinschaften mit ideellen Anteilen angestrebt. Nur Teilnehmer einer Waldflurbereinigung, die nicht in Waldbetriebsgemeinschaften eintreten wollen, werden einzeln abgefunden. Soweit auf die Ausweisung von Einzelbesitzständen verzichtet wird, wenn diese nicht eine Mindestgröße von 5 ha umfassen, führt diese Vereinfachung zu einer erheblichen Verringerung des Vermessungsaufwandes. In einem Verfahren wurden fast alle privaten Waldanteile zu einer Realgemeinde (Forstgenossenschaft) zusammengefasst, zwei Eigentümer wurden mit Einzelflächen abgefunden. Als im Planwunschgespräch den Eigentümern der ermittelte Wert für ihren Besitzstand erläutert wurde, wollten einige Teilnehmer der geplanten Waldbetriebsgemeinschaft doch nicht beitreten, da sie für ihren Holzbestand keinen so hohen Wert erwartet hatten. Durch eine gezielte Aufklärung konnte das Ziel einer Bildung von Waldbetriebsgemeinschaften im Verbund mit einer Waldflurbereinigung dann doch erreicht werden. (Niedersächsisches Ministerium für Ernährung, Landwirtschaft, Verbraucherschutz und Landesentwicklung 2011)

2.4.7 Nordrhein-Westfalen

Die Waldflurbereinigung hat in Nordrhein-Westfalen, insbesondere in den Mittelgebirgsregionen des Sauer- und Siegerlandes, im Oberbergischen Kreis und in der Eifel eine große Bedeutung.

Die Fläche des Privatwaldes ist weitaus größer als die der kommunalen und staatlichen Waldflächen, aber sehr kleinteilig strukturiert. Die Flurbereinigung gelangt vor allem zum Einsatz, um den Rohstoff Holz nachhaltig nutzen zu können. Sie dient aber auch dazu, zukunftsfähige Grundstücksstrukturen vor der Wiederaufforstung zur Bewältigung der Folgen des Orkans "Kyrill", zu schaffen.

Vorwiegend werden Vereinfachte Flurbereinigungsverfahren nach § 86 FlurbG angeordnet.

Eine Besonderheit in Nordrhein-Westfalen ist das Gemeinschaftswaldgesetz (GWG), nach dem für die Zusammenlegung von Waldgenossenschaften die Vorschriften der Flurbereinigung sinngemäß Anwendung finden. Verfahren nach GWG werden im Kreis Siegen-Wittgenstein und im Kreis Olpe durchgeführt. Derzeit sind 14 Verfahren anhängig, weitere Verfahren stehen zur Einleitung an oder befinden sich in der Vorbereitungsphase. (Ministerium für Klimaschutz, Umwelt, Landwirtschaft, Natur- und Verbraucherschutz Nordrhein-Westfalen 2011)

2.4.8 Rheinland-Pfalz

Die Bedeutung der Neuordnung von Waldflächen in Rheinland-Pfalz wird aus der Sicht der Flurbereinigungsverwaltung und der Landesforstverwaltung als sehr hoch angesehen.

Dies findet seinen Ausdruck vor allem in den Leitlinien Landentwicklung und Ländliche Bodenordnung, die der Waldflurbereinigung in dem Programm Ländliche Bodenordnung 2007 bis 2013 ein Volumen von 15 % der Gesamtflurbereinigung in Rheinland-Pfalz beimessen. Die Waldflurbereinigung gehört in diesem politischen Programm zu einem der zentralen Themenschwerpunkte. (Ministerium für Wirtschaft, Verkehr, Landwirtschaft und Weinbau Rheinland-Pfalz 2006)

Die Nachfrage nach Waldflurbereinigungen ist drastisch gestiegen. Durch den sprunghaften Anstieg der Bedeutung seit Beginn der EU-Förderperiode 2006-2013 kann von einer durchschnittlichen Neuordnung von 1000-2000 ha Waldfläche pro Jahr ausgegangen werden. Die Zusammenarbeit zwischen der Flurbereinigungsverwaltung und der Landesforstverwaltung ist eng und intensiv geworden. Es werden erhebliche Finanzmittel der Forstverwaltung für den Ausbau der Forstwege sowie speziell ausgebildetes Forstpersonal für die Unterstützung der Bewertungsarbeiten in der Waldflurbereinigung bereitgestellt.

Da Flurbereinigungsverfahren auf forstwirtschaftlichen Flächen aufgrund des Baumbestandes unter schwierigen Eigentumsverhältnissen sehr viel aufwendiger sind, gibt es bereits seit über 20 Jahren Bestrebungen, die Waldflurbereinigung zu vereinfachen. Man ist weiterhin bestrebt, die vermessungstechnischen Verfahren fort zu entwickeln sowie einen alternativen Verfahrensablauf im sogenannten „Modell 2 der Waldflurbereinigung" zu erproben (s. Kap.5). (Ministerium für Wirtschaft, Verkehr, Landwirtschaft und Weinbau Rheinland-Pfalz 2011)

2.4.9 Saarland

Die Waldflurbereinigung spielt im Saarland eine untergeordnete Rolle.

Aufgrund der stark zersplitterten Besitzverhältnisse hat die Flurbereinigungsverwaltung auf die Möglichkeiten einer Waldflurbereinigung hingewiesen. Aber weder die Forstverwaltung des Landes, noch die Vereinigung der privaten Waldbesitzer haben bisher um Unterstützung gebeten. Die öffentliche Hand selbst hat offensichtlich kein gesteigertes Interesse an einer Bodenordnung im Wald. Dennoch geht man davon aus, dass in absehbarer Zukunft die Notwendigkeit einer Bodenordnung gesehen wird.

Da die Flurbereinigungsverwaltung in den letzten Jahren einen sehr starken Personalverlust verzeichnete, bestehen allein aus diesem Grund kaum Chancen, ein Waldflurbereinigungsverfahren in naher Zukunft einzuleiten und zeitnah durchzuführen. Die Priorität liegt derzeit bei der Bearbeitung der laufenden Verfahren. Diese Situation wird allgemein als sehr unbefriedigend und demotivierend eingeschätzt. (Ministerium für Wirtschaft und Wissenschaft Saarland 2011)

2.4.10 Sachsen

Aus Sicht der Flurbereinigungs- und der Forstverwaltung kommt der Waldflurbereinigung im Freistaat Sachsen eine steigende Bedeutung zu.

Der sächsische Privatwald ist sehr kleinteilig und zersplittert, 50% der Betriebe verfügen über Waldflächen kleiner als 1 ha und 91% der Betriebe haben Flächen kleiner als 5 ha, die teilweise verstreut liegen. Durch den sehr geringen Organisationsgrad in Forstwirtschaftlichen Zusammenschlüssen erfolgt die Holzgewinnung im Privatwald oftmals nur zum eigenen Bedarf oder gar nicht.

Diese unbefriedigende Situation spiegelt sich noch nicht in vermehrten Anfragen nach Waldflurbereinigungsverfahren wider.

Größere Verfahren scheitern derzeit überwiegend am Widerstand der privaten Waldeigentümer. Die Gründe für die Ablehnung sind neben der emotionalen Bindung an den Wald, hauptsächlich die Kosten der Waldflurbereinigung. Das Ministerium beabsichtigt daher die Fördersätze für Waldflurbereinigung grundsätzlich auf den Höchstfördersatz von 75 % plus max. 10 % ILE/Leader-Zuschlag zu erhöhen.

Die Flurbereinigungsbehörde vereinbarte 2010 gemeinsam mit der Forstverwaltung durch einige überschaubare Pilotvorhaben positive Beispiele zu schaffen, die den Nutzen der Neuordnung verbunden mit einer besseren Erschließung und gegebenenfalls einer einheitlichen Holzvermarktung deutlich machen sollen. Diese Flurbereinigungsverfahren befinden sich derzeit in der Einleitungsphase.

Eine effektivere Durchführung der Waldflurbereinigung wird angesichts der kleinteiligen Flurstücksstruktur und der schlechten Katasterunterlagen durch eine Vereinfachung der Wertermittlung gesehen. Daher wird eine flächenhafte Bewertung nach vorherrschenden Waldbildern wie sie in Bayern erprobt wird (s.

Kap.5), angestrebt, soweit die rechtlich engen Grenzen des Flurbereinigungsgesetzes (§ 85 Nr. 4) dies zulassen.

Derzeit werden Waldflächen überwiegend nur als kleiner Teil größerer Flurbereinigungsverfahren neu geordnet. Es haben jedoch Verfahren des Freiwilligen Landtausches nach § 103a FlurbG zugenommen, die zur Optimierung der Besitzstände weniger Tauschpartner durchgeführt werden. Vereinzelt wird auch das Ziel verfolgt, Aufforstungen im Einklang mit der landwirtschaftlichen Nutzung zu ermöglichen. Es wirkt sich verfahrenserleichternd aus, dass sich beim Freiwilligen Landtausch die Teilnehmer über den Austausch der Flächen und ihren Wert selbst einigen und daher keine Wertermittlung vorgesehen ist. (Staatsministerium für Umwelt und Landwirtschaft Freistaat Sachsen 2011)

2.4.11 Sachsen-Anhalt

Von politischer wie auch fachlicher Seite wird in Waldflurbereinigungsverfahren eine hohe Priorität gesehen, insbesondere im Hinblick auf die Rohholzmobilisierung (Ministerium für Landwirtschaft und Umwelt Sachsen-Anhalt 2008 in Lünenschloß 2008).

In Sachsen-Anhalt werden seit 1997 Waldflurbereinigungsverfahren durchgeführt. Zunächst stand die Arrondierung von Waldflächen des Bundes und des Landes im Vordergrund. Hierzu wurden zwei Verfahren nach § 103 a FlurbG mit einer Fläche von mehr als 4500 ha durchgeführt.

Seit 2007 werden systematisch Verfahren vorbereitet und durchgeführt. Es wurde hierzu als Pilotverfahren die Region Huy ausgewählt. Die Erfahrungen aus dem Pilotprojekt zeigten, dass die Arrondierung der Mitgliedsflächen von Forstbetriebsgemeinschaften im Freiwilligen Landtausch, eine Effizienzsteigerung der FBG bewirkte. (Ministerium für Landwirtschaft und Umwelt Sachsen-Anhalt 2011)

Weiteres Ergebnis des Pilotprojekts ist, dass das Interesse an der Durchführung bodenordnerischer Maßnahmen bei größeren Forstbetrieben erwartungsgemäß größer ist als beim Kleinprivatwald. Bei Eigentümern kleinerer Flächen müssen längere Vorbereitungszeiträume für die Erreichung von Strukturverbesserungen vorgesehen werden (Amt für Landwirtschaft, Flurneuordnung und Forsten Mitte 2008)

Der Projektleiter bedauert heute, dass vorgesehen war, in dem Pilotprojekt eine viel größere Fläche neu zu ordnen, als dann tatsächlich umgesetzt worden ist, weil dies an der nötigen mehrheitlichen Zustimmung der Privatwaldbesitzer scheiterte. Außerdem sieht er die Eigentümerlegitimation vor allem in Ostdeutschland als problematisch, da die mangelnde Pflege der Grundbücher zu Erbengemeinschaften in 5.- 6. Generation führte. (Springemann 2011)

2.4.12 Schleswig-Holstein

Die Waldflurbereinigung spielt im waldärmsten Flächenland Schleswig-Holstein keine Rolle.

Es wurde in den letzten 25 Jahren kein Verfahren zur Waldflurbereinigung durchgeführt. Obwohl auch in Schleswig-Holstein Strukturschwächen im Privat- und Körperschaftswald vorliegen (geringe Flächengröße, ungünstiger Flächenzuschnitt, Besitzzersplitterung, unzureichende Walderschließung), ist aufgrund der angespannten Haushaltslage des Landes nicht davon auszugehen, dass das Thema Waldflurbereinigung in absehbarer Zeit neu aufgegriffen wird.

Durch die Umsetzung von Personaleinsparvorgaben ist derzeit nur eine sehr restriktive Neueinleitung von Bodenordnungsverfahren (ca. 2-3 pro Jahr) möglich. Hierbei liegt der Schwerpunkt in den Bereichen Agrarstrukturverbesserung, Naturschutz- und Landschaftspflege (Moorschutz, NATURA 2000) sowie Wasserwirtschaft (Unterstützung der Umsetzung der Wasserrahmenrichtlinie). (Ministerium für Landwirtschaft, Umwelt und Ländliche Räume Schleswig-Holstein 2011)

2.4.13 Thüringen

Trotz einer relativ hohen Bewaldung Thüringens wurden bislang nur einige separate Waldflurbereinigungen durchgeführt. Dies sind ein vereinfachtes Flurbereinigungsverfahren und mehrere freiwillige Landtausche; der Schwerpunkt der bisherigen Tätigkeit liegt in der Durchführung von Unternehmensverfahren. Der Bedarf an Waldflurbereinigungen nimmt aus vielfältigen Gründen zu.

Anhand des durchgeführten vereinfachten Flurbereinigungsverfahren nach § 86 FlurbG „Schmiedehausen" hat sich gezeigt, dass eine umfassende Neuordnung im Wald sehr zeit- und kostenintensiv ist. Vereinfachungsmöglichkeiten werden in der Anwendung des beschleunigten Zusammenlegungsverfahrens nach § 91 FlurbG und des freiwilligen Landtausches nach § 103 a FlurbG gesehen.

Im kleinparzellierten Privatwald ist die Ermittlung aller Beteiligten durch die oftmals mangelhafte Qualität der Grundbücher manchmal nicht möglich, daran scheitert die Durchführung eines freiwilligen Landtausches, wohingegen im beschleunigten Zusammenlegungsverfahren eine Vertreterbestellung zulässig ist. Beim freiwilligen Landtausch „Forstflächen Breitenbach" konnte durch die homogene Betrachtung des Waldbodens sowie des Bestandes bei der Wertermittlung eine schnelle Lösung geschaffen werden. (Thüringer Ministerium für Landwirtschaft, Forsten, Umwelt und Naturschutz 2011)

2.4.14 Schlussfolgerungen

Der Bedarf an Maßnahmen der Bodenordnung im Wald ist in allen Bundesländern gegeben.

In den Bundesländern Baden-Württemberg, Bayern, Nordrhein-Westfalen und Rheinland-Pfalz, die auch in den vergangenen Jahrzehnten im kleinen Umfang Neuordnungen im Wald vornahmen, ist ein deutlicher Anstieg der Flurbereinigungstätigkeit auf Forstflächen zu verzeichnen. Die Bedeutung und auch die Nachfrage nach Waldflurbereinigungsverfahren sind angestiegen.

Die Länder Niedersachsen, Sachsen, Sachsen-Anhalt und Thüringen haben bisher noch wenig Verfahren auf Waldflächen bearbeitet, sehen aber eine steigende Bedeutung der Waldflurbereinigung und eine zukünftig vermehrte Nachfrage. Die Nachfrage ist noch verhalten, da die Waldeigentümer die Verbesserungen durch eine Waldflurbereinigung noch nicht durch Beispielverfahren in ihrer Region erfahren konnten. In den Ländern mit starker Flurbereinigungstätigkeit im Wald überzeugen sich die Teilnehmer eines einzuleitenden Verfahrens anhand von Waldbegehungen und Gesprächen mit Teilnehmern von abgeschlossenen Verfahren von den Verbesserungen.

In den Ländern Brandenburg, Hessen, Mecklenburg-Vorpommern, Saarland und Schleswig-Holstein ist die Waldflurbereinigung unbedeutend und keine Nachfrage dazu vorhanden. Es ist durchaus ein Bedarf an bodenordnerischen Maßnahmen gegeben, aber aus finanziellen Gründen beschränkt man sich auf Verfahren in der Feldlage.

Aufgrund einiger Ereignisse im Jahr 2011 hat die nachhaltige Waldbewirtschaftung und zu ihrer Umsetzung die Waldflurbereinigung einen höheren Stellenwert erlangt. Das Jahr 2011 wurde von den Vereinten Nationen zum Internationalen Jahr der Wälder erklärt. Durch Aktionen unter einheitlichem Logo sollte das Bewusstsein um die Erhaltung der Wälder und seine besondere Bedeutung für heutige und künftige Generationen gefördert wird. Die Nuklearkatastrophe in Fukushima führte zum schnelleren Atomausstieg Deutschlands, wodurch Erneuerbare Energien wie Energieholz und Windenergiegewinnung im Wald stärker nachgefragt werden.

Zuletzt wurde in der im November 2011 eingesetzten Sonderarbeitsgruppe Leistungsvergleich der Bund-Länder-Arbeitsgemeinschaft Landentwicklung deutlich, dass eine vermehrte Nachfrage nach Waldflurbereinigung in den Ländern erwartet wird. Die Bund-Länder-Arbeitsgemeinschaft will durch die Wertschöpfungsberechnungen die Bedeutung der Waldflurbereinigung für die Entwicklung des ländlichen Raumes transparent machen. Die ersten Ergebnisse der Untersuchungen und Berechnungen sind sehr ermutigend. (Hinz 2012b)

3 Die Leistung der Waldflurbereinigung

Im folgenden Kapitel werden die Maßnahmen der Flurbereinigung zur Verbesserung der Produktions- und Arbeitsbedingungen in der Forstwirtschaft und ihre Auswirkungen in verschiedenen Bereichen aufgezeigt. Zunächst wird dargestellt welche Leistungen die Erschließung mit Wegen und Holzlagerplätzen für die Teilnehmer, die Landeskultur, Landentwicklung und die Allgemeinheit erbringen. Darauffolgend wird die Leistung der Zusammenlegung, der Grenzsicherung und der Verbesserung des Liegenschaftskatasters erläutert. Eine bisher meist unbeachtete Leistung der Waldflurbereinigung ist, neben der gezielt angestrebten Ertragssteigerung der Forstbetriebe, die durch das Vorhandensein des Verfahrens hervorgerufene Motivation zu weiterführenden Verbesserungen und die nebenbei gegebene Möglichkeit zur Lenkung von Landentwicklungsprozessen durch die Flurbereinigungsbehörde. Abschließend werden die vorgestellten 32 Leistungsbereiche in 5 Wertschöpfungsbereiche unterteilt.

Wie nachfolgend dargestellt, besteht ein Waldflurbereinigungsverfahren aus einem Bündel von verschiedenen Maßnahmen, die grundsätzlich auch außerhalb eines Verfahrens durchgeführt werden könnten. Aber gerade die Konzentration von mehreren gleichzeitigen Maßnahmen entfaltet in seiner Wirkung weitaus größeres Potenzial als die einzelne Maßnahme an sich vollbringen könnte.

Eine bedarfsgerechte Infrastruktur, insbesondere die Erschließung durch schwerlastbefahrbare Wege und Holzlagerplätzen kann zwar auch außerhalb von Bodenordnungsmaßnahmen durchgeführt werden, allerdings wird der in ein Flurbereinigungsverfahren eingebettete Wegebau schneller verwirklicht. Nach der Planfeststellung des Wege- und Gewässerplans kann sofort mit dem Ausbau begonnen werden.

Der Wegebau im Forst wird aus öffentlichen Mitteln in der Regel mit 70%, bei besonders strukturschwachen Gebieten bis zu 90% (BMELV 2010) gefördert. Zuwendungsempfänger können private Waldbesitzer, kommunale Körperschaften des öffentlichen Rechts, anerkannte forstwirtschaftliche Zusammenschlüsse und Teilnehmergemeinschaften im Rahmen einer Waldflurbereinigung sein. Private Waldbesitzer und Forstwirtschaftliche Vereinigungen haben den Zwang, dass alle betroffenen Eigentümer dem Bau von Wegen zustimmen müssen und daher unter Umständen eine Kompromisslösung verwirklicht werden muss. Wenn Eigentümer nicht ermittelbar sind, sich Erbengemeinschaften uneinig sind oder Einzelne, grundsätzlich keine Erschließung wünschen, müssen in der Planung einige Parzellen ausgenommen werden.

In der Waldflurbereinigung können alle Grundstücke ungeachtet der Besitzverhältnisse in ein Erschließungskonzept einbezogen werden. In dem Fall von ungeteilten Erbengemeinschaften, ist ein gemeinsamer Bevollmächtigter zu bestellen, der als alleiniger Ansprechpartner die Interessen der Gemeinschaft vertritt. Falls das nicht möglich ist, wird ein gesetzlicher Vertreter bestellt, ebenso, wenn Eigentümer unbekannt sind oder deren Aufenthaltsort nicht ermittelt werden kann (§ 119 FlurbG). Es wird dadurch erreicht, dass alle Betroffene in die Planung mit einbezogen werden können. Eine zweckmäßige Planung der Erschließungsmaßnahmen, die sich dem Gelände und dem Bedarf anpasst, kann dann durch das zuständige Forstamt erfolgen.

Unbekannte Grundstücksgrenzen, eine Abweichung zwischen dem Katasternachweis und der örtlichen Nutzung und fehlende Grenzzeichen werden im Laufe eines Flurbereinigungsverfahrens behoben. Die zum Teil aus der Uraufnahme entstammenden Katasternachweise ohne örtliche Vermarkung verursachen bei den Eigentümern große Unsicherheiten hinsichtlich der Eigentumsgrenzen und der Zuordnung des Holzaufwuchses. Eine überbetriebliche Zusammenarbeit oder ein Waldpflegevertrag ohne genaue Kenntnis der Grenzverläufe ist nicht durchführbar. Aber Waldeigentümer sehen sich meist nicht in der Lage oder sind nicht gewillt, die Kosten der Grenzfeststellung zu tragen. Daher lassen sie ihre Waldparzellen in der Erwartung von nicht kostendeckenden Einnahmen unbewirtschaftet. Der Lösungsansatz der Bildung einer Waldvereinigung, die grenzübergreifend wirtschaftet und die Eigentümer nach Flächenanteilen ausbezahlt, wird von den Angesprochenen eher skeptisch beurteilt. Sie befürchten aufgrund unterschiedlicher Holzwerte eventuell Nachteile zu erleiden.

Im Flurbereinigungsverfahren werden die Grenzen neu vermessen und vermarkt. Die Verfahrenskosten, nämlich die persönlichen und sächlichen Kosten der Flurbereinigungsbehörde, trägt das Land (§ 104 FlurbG), ebenso die Kosten der Sachverständigen für die Wertermittlung und für die Berichtigung der öffentlichen Bücher. Die bei der Vermessung, Vermarkung und Wertermittlung der Grundstücke entstehenden Betriebskosten gelten als Ausführungskosten und gehen zu Lasten der Teilnehmergemeinschaft (§ 105 FlurbG).

Nach dem Gesetz über die Gemeinschaftsaufgabe (GAKG) gewähren Bund und Land erhebliche Zuschüsse zu den Ausführungskosten. In den alten Bundesländern liegt der Regelsatz des Zuschusses bei 75 %, in den neuen Bundesländern sogar bei 90%. Dem Teilnehmer entstehen wesentlich geringere Kosten als bei einer Neuvermessung außerhalb eines Flurbereinigungsverfahrens. Das bedeutet für den einzelnen Waldbesitzer eine große finanzielle Entlastung und einen ersten Anreiz das nun kenntlich gemachte Eigentum zu nutzen.

Die Bündelung der Interessen, wie die Grenzermittlung innerhalb eines größeren Waldgebietes, gestaltet sich außerhalb eines Flurbereinigungsverfahrens als kaum durchführbar. So wurden im Jahr 2000 für die Grenzermittlung in Bayern pauschale Gebühren eingeführt, die pro abgemarkten Punkt berechnet werden und nicht mehr nach Zeitaufwand (Knaut 2005). Außerdem reduziert sich die Gebühr für jeden Messpunkt, je mehr Punkte zu vermessen sind. Um die Kosten so weit wie möglich zu reduzieren, versucht man bei einer notwendigen Vermessung möglichst viele Eigentümer zu einer gemeinschaftlichen Vermessung zu animieren. In Waldgebieten, in denen seit der Uraufnahme keine Vermessung mehr stattgefunden hat, ist der Bedarf an einer Waldgrenzermittlung gegeben. Dennoch ist es für den zuständigen Förster unmöglich, alle Waldbesitzer einer größeren zusammenhängenden Waldfläche dazu zu bewegen. Der Grund dafür sind unbekannte oder nicht erreichbare Eigentümer oder auch Waldbesitzer, die zu diesem Zeitpunkt noch nicht ihren Nutzen von einer Vermessung erkennen.

Sobald im Flurbereinigungsverfahren die Grenzen in die Örtlichkeit übertragen und die Ergebnisse der Bodenordnung weitgehend gesichert sind, können die Beteiligten in den Besitz der neuen Grundstücke vorläufig eingewiesen werden. Die neue Feldeinteilung wird auf Antrag an Ort und Stelle erläutert (§ 65 FlurbG). Die vorläufige Besitzeinweisung ist vor der Planbekanntgabe nach § 59 FlurbG zulässig. Der Waldbesitzer kann dadurch bis zu ein Wirtschaftsjahr früher in den Genuss der Vorteile einer Neuordnung kommen und die Gleichwertigkeit seiner Landabfindung beurteilen. Die Herstellung der Übereinstimmung zwischen Örtlichkeit und öffentlichen Büchern, sowie die Bereinigung der öffentlichen Bücher schafft Rechtsklarheit und stärkt die Bindung der Waldbesitzer an ihr Eigentum. Die Grenzsicherheit gibt dem Eigentümer einen ersten Impuls zur verstärkten Wirtschaftstätigkeit in seinem Wald.

Im Flurbereinigungsgebiet erfolgt eine Wertermittlung der alten Grundstücke, um die Teilnehmer mit Holz und Boden vom gleichem Wert abfinden zu können (§ 27, § 85 Nr. 8 FlurbG). Der Wert der Grundstücke wird im Verhältnis zueinander ermittelt. Diese relative Bewertung ist von Inflation oder schwankende Boden- oder Holzpreise unabhängig und das Wertverhältnis bleibt über einen längeren Zeitraum konstant. Dennoch kann die Wertzahl über einen Kapitalisierungsfaktor in Geldwert umgerechnet werden. Das Vorliegen des Boden- und Holzwerts in einem flurbereinigten Gebiet ist für die Bildung einer forstwirtschaftlichen Vereinigung von größtem Vorteil, da hier die Mitglieder eine erste Datengrundlage für eine überbetriebliche betriebswirtschaftlich rentable Bewirtschaftung mitbringen.

Der Austausch von forstwirtschaftlich in landwirtschaftlich genutzte Grundstücke und umgekehrt kann bei Interesse der Teilnehmer durchgeführt werden, ebenso die Ausweisung von Aufforstungsgewannen auf landwirtschaftlichen Grenzertragslagen. Wünsche dieser Art können nur innerhalb einer Bodenordnungsmaßnahme verwirklicht werden.

Die Waldflurbereinigung, die den Boden für eine dauerhafte nachhaltige Forstwirtschaft ebnet, dient nicht nur der Wertschöpfung im ländlichen Raum, sondern auch der Schaffung von Arbeitsplätzen, dem Klimaschutz, der Erhaltung der Natur und unserer Kultur.

3.1 Forstlicher Wegebau als Grundlage einer nachhaltigen Forstwirtschaft

Waldflächen befinden sich dort, wo aufgrund geringwertiger Böden eine ackerbauliche Nutzung unrentabel ist. Daher liegen viele Wälder in bergigen Lagen. Die Wegeführung ist stark geländeabhängig und erfordert eine Anpassung an das Relief. Ebenso muss eine schadlose Abführung des Oberflächenwassers gewährleistet sein. Um den Wegekörper trocken zu halten, werden grundsätzlich Seitengräben angelegt. Es wird sichergestellt, dass das oberflächig anfallende Wasser breitflächig in die angrenzenden Waldbestände abgeleitet wird. Der Wasserrückhalt in Waldgebieten und die Zuführung zum Grundwasser durch Versickerung dienen dem vorsorglichen Hochwasserschutz. Ist eine unmittelbare Wasserversickerung im Wald nicht möglich, werden zum Schutz des Wegekörpers kleine Flutmulden angelegt, die sich bei Starkregen füllen und in niederschlagsfreien Zeiträumen austrocknen.

Der Forstwegebau gliedert sich je nach Ausbaustufe in Fahrwege (Hauptwege und Zubringerwege) und in Rückewege. Die ganzjährig mit LKW befahrbaren Hauptwege tragen die Hauptlast des betrieblichen Verkehrs, stellen die Verbindung zum öffentlichen Straßennetz und dienen der äußeren Erschließung des Gebiets. Die Zubringerwege können überwiegend nur bei günstiger Witterung mit dem LKW befahren werden, binden abgelegene Waldteile an die Hauptwege an und dienen der inneren Erschließung. Rückewege stellen die Feinerschließung der Bestände sicher und erlauben die Holzbringung vom Hiebsort zum Holzlagerplatz am Fahrweg. Diese sehr einfachen Wege oder Gassen sind nur mit geländegängigen Fahrzeugen befahrbar und werden nach der Nutzung sich selbst überlassen. Neben der Erschließung durch Wege haben auch temporär angelegte Seillinien eine Erschließungswirkung. In sehr steilen Lagen, meist mit Bergschutzwald bestockt, ist die Holzernte und Waldpflege durch den Einsatz von Helikoptern kostengünstiger als die Anlage eines Wegenetzes.

Da die Holzernte anders als die Ernte der Feldfrüchte meist stammweise erfolgt, sind die Anforderungen an das Wegenetz im Wald nicht mit denen in der Agrarlandschaft vergleichbar. Die Kosten des Wegeneubaus und der Unterhaltung sind auf den Fahrwegen sehr viel höher als auf den Rückewegen. Aber der Holztransport ist auf den Rückewegen weitaus kostenintensiver als auf den Fahrwegen. Die optimale Wegedichte im Wald ergibt sich daher beim Minimum der Transportkosten, das bei einem ausgewogenen Verhältnis von Fahr- und Rückewegen liegt.

Der dem Geländerelief angepasste Weg kann im Wald im Gegensatz zum Feld auch über Grundstücke hinweg geplant werden ohne diese zu zerschneiden. Denn Waldflächen die durch Wege oder schmale Straßen getrennt sind, gelten als geschlossene Waldflächen solange sich die Baumkronen über dem Weg schließen können. Die Bewirtschaftung eines Forstgrundstückes wird von einem Weg nicht behindert, so wie sie von einem Weg durch ein Agrargrundstück gestört wird. Die Wegeführung ist nicht an die Parallelität der Grundstücksgrenzen gebunden. Waldwege müssen nicht zwingend katastermäßig ausgewiesen werden, häufig werden Wege durch die Eintragung einer Dienstbarkeit im Grundbuch gesichert.

Die Erschließungswirkung ist im Wald weitaus effektiver als auf Agrarflächen, weil dadurch oft die erstmalige Nutzung und Pflege der Waldflächen ermöglicht wird. Die Walderschließung ist Voraussetzung für eine nachhaltige Forstwirtschaft. Sie erlaubt neben der Erwirtschaftung eines Einkommens für den Waldbesitzer, die Umsetzung von Waldpflegeprogrammen zur Erhöhung der Waldstabilität. Die Erhaltung der Waldbestände und die Vermeidung von Kalamitäten liegen im allgemeinen öffentlichen Interesse, um die Schutzfunktionen und Erholungsmöglichkeiten zu bewahren. Die dafür erforderliche Pflege und der Waldumbau bzw. -vorbau können im Privatwald nur durch eine Nutzung durch den Waldeigentümer realisiert werden. Die Nutzung wird aber vom Waldeigentümer nur bei einer kostendeckenden Bringung des Holzes durchgeführt. Die Rentabilität der Holznutzung wird größtenteils von der Qualität und vom Grad der Erschließung bestimmt. Da die Unfallhäufigkeit bei Waldarbeit hoch ist, dient ein ausreichend befahrbares Wegenetz nicht zuletzt der schnellen und unter Umständen lebensrettenden Versorgung von verletzten Personen. Ebenso zur Waldbrandbekämpfung ist ein schneller Zugang förderlich.

3.1.1 Senkung der Rückekosten durch die optimale Wegedichte

Die Abwägung zwischen den Herstellungskosten, die mit zunehmender Wegedichte steigen und den Rückekosten, die mit zunehmender Wegedichte sinken, führt zur optimalen Wegedichte. Die optimale Wegedichte liegt am Minimum der Gesamttransportkosten, die sich aus den Wegeneubaukosten, den Instandhaltungskosten, den Rückekosten, den Zugangskosten und dem Ertragsausfall zusammen setzen (Dietz et al 1984, S. 157 ff.). Dietz beschränkt sich bei der Herleitung der rechnerisch optimalen Wegedichte auf die monetär messbaren Auswirkungen und erläutert sie anhand eines Beispiels. Das Ergebnis zeigt, die für das Beispielgebiet gültige optimale Wegedichte in absoluten Zahlen anhand einer Graphik. Diese Graphik kann als allgemein gültig auf andere Gebiete übertragen werden, da nur die Werthöhe der einzelnen Faktoren von Gebiet zu Gebiet variiert, aber ihre Relation zueinander konstant bleibt. Im Folgenden wird die Berechnung der optimalen Wegedichte anhand des von Dietz gewählten Beispiels erläutert, um dann allgemeine Gültigkeiten daraus zu schlussfolgern:

Bei dem Beispielgebiet handelt es sich um eine 178 ha große Waldfläche in kommunalem und privatem Eigentum in der Moränenlandschaft Oberbayerns. Ausgangssituation ist eine Erschließung durch einfache Erdwege (Rückewege) von 56 m/ha, aber keine Fahrwege. Für die Beispielberechnung wird eine Erschließung durch Fahrwege schrittweise von 5-60 m/ha angenommen und für jeden Schritt von 5 m/ha die Gesamttransportkosten in Abhängigkeit zur Erschließungsdichte mit Fahrwegen berechnet. Die Gesamttransportkosten setzen sich zusammen aus:

- Wegeneubaukosten für die Fahrstraßen
- Wegeinstandhaltungskosten für die neuen Fahrstraßen
- Rückekosten auf den Rückewegen
- Kosten für Zu- und Abgang (Fußwegkosten)
- Ertragsausfall durch Trassenaufhieb

Berechnung der Wegeneubaukosten

Der jährliche Kostenaufwand pro ha erschlossenen Waldes wird in Abhängigkeit von der Wegedichte (m/ha) abgezinst berechnet. Die Neubaukosten für Fahrwege werden mit 40 DM pro laufenden Meter angenommen, der Abschreibungszeitraum beträgt 30 Jahre mit einem Kalkulationszinsfuß von 3,5%.

Berechnung der Wegeinstandhaltungskosten

Für Instandhaltung der Fahrwege werden jährliche Kosten von 0,60 DM/lfm angenommen.

Berechnung der Rückekosten

Die Rückeentfernung ist der Transportweg im Gelände vom Standort des zu fällenden Baumes bis zum Fahrweg. Die mittlere Rückeentfernung ist das arithmetische Mittel der Distanzen der zu fällenden Bäume auf der Fläche zum Fahrweg. Sie wird aus einem idealen Erschließungsmodell mit Hilfe eines Korrekturfaktors, der die Hangneigung, Größe und Form des Erschließungsgebietes berücksichtigt, ermittelt. Der Rückedistanzkorrekturfaktor ist größer bei schwierigem Gelände und ungünstiger, langgestreckter Gebietsform. Die Rückekosten werden in Abhängigkeit zur Wegedichte der Fahrwege berechnet. Es werden Kosten von 2,50 DM pro m³ Holz auf 100 m angenommen. Des Weiteren wird der Berechnung eine konstante jährliche Nutzung von 6 m³/ha zu Grunde gelegt.

Berechnungen der Zu- und Abgangskosten

Die Zu- und Abgangskosten ergeben sich aus dem Zeitaufwand der benötigt wird, um die Wegestrecke vom Fahrweg zum Arbeitsort im Bestand zu Fuß zurück zu legen. Grundsätzlich gilt, je besser das Wegenetz im Wald ausgebaut ist, umso weniger Wegstrecke muss zu Fuß zurückgelegt werden.

Der Zeitaufwand ergibt sich aus dem Aufwand an Arbeitsstunden pro ha und Jahr im Bestand, die Häufigkeit, mit der die einfache Entfernung vom Fahrweg zum Arbeitsort im Bestand an einem Arbeitstag zurückgelegt wird (entspricht der mittleren Rückeentfernung) und der Geschwindigkeit mit der man sich zu Fuß im Gelände fortbewegt. Die Gehgeschwindigkeit im Gelände wird mit 2500 m/h angenommen und ein Arbeitstag beträgt 8 h. Bei der Anzahl der Arbeitsstunden für Tätigkeiten im Wald, bei der Häufigkeit der zurückgelegten Fußwegstrecke und bei den Kosten einer Arbeitsstunde werden drei Personengruppen unterschieden: Betriebsleiter, Revierleiter und Waldarbeiter/bäuerliche Waldbesitzer. Betriebsleiter halten sich sehr wenig Zeit im Wald auf (0,1 h/ha), legen dann aber sehr weite Strecken zu Fuß im Bestand zurück (Faktor 20), und haben den höchsten Arbeitsstundensatz (70,- DM). Revierleiter sind etwas öfter in ihrem Revier (1,5 h/ha), legen etwas weniger Fußwegstrecke zurück (Faktor 14) und haben einen Stundensatz von 50 DM. Die Personengruppe der Waldarbeiter und bäuerlichen Waldbesitzer arbeitet die meiste Zeit im Wald (15 h/ha), bewegt sich aber an einem Arbeitstag weniger innerhalb des Bestandes (Faktor 8), die Kosten einer Arbeitsstunde werden mit 25 DM angenommen. In der Beispielberechnung werden für die Fußwegkosten das gewogene Mittel von Arbeitszeit und Stundensatz der drei Personengruppen verwendet: 28 DM/h. Dies wird dem Umstand geschuldet, dass Waldarbeiter und bäuerliche Waldbesitzer jährlich die meiste Zeit im Bestand unterwegs sind.

Berechnung des Ertragsausfalles durch Trassenaufhieb

Für den Wegebau wird in dem Beispielgebiet durchschnittlich eine Trasse von 7 m freigelegt. Durch den Aufhieb erhalten die Bäume am Rand der Trasse mehr Licht und wachsen dadurch stärker. Der Ertragsausfall der gefällten Bäume wird durch den Lichtungszuwachs der Randbäume zum Teil ausgeglichen. Es wird angenommen, dass bei bis zu 4 m Aufhiebsbreite der Lichtungszuwachs den dauerhaften Ertragsausfall kompensiert. Damit verbleibt eine wirksame Aufhiebsbreite von 3 m. Der erntefreie Erlös ist mit 80 DM/m³ und die Nutzung mit 6 m³/ha im Jahr in die Berechnung eingegangen. Der Ertragsausfall steigt mit zunehmender Wegedichte, liegt aber auch bei hohen Wegedichten vernachlässigbar niedrig.

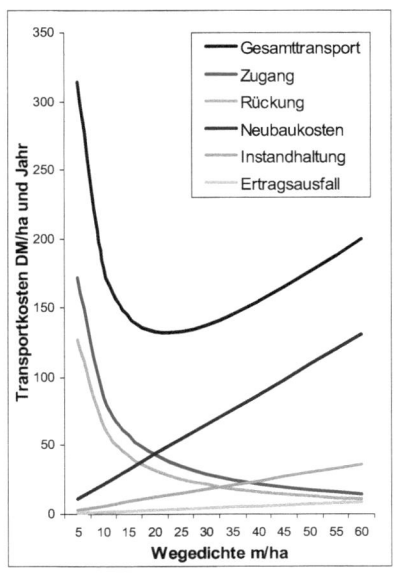
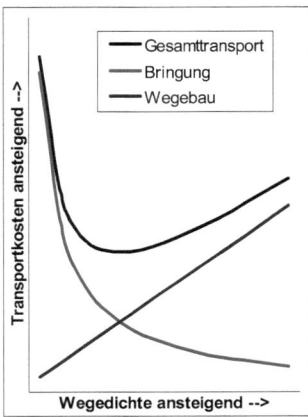

Abb. 3-1: Graphische Herleitung der optimalen Wegedichte (Dietz et al 1984)
Abb. 3-2: Graphische Herleitung der optimalen Wegedichte, vereinfacht

Diskussion des Beispielergebnisses

Die Gesamttransportkostenkurve ist keine Parabel, die links und rechts vom Minimum gleich stark ansteigt. Das bedeutet, dass bei sehr geringer Wegedichte die Rückekosten überproportional höher sind als bei besonders hoher Wegedichte die Wegebau- und Instandhaltungskosten. Unter finanziellen Aspekten ist daher eine gewisse Übererschließung weniger bedenklich, als eine Untererschließung. Dies gilt generell und nicht nur für das Beispielgebiet (Dietz et al 1984).

Werden andere Werte für die verschiedenen Parameter eingesetzt, so wirkt sich das auf die optimale Wegedichte aus. In dem Beispielgebiet liegt das Optimum bei 23 m/ha schwerlastfähigen Fahrwege, die verbliebene Dichte an Rückewegen wurde in dem Beispiel nicht angegeben. In dem Beispiel wurde ein Gebiet gewählt, das annähernd rund und das Relief eher flach ist. Der Wert für die optimale Wegedichte der Fahrwege kann für die Bewirtschaftung von Waldgebieten stark variieren:

- Die Fläche, die beidseitig vom Weg liegt und sich im sog. Erschließungsband befindet, ist die erschlossene Fläche. Die Breite des Erschließungsbandes hängt von der Reichweite des eingesetzten Rückemittels ab. In Lagen bis zu 25% Neigung rechnet man mit jeweils 300 m links und rechts vom Weg, in steileren Lagen mit jeweils 125 m (Dietz et al 1984, S. 148).

An sehr steilen Hängen liegt die Erschließungsbandbreite talseitig bei 100 m und bergseitig bei nur 60 m (Empfehlungen Waldwegebau 2002). Die Beschränkung ergibt sich aus der Reichweite des Seilbringungssystems. In hängigen Gebieten ist daher für eine ausreichende Erschließung ein geringerer Abstand zwischen den Fahrwegen nötig (160 m), als in ebenen oder leicht geneigten, befahrbaren Gelände (600 m). Daraus folgt, dass in bergigen Waldgebieten ein dichteres Wegenetz erforderlich ist. In Steilhanglagen, wo der Wegebau besonders kostenintensiv ist, kann sogar die Holzbringung mit dem Helikopter die günstigere Lösung darstellen (Weber et al 2004).

- Um eine Mehrfacherschließung zu vermeiden, sind die Wege soweit wie möglich parallel zu führen (Empfehlungen Waldwegebau 2002). Allerdings können die Form des Erschließungsgebiets oder landschaftliche Elemente wie Bachläufe und Steilkanten, die nicht überwunden werden können, eine höhere Wegedichte bedingen.

In der Beispielrechnung wurde eine konstante Nutzung der Waldbestände vor und nach dem Wegebau angenommen. Tatsächlich ist es aber so, dass erst durch den Wegebau vielfach eine erhöhte Nutzung ausgelöst wird und die Pflege- und Schutzmaßnahmen intensiviert werden. Unter dem Aspekt, dass in einem unzureichend erschlossenen Waldgebiet, die Bringungskosten des Holzes den Erlös übersteigen, kann auch ohne mathematischen Aufwand die Aussage getroffen werden, dass der Wegebau lohnenswert ist.

Grundsätzlich gilt, das Optimum der Wegedichte steigt bei (Dietz et al 1984):

- sinkenden Wegebaukosten und sinkenden Instandhaltungskosten
- größerem Amortisationszeitraum und kleinerem Kalkulationszinsfuß
- steigenden Personalkosten und steigenden Rückekosten
- zunehmender Nutzung

Der monetäre Nutzen des durch eine Waldflurbereinigung umgesetzten Wegebaus kann aus der Differenz der Gesamttransportkosten vor und nach dem Wegebau errechnet werden.

3.1.2 Reduzierung der Anfahrtszeiten

Durch die Legitimationsarbeiten der Waldflurbereinigung werden ansprechbare Eigentümer ermittelt, damit kann der Wegebau umgesetzt und die Kosten auf die Nutznießer umgelegt werden. Es kann festgehalten werden, dass eine Optimierung des Wegenetzes nicht nur die Rückekosten senkt, sondern auch die Anfahrtszeiten zur regelmäßigen Begutachtung und Kontrolle der Bestände reduziert. Wenn die Wege zu den Bestände überwiegend mit dem Fahrzeug erreicht werden können und nur noch kleinere Wegestrecken zu Fuß zurück gelegt werden müssen, dann profitieren davon neben dem Waldbewirtschafter, in der Regel der Eigentümer oder das beauftragte Unternehmen, auch die Mitarbeiter der Forstbehörde, deren gesetzliche Aufgabe die Privatwaldbetreuung ist. Ein klug gestaltetes Transportnetz mit GPS-tauglich beschriebenen Transportlinien und Abholpunkten optimiert den Einsatz von Transportunternehmen, wie unter 3.1.7 Schaffung von Holzlagerplätzen noch ausführlicher beschrieben wird.

3.1.3 Grundlage für die Verbesserung des Waldzustandes

Der vor Jahrzehnten in der Forstwissenschaft geprägte Begriff „ohne Wege keine Pflege" hat heute mehr als zuvor Gültigkeit. Die Erziehung eines Waldbestandes zu einem wertvollen und stabilen Wirtschaftswald erfordert in regelmäßigen Abständen abhängig vom Waldbauziel Eingriffe. Um diese Pflegeeingriffe und Durchforstungen durchführen zu können, ist ein ausreichendes Wegenetz unabdingbar. Die Leistung des Waldes in seinen Nutz-, Schutz- und Erholungsfunktionen setzt eine regelmäßige Pflege, eine nachhaltig sichere Produktion und eine Nutzung der Waldflächen nach modernen forstwirtschaftlichen und forstwissenschaftlichen Erkenntnissen voraus (Rumpf 1989, S.43). Ein nach forstwirtschaftlichen Maßstäben gepflegter Wald bringt dem Waldeigentümer höhere Erträge. Durch die Erziehung zu einem ausgewogenen Höhen-Durchmesser-Verhältnis der Einzelbäume ist der Wald stabiler gegenüber Sturmereignissen und Erholungssuchende empfinden einen gepflegten Wald als schöner (s. Kap. 3.1.10 u. 3.3.9). Ebenso wie die Waldpflege ist der Waldumbau an eine Nutzung gekoppelt, die neben der Erschließung auch die Grenzkenntnis verlangt.

Abb. 3-3: Ungepflegtes Waldgrundstück im Flurbereinigungsverfahren Lissingen am neu gebauten Wirtschaftsweg vor der Durchforstung (Hinz 2010)
Abb. 3-4: Waldbestand mit Fichten im Stangenbereich im Verfahrensgebiet Lissingen vor der Durchforstung (Hinz 2010)

Das Ergebnis einer Teilnehmerbefragung (Kap. 4.5) zeigt, dass nach einer Waldflurbereinigung eine Verbesserung des Waldzustandes eintritt und das Verfahren einen positiven Einfluss auf den Wald hat. Die Abb. 3-3 und 3-4 aus dem Flurbereinigungsverfahren Lissingen veranschaulichen den Zustand von Waldgrundstücken, die einer Verbesserung bedürfen.

Im Vergleich dazu zeigt Abb. 3-5 im gleichen Flurbereinigungsverfahren sehr eindrucksvoll, wie die neu geformten und erschlossenen Waldgrundstücke bereits nach kurzer Zeit einen erheblichen Wertzuwachs gewonnen haben.

Abb. 3-5: Gepflegtes Waldgrundstück im Verfahrensgebiet Lissingen
unmittelbar nach der ersten Durchforstung (Hinz 2010)

Landwirtschaftliche Betriebsinhaber mit Waldbesitz geben mit fortschreitendem Alter ihre landwirtschaftlichen Nutzflächen regelmäßig an Pächter ab, um einen angemessenen Pachtzins zur Sicherung ihrer Einkünfte zu erhalten. Bei Waldflächen ist dies eine Ausnahme. Dies hängt nicht nur von der auch im Alter beibehaltenen „Brennholzbewirtschaftung" durch den Eigentümer ab, sondern auch von der Erschließung und Identifizierbarkeit der Grundstücke. Die als Waldpacht bezeichnete Bewirtschaftungsform wird gerne als „Rundum-sorglos-Paket" bezeichnet, da es Eigentümern, die ihre Flächen nicht bewirtschaften können, alle anfallenden Arbeiten abnimmt. Bei der Verpachtung von landwirtschaftlichen Flächen wird gegen einen jährlichen Pachtzins das Recht den Boden zu nutzen an den Pächter abgegeben. Bei der „Verpachtung" von forstwirtschaftlichen Flächen wird dem Pächter das Recht der jährlichen Nutzung einer bestimmten Menge Holz auf der Waldfläche aber auch die Durchführung von Pflegemaßnahmen vereinbart. Der Waldbesitzer erhält jährlich einen Pachtpreis bezahlt, der sich an den aktuellen Holzpreisen orientiert, abzüglich der erforderlichen Pflegemaßnahmen. Die Waldpachtverträge, auch als Waldpflegeverträge bezeichnet, verlangen eine Einweisung in den Grenzverlauf der Grundstücke. Nach der Waldflurbereinigung können insbesondere Waldeigentümer, die zuvor nicht wussten, dass sie Wald besitzen an dieser Art der Bewirtschaftung teilnehmen, die eine professionelle Bearbeitung des Waldes gewährleistet.

3.1.4 Minimierung der Bodenverdichtung

Der Bodenschutz zur Erhaltung der Bodenfruchtbarkeit spielt bei der Holzernte eine große Rolle. Damit Mikroorganismen, Regenwürmer und andere Bodenlebewesen wirken können, Vegetationsrückstände abgebaut und in den Stoffkreislauf zurück geführt werden können und Wasser versickern kann, müssen im Boden genügend durchlüftete Hohlräume vorhanden sein (Lüscher et al. 2009). Die Voll- und Teilmechanisierung in der Holzernte führt zu hohen Druckbelastungen auf den Waldboden der nach Bodenart und Feuchte mehr oder weniger starke Verdichtungsschäden erleidet. „Die einzig gesicherte Möglichkeit, nachhaltige Schäden am Wald zu vermeiden, liegt in der Konzentration der Fahrbewegungen auf festgelegte Fahrlinien, die nicht verlassen werden dürfen" (Nemestothy 2009). Die Minimierung der Bodenbeeinträchtigungen auf Rückegassen ist bei der Befahrung vorrangig zu berücksichtigen, da sie zur Produktionsfläche gehört und der Raum auch zur Durchwurzelung der Bäume zur Verfügung stehen sollte. Um die unvermeidlichen Verdichtungen auf einen möglichst kleinen Teil der Fläche zu beschränken, ist ein flächiges Befahren zu vermeiden und die Rückegassen im Gelände zu kennzeichnen (Lüscher et al. 2008). Es wird daher eine Erschließung mit Rückegassen im Abstand von 20 m mit einer Gassenbreite von 4 m empfohlen, wodurch lediglich ein Flächeneinsatz von 20 % erforderlich wird und 80 % der Fläche frei von Befahrung bleibt (Nemestothy 2009, Borchert 2008).

Das in einem Waldflurbereinigungsverfahren angelegte Erschließungsnetz geht zwar als Produktionsfläche verloren, allerdings erlauben die neu geschaffenen Wege eine drastische Verkürzung der bisherigen Rückegasse sowie die Vermeidung von flächigem Befahren. Ebenso wird die Überquerung von Nachbargrundstücken zur Erreichung der eigenen Flächen unterbunden, die aufgrund der zum Teil hohen Bodenbeeinträchtigungen verständlicherweise zu Nachbarschaftsstreitigkeiten führten. Eine Reduzierung der Rückegassen und die Aufhebung von Überfahrten kann als bodenschützende bzw. bodenverbessernde Maßnahme nach § 37 Abs. 1 FlurbG betrachtet werden.

Abb. 3-6: Irreversible Bodenverdichtung durch häufige Befahrung in Birresborn
Abb. 3-7: Neu angelegte Rückegasse in Lissingen in 30 m-Abständen
(Hinz 2010)

3.1.5 Regulierung des Wasserregimes

Der Hochwasserschutz durch bewaldete Flächen spielt eine sehr große Rolle. Der Flächenabfluss konzentriert sich meist entlang linearer Strukturen wie an Wegen. Die Gestaltung der Waldwege erfolgt unter dem Aspekt des Hochwasserrückhaltes, so dass das sich auf dem Weg sammelnde Wasser seitlich abgeschlagen wird, um die Versickerung in der Fläche zu ermöglichen. Durch die Flächengestaltung mit vorhandenen und neu angelegten Mulden im Wald kann das Wasser ebenfalls flächig zurückgehalten werden.

Die standortgerechte Erstaufforstung trägt zur Erhöhung des Versickerungsbeiwertes bei. In geeigneten Waldflurbereinigungsverfahren können diese Maßnahmen Schwerpunkte von naturschutzrechtlichen Kompensationsmaßnahmen sein. Dies bedarf einer großräumigen Steuerung. Die Aufforstung führt insgesamt zu einer besseren Erschließung des durchwur-zelbaren Bodenraums, zu höherer Versickerung im Boden während eines Starkregenereignisses und zu einer stärkeren Verdunstung.

Bei technischen Hochwasserschutzmaßnahmen an Gewässern I. Ordnung können anhand des abgewendeten Schadens der monetäre Nutzen der Bauwerke ermittelt werden. Bei dezentralen Hochwasserschutzmaßnahmen ist es äußerst schwierig die Höhe der Wasserrückhaltung in der Fläche, der Reduzierung des Hochwasserscheitels an dem meist weit entfernten Schadensort zuzuordnen (Umweltbundesamt 2008). Unbestritten ist aber, dass Maßnahmen der Wasserrückhaltung am Oberlauf, Hochwasserereignisse am Unterlauf durch verzögerte und verminderte Wassermengen abdämpfen. Kennel (2004) unternahm eine grobe Abschätzung des monetären Wertes der Leistung eines Auwaldes auf den Hochwasserrückhalt mittels des Ersatzkostenansatzes. Der Kostenrahmen für Hochwasserrückhaltemaßnahmen wurde anhand einer Internetrecherche mit 6 – 30 € je m³ Wasser ermittelt:

- Mittlere Isar (Bayern): 66,5 Mio. € für 10 Mio. m³ = 6,65 €/m³ natürliches Rückhaltevolumen im Auebereich

- Bad Orb (Hessen): 55 000 DM für 3000 m³ = 9 €/m³ für 350 kleine Flutmulden entlang von Forstwegen

- (Baden-Württemberg.): 5,3 Mio. € für 186 000 m³ = 29 €/m³ für 10 kleine Becken im Auewald

    (Auszug aus Kennel 2004)

Kennel (2004) leitet daraus den Wertansatz für Wasserrückhalt im Wald mit 5 €/m³ Rückhalteleistung ab. Das Rückhaltevermögen durch Überstauung des Auwaldes wird in einer Grobkalkulation mit 40 cm angesetzt wodurch sich ein Rückhaltevolumen von 4000 m³/ha ergibt. Der Mehrwert des Auwaldes für den Hochwasserschutz wird mit 0-20000 €/ha angegeben, wobei auf die erhebliche

Unsicherheit aufgrund der groben überschlägigen Abschätzung hingewiesen wird (Kennel 2004, S.23).

Zur Bewertung des Nutzens von kleinen Hochwasserschutzmaßnahmen, aber auch allgemein von Naturschutzprojekten, können, unter der Annahme, dass diese Vorhaben nur realisiert werden, wenn der erwartete Nutzen wenigstens die Kosten deckt, die Sachwertkosten angesetzt werden. Es wird dann unterstellt, dass die verausgabten Kosten die Höhe des Nutzens darstellen. Da aber andererseits davon auszugehen ist, dass der Nutzen weitaus höher liegt, als die Kosten, wird der von Kennel (2004) abgeschätzte Wert von 0 – 20 000 € herangezogen und der Mittelwert von 10 000 €/ha für neu gestaltete Wasserrückhalteflächen an Bachläufen als plausibel erachtet.

Für die Bewertung des monetären Nutzens des Wasserrückhalts in der Fläche durch Maßnahmen der Aufforstung und Umwandlung in Dauergrünland wurde in einer Studie ebenfalls der Wert von 5 €/m³ zurückgehaltenes Wasser als unterster Nutzwert angenommen (Sächsische Landesanstalt für Landwirtschaft 2007, S.220). Es wurde bewusst dieser sehr niedrige Wert als Kostenansatz für den Bau einer Polderanlage gewählt, um die eingeschränkte Wirkung des Waldes darzustellen, da keine Steuerung wie bei einer Anlage möglich ist und auch die Vorfeuchte des Bodens sich auf die Speicherfähigkeit auswirkt. Die mögliche Infiltrationsrate des Waldbodens beträgt 60-75 l/m², abzüglich schnell abfließenden unterirdischem Abfluss und eines Abschlags, da die Bodenart nicht berücksichtigt wird. Also werden 40 l/m² an zusätzlicher Versickerungsleistung des Waldes angenommen und nach der Ersatzkostenmethode mit 2000 €/ha bewertet. Neben den einmalig vermiedenen Polderbaukosten werden noch jährlich entfallene Polderpflegekosten von 40 €/ha, sowie verminderte Folgeschäden durch Bodenerosion von 30 €/ha berechnet. (Sächsische Landesanstalt für Landwirtschaft 2007)

3.1.6 Vorbeugung von Waldbrand und Kalamitäten

Da durch zunehmende trockene Sommer die Waldbrandgefahr gestiegen ist, gewinnen Maßnahmen zur Waldbrandvorbeugung an Bedeutung. Neben waldbaulichen Schutzmaßnahmen helfen technische Präventionsmaßnahmen Waldbrände schnell einzudämmen, wie die Anlage von Löschwasserentnahmestellen und eine ausreichende, bedarfsgerechte Erschließung. Im „Handbuch Waldbrand" das durch die Zusammenarbeit der Landesforstbetriebe und -verwaltungen mehrerer Bundesländer entstand, steht dazu: „Für die Erreichbarkeit der Waldbestände durch Löschfahrzeuge ist es wichtig, dass die Wege für LKW befahrbar sind. Ebenso sind Wendeschleifen, Ausweichstellen und ein ausreichendes Lichtraumprofil zu erhalten oder neu anzulegen. Ebenso wie bei der Anlage der Löschteiche sollte die Walderschließung mit den Forstbehörden, der Feuerwehr und dem Waldbesitzer abgestimmt werden." (Kaulfuß 2011) Es wird noch aufgeführt, dass die oben beschriebene „Rettungskette Forst" den Einsatzkräften hilfreiche Informationen zur Befahrbarkeit der Wege liefert.

Durch die vergangenen zahlreichen Sturmkatastrophen hat sich gezeigt, dass zur Aufarbeitung von Sturmschäden die Erreichbarkeit der betroffenen Fläche eine enorme Arbeitserleichterung darstellt. Weil die Forstarbeit der Sturmschadenbewältigung wesentlich gefährlicher und unfallträchtiger als der Normaleinschlag ist, wird die Aufarbeitung des Sturmholzes soweit wie möglich mechanisiert vorgenommen. Die im „Handbuch Sturm" empfohlenen Arbeitsverfahren im Sturmholz orientieren sich an der Geländeneigung. In überwiegend ebenem Gelände bis zu einer Neigung von 30% erfolgt die Aufarbeitung hochmechanisiert mit Harvester, das Entzerren der Bäume mit Raupenbagger und auch das Abstocken, sofern von der bestehenden Erschließung möglich, mit dem Harvester. In Hanglagen zwischen 30% und 50% kann nur im Einzelfall auf Raupenharvester zurückgegriffen werden. Das Abstocken wird überwiegend motormanuell, das Entzerren mit dem Seilschlepper und die Aufarbeitung mit dem Prozessor durchgeführt. In Steillagen mit über 50% Neigung wird motormanuell abgestockt und grundsätzlich mit dem Seilkran entzerrt und gerückt. (Odenthal-Kahabka 2005). Um diese schweren Geräte auf die Windwurffläche zu bringen, ist eine ausreichende Zuwegung erforderlich, es kann nicht über fremde Grundstücke gefahren werden.

Im Folgejahr nach einem Sturmereignis besteht ein erhöhtes Befallsrisiko von Fichten durch den Borkenkäfer. Zum einen bietet das Sturmholz auf nicht geräumten Windwurfflächen attraktives Brutmaterial zum anderen sind durch den Sturm geschwächte Bäume besonders anfällig. Eine zügige Aufarbeitung und Räumung der vom Sturmwurf betroffenen Flächen dient der Eindämmung einer Massenvermehrung des Schädlings. Eine weitere vorbeugende Maßnahme ist die Früherkennung befallener lebender Bäume durch die Bohrmehlsuche. Nachdem Borkenkäfer die Rinde zum Ablegen der Eier angebohrt haben, schlüpfen nach etwa vier bis fünf Wochen bei warm-trockenen Bedingungen die Jungkäfer, die in derselben Vegetationsperiode weiter Bäume befallen können. Bei frühzeitigem Feststellen eines Borkenkäferbefalles kann der Baum vor dem Schlüpfen der Brut aus dem Wald entnommen werden (Forster, Meier 2008; Krehan 2008; Triebenbacher, Immler 2007). Die Borkenkäferbekämpfung durch das Fällen früherkannter Bäume erfordert ein gut ausgebautes Wegenetz um die Befallskontrolle flächendeckend zu gewährleisten. Die wirtschaftlichen Einbußen allein an der Minderung des Holzwertes werden mit 20-25 € pro Efm Käferholz angegeben (Odenthal-Kahabka 2005).

3.1.7 Schaffung von Holzlagerplätzen

Die richtige Anlage von Holzlagerplätzen beeinflusst die Kosten des Holzrückens und der Holzabfuhr sowie der Erhaltung der Qualität des gelagerten Holzes (Dietz et al 1984, S.132). Die Anforderungen an einen Holzlagerplatz zur Trockenlagerung erscheinen gering, da lediglich ein Streifen neben dem Fahrweg mit einer Breite von 1-3 m für Schichtholz (Brenn-Industrieholz) oder ca. 5 m für Langholz zur Lagerung benötigt wird.

Wenn nicht genügend Platz an der Fahrstraße zur Lagerung des Holzes vorhanden ist, muss auf kleine, verstreut liegende, zum Teil weniger gut geeignete Lagerplätze ausgewichen werden. Die im Wald verteilten mit wenig Holz bestückten Lagerplätze treiben die Transportkosten in die Höhe, da die Suche der Holzpolter einen hohen Zeitaufwand für den Fahrer verursacht. Nach einer Arbeitszeitstudie des norddeutschen Rohholzgroßhändlers Bockelmann-Holz benötigt ein LKW-Transporter von der Gesamtzeit, die er sich im Wald aufhält 31 % der Zeit, um von der Waldeinfahrt bis zum Ladeort zu gelangen, 59 % der Zeit für den Ladevorgang, Ladungssicherung und Datenerfassung, aber nur 9 % der Zeit, um vom Ladeort zurück zur Waldausfahrt zu fahren (Nüßlein 2007, Rösler 1999).

Die Windwurfkalamitäten der letzten Jahre zeigten, dass die geeignete Lagermethode von Sturmholz für die Erhaltung der Holzqualität bedeutend ist. Für eine sehr lange Lagerung über mehrere Jahre hinweg eignet sich nur das Nassverfahren, das einen hohen Raumbedarf und Wasser- und Stromanschluss an den Lagerplatz stellt. Für eine Lagerung von 3-24 Monaten hat sich das wesentlich kostengünstigere Trockenverfahren bewährt. Die Trockenlagerung in Rinde ist das bisher übliche praktizierte Verfahren beim regulären Einschlag zur kurzfristigen Lagerung des Holzes zwischen der Aufarbeitung und der Abfuhr. Für eine Lagerzeit von bis zu zwei Jahren kann Nadelholz ohne Rinde an einer gut belüfteten und unbeschatteten Stelle in einem überdachten Trockenlager aufbewahrt werden (Odenthal-Kahabka 2005, LWF 2001). Der im Flurbereinigungsverfahren Lissingen geschaffene Lagerplatz eignet sich als Trockenlagerplatz zum Poltern ohne Rinde und der langgezogene Lagerstreifen am Wegrand zur Lagerung von Schichtholz wie auch Langholz (Abb.3-8 und 3-9).

Holzlagerplätze können nicht beliebig eingerichtet werden, da sie u.U. die Waldarbeit behindern. Die Anforderungen an einen optimalen Lagerplatz sind eine leicht erreichbare und gut auffindbare Lage am Fahrweg und eine der Lagermethode genügende Mindestgröße. Die in einer Waldflurbereinigung umgesetzte Ausweisung von Holzlagerplätzen an geeigneter Stelle ist, vor allem da Holzfirmen die Abholprozesse navigationsgestützt steuern, eine Erleichterung der Waldbewirtschaftung. Im Staats- oder Gemeindewald kann nahezu jederzeit in Abhängigkeit vom Alter der Holzbestände ein zusätzlicher Holzlagerplatz eingerichtet werden. Im Kleinprivatwald muss für einen Holzlagerplatz, wie für einen Wirtschaftsweg, das benötigte Land von allen Teilnehmern des Verfahrens nach dem im Flurbereinigungsverfahren üblichen Berechnungsverfahren für den Landabzug hergegeben und gemeinschaftlich gebaut werden.

Abb. 3-8: Neu geschaffener Holzlagerplatz und Lagerstreifen in Lissingen
Abb. 3-9: Holzlagerstreifen am Hauptabfuhrweg am Waldausgang (Hinz 2010)

3.1.8 Verbesserung der Arbeitssicherheit und Reduzierung der Unfallhäufigkeit

Das Arbeiten im Wald ist mit einem erheblichen Unfallrisiko verbunden, wobei die unterschiedlichen Arbeitsvorgänge ein ungleich hohes Risiko bergen. Nach der Unfallstatistik der landwirtschaftlichen Berufsgenossenschaften ereignen sich zwei Drittel der Arbeitsunfälle bei der motormanuellen Holzernte. Das Unfallrisiko ist dagegen bei der vollmechanisierten Holzernte deutlich geringer (BMELV 2009). Die Statistiken der Landesforstbetriebe bestätigen dies noch differenzierter: So berechnete die Niedersächsische Landesforsten die Unfallhäufigkeit bezogen auf den Derbholzeinschlag und verglich die Anzahl der Unfälle zwischen Arbeiten mit der Motorsäge und dem Harvester. Demnach ereignete sich in den Jahren 2005 bis 2008 bei der motormanuellen Holzernte durchschnittlich 1 Unfall je 9000 Fm Derbholz und bei der vollmechanisierten Holzernte 1 Unfall je 210 000 Fm Derbholz (Niedersächsische Landesforsten 2009). Der mit der Motorsäge getätigte Derbholzeinschlag (ca. 520 000 Fm) überwog in diesem Zeitraum den mit Harvester getätigten Einschlag (ca. 340 000 Fm). Die Holzernte mit der Motorsäge enthält das größte Gefahrenpotenzial. Die drei häufigsten Unfallursachen in der motormanuellen Holzernte sind 1. Stürze im schwierigen Gelände, 2. durch in Spannung befindliches, abrollendes Holz und 3. herabfallende Äste. Diesen Gefahren ist der Forstwirt bei der vollmechanisierten Ernte weniger ausgesetzt, dort ereigneten sich die Unfälle hauptsächlich bei der Wartung und Instandhaltung der Forstmaschinen. Der durchschnittliche betriebliche Arbeitszeitausfall der Forstwirte der Niedersächsischen Landesforsten betrug 2008 pro Unfall 24 Ausfalltage. Die Anzahl der unfallbedingten Ausfallstunden bezogen auf je 1000 tatsächlich geleistete produktive Arbeitsstunden zeigt die betriebswirtschaftlichen Auswirkungen der Unfallfolgen. In dem Zeitraum von 2005 bis 2008 kamen im niedersächsischen Landeswald auf 1000 produktive Arbeitsstunden 17 Ausfallstunden in allen Arbeitsbereichen, aber 29 Ausfallstunden im Bereich motormanuelle Ernte. Neben dem Ausfall an Arbeitszeit und den Kosten zur Wiederherstellung der Arbeitskraft bringt aber auch ein Unfall dem Betroffenen und seinen Angehörigen sehr viel Leid und Schmerzen und unter Umständen auch bleibende Schäden. Besonders tragisch sind tödlich verlaufende Unfälle.

Zum Vergleich, der Landesbetrieb Hessen-Forst beschreibt in seinem Unfallbericht 2007 ähnliche Unfallzahlen (Landesbetrieb Hessen-Forst 2008). Bei der motormanuellen Holzernte ereignete sich durchschnittlich 1 Unfall je 13 000 Fm, das entspricht 80 % der meldepflichtigen Unfälle von allen Arbeitsbereichen. Im Jahr 2007 wurde sehr viel Windwurfholz aufgearbeitet, das besonders gefährlich ist, aber die im Zeitraum von 2003 bis 2007 gemittelten Werte zeigen ebenso eine häufigere Unfallgefährdung bei der Holzernte als bei allen übrigen Betriebsarbeiten.

Besonderes Anliegen der Niedersächsischen Landesforsten wie auch des Landesbetrieb Hessen-Forst ist die Reduzierung der Arbeitsunfälle durch Aufklärung und Schulung der Forstwirte. Tatsächlich sind auch im Beobachtungszeitraum die Unfallzahlen Jahr für Jahr zurückgegangen. Die Arbeitssituation im Kleinprivatwald gestaltet sich dagegen bezüglich der Unfallvermeidung schwieriger. Ein Großteil der im Wald mit der Motorsäge arbeitenden Waldbesitzer hat zwar einen Motorsägenlehrgang absolviert, dennoch sind die darin vermittelten Kenntnisse bei Weitem nicht vergleichbar mit der Ausbildung zum Forstwirt. Hinzu kommt mangelnde Praxis und Erfahrung, da Privatpersonen meist nur sporadisch im Wald arbeiten. Privatwaldeigentümer verunglücken aus diesen Gründen bei der motormanuellen Holzernte weitaus häufiger als ausgebildete Forstwirte. Der Wegebau im Privatwald ermöglicht die Zugänglichkeit mancher Waldflächen für die vollmechanisierte Holzernte und reduziert dadurch die Anzahl der Arbeitsunfälle. Es ist unmöglich, die gesamte Holzernte vollmechanisiert durchzuführen, da steiles Gelände eine Befahrung nicht erlaubt oder der starke Baumdurchmesser von Wertholz mit dem Harvester nicht geerntet werden kann. Auch im niedersächsischen Landesforst überwiegt, wie oben angegeben, die motormanuelle Ernte, die vollmechanisierte. Dennoch ist es durch den Ausbau des Forstwegenetzes im Privatwald möglich, eine weitaus größere Holzmenge als bisher vollmechanisiert zu ernten, schließlich liegt der Erschließungsgrad im Privatwald häufig weit unterhalb dem im Staatswald. Außerdem verkürzen sich durch ausreichend vorhandene Fahrwege, die Fußwege im Gelände. Stürze im Gelände waren in der Statistik der Niedersächsischen Landesforsten und des Landesbetrieb Hessen-Forst eine der Hauptunfallursachen.

3.1.9 Verkehrsunfallprävention durch Wegeverlegung - Äußere Erschließung

Die durch eine Waldflurbereinigung umgesetzte bessere Erschließung trägt zur Unfallprävention bei. Aber darüber hinaus ist eine Verlegung von gefährlichen

Wegeführungen möglich. Im Flurbereinigungsverfahren Hinterhausen-Büdesheim, RLP, wurde ein Holzabfuhrweg, der sehr unüberschaubar in eine übergeordnete Straße einmündete, verlegt. Der schlecht befestigte und an der Einmündung steil ansteigende Waldweg führte den Holzabtransport auf die Bundesstraße an eine Stelle, die durch eine Kurve schwer einsehbar ist. Die neue Zufahrt auf die Bundesstraße umging den Gefahrenpunkt, an dem es immer wieder zu schweren Unfällen kam, indem sie den Holzabfuhrweg einige Meter parallel zur Hauptstraße führte und ihn erst an einer gut einsehbaren Stelle einmünden ließ. Ein weiterer Gefahrenpunkt wurde beseitigt, indem der land- und forstwirtschaftliche Verkehr aus der Ortslage hinaus verlegt wurde. Wegeverlegungen sind, aufgrund der damit einhergehenden notwendigen Bereinigung der Rechtsverhältnisse, im Flurbereinigungsverfahren wesentlich einfacher umsetzbar.

Abb. 3-10: Einmündung des Holzabfuhrwegs auf die B 410
Abb. 3-11: Entschärfung des Verkehrsgefahrenpunktes durch Verlegung der Zufahrt (DLR Eifel 2010f)

Im Zuge des Wegeausbaus und des Anschlusses an das übergeordnete Wegenetz ergibt sich die Möglichkeit, diese in die „Rettungskette Forst" mit einzubeziehen. Die Rettungskette Forst ist in einigen Bundesländern eine Einrichtung von Rettungspunkten im Wald, die einheitlich mit Schildern gekennzeichnet und in einer Karte verzeichnet sind. Anhand der Rettungspunktnummer kann die Rettungsleitstelle, an die ein Notruf abgesetzt worden ist, den Unfallort der verletzten Person schneller erreichen. Das Rettungsleitsystem dient Forstwirten, Selbstwerbern, Jägern und auch Erholungssuchenden zur schnellen Erstversorgung im Wald. (Landesforsten Rheinland-Pfalz, Bayerische Forstverwaltung, Landesbetrieb Hessen Forst)

Im Flurbereinigungsverfahren Lissingen, RLP wurden die neuen Wege, die eine Anbindung an das überörtliche Wegenetz vervollständigten, in die Rettungskette Forst neu eingebunden.

3.1.10 Steigerung der Attraktivität des Waldes für Erholungssuchende

Ein erweitertes Waldwegenetz fördert die Attraktivität des Waldes für Erholungssuchende. Die verschiedenen Ausbaustandards der Haupt-, Neben- und Rückewege bieten den unterschiedlichen Waldbesucherkategorien (Wanderer, Spaziergänger, Mountainbikefahrer, Kinderwagen- Rollstuhlfahrer, Reiter) eine breite Palette von gut ausgebauten Fahrwegen bis zu interessanten Fußwegen, um ihre Vorstellungen von Freizeitgestaltung zu erfüllen.

Es ist gesetzlich verankert, dass zum Zweck der Erholung das Betreten des Waldes für jeden gestattet ist (§ 14 BWaldG), daher ist der Zutritt in den Wald ein öffentliches Gut. Bei der Erholungsnutzung des Waldes fließen keine Geldströme, daher werden zur Ermittlung des Erholungswertes verschiedene Methoden angewendet um den Nutzen quantitativ darzustellen:

- Die Kontingente Bewertungsmethode (Contingent Valuation Method) befragt direkt Waldbesucher und/oder allgemein die Bevölkerung in Interviews hypothetisch über die Höhe der Zahlungen, die sie bereit wären für die Nutzung des Waldes zur Erholung zu leisten. Die Zahlungsbereitschaft resultiert aus den Vorstellungen der Befragten und nicht aus einem tatsächlichen Verhalten.

- Die Reisekostenmethode interpretiert die Transportkosten, die zur Aufsuchung eines Waldgebietes tatsächlich aufgewendet werden, als Zahlungsbereitschaft für den Erholungsnutzen. Sie gibt eher die untere Grenze der Zahlungsbereitschaft an, weil der Aufwand der zum Waldbesuch getätigt wird, nur zeigt, wie viel die Person bereit ist mindestens zu tragen.

Es wurde in einer Studie beispielhaft die Erholungsleistung der Stadtwälder um Hamburg und ausgewählter Wälder des Naturparks Pfälzerwald mit beiden Methoden ermittelt (Elsasser 1996). Nach der Kontingenten Bewertungsmethode lag die Zahlungsbereitschaft für eine fiktive Jahres-Eintrittskarte für die Hamburger Wälder bei 114 DM und für den Pfälzer Wald bei 100 DM bzw. für Feriengäste bei 8 DM pro Ferientag. Für den Hamburger Stadtwald ergab sich ein aggregierter Erholungswert für die Bevölkerung von 100-150 Mio. DM. Nach der Reisekostenmethode lag die Zahlungsbereitschaft zwischen 1-8 DM pro Besuch für den Hamburger Stadtwald und zwischen 1-13 DM pro Besuch für den Pfälzerwald. Der aggregierte Wert für Hamburg liegt zwischen 53-433 Mio. DM pro Jahr.

Eine schweizerische Studie ermittelte den Wert der Freizeitnutzung für die regionale Wirtschaft (Vogt, Pütz 2010). Die Waldbesucher wurden über ihre Ausgaben im Umfeld des zur Erholung genutzten Waldes in der Gastronomie, Hotellerie und bei privaten touristischen Anbietern befragt. Das Ergebnis der Wertschöpfungsstudie zeigt, dass der in einer ländlichen Gebirgsregion gelegene

Wald Bergell trotz geringerer Besucherzahlen einen höheren Beitrag zur regionalen Wirtschaft leistet, als der hauptsächlich zur Naherholung genutzte, stärker besuchte Sihlwald. Die Besucher, die in unmittelbarer Nähe zum Wald wohnen, haben weitaus geringere Ausgaben, als Feriengäste, die ihren Urlaub in einem Waldgebiet verbringen. Die Studie kam daher zu dem Ergebnis, dass sich der regionalökonomische Effekt der Freizeitnutzung im Bergell auf 1,4 Mio. CHF und im Sihlwald nur auf 0,4 Mio. CHF belief. Die Autoren sehen für Wälder in ländlichen Ferienregionen nennenswerte Potenziale zur Inwertsetzung der Freizeitnutzung.

Eine weitere schweizerische Studie wertete verschiedene schweizerische und deutsche (Elsasser 1996) Studien zur monetären Bewertung des Erholungsnutzens aus, um die Plausibilität der eigenen Hochrechnung zu untermauern. Im Vergleich zu ausländischen Studien ist das Ergebnis in der Schweiz in der Regel höher, weil das Einkommen und der Urbanisierungsdruck höher und die Wertschätzung von Umweltgütern allgemein größer sind (Ott, Baur 2005, S.46). Ziel war die Schätzung des Erholungsnutzens für alle Schweizer Wälder für die gesamte Schweizer Bevölkerung mit dem Reisekostenansatz. Es wurden der durchschnittliche Zeitaufwand und die Transportkosten für die Reise zum Wald und ebenso die Aufenthaltszeit im Wald bewertet. Die Aufenthaltskosten, auch Opportunitätskosten genannt, beruhen auf Zeitkostensätze aus der Bewertung von Freizeit im Verkehrsbereich. Das Ergebnis der Wertschätzung beträgt pro Person und Jahr 544 CHF (nur Reisekosten) bzw. 1778 CHF (Reise- und Aufenthaltskosten). Dies ergibt auf die gesamte Schweizer Bevölkerung hochgerechnet einen Wert von 3,2 Mrd. CHF/Jahr bzw. 10,5 Mrd. CHF/Jahr. Neu an dieser Bewertungsmethode ist die Einbeziehung der Aufenthaltskosten. Die Autoren sind der Ansicht, dass der höher berechnete Wert (Reise- und Aufenthaltskosten) der Realität näher kommt, da die Aufenthaltsdauer direkt mit dem Nutzwert korreliert. Personen unter 18 Jahren und ausländische Touristen sind in dieser Studie nicht mit einbezogen. (Ott, Baur 2005)

Da der Nutzwert der Erholungsleistung des Waldes schwer fassbar ist, wird er von vielen Forstbetriebsleitern als gesellschaftliche Verpflichtung und als marktunfähiges Kuppelprodukt betrachtet. Eine weitere schweizerische Studie eruierte die existierenden Inwertsetzungen von Freizeit- und Erholungsgütern des Waldes in der Schweiz (Roschewitz, Holthausen 2007). Das Ergebnis zeigt, dass bis dahin nur in sehr geringem Umfang eine monetäre Inwertsetzung der Erholungsnutzung stattfindet und die Walderholung für den Forstbetrieb keine nennenswerte Einnahmequelle darstellt. Dennoch sieht man in der Zukunft eine zunehmende Nachfrage nach qualitativ hochwertigen Walderholungsangeboten wie z. B. organisierte Erholungsaktivitäten, die eine gewisse Infrastruktur voraussetzen. Unter dem Begriff Waldpädagogik werden von den deutschen Landesforstämtern zunehmend verschiedene Veranstaltungen zur Umweltbildung angeboten, zum Teil auch in festen Einrichtungen im oder am Wald (Walderlebniszentrum, Haus des Waldes etc.). Im Privatwald wird eine ökonomische Umsetzung der Erholungsnutzung sehr zögerlich umgesetzt; vereinzelt findet man Seilklettergärten, vermietete Waldhütten und die Unterhaltung von touristischer Infrastruktur für die Gemeinde (Mountainbikestrecken, Langlaufloipen, Rastplätze).

Die Bedeutung der Walderholung wird auch in Hinblick auf den gesundheitsökonomischen Nutzen des Waldbesuches in Zukunft steigen. Gerade weil Erkrankungen des Herzkreislaufsystems und psychische Erkrankungen zunehmen, treten die stressreduzierenden und entspannenden Effekte eines Waldspazierganges stärker in das öffentliche Bewusstsein. Diese neuartigen Zukunftsbilder der Waldnutzung bedürfen einer deutschlandweiten Gesamtwaldstrategie um die Ansprüche der verschiedenen Akteure möglichst konfliktfrei zu koordinieren. (Schraml 2009)

Ohne Zweifel zeichnet sich eine vermehrte Inanspruchnahme von Erholungsleistungen im Wald durch die wohnortnahe Bevölkerung wie auch Urlauber ab. Wenn zukünftige Waldaktivitäten eine besondere Infrastruktur benötigen, um Besucherströme zu lenken oder von sensiblen Bereichen fern zu halten, dann ist bei einem erforderlichen Wegeneubau oder Ausweisung einer geeigneten Stelle für Infrastruktureinrichtungen, die Flurbereinigung das dafür geeignete Instrument. Neben der besonderen Eignung für mögliche zukünftige Aufgabenfelder, die die Flurbereinigung durch ihre Erfahrung im agrarstrukturellen Bereich in der Beseitigung von Nutzerkonflikten in den letzten Jahrzehnten gesammelt hat, sind aber die gegenwärtigen Leistungen noch bedeutender.

Ein Vergleich der Wirkung unterschiedlich bewirtschafteter Wälder zeigt, dass der Grad der Bewirtschaftung einen Einfluss auf das psychische Wohlbefinden des Waldbesuchers hat (Martens, Bauer 2010). Ein gepflegter Wald, der Zeichen einer Bewirtschaftung erkennen lässt, wie aufgeschichtetes geerntetes Holz, eine geringe Stammdichte und ausgeräumtes Totholz, wirken sich auf die „gute Laune" und „Ruhe" der befragten Spaziergänger positiver aus, als ein verwilderter Wald. Das primäre Ziel einer Waldflurbereinigung ist die Förderung der Waldbewirtschaftung. Durch die verbesserte Waldstruktur nach der Flurbereinigung wird auf den meisten Waldparzellen stärker bewirtschaftet und dadurch ein gepflegteres Waldbild erzeugt, was die Erholungswirkung steigert.

3.2 Arrondierung zur betriebswirtschaftlichen und rechtlichen Verbesserung

Neben dem Wegebau ist weiterer Arbeitsschwerpunkt der Flurbereinigung die Neugestaltung von zersplitterten und unwirtschaftlich geformten Grundbesitz, indem dieser zusammengelegt, zweckmäßig geformt und erschlossen wird.

Ein besonders nachteiliger Strukturmangel im Wald ist die durch Realteilung der Grundstückserben entstandene Besitzersplitterung und Besitzerstreuung mit Gemengelagen zwischen Privat-, Körperschafts- und Privatwald. Hierdurch wird eine forstwirtschaftliche Nutzung sehr erschwert und ist teilweise unmöglich (MLWF 1988, S. 12). Als ein Besitzstück sieht man dabei nebeneinander gelegene Flurstücke eines Eigentümers an, die dieser zusammenhängend nutzt. Mit Besitzersplitterung ist dabei die meist sehr große Anzahl der Flurstücke bzw. Besitzstücke eines Eigentümers gemeint. Die Besitzerstreuung charakterisiert das Auseinanderliegen der Besitzstücke eines Eigentümers. Daneben ist die Größe der einzelnen Besitzstücke ein sehr wichtiges Merkmal. Oft sind die Besitzstücke so klein, dass gesetzlich vorgegebene Grenzabstände grundsätzlich nicht eingehalten werden können. Ein weiteres Bewirtschaftungskriterium ist die Form des Besitzstücks, denn sie bestimmt dessen Nutzbarkeit. Gemengelage bedeutet, dass die Grundstücke nur durch Notwegerecht erreichbar sind und nicht an Wege angrenzen.

Die Arrondierung der Flächen ergibt durch die erforderliche Neuvermessung die Verbesserung des Liegenschaftskatasters und die meist erstmalige Kenntnis der Grundstücksgrenzen.

3.2.1 Verbesserung der Grundstücksstruktur

Die Zersplitterung ist eine Folge der Freiteilbarkeit, bei der jeder Erbe den gleichen Anteil an Grund und Boden erhielt. Dies wird aus dem bei Oberholzer (1997, S. 129) entnommenen Beispiel Unteralpfen-Oberalpfen-Remetschwiel (UOR) sehr gut deutlich. Im oberen Teil der Abbildung sind die zersplitterten Grundstücke erkennbar. Die Erbteilung kann man z.B. an zwei Stellen an der fächerförmigen Zerteilung oder an der gleichmäßigen, lang gestreckten Zerteilung der Flurstücke (siehe eingekreiste Bereiche) ablesen. Die Größe der Flurstücke ist sehr klein.

Im unteren Teil der Abbildung 3-12 erkennt man gut eine zentrale Leistung der Waldflurbereinigung, die Zusammenlegung der Splittergrundstücke zu gut nutzbaren Grundstücken, die oft der Quadratform angenähert sind.

König (1985) baut ihre Untersuchung ausschließlich auf diesem Waldflurbereinigungsverfahren auf und zeigt die Größenklassen der Flurstücke vor und nach der Waldflurbereinigung in mehreren Diagrammen (vgl. Abb. 3-12 und 3-13).

Die Leistung der Waldflurbereinigung zur Vergrößerung der Flächen und Verringerung der Anzahl der Grundstücke kann man gut erkennen, wenn man die Anzahl der Flurstücke in den Größenklassen über 1,0 ha vor und nach der Waldflurbereinigung in den beiden obigen Diagrammen vergleicht.

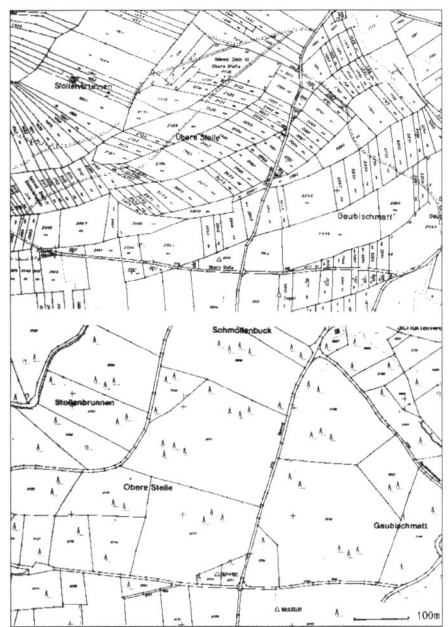

Abb. 3-12: UOR alter (oben) und neuer (unten) Bestand (Oberholzer 1997)

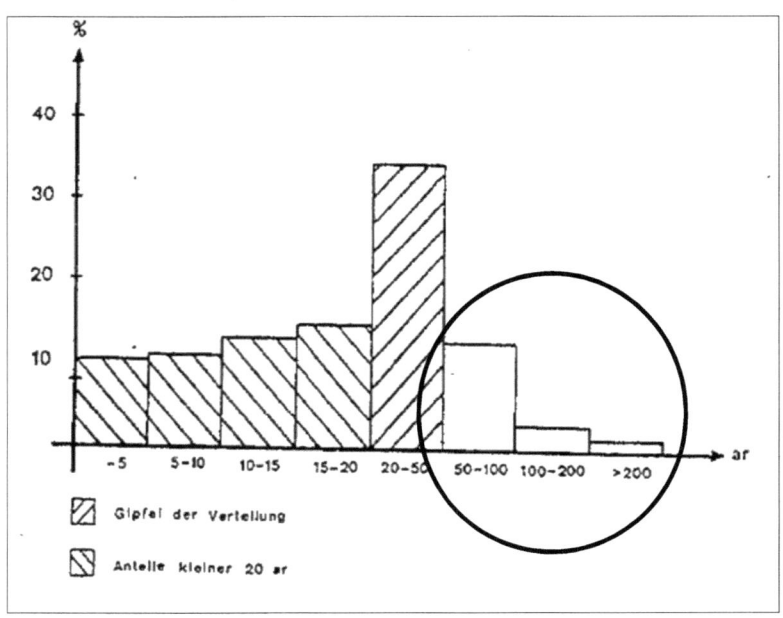

Abb. 3-13: Verteilung der Parzellen (in %) auf Größenklassen (alter Bestand) umrandet 50 – 200 ar (König 1985, S. 95)

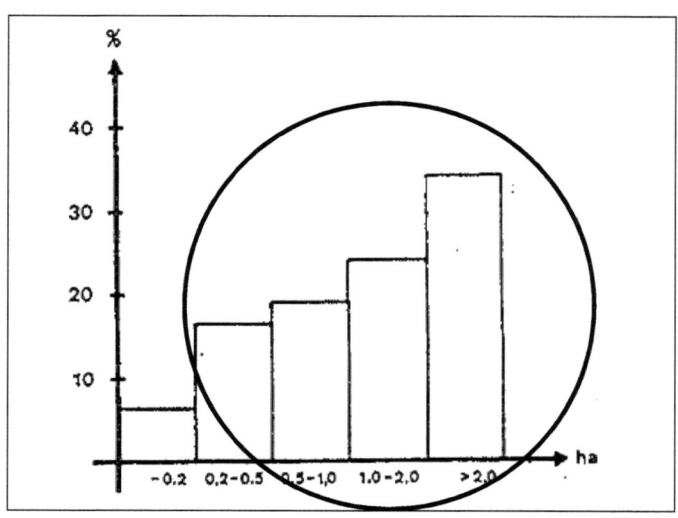

Abb. 3-14: Verteilung der Parzellen (in %) auf Größenklassen (neuer Bestand) umrandet 0,5 – 2 ha (König 1985, S. 131)

Die behindernde Besitzzerstreuung ist sehr deutlich im Verfahren Adenau-Herschbroich-Leimbach sichtbar (Abb. 3-15). Zwar ist es den Eigentümern gelungen, im Altbesitz nebeneinander gelegene Grundstücke zu erwerben (siehe eingekreisten Bereich), aber im Grunde genommen bringt dies kaum nutzbare Vorteile. Die Gemengelage der Grundstücke und der fehlende Wegeanschluss der Flurstücke erschweren eine Nutzung. Die Zusammenlegung von Kleinst-Grundstücken zu größeren Wirtschaftsflächen als zentraler Wertschöpfungsansatz der Waldflurbereinigung neben dem Wegebau wird deutlich. Die drei neu gebildeten Flurstücke sind dem steilen Gelände angepasst und haben jeweils zwei Wegeanschlüsse (Abb. 3-16).

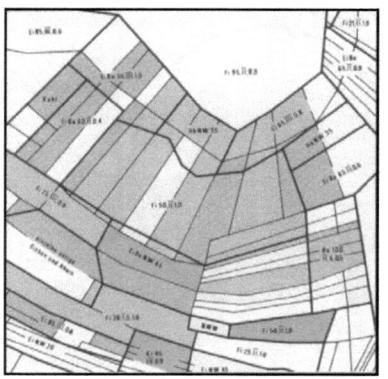 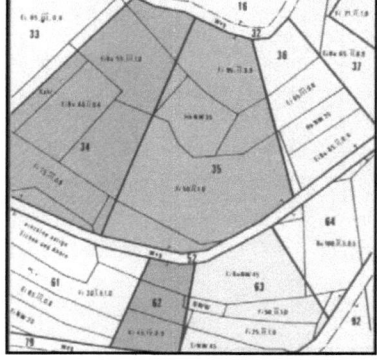

Abb. 3-15 und **Abb. 3-16:** Adenau-Herschbroich-Leimbach alter und neuer Bestand (Ausschnitt) (MLWF 1988, S. 12)

Als eigenständiger Beitrag zur Wertschöpfung ist vor allem die Grundstücksform zu diskutieren, denn sie gibt die Nutzbarkeit vor. Gesetzliche Grenzabstände nach dem Bürgerlichen Gesetzbuch (BGB) sind zu berücksichtigen. Das Beispiel 3-17 zeigt in den besonders markierten Grundstücken für eine nachhaltige Waldnutzung wenig geeignete, zerstückelte, unförmige Grundstücksformen wie Haken, Dreiecke, Hammerstrukturen oder sehr schmale, lang gezogene Flächen.

Abb. 3-17: Grundstücksformen in der Waldflurbereinigung Waldorf-Gönnersdorf (Stumpf 1989, S.58)

Zur graphischen Darstellung der Leistung von Waldflurbereinigungsverfahren im Bereich der Vergrößerung der Flächen und Verringerung der Anzahl der Grundstücke wurden seitens des DLR Eifel (2011d) die Verfahren Hinterhausen-Büdesheim und Lissingen (jeweils alter und neuer Bestand) nach Größenklassen der Flurstücke ausgewertet. Die Abb. 3-18 bis 3-21 für das Verfahren Hinterhausen-Büdesheim zeigen eine deutliche Zusammenfassung der Flurstücke zu größeren Einheiten. Von 585 Kleinstflurstücken unter 0,5 ha sind nur 53 übrig. Noch deutlicher wird die Zusammenlegung aus der nachfolgenden Gegenüberstellung, bei der die Flurstückseinheit unter 0,5 ha noch einmal in Anteile unter 25 ar und über 25 ar zerlegt wurde. Die Altflurstücksmengen im Größencluster wurden den Neuflurstücksmengen gegenübergestellt. Die Anzahl der Flurstücke über 3 ha hat sich von 11 auf 35 verdreifacht.

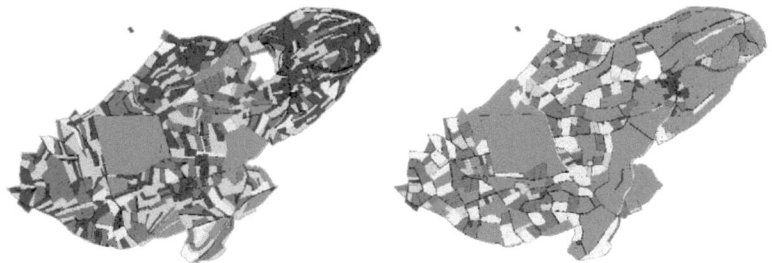

Abb. 3-18: Flureinteilung vor und nach der Flurneuordnung, sortiert nach Größenklassen im Verfahren Hinterhausen-Büdesheim (DLR Eifel, 2011)

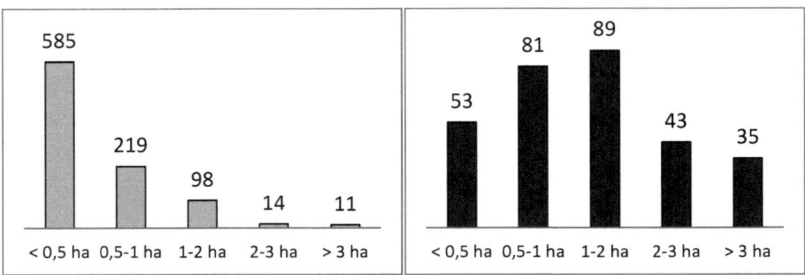

Abb. 3-19: Eigentumsgrößen vor der Flurbereinigung im Verfahren Hinterhausen-Büdesheim (DLR Eifel, 2011)
Abb. 3-20: Eigentumsgrößen nach der Flurbereinigung in Hinterhausen-Büd.

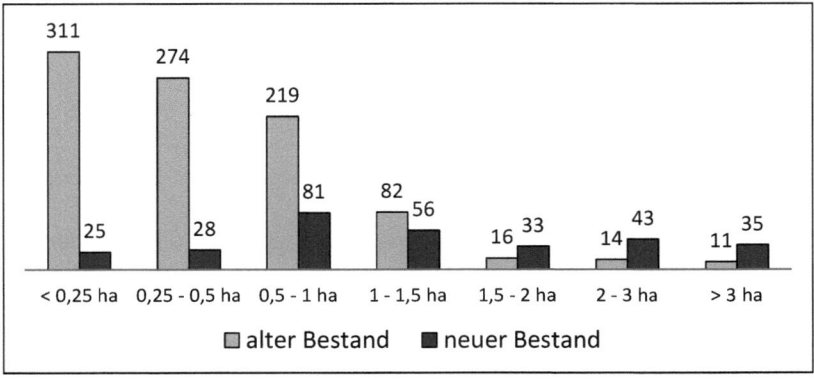

Abb. 3-21: Verfahren Hinterhausen-Büdesheim Gegenüberstellung der Größenklassen im alten Bestand und neuen Bestand (DLR Eifel, 2011)

Ähnlich stellen sich die Ergebnisse im Verfahren Lissingen dar.

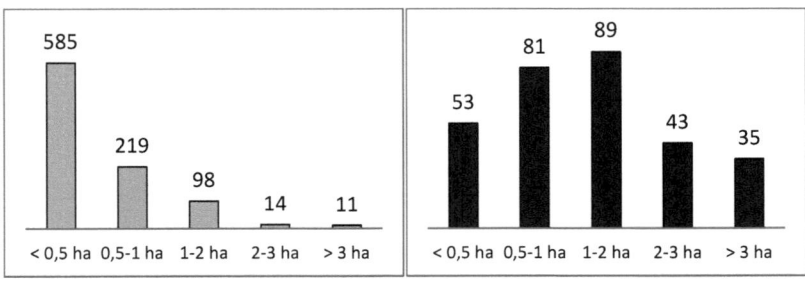

Abb. 3-22 u. Abb. 3-23: Verfahren Lissingen, Gegenüberstellung alter und neuer Bestand (DLR Eifel, 2011)

Aus der Gegenüberstellung der Flurstücke des alten und neuen Bestandes ist zu entnehmen, dass sich die Anzahl der Kleinstflurstücke unter 0,5 ha von 379 auf 49 verringert hat. Es gelingt nicht immer, Kleinsteigentümer zum Verkauf ihrer Flurstücke zu bewegen.

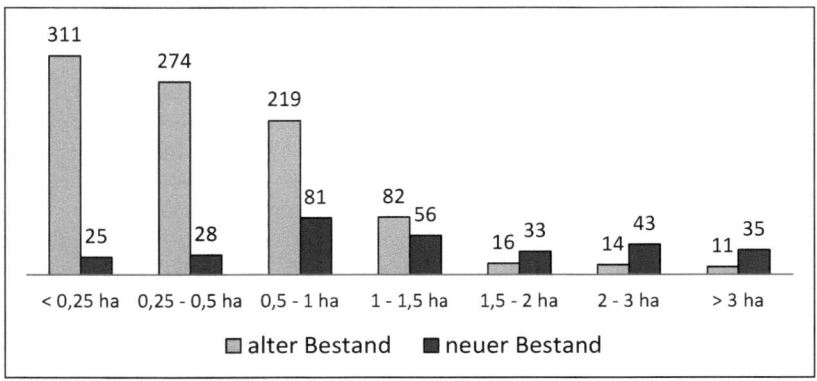

Abb. 3-24: Verfahren Lissingen, Gegenüberstellung der Größenklassen im alten Bestand und neuen Bestand (Neuberechnung DLR Eifel, 2011d)

Zur Bewertung der Leistung bietet sich das durchschnittliche Zusammenlegungsverhältnis der Besitzstücke vor und nach einer Waldflurbereinigung an. Dieses gilt als anerkannter Maßstab für die Verbesserung der Qualität der Grundstücke und Bewirtschaftungseinheiten sowie für die Verbesserung der Besitz- und Grundstücksstrukturen. So kommentiert Oberholzer (1997, S. 130) wichtige Kenndaten der Neuordnung wie folgt: „Das Ergebnis bedeutet eine Vergrößerung der Grundstücke bei UOR um das 4,4 fache, bei Bernau um das 1,5 fache und bei Oberwihl um das 5,9 fache. Die durchschnittlichen Grundstücksgrößen sind bei UOR von 0,33 ha auf 1,46 ha, bei Bernau von 0,70 ha auf 1,06 ha und bei Oberwihl von 0,16 ha auf 0,94 ha gestiegen".

Bei den in dieser Arbeit untersuchten Verfahren Hinterhausen-Büdesheim, Lissingen und Birresborn liegen nur Zusammenlegungsverhältnisse für die Betriebe insgesamt vor, für Acker- und Waldflächen gibt es keine gesonderten Berechnungen. Die Ergebnisse sind daher nur mit Einschränkungen verwertbar. Für Lissingen hat sich eine Vergrößerung der Grundstücke um das 12-fache ergeben und die Besitzstücke sind nach der Flurbereinigung durchschnittlich 6,5 ha groß. Für Hinterhausen-Büdesheim hat eine Vergrößerung der Grundstücke um das 10-fache stattgefunden. Dort sind die Besitzstücke nach der Flurbereinigung durchschnittlich 11,7 ha groß. Bei Birresborn liegt die Vergrößerung der Grundstücke durchschnittlich bei dem 3-fachen der Eingangsflächen.

Die Leistung ist in jedem Verfahren am plausibelsten durch Verringerung der Randeffekte der Besitzstücke vor und nach der Flurbereinigung zu ermitteln. Hierfür sind in Zusammenarbeit mit Forstfachleuten Indikatorwerte abschätzbar, die für Wertschöpfungsberechnungen bei durchschnittlichen Zusammenlegungsverhältnissen allgemein genutzt werden können.

3.2.2 Bildung größerer Holzlose

Durch die Zusammenlegung von Streuparzellen können auf den größeren Flächen höherer Holzmengen an einer Stelle angeboten werden. Durch größere Verkaufsmengen kann ein höherer Holzpreis erzielt werden. Gerade durch die Waldflurbereinigung steigt aber auch das Bedürfnis der Waldeigentümer, die nun klar bestimmten Flächen gemeinsam einer Harvesterernte zuzuführen.

3.2.3 Reduzierung der Umzäunungskosten

Wildschäden an Forstpflanzen werden vor allem von Reh-, Rot-, Dam-, Muffel- und Sikawild verursacht. Aber auch Hasen und Kaninchen können oft beträchtliche Schäden bewirken. Ist es aufgrund der Flurstückstruktur nicht möglich, flächenhafte Schutzmaßnahmen zu erstellen, so helfen nur extrem aufwendige Einzelschutzmaßnahmen, wie in Abb. 3-25 erkennbar.

Abb. 3-25: Schutz gegen Wildverbiss und Schälschäden am Einzelbaum im Waldflurbereinigungsverfahren Hinterhausen-Büdesheim (Hinz 2010)

Gegen die Verbiss- Fege- Schlag- und Schälschäden helfen bei größeren Verjüngungsflächen nur flächige Schutzverfahren. Bei diesen technischen Schutzmaßnahmen sind zertifizierte Standards einzuhalten, die eine naturnahe Waldbewirtschaftung mit angepassten Wildbeständen gewährleisten.

Die für flächige Schutzverfahren verwendeten Zaunmaterialien und Zugangsgatter sind kostenaufwendig und bedürfen wegen des vorkommenden Schwarzwildes, was sich durch derartige Zäune meist nicht aufhalten lässt, einer ständigen Kontrolle und Reparatur. Die Leistung der Waldflurbereinigung bemisst sich an der Minimierung des Zaunumfangs. Bei einem durchschnittlichen Zusammenlegungsverhältnis von 5:1 für Wirtschaftsstücke ergibt sich eine

Einsparung von 60% bei den Sach- und Personalkosten für die Errichtung und Pflege der Zäune.

Abb. 3-26: Schutz gegen Wildverbiss durch Umzäunung im Verfahren Hinterhausen-Büdesheim (Hinz 2010)

3.2.4 Reduzierung der Grundstücksrandeffekte

Die häufig im Wald anzutreffenden langen, schmalen Grundstücke haben außerordentlich lange Grundstücksgrenzen, die einige Nachteile mit sich bringen. An einer langen Außengrenze mit viel Lichteinfluss entwickeln sich viele astige Randstämme, die geringere Erlöse bei höheren Aufarbeitungskosten verursachen. Hiebmaßnahmen des Nachbarn können an West- und Südosträndern zu Rindenbrand führen und Jungkulturen, die von starkem Altholz umgeben sind, bringen wegen der Wurzelkonkurrenz und des Lichtentzugs weniger Zuwachs. Die Flächen haben wegen der Einhaltung der gesetzlichen Grenzabstände eine geringe Nutzbarkeit. (MLWF 1988, S. 13).

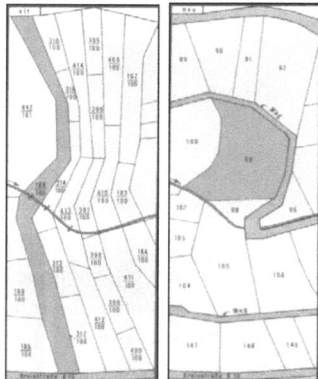

Abb. 3-27 u. Abb. 3-28: Verfahren Habscheid-Hollnich alter und neuer Bestand (MLWF 1988, S.13)

Der Ausschnitt aus dem Verfahren Habscheid-Hollnich zeigt ein im Altbesitz 460 Meter langes und zwischen 10 und 22 Meter breites Grundstück. Das neu gebildete Grundstück in Abb. 3-28 hat beinahe eine Kreisform.

Ziel der Waldflurbereinigung ist die bessere Nutzbarkeit sowie die topographieangepasste Gestaltung der Waldgrundstücksformen. Die ideale Form eines Waldgrundstücks mit minimaler Grenzlänge wäre ein Vollkreis, die angenäherte Quadratform ist daher die bestmögliche Grundstücksform zur Verminderung unerwünschter Grenzeffekte. Die Leistung der Waldflurbereinigung besteht darin, schlecht bewirtschaftbare Strukturen aufzuheben und in besser ausnutzbare Strukturen zu überführen.

3.2.5 Verbesserung der Auffindbarkeit und des Liegenschaftskatasters

Die zum Teil aus der Uraufnahme entstammenden Katasternachweise ohne örtliche Vermarkung verursachen bei den Eigentümern große Unsicherheiten hinsichtlich der Eigentumsgrenzen. Die Zuordnung des Holzaufwuchses ist oft nicht möglich.

Eine überbetriebliche Zusammenarbeit oder ein Waldpflegevertrag ohne genaue Kenntnis der Grenzverläufe ist nicht durchführbar. Da Waldbesitzer sich aufgrund der extrem hohen Kosten meist nicht in der Lage sehen oder nicht gewillt sind, die Kosten der Grenzfeststellung zu tragen, lassen sie ihre Waldparzellen in der Erwartung von nicht kostendeckenden Einnahmen unbewirtschaftet oder ungepflegt.

Der von Privatwaldbetreuern unterbreitete Lösungsansatz der Bildung einer Waldvereinigung, die grenzübergreifend wirtschaftet und die Eigentümer nach Flächenanteilen ausbezahlt, wird von den Angesprochenen ohne Kenntnis ihrer Grenzen eher skeptisch beurteilt. Sie befürchten aufgrund unterschiedlicher Holzwerte eventuell Nachteile zu erleiden.

Die nachstehenden Beispiele verdeutlichen die Probleme:

Abb. 3-29: Versagen des Katasternachweises (Lageversatz in der örtlichen Nutzung) (DLR Eifel 2010g)

Der kombinierte Karten- und Luftbildausschnitt aus dem Verfahren Hinterhausen-Büdesheim zeigt anschaulich, die bei den Eigentümern bestehenden extremen Unsicherheiten hinsichtlich der Eigentumsgrenzen. Die tatsächliche Nutzung des Waldgrundstückes in der Abbildung 3-29 weicht von den Katastergrenzen in der Lage um etwa 70 m ab. Die blaue Signatur zeigt das Zentrum des Flurstücks entsprechend dem Katasternachweis. Die orange Signatur zeigt das Zentrum der tatsächlich genutzten Fläche.

Abb. 3-30 u. **Abb. 3-31:** Versagen des Katasternachweis (DLR Eifel 2010g)

In dem Beispiel in Abb. 3-30 zeigt die blaue Signatur die Lage des Flurstücks nach dem Inhalt des Katasternachweises. Der Eigentümer hat, an die Topographie angepasst, die orange dargestellte Fläche bepflanzt bzw. in Besitz genommen und damit eine deutliche andere, größere Form der Nutzung durch seine Bepflanzung bzw. Bewirtschaftung erzeugt. Auch in Abb. 3-31 versagt das Kataster; die örtliche Nutzung liegt lageversetzt zum Katasternachweis. Hier war der Eigentümer allerdings vorsichtiger. Die blaue Signatur zeigt die Lage des Flurstücks nach dem Katasternachweis, das genutzte Waldgrundstück ist aber deutlich kleiner, als die Fläche nach dem Katasternachweis. Diese Beispiele verdeutlichen, wie wichtig es für den Waldeigentümer ist, die Grenzen zu kennen. Im Laufe eines Waldflurbereinigungsverfahrens werden unbekannte Grundstücksgrenzen, Abweichungen zwischen dem Katasternachweis und der örtlichen Nutzung sowie fehlende Grenzzeichen behoben.

Nicht in jedem Bundesland werden hingegen heute überall noch Abmarkungen der Flurstücke vorgenommen. Aufgrund der Möglichkeit, seitens der Flurbereinigungsbehörde unter bestimmten Voraussetzungen auf die Abmarkung zu verzichten, wurden in den untersuchten Verfahren Hinterhausen-Büdesheim, Lissingen und Birresborn nur die vom Weg abgehenden Grenzen vermarkt. Die an den Wegen liegenden, meist geschwungenen Grenzzüge blieben in der Regel unvermarkt. Die Eigentümer haben ihre in Waldflurbereinigung neu geschaffenen Grundstücksgrenzen individuell liebevoll ausgestaltet, was die persönliche empfundene Wichtigkeit der Grenzkenntnis unterstreicht (Abb. 3-32 bis 3-35).

Die potentielle Wertschöpfung zur Identifizierbarkeit der Grundstücksgrenzen und zur Verbesserung der Qualität des Liegenschaftskatasters lassen sich auf Grundlage der Vermessungskosten ermitteln, die außerhalb der Flurbereinigung im Rahmen einer Erneuerung der öffentlichen Bücher anfallen würden. Maßgebend ist der eingesparte Aufwand im Vergleich zu amtlichen Liegenschaftsvermessungen. Die dabei erzielte Wertschöpfung ist erheblich und für die Gesellschaft eine grundlegende Basis für den Rechtsverkehr. Ein Versagen des Katasters macht den Wert der vor Ort nicht identifizierbaren Grundstücke weitgehend zunichte.

Abb. 3-32: Vermarkung einer abgehenden Eigentumsgrenze durch Grenzstein daneben Kennzeichnung der Flurstücksnummer auf Holzpflock zur Besitzeinweisung sowie zusätzliche Kennzeichnung durch den Waldeigentümer mit langem Eisenrohr im Waldflurbereinigungsverfahren Hinterhausen-Büdesheim (Hinz 2010)

Abb. 3-34: Zusätzliche Kennzeichnung einer Eigentumsgrenze mit Plastikschlauch durch den Waldeigentümer im Waldflurbereinigungsverfahren Lissingen (Hinz 2010)

Abb. 3-33: Zusätzliche Kennzeichnung einer Eigentumsgrenze mit Eisenrohr und Autoreifen durch den Waldeigentümer im Waldflurbereinigungsverfahren Lissingen (Hinz 2010)

Abb. 3-35: Zusätzliche Kennzeichnung einer Eigentumsgrenze mit Plastikrohr und eigener Nummerierung des Flurstücks durch den Waldeigentümer im Waldflurbereinigungsverfahren Lissingen (Hinz 2010)

3.2.6 Reduzierung des Verwaltungsaufwands bei der Führung des Grundbuchs

Da die Anzahl der Grundstücke durch die Waldflurbereinigung abnimmt, treten im Grundbuchamt Kostenersparnisse durch einen deutlich verringerten Verwaltungsaufwand ein. Durch die neu gestalteten und örtlich identifizierbaren neuen Grundstücke wird der öffentliche Glauben des Grundbuchs wesentlich gestärkt. Die damit verbundene Erhöhung der Rechtssicherheit des Eigentums dient auch zur Verringerung von Rechtsstreitigkeiten, über die allerdings für Waldbesitz keine auswertbaren Ergebnisse vorliegen. Die hier beschriebene Leistung der Waldflurbereinigung besteht vor allem darin, dass Eigentümer ihre Flächen jederzeit identifizieren und vollwertig ohne Risiken nutzen können.

3.2.7 Sicherung der Holzbodenwerte

Im kleinparzellierten Privatwald mit zum Teil unbekannten Grundstücksgrenzen und mangelhafter Erschließung ist ein Verkauf von Waldgrundstücken kaum möglich und findet daher im Wesentlichen nicht statt. Im Zuge der Durchführung einer Waldflurbereinigung werden regelmäßig insbesondere sehr kleine Eigentumsflächen in Geld anstatt in Land abgefunden. Hier wird, um einen Anreiz zu geben, den Eigentümern der Wert eines gut erschlossenen und gut geformten Grundstückes ausbezahlt, da in absehbarer Zeit diese Grundstücke auch diese Eigenschaften haben werden. Nach der Flurbereinigung ist meist eine leichte Belebung des Waldgrundstückmarktes erkennbar. Durch die optimale Erschließung der Grundstücke und die gesicherte Grenzkenntnis ist eine Erleichterung der Bewirtschaftung gegeben, die sich durch eine Erhöhung des Bodenwerts gegenüber dem Niveau vor der Waldflurbereinigung wieder spiegelt.

3.2.8 Auflösung von Erbengemeinschaften

Der Schweizer Forstwirt Bont (2010) stellt Fehlentwicklungen bei Waldflächen durch die Wirkungen eines aus seiner Sicht veralteten Erbrechtes heraus. Es vermehren sich komplexe Erbengemeinschaften, deren Grundbesitz zum Problem für die Miterben, die Anstößer, das Gemeinwesen wie auch für die Volkswirtschaft wird, da diese zu schwer ansprechbaren und unauflösbaren „Erbengemeinschaften von Erbengemeinschaften" mutieren. Forstliche Betriebsgemeinschaften sind im kleinparzellierten, schlecht erschlossenen Privatwald mit den komplizierten Besitzverhältnissen überfordert. Ebenso lähmen undefinierbare Eigentümer die Initiative des Forstdienstes zur besseren Pflege und zuwachsgerechten Nutzung. Durch einen zusammenbrechenden Wald wertet sich das Vermögen der Erbengemeinschaft ab. (Bont 2010)

Die selbst vor Ort mit Forstfachleuten geführten Gespräche in den Beispielverfahren Hinterhausen-Büdesheim, Birresborn und Lissingen haben diese Schweizer Problemstellungen auch für Deutschland im Grundsatz bestätigt.

Rieger (2011) stellt verschiedene Ansätze zur Problemlösung vor. Er sieht den einfachsten Weg bei einer überschaubaren Anzahl von Miteigentümern, diese dazu zu bewegen, einen Bevollmächtigten zu benennen, der als Ansprechpartner für alle Belange zur Verfügung steht. Die Miteigentümer können aber auch dahingehend beraten werden, dass sie ihre Anteile auf einen Eigentümer übertragen oder bei mehreren Grundstücken, dass jedes dieser Grundstücke einem Miteigentümer zu Alleineigentum übertragen wird. Die gesetzliche Möglichkeit, Miteigentum an Waldgrundstücken zu ändern, ist die für eine Auflösung von Eigentümergemeinschaften im BGB (§§ 54, 749, 2042) vorgesehene Zwangsversteigerung der Grundstücke auf Antrag eines Miterben auch gegen den Willen der übrigen Miterben. Sind Miteigentümer nicht mit vertretbarem Aufwand ermittelbar, so kann das zuständige Nachlassgericht einen Nachlasspfleger (§ 1960 BGB) bestellen. (Rieger 2011, S. 34)

Die Auffassung von Rieger (2011), „Flurbereinigungen im Wald führen nur in bescheidenem Umfang zu Verbesserungen, da die Zahl der Waldbesitzer nur bedingt abnimmt…", kann nicht geteilt werden. Genau das Gegenteil ist der Fall. Nach § 48 Abs. 2 Flurbereinigungsgesetz kann gemeinschaftliches Eigentum an Grundstücken auch in anderen Fällen geteilt oder in der Form von Miteigentum neu gebildet werden. „Nach § 48 Abs. 2 kann sonstiges gemeinschaftliches Eigentum an Grundstücken, z.B. das von Erbengemeinschaften geteilt werden" (Schwantag et al. 2008, § 48 Nr.4, S. 284).

Die Übertragung auf einen der Miteigentümer fällt zwar nach Schwantag et al. (2008, § 48 Nr.5, S. 284) nicht unter § 48, ist aber über einen Verzicht nach 52 FlurbG zugunsten Dritter möglich. Wichtig sind in diesem Zusammenhang die Bestimmungen des § 119 FlurbG. Danach hat das Vormundschaftsgericht auf Ersuchen der Flurbereinigungsbehörde oder der oberen Flurbereinigungsbehörde, wenn ein Vertreter nicht vorhanden ist, einen Vertreter zu bestellen für „ Miteigentümer oder gemeinschaftliche Eigentümer von Grundstücken, sofern sie der Aufforderung der Flurbereinigungsbehörde oder der oberen Flurbereinigungsbehörde, einen gemeinsamen Bevollmächtigten zu bestellen, innerhalb der ihnen gesetzten Frist nicht nachkommen" (§ 119 Abs.1 Nr.5 FlurbG). Dies gilt für jede Form des Miteigentums und anderen gemeinschaftlichen Eigentums (Schwantag et al. 2008, § 119, Nr. 4, S. 543). Dieser Vertreter kann alle Erklärungen abgeben, die zur Auflösung einer Erbengemeinschaft erforderlich sind. Der Kaufpreis kann hinterlegt werden, sofern die Anteile an aufgeteilten Grundstücken nicht mit dem Anspruch bei anderen Grundstücken vereinigt werden können.

Setzt die Flurbereinigungsbehörde bei der Bereinigung der Erbengemeinschaften einen Arbeitsschwerpunkt, so können umfassende, nachhaltige Erfolge bei der Reduzierung der Kleinsteigentümer erzielt werden.

3.2.9 Verbesserung der Beratung und Betreuung

Die, für die in den Landeswaldgesetzen verankerte Privatwaldbetreuung, zuständigen Forstwirte begrüßen die Arbeitserleichterung in ihrer Betreuungstätigkeit durch die Strukturverbesserung sehr. Durch die Identifizierung der Eigentümer in der Flurbereinigung erhalten sie für einige Waldparzellen erstmals einen Ansprechpartner. Zum Teil ist es den Forstwirten nicht möglich die Adresse von Waldeigentümern ausfindig zu machen. Die Flurbereinigungsbehörde hat ebenso Schwierigkeiten, allerdings ist sie im Gegensatz zum beratenden Landeswaldbetrieb, dazu verpflichtet eine Lösung dafür zu finden. Neben der Aktualisierung der Waldeigentümeradressen führt die Kenntnis und Rechtssicherheit der Grundstücksgrenzen zu einer weiteren sehr geschätzten Zeitersparnis der Privatwaldbetreuer. Das Aufsuchen der Grenzverläufe ist mitunter in Waldgebieten nicht mehr möglich. Im Rahmen der Betreuung von Privatwaldbesitzern wird die Lage der Grundstücke von den Forstwirten gezeigt, bei einer fehlenden Kennzeichnung ist ihnen das aber nicht möglich. Der Privatwaldbetreuer profitiert von der Arbeitserleichterung und ermöglicht eine bessere Betreuung für den Waldeigentümer.

Aufgrund sich ständig verändernder Strukturen verfügen immer weniger Privatwaldbesitzer über die notwendigen Kenntnisse und Fähigkeiten für eine nachhaltige und multifunktionale Waldbewirtschaftung. Der Wissenstransfers zur Verbesserung der Strukturen im Kleinprivatwald, der Holzmobilisierung und -vermarktung, zum Waldaufbau, zur Waldarbeitstechnik und Arbeitssicherheit, zum Forstrecht, zu Förderungmöglichkeiten sowie zum Naturschutz im Wald ist somit von entscheidender Bedeutung. Durch Waldflurbereinigung werden die Waldbesitzer identifiziert und können für Schulungen durch die Forstverwaltungen und die Privatwaldbetreuer angesprochen und gewonnen werden.

3.2.10 Anregung des Grundstücksmarkts

Der Grundstücksmarkt für Waldgrundstücke wird belebt oder in vielen Fällen sogar ins Leben gerufen. In Flurbereinigungsverfahren machen insbesondere Eigentümer von sehr kleinen Grundstücken Gebrauch von der Möglichkeit des Landabfindungsverzichts nach § 52 FlurbG. Die kleinen unrentabel zu bewirtschaftenden Flurstücke werden meist erst von der Teilnehmergemeinschaft übernommen und der Eigentümer erhält eine Abfindung in Geld. Aufstockungswillige Betriebe können diese Flächen zur Vergrößerung der eigenen Flächen gegen einen Geldausgleich erhalten. Es fallen dabei weder Notarkosten noch Gebühren für Grundbucheintragungen oder für den Makler an. Es bietet sich dadurch eine sehr einfache und noch dazu kostenfreie Gelegenheit einen Käufer für ein Waldgrundstück zu finden. Die Erfahrung in der Praxis hat gezeigt, dass Eigentümer von besonders kleinen Flächen und Nichtortsansässige nach einer längeren Bedenkzeit eine Abfindung in Geld bevorzugen. In diesem Fall gestattet eine lange Laufzeit eines Verfahrens mehr Raum für die Entscheidungsfindung der Teilnehmer (Henkes 2006).

Der Umfang der Waldfläche, die durch Landabfindungsverzicht den Eigentümer wechselt, variiert um 10 % der in der Waldflurbereinigung umgelegten Waldfläche. Die Anzahl der Teilnehmer, die eine Abfindung in Geld statt in Land vorziehen, stieg in den letzten Jahrzehnten parallel zum Strukturwandel in der Landwirtschaft an. In dem in Kapitel 4 beschriebenen Waldflurbereinigungsverfahren Unteralpfen- Oberalpfen- Remetschwiel (UOR) wurden 30 ha der 827 ha umgelegten Waldfläche von der Teilnehmergemeinschaft zur Aufstockung größere Betriebe aufgekauft (Kuner, Peck 1994, S.1418). In diesem in den 1980er durchgeführten Verfahren wurden etwa 4 % der Waldfläche veräußert. In Rheinland-Pfalz werden mittlerweile in Waldflurbereinigungsverfahren Abfindungsansprüche für 14 % der Waldfläche wie im Verfahren Annweiler-Gräfenhausen abgetreten (Schumann 2010).

3.3 Motivation der Eigentümer, Maßnahmen der Landentwicklung

Eine bisher weitgehend unbeachtete Leistung der Waldflurbereinigung ist die dauerhafte Mobilisierung der Kleinprivatwaldeigentümer auf einer größeren zusammenhängenden Fläche. Die Problematik der Unterbewirtschaftung von Kleinprivatwald wird in zahlreichen Untersuchungen (Weiss, Bach 2007; Schurr 2006; Schraml, Volz 2003; Schaffner 2001; Becker et al. 2000) beschrieben und erforscht, wie das Interesse der Privatwaldbesitzer an einer adäquaten Nutzung und Pflege geweckt werden kann. Projekte wie die Privatwaldförderung Thüringen (Köhler 2008) zeigen, dass trotz hohen personellen Aufwands nur ein Teil der Angesprochenen motiviert werden können. In der Waldflurbereinigung werden zum ersten alle Betroffenen erreicht und zum zweiten über einen Zeitraum von mehreren Jahren in den Prozess eingebunden. Dadurch wird erreicht, dass sich die Einstellung zum Waldeigentum hinsichtlich seiner wirtschaftlichen Nutzfunktion wesentlich verbessert und sich die Motivation entwickelt, eine gewinnbringende Bewirtschaftung anzustreben. Diese neu gewonnene Motivation rührt aus der Beseitigung struktureller und technischer Defizite der Waldflächen und damit einhergehend die Stärkung der einzelbetrieblichen Wettbewerbsfähigkeit als eine Grundvoraussetzung für ein effizientes Holzmanagement.

Neben dem Wegebau und der Arrondierung vollbringt die Flurbereinigung durch die Koordination der verschiedenen Interessen der Beteiligten und der allgemeinen Landeskultur und Landentwicklung eine maßgebliche Leistung in der Vermittlung und Moderation zwischen den Interessenten. Ohne die führende Hand der Flurbereinigungsbehörde ist die Umsetzung der vielschichtigen Maßnahmen meist zum Scheitern verurteilt, wie die Erfahrung aus freiwilligen Versuchen zur Verbesserung von Fehlentwicklungen oftmals lehrt. Vor allem die Lenkung von landschaftsgestaltenden Maßnahmen, die den Naturschutz und die Landespflege betreffen, ist ohne das Instrumentarium der Flurbereinigung schwer denkbar.

3.3.1 Steigerung der Holznutzung

Ziel der Flurbereinigung ist die Verbesserung der Produktions- und Arbeitsbedingungen, die durch den Wegebau und die Arrondierung ermöglicht werden. Ob die verbesserten Möglichkeiten von dem einzelnen Waldeigentümer wahrgenommen werden, darauf hat die Flurbereinigung keinen Einfluss. So gibt es nach dem Waldflurbereinigungsverfahren immer noch vereinzelte Eigentümer von Waldparzellen, die von den neu geschaffenen Bewirtschaftungsvorteilen keinen Gebrauch machen. Dennoch werden von dem größten Teil der Waldeigentümer die Bewirtschaftungserleichterungen angenommen und in den Verfahrensgebieten wird regelmäßig von einem erhöhter Einschlag berichtet. Die in Kapitel 4 ausgewertete Teilnehmerbefragung und Expertenbefragung zu in der Eifel, RLP, durchgeführten Waldflurbereinigungsverfahren ergaben einen signifikanten Anstieg des Holzeinschlages der von den betreuenden Forstwirten mit einer Erhöhung um etwa 4 Fm/ha angegeben wird. Es wird nicht, oder noch nicht, die mögliche Holzerntemenge, wie im Staatswald erreicht, dennoch ist gerade die Anregung von einer partiellen Nullbewirtschaftung zu einer mäßigen Bewirtschaftung eine größere Leistung als die Steigerung einer vorhandenen Bewirtschaftung. Es wurde außerdem von den Befragten wahrgenommen, dass der Wald nach der Flurbereinigung durch die bewirtschaftende Tätigkeit, die neben der Ernte reifer Bäume auch Pflegemaßnahmen und Durchforstungen vorsieht, ein gepflegteres Erscheinungsbild zeigt.

3.3.2 Sicherung und Schaffung ortsgebundener Arbeitsplätze

Die „Clusterstudie Forst und Holz Deutschland 2005" prägte mit der Aussage, dass die Forst- und Holzwirtschaft eine sehr große volkswirtschaftliche und arbeitsmarktpolitische Bedeutung hat, die Wahrnehmung dieses Wirtschaftsbereichs neu. Die Studie ermittelte für Deutschland rund 2 Mio. Waldeigentümer. Entlang der Produktions- und Wertschöpfungskette Holz sind in 185 000 Betrieben 1,3 Mio. Menschen beschäftigt, die jährlich einen Umsatz von 181 Mrd. Euro erwirtschaften (Mrosek, Kies, Schulte 2005). Auf Grundlage dieser Studie und der dort vorgenommenen Branchenabgrenzung wurden die Strukturparameter des Clusters Forst und Holz Deutschland in einer weiteren Studie überprüft und neu konzipiert (Seintsch 2007, 2010). Das Ergebnis bestätigt die hohe volkswirtschaftliche Bedeutung mit einem Jahresumsatz im Jahr 2007 von 174 Mrd. Euro und 1,2 Mio. Beschäftigten in 130 000 Unternehmen. Die an der holzbasierten Wertschöpfungskette partizipierenden Branchen erbrachten 3,4 % des Umsatzes der deutschen Volkswirtschaft.

Tab. 3-1: Bundesweites Cluster Forst und Holz im Jahr 2007 (Seintsch 2010)

	Umsatz (Mrd. Euro)	Unternehmen	Beschäftigte
Forstwirtschaft	**4,888**	**31.702**	**77.448**
Forstwirtschaft	3,557	28.467	62.443
Forstwirtschaftliche Dienstleistungen	1,331	3.235	15.005
Holz bearbeitendes Gewerbe	**12,556**	**3.898**	**52.742**
Sägeindustrie	7,271	3.613	36.293
Holzwerkstoffindustrie	5,285	285	16.449
Holz verarbeitendes Gewerbe	**34,884**	**27.654**	**285.166**
Möbelindustrie	19,271	11.561	156.242
Holzpackmittelindustrie	1,571	781	13.134
Industrielles Holzbauwesen	10,229	11.049	80.927
Sonstige Holzverarbeitung	3,812	4.263	34.863
Holz im Baugewerbe	**12,918**	**37.472**	**169.916**
Zimmerer	5,147	11.905	72.370
Bautischlerei und -schlosserei	7,283	23.335	90.853
Parkettlegerei	0,488	2.232	6.693
Papiergewerbe	**38,78**	**2.714**	**142.031**
Holz- und Zellstoffindustrie	0,997	75	6.546
Papierherstellung	17,067	559	50.913
Papierverarbeitung	20,716	2.080	84.572
Verlags- und Druckereigewerbe	**59,563**	**23.089**	**430.680**
Verlagsgewerbe	35,991	8.148	199.259
Druckgewerbe	23,572	14.941	231.421
Holzhandel	**10,035**	**2.919**	**14.735**
Holzhandel mit Roh- und Schnittholz	5,448	1.349	6.758
Großhandel sonst. Holzhalbwaren	4,587	1.570	7977
Cluster Forst und Holz gesamt	**173,623**	**129.448**	**1.172.718**

Die Ergebnisse dieser bundesweiten Clusterstudie sollen strategische Handlungsempfehlungen für politische Entscheidungsträger, Unternehmen, Verbände, Forschungs- und Bildungseinrichtungen zur Steigerung der Wettbewerbsfähigkeit und Wertschöpfung in der Holzverwendung liefern. Motivation der Studie ist die von der Bundesregierung initiierten „Charta für Holz", die eine Steigerung des Verbrauchs von Holz bis zum Jahr 2014 auf 1,3 m³ pro Kopf aus nachhaltiger Erzeugung in Deutschland anstrebt (BMVEL 2004). (Seintsch 2010, S.5).

Stellt man die durch die Produktions- und Wertschöpfungskette Holz erwirtschafteten Umsätze dem Holzeinschlag gegenüber, so kann die Wertschöpfung pro Festmeter Holz ermittelt werden. Im Jahr 2007 war der Holzeinschlag durch das Sturmschadensereignis „Kyrill", das zu erhöhter Zwangsnutzung führte, außergewöhnlich hoch. In den Jahren 2008 und 2009 sank der Einschlag auf 55 Mio. Fm und 48 Mio. Fm (Statistisches Bundesamt 2010), da das in Nasslagern aufbewahrte Rohholz aus der Zwangsnutzung 2007 in den Markt eingebracht wurde. Man kann daher davon ausgehen, dass die Wertschöpfung 2008 und 2009 durch die zeitliche Verschiebung der Holznutzung höher ausfällt, als die betrachteten Jahre davor. Für den Zeitraum von 2005 bis 2007 liegt die bundesweite Wertschöpfung bei ca. 2600 Euro pro Fm Rohholz, die in den einzelnen Bundesländern höher oder niedriger ausfällt.

Tab. 3-2: Umsatz im Cluster Forst und Holz und Gesamtholzeinschlag 2005 – 2007 (Seintsch 2010, Statistisches Bundesamt 2006, 2007)

	Umsatz (Mrd. Euro)	Holzeinschlag (Mio. Fm)	Umsatz/Fm (Euro/Fm)
2007	173,623	76,7	2264
2006	167,688	62,3	2692
2005	157,906	56,9	2775

Bezüglich der von Rohholz abhängigen Arbeitsplätze kann für 2007 ein Arbeitsplatz auf 65 Fm Holz errechnet werden.

3.3.3 Sicherung inländischer Rohstoffversorgung

Seintsch geht von einer zukünftig hohen und weiter steigenden Inlandsverwendung von Holzrohstoffen durch die 1. Verarbeitungsstufe des Clusters Holz und Forst aus. Er sieht eine angespannte inländische Versorgungssituation beim Nadelholz, die sich nach der Wirtschaftskrise nach Erholung der Absatzmärkte verschärfen wird. Er empfiehlt der steigenden Rohholzknappheit mit einer höchstmöglichen Wertschöpfung (z.B. Steigerung der Kaskadennutzung) zu begegnen. (Seintsch 2010, S.49).

In Deutschland standen 2007 Rohholzexporte mit 6,7 Mio. m³ im Wert von 515 Mio. Euro ins Ausland, Inlandimporte von 4 Mio. m³ im Wert von 364 Mio. Euro gegenüber (Statistisches Bundesamt 2008). Die Hälfte der Holzausfuhren ging nach Österreich, an 2. Stelle stand China. 80% der Ausfuhren waren Nadelholz. Die wichtigsten deutschen Importländer sind Schweden und die Tschechische Republik.

3.3.4 Anlage von Erholungseinrichtungen

Es werden im Zuge von Waldflurbereinigungen Erholungseinrichtungen für Waldbesucher erstellt, die von der Aufstellung von Ruhebänken und Informationstafeln bis zur Einrichtung von Grillplätzen und Waldspielplätzen, Trimm-dich-Pfad oder Waldlehrpfad reichen. Diese meist von der Gemeinde aber auch von Spendern finanzierten Erholungseinrichtungen dienen der unentgeltlichen Freizeitnutzung der Bevölkerung. Da sich der Wald, der in einer Waldflurbereinigung neu geordnet wird, üblicherweise im ländlichen, meist peripheren Raum befindet, kann die im „Kielwasser" der Flurbereinigung erstellte gesteigerte Erholungswirkung als ein Beitrag zur Aufwertung der Lebensverhältnisse im ländlichen Raum gesehen werden.

3.3.5 Waldrandaufbau für Artenvielfalt und Bestandsschutz

Die Sicherung und der Ausbau naturnaher Waldmäntel liegen zwar im Interesse jeden Waldeigentümers, da dadurch das Waldinnere geschützt wird, allerdings ist die Umsetzung im Kleinprivatwald aus Eigeninitiative unmöglich. Die Waldflurbereinigung bietet die Möglichkeit neue Waldränder aufzubauen und zu schützen. Diese ökologisch besonders wertvollen Flächen können Gemeinden zugewiesen werden, die sich im Rahmen eines Ökokontos mit künftig erforderlichen Ausgleichsflächen bevorraten möchten.

Windbruchereignisse können Wald so stark schädigen, dass 50% bis 70% Wertverlust bei dem hinter einem Waldrand gelegenen Waldbestand eintreten können (Schütz 2002). Stufig aufgebaute Waldränder dienen nicht nur dem vorbeugenden Waldschutz gegen Wind, Sonne und Schadorganismen, sondern auch dem Biotop- und Artenschutz.

Waldrandaufbau in Privatwaldstrukturen ist sehr schwierig, da entschieden werden muss, wer die Fläche bereitstellt und wem die aufgeforstete Fläche dauerhaft zur Nutzung übergeben wird. So gesehen bietet es sich an, bei einer Waldflurbereinigung Gemeindewaldflächen oder Staatswaldflächen sachgerecht mit Privatwaldflächen zu kombinieren und erstere für den Waldrandaufbau einzubringen. Dies ist in der Regel nicht einfach zu erreichen, da für Kommunen der Wald eine wichtige Einnahmequelle darstellt und aus einem stufig aufgebauten Waldrand wenige Einnahmen zu erzielen sind.

Der optimale Waldrand ist aus drei ineinander übergehenden Zonen mit Kräutern, Sträuchern und Laubbäumen stufig aufgebaut.

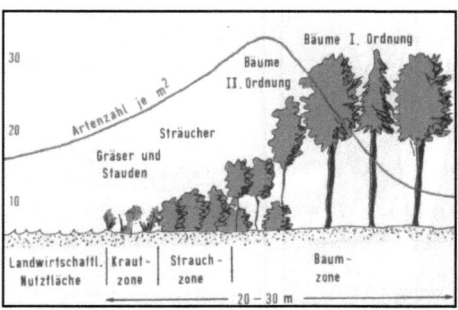

Abb. 3-36: Querschnitt optimaler Waldrandaufbau (MLWF, 1989, S. 14)

Der Aufbau des Waldrandes hat wesentlichen Einfluss auf die Stabilität des dahinterliegenden Waldbestandes. Der sehr häufig in Fichtenforsten anzutreffende abrupt beginnende Waldrand lenkt ankommende Luftmassen steil nach oben, die mit den oberen Luftmassen ungebremst zusammenstoßen. Die daraus folgenden heftigen Verwirbelungen führen zu einer Häufung von Windwurf und -bruch einige Zehnermeter nach der „Waldrandmauer". Waldränder mit einem durchlässigen Waldmantel, wie sie in Kiefernforsten vertreten sind, lassen den Luftstrom durch den Bestand ziehen, der dort die Luftfeuchtigkeit absenkt und am Rand die Streu entfernt. Es stellt sich dadurch zwar eine trockene Bodenvegetation ein, aber die Turbulenzen über dem Bestand sind geringer. Bei der optimalen Waldrandstruktur werden die unteren Luftströme über den sanft ansteigenden Waldsaum langsam nach oben gedrückt. Das Bestandsinnenklima wird nicht ausgetrocknet und die Windwurf und -bruchgefahr ist deutlich gesenkt.

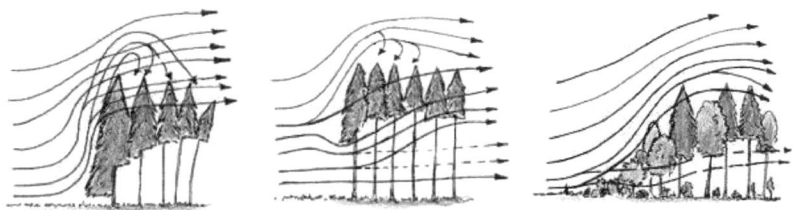

Abb. 3-37: Steiler dicht geschlossener Waldrand (häufig im Fichtenforst) (Costa 2000)
Abb. 3-38: Gut durchlässiger Waldrand (häufig im Kiefernforst) (Costa 2000)
Abb. 3-39: Sanft ansteigender Waldrand (Idealfall) (Costa 2000)

Abb. 3-40: Gestufter Waldrandaufbau in Hinterhausen-Büdesheim (Hinz 2010)

3.3.6 Entwicklung von Biotopverbund

Sofern zur Umsetzung von Planungen zum Biotopverbund die Verfügbarkeit des Grundeigentums erforderlich ist, kann mit Hilfe des Flächenmanagements einer Waldflurbereinigung (Landzwischenerwerb und Bodenordnung) die erforderliche Fläche bereitgestellt werden. Gleiches gilt, wenn Landschaftspläne Darstellungen über das auf diesen Flächen anzustrebende Entwicklungsziel enthalten. Dann können die in diesem Zusammenhang notwendigen Landschaftsbaumaßnahmen ebenfalls über die Waldflurbereinigung für den Naturschutz abgewickelt werden, soweit diese mit den Zielen der Flurbereinigung vereinbar sind. Sofern Entwicklungsziele des Naturschutzes auf dem Wege des Landzwischenerwerbs oder der Bodenordnung erreicht werden können, kann die Waldflurbereinigung für den Naturschutz das dafür notwendige Flächenmanagement übernehmen. Entsprechen diese Entwicklungsziele auch den Zielen des Verfahrens, können notwendige investive naturschutzfachliche Maßnahmen ebenfalls durch die Landentwicklung unterstützt werden (ArgeLandentwicklung 2003, S. 56-57). Da in jedem Flurbereinigungsverfahren bei der Aufstellung des Wege- und Gewässerplans ein landschaftspflegerischer Begleitplan mit Bilanzen zu erstellen ist, können Wertschöpfungsbeträge auch im Einzelfall tangibel ermittelt werden.

3.3.7 Sicherung ökologisch bedeutsamer Gebiete

Ökologisch bedeutsame Gebiete beinhalten neben naturnahen oder nur sehr eingeschränkt bewirtschafteten Flächen auch Flächen, für deren Erhalt eine dauerhafte Bewirtschaftung, oder, wo diese nicht mehr gewinnorientiert durchgeführt werden kann, eine Pflege durch gezielte Maßnahmen erforderlich ist. Zur Unterhaltung bedarf es eines Schutzgebietsmanagements, das durch die Aufstellung von Pflege- und Entwicklungsplänen gesichert werden soll. Soweit es sich um Flächen handelt, deren naturschutzfachliche Bedeutung durch das Zulassen von Sukzession gefährdet sein könnte, sind Pflegemaßnahmen unverzichtbar. Durch Maßnahmen der Landentwicklung kann das Konfliktpotenzial zwischen den berechtigten Ansprüchen der Grundstückseigentümer und Bewirtschafter sowie dem Anliegen des Naturschutzes auch bei einer Waldflurbereinigung wesentlich reduziert werden.

Maßnahmen der Waldflurbereinigung für die Ausweisung von ökologisch bedeutsamen Gebieten (Landzwischenerwerb, Bodenordnung, Pachtmanagement) können dort erforderlich werden, wo innerhalb der Gebiete ein Handlungsbedarf über die Sicherung der Flächen hinaus gegeben ist. Grundsätzlich ist jedoch davon auszugehen, dass gerade die bisherige Nutzung oder der Verzicht auf Nutzung zu der besonderen Wertigkeit der Flächen geführt hat, die eine Unterschutzstellung angebracht erscheinen lassen. Das muss allerdings nicht zwangsläufig auf der gesamten Schutzgebietsfläche gegeben sein. Häufig führt gerade das Mosaik von weniger und mehr genutzten Flächen zu einer besonderen naturschutzfachlichen Wertigkeit. (ArgeLandentwicklung 2003, S. 62-63).

In einer repräsentativen deutschlandweiten Umfrage ermittelte Küpker (2007) eine monetäre Größenordnung der gesellschaftlichen Wertschätzung für Biodiversität im Wald. Da der Schutz der biologischen Vielfalt, so wie der Erholungswert eine Leistung ist, die als öffentliches Gut nicht marktgängig ist, bedient sich Küpker (2007) ebenso wie Elsasser (1996) bei der Ermittlung des Erholungswerts (s. Kap. 3.1.10) der umweltökonomischen Methode der kontingenten Bewertung.

Um den diffusen Begriff „Biodiversität" für die Untersuchung zu operationalisieren, wurden 5 Maßnahmen zur Förderung der biologischen Vielfalt der Wälder den Befragten vorgestellt. Zur Visualisierung der einzelnen Maßnahmen wurden den Befragten Skizzen gezeigt:

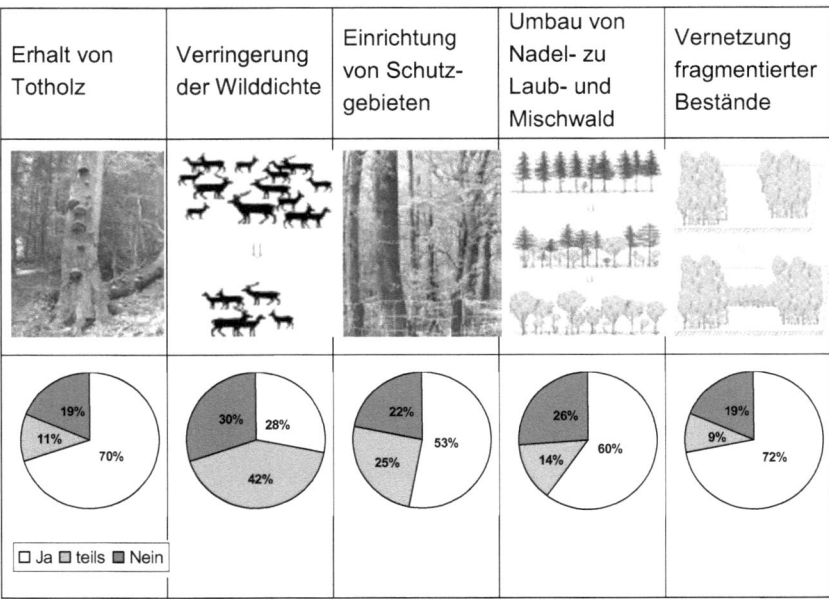

Abb. 3-41: Maßnahmen zur Förderung der Biodiversität im Wald und deren Akzeptanz (verändert nach Küpker 2007, S. 29, 63)

Maßnahme 1: **Erhalt von Totholz.** Es sollen 4% der Waldbäume als liegendes oder stehendes Totholz als Biotop für verschiedene Insektenarten dienen.

Maßnahme 2: **Verringerung der Wilddichte.** Der Verbissdruck durch Schalenwild am Jungwuchs soll eingeschränkt werden und damit eine Selektion bestimmter Baumarten.

Maßnahme 3: **Einrichtung von Schutzgebieten.** Schutzgebiete sollen auf 10% der Waldfläche eingerichtet werden, die teilweise nicht betreten werden dürfen und auch eine Holzentnahme oder andere menschliche Einflüsse untersagt sind.

Maßnahme 4: **Umbau von Nadel- zu Laub- und Mischwald.** Der Umbau von nicht standortheimischen Nadelwäldern zu naturnahen Laub- und Mischwäldern in Anlehnung an die potentielle natürliche Vegetation soll das Ökosystem Wald stärken und vor Kalamitäten schützen.

Maßnahme 5: **Vernetzung fragmentierter Bestände.** Durch Aufforstungen sollen isolierte Waldbestände miteinander verbunden werden, damit der Austausch von Individuen und der Genfluss erhöht werden.

Um zu analysieren, ob es Unterschiede in der Zustimmung zu einzelnen Maßnahmen gibt, wurde die Akzeptanz des gesamten Programms und der einzelnen Maßnahmen untersucht. Es stellte sich heraus, dass der Erhalt von Totholz und die Vernetzung von Wäldern sehr große Akzeptanz erhielt, der Einrichtung von Schutzgebieten und dem Waldumbau mehrheitlich zugestimmt wurde, aber der Regulierung der Wilddichte man eher ablehnend und indifferent gegenüber stand. Dennoch wurde das gesamte Maßnahmenbündel überwiegend akzeptiert, wobei der Autor annimmt, dass die Akzeptanz und damit die Zahlungsbereitschaft höher wären, wenn die Maßnahme der Verringerung der Wilddichte durch Aufklärung mehr Zustimmung erfahren würde.

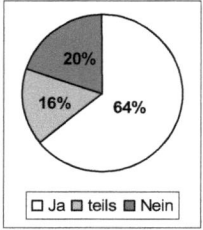

Abb. 3-42: Akzeptanz des gesamten Maßnahmenbündels (Küpker 2007, S.64)

Durch die Abfrage der Höhe einer Zahlungsbereitschaft für oder gegen das gesamte Maßnahmenpaket wurde der ökonomische Stellenwert aus der Sicht der Bevölkerung ermittelt. 48,26 % der 1003 befragten Haushalte gaben eine Zahlungsbereitschaft von durchschnittlich 50,93 € pro Jahr an (Küpker 2007, S.81). Bei einer Anzahl von 38 944 000 Haushalten im Bezugsjahr 2003 (Statistisches Bundesamt 2006 in Küpker 2007) ergibt sich ein aggregierter Wert der Zahlungsbereitschaft der zahlungsbereiten Haushalte in Deutschland von jährlich 957 197 488 €.

Die Umsetzung der fünf Maßnahmen und damit die Zahlungsbereitschaft der Befragten kommen auf Teilbereichen der Waldfläche zur Anwendung. Um einen Betrag für die Zahlungsbereitschaft für eine Flächeneinheit zu erhalten, wird der aggregierte Wert von knapp 1 Mrd. Euro in Beziehung zur Waldfläche gesetzt, auf der die Maßnahmen stattfinden kann. Auf 10% der Waldfläche sollen Schutzflächen eingerichtet werden, dort können keine Waldumbaumaßnahmen erfolgen. 4% der Waldbäume sollen als Totholzbiotop dienen, es wird angenommen, dass davon 4% der Fläche in Anspruch genommen wird. Die Vernetzung der fragmentierten Waldbestände geschieht durch Aufforstung, die in Deutschland jährlich auf knapp 1 % der Fläche erfolgt (BWI 2004). Die Maßnahme Waldumbau bezieht sich nur auf Nadelwälder, die in Laub- oder Laubmischwald umgebaut werden sollen. Die Waldflächen wurden in der Bundeswaldinventur nach der Naturnähe der Baumartenzusammensetzung der Hauptbestockung klassifiziert, woraus der Bedarf an Waldumbau abgeleitet werden kann. Auf 48% der gesamten Waldfläche stockt der Nadelwald-Typ der als „bedingt naturnah", „kulturbetont" und „kulturbestimmt" eingestuft wurde und somit eines Waldumbaus bedarf (BWI 2004, Tab. 2.05.23). Maßnahmen zur Verringerung der Wilddichte wären besonders dann angebracht, wenn Jungpflanzen, die zum Waldumbau eingebracht wurden, vor Verbiss geschützt werden müssen. Der Verbissschutz wird in der Regel durch Umzäunungen bewerkstelligt. Es wird davon ausgegangen, dass sich der Bereich der Wildregulierung mit dem Bereich des Waldumbaus deckt. Addiert ergibt sich eine Anwendung der Maßnahmen auf 63 % des bestockten Holzbodens.

Die Zahlungsbereitschaft von jährlich 957 197 488 € für den Erhalt und Förderung der biologischen Vielfalt liegt für eine Flächeneinheit von 1 ha bei 145 €.

Abb. 3-43: Gesicherter Blockschutthaldenwald im Verfahrensgebiet Lissingen (DLR Eifel 2010k)

3.3.8 Lenkung der Aufforstung

Es ist deutschlandweit damit zu rechnen, dass sich die Anzahl der landwirtschaftlichen Betriebe weiter verringern wird. Hierbei werden erhebliche Flächen aus der Landwirtschaft ausscheiden, ein Teil wird mit Sicherheit der forstwirtschaftlichen Nutzung zugeführt. Auch wenn die Akzeptanz einer Aufforstung noch gering ist, weil für die landwirtschaftliche Nutzung unter bestimmten Voraussetzungen Prämien bezahlt werden, nimmt die Forstfläche derzeit jährlich zu. Eine Aufforstung bedeutet für die Eigentümer eine dauerhafte, endgültige Entscheidung über die Nutzungsform.

Werden Aufforstungsmaßnahmen auf privat genutzten landwirtschaftlichen Flächen geplant, so sind sie in der Regel nur im Verbund mit Bodenordnungsmaßnahmen zu verwirklichen. Die aufzuforstenden Flächen betragen oft nur wenige ar, liegen voneinander getrennt und nur selten in den aufzuforstenden Bereichen. Daher können sich infolge der Aufforstung erhebliche Nachteile ergeben, wie beschattete Nachbargrundstücke, Beeinträchtigungen der Feldnutzung und der Nährstoffkonkurrenz, Windbruchgefahr, geringere Ausnutzung der Aufforstungsfläche und mögliche Beeinträchtigung des Landschaftsbildes durch „Verfichtung". (MLWF 1989, S.32). Für eine Zusammenlegung von Aufforstungsgrundstücken spricht außerdem der einzuhaltende Grenzabstand von z.B. in

Rheinland-Pfalz 2 m innerhalb von Forstflächen, 6 m zu Ackerflächen und 10 m zu Weinbergsflächen (RUMPF, 1989, S. 49).

Abb. 3-44: unerwünschte Aufforstungen in der Feldflur
Abb. 3-45: neu angelegte, teilweise aufgeforstete Aufforstungsgewanne
(MLWF 1989, S. 32)

Abb. 3-44 zeigt eine sehr problematische Aufforstung in zersplitterter Form inmitten der Feldflur. Da Aufforstungsanträge nicht ohne Grund abgelehnt werden können, treten regelmäßig Konflikte auf. Die Konflikte sind am besten und einfachsten in Waldflurbereinigungsverfahren zu lösen, indem dort „Walderwartungsflächen" als so genannte Aufforstungsgewanne ausgewiesen werden (vgl. Abb. 3-45). Hierfür ist Einvernehmen mit den Vorgaben der Raumordnungs- und Flächennutzungsplanung und der Forstverwaltung herzustellen. Die Vorteile einer Aufforstung in Aufforstungsgewannen sind die Gewährung standortgerechter Aufforstungsflächen, der Wegfall der großen Nachbarabstände durch gleiche Bodennutzung (2 m Grenzabstand), die kostengünstige Aufforstung, Bewirtschaftung und Erschließung und die Planung eines landschaftsgerechten Waldes. (MLWF 1989, S.32).

3.3.9 Offenhaltung der Kulturlandschaft

Der Waldanteil steigt vor allem in Regionen, die schon stark bewaldet sind, aufgrund der Extensivierung oder Aufgabe der landwirtschaftlichen Nutzung von Grenzertragsstandorten. Dort wo die Waldvermehrung erwünscht ist, kann sie wie oben beschrieben gelenkt werden. Es gibt aber auch Bereiche in der Landschaft, in denen eine Waldvermehrung unerwünscht ist: Wenn die Verschiebung im Mosaik von Offenland und Wald das Landschaftsbild zerstört, das von Einheimischen wie auch Touristen als typisch und identitätsstiftend für die Region gesehen wird, oder Aussichtspunkte und Sichtverbindungen verloren gehen, führt dies zu einer Minderung des Erholungswertes. In ländlichen Gebieten mit Gemeinden, die vom Fremdenverkehr abhängig sind, kann das einen großen Verlust bedeuten. Des Weiteren wird gerade dort die landwirtschaftliche Nutzung aufgegeben, wo Flächen aufwändig zu bearbeiten sind und nur relativ geringe Erträge zu erwarten sind, nämlich steile und magere Standorte. Gerade diese Flächen bergen ein hohes ökologisches und wertvolles Artenspektrum. (LUBW 2008)

Eine weitere unerwünschte Bewaldung stellt die standortfremde Bestockung von Bachauen mit Fichten dar. In mit Fichten begleiteten Fließgewässern wurden aufgrund von Nahrungsmangel weniger Lebewesen in der Bodenzone des Gewässers nachgewiesen, als in laubholzgesäumten Gewässern (Schaber-Schoor 2004).

Der Erhalt der Kulturlandschaft durch Sicherung und Wiedereinführung einer extensiven Bewirtschaftung und die Öffnung der Landschaft durch die Beseitigung von unerwünschten oder nicht standortgerechten Fichtenbeständen kann in einem Flurbereinigungsverfahren geregelt werden. Henkes (2009) beschreibt die als Entfichtung bezeichnete Wiederöffnung der Landschaft, die im Dialog mit dem TG-Vorstand, der Gemeinde, dem Forstamt, der Naturschutzbehörde und den anerkannten Landespflegeorganisationen im Flurbereinigungsverfahren Neroth, RLP umgesetzt wurde. Die Entfichtung wurde kombiniert mit der Vernetzung der Offenlandbereiche, der Umsetzung als Kompensationsmaßnahme der Teilnehmergemeinschaft, als Ökokonto der Gemeinde und Ökopool-Flächen der Straßenverwaltung und der Sicherung durch einen wirtschaftenden Schäfer.

Die Entfichtung entlang von Bachauen wurde im Rahmen der „Aktion Blau", die die Wiederherstellung von naturnahen Gewässerzuständen fördert, in den in dieser Arbeit untersuchten Flurbereinigungsverfahren Birresborn, Hinterhausen-Büdesheim und Lissingen umgesetzt.

3.3.10 Sicherung von Kulturdenkmälern

Der bedeutendste Bereich, bei dem die Waldflurbereinigung zur Erhaltung und Sicherung von kulturhistorischen Denkmalen beitragen kann, sind die im Wald gelegenen Bodendenkmale. Gemeint sind hiermit zum Beispiel römische Relikte, wie die Graben und Wallstrukturen des ehemaligen Limes, keltische Fliehburgen und mittelalterliche Schanzen, die im Umkreis mittelalterlicher Burgen gelegenen Gräben und Wallanlagen, aber auch abgegangene Siedlungen oder historische Wasseranlagen und Verkehrssysteme. In Siedlungsbereichen sind diese Relikte oft gänzlich verloren gegangen, bei landwirtschaftlicher Nutzung wurden sie regelmäßig eingeschliffen und abgetragen. Im Wald finden sich sehr oft noch gut erhaltene Reste dieser Anlagen.

Diese Denkmale haben daher oft einen herausragenden Wert, den es zu sichern gilt. Durch die Waldflurbereinigung können die betroffenen Grundstücke und eine ausreichend bemessene Pufferfläche zur dauerhaften Sicherung in die öffentliche Hand übertragen werden.

Die extrem hohe Wertigkeit derartiger Sicherungsmaßnahmen lässt sich an den aktuellen Beispielen zur Sicherung des Weltkulturerbes Mittelrhein oder Limes ablesen. Dennoch ist die Berechnung der Wertschöpfungsbeiträge nur im Einzelfall unter sachgerechter Zuziehung von Archäologen möglich.

Abb. 3-46 Wachtturmsfundament auf dem kahlen Buckel (Sölter 1981, S.89)
Abb. 3-47: Wall und Graben des ehemaligen Limes in sehr gutem Erhaltungszustand (Rabold et al. 2000, S. 8)

Abb. 3-48: Mönchbrunnen, errichtet 150-200 n.Chr., vor Sicherung (Speidel)
Abb. 4-48: Kenntlichmachung und bauliche Sicherung des Brunnens, Bank und historisch Grenzsteine im Verfahren Bondorf (Speidel 2010)

Die Bedeutung des im Waldflurbereinigungsverfahren Bondorf, Baden-Württemberg gesicherten Mönchsbrunnen aus behauenen und unbehauenen Natursteinen, mörtelfrei gemauert, wird auf einer neu errichteten Tafel erläutert. Zum Schutz des historischen Brunnenrandes wurde ein 30 cm hoher Ring bodeneben betoniert. Darauf wurden die jetzt sichtbaren Natursteine aufgemauert. Träger der Kosten von 5000 Euro sind zur Hälfte die Waldeigentümer und zur

 anderen Hälfte Zuschüsse von Land, Bund und EU. Neben dem Brunnen wurden eine Ruhebank, historische Grenzsteine aus dem 18. Jhd., die im Verfahrensgebiet gefunden wurden und eine Tafel mit Erläuterungen aufgestellt.

Abb. 3-49: Historischer Grenzstein, gesichert im Verfahren Hinterhausen-Büdesheim (Hinz 2010)

3.3.11 Beitrag zum Klimaschutz

Der Wald speichert kontinuierlich CO_2, verhindert dadurch eine weitere Anreicherung von Kohlendioxid in der Atmosphäre und schützt damit das Klima. Der Rohstoff Holz ersetzt zum einen sehr energiezehrende Materialien und zum anderen erzeugt er klimaneutral Wärme.

In einem unbewirtschafteten Urwald hält sich die CO_2-Aufnahme durch die wachsende Vegetation und die CO_2-Abgabe durch die sich zersetzende Vegetation im Gleichgewicht und es wird keine zusätzliche Speicherung erreicht. Wohingegen in einem Wirtschaftswald die kontinuierliche Entnahme von Holz und die darauf folgende Verjüngung eine weitere Kohlenstoffbindung ermöglicht. Ein bewirtschafteter Wald trägt zum Klimaschutz bei, da er eine CO_2-Senke ist. Der Grundsatz der nachhaltigen Waldbewirtschaftung besagt, dass nur so viel Holz entnommen werden darf, wie auch wieder nachwächst. In den letzten Jahrzehnten wurde aber wesentlich weniger abgeholzt als nachwuchs und der Holzvorrat ist stark angestiegen. Eine stärkere Nutzung der Wälder, insbesondere des Kleinprivatwaldes ist daher unter dem Gesichtspunkt des Klimaschutzes aber auch des notwendigen Waldumbaus zum Selbstschutz des Waldes vor dem Klimawandel notwendig.

Holz erfordert bei der Gewinnung und Verarbeitung einen niedrigeren Energieeinsatz als Produkte, die aus Rohstoffen wie Stahl, Beton, Aluminium oder Erdöl hergestellt werden. Es hat äußerst vielseitige Verwendungsmöglichkeiten und die große Palette der mit verschiedenen Eigenschaften ausgestatteten Holzsorten zeichnet sich je nach Sorte durch leichte Bearbeitbarkeit, Elastizität und gleichzeitiger Stabilität, relativ geringes Gewicht und Schönheit aus. Als Baustoff wird Holz als Vollholz und Brettschichtholz für tragende Holzkonstruktionen für Gebäude und Brücken sowie als Verkleidung eingesetzt, in Form von Holzwerkstoffen (z.B. Spanplatten) für Schalungen und Wandelemente oder zur thermischen Isolation als Dämmstoff verwendet. Das in einem Holzhaus oder einer Brückenkonstruktion verbaute Holz speichert nicht nur das in ihm gebundene CO_2 für viele Jahre, sondern ersetzt Baustoffe, die mit einem sehr hohem Energieaufwand und einem damit einhergehenden hohem CO_2-Ausstoß hergestellt werden müssen. Ein Energiebilanzvergleich zeigt, dass die Verwendung von Holz Energie einspart, aber auch die rein ästhetischen Vorzüge von Möbeln, Türen, Treppen und Parkettböden aus Holz sprechen für sich allein.

Neben dem im Wald produzierten Wertholz findet das bei Pflegemaßnahmen und notwendigen Durchforstungen anfallende Schwachholz Verwendung als Industrieholz, das zu Papier, Pappe, Zelluloseprodukte und Viskosefasern für die Bekleidungsindustrie verarbeitet wird. Schwachholz wird aber auch zunehmend als Brennholz in Form von Holzscheiten, Hackschnitzel oder Pellet nachgefragt, da die energetische Nutzung von Holz eine CO_2-neutrale Energiegewinnung ermöglicht und fossile Energieträger ersetzt. Holzheizkraftwerke und private Haushalte nutzen minderwertiges Holz zur Energiegewinnung. Biomassekraftwerke produzieren Strom, indem Altholz verbrannt und somit dem Recycling zugeführt wird.

Ein bewirtschafteter Wald assimiliert mehr CO_2 aus der Atmosphäre als ein unbewirtschafteter Wald. Die Verwendung von Holz anstatt energiezehrender Rohstoffe spart Energie ein. Die Verbrennung von Schwach- und Altholz ersetzt fossile Energieträger. Daher ist eine Mobilisierung der hohen Holzreserven durch die Waldflurbereinigung ein wichtiger Beitrag zum Klimaschutz, der auch politisch gewollt ist (BMVEL 2004).

3.3.12 Entwicklung der Energieversorgung

Die Bundesregierung hat beschlossen, die Energieversorgung Deutschlands bis 2050 überwiegend durch erneuerbare Energien zu gewährleisten, da nur dadurch, nach einem zügigen Ausstieg aus der Kernenergienutzung, die gesetzten Klimaschutzziele erreichbar sind (BMU 2011).

Energietechnisch wird sehr großes Potenzial im Ausbau von Windenergieanlagen gesehen. Diese Anlagen waren bisher weitgehend auf Standorte innerhalb landwirtschaftlicher Flächen oder Offshore begrenzt. Nachdem die technische Fortentwicklung der Windkraftan-lagen eine Nabenhöhe von mehr als 100 m erlaubt, ist es möglich, oberhalb der von der Oberflächenrauigkeit der Waldbäume beeinflussten Windschicht Energie effizient zu erzeugen. Eine Vielzahl besonders windhöffiger Standorte befindet sich auf bewaldeten Bergkuppen. In der Bevölkerung besteht eine generelle Akzeptanz für Windkraftanlagen als kleineres Übel gegenüber Atomkraftwerken. Da durch den umgebenden Wald die Sichtbarkeit der Anlagen gedämpft ist, wird die Beeinträchtigung des Landschaftsbildes von der Bevölkerung als weniger schwerwiegend empfunden. Ein besonderer Vorteil ist die vermiedene Beeinträchtigung der Wohnbevölkerung durch Schall und Schatten der Windenergieanlagen auf siedlungsfernen Waldstandorten. Mögliche negative Auswirkungen auf Vögel und Fledermäuse sind für jeden einzelnen Anlagenstandort im Rahmen der Planung zu untersuchen.

3.4 Fazit

Die augenscheinlich greifbare Leistung der Waldflurbereinigung liegt im bedarfsgerechten Wegebau, Zusammenlegung und Formgebung der neuen Grundstücke, Kenntlichmachung der Grenzen, Berücksichtigung öffentlicher Interessen, insbesondere des Naturschutzes, der Landespflege und der Erholung, eine alle Besitzer umfassende Ansprache und ein Antriebsschub in der Region für weitere Aktivitäten. Diese Maßnahmen haben einen wechselseitigen positiven Einfluss in verschiedenen Wirkungsbereichen, die in fünf Wertschöpfungsbereiche gegliedert werden können:

Tab. 3-3: Gliederung der Leistungen der Waldflurb. in Wertschöpfungsbereiche

Vorteile in der Bewirtschaftung und Holzvermarktung
Anregung zur nachhaltigen Forstwirtschaft
Steigerung der Holznutzung
Senkung der Rückekosten
Reduzierung der Anfahrtszeiten
Bildung größerer Holzlose
Verbesserung des Waldzustandes
Vorbeugung von Waldbrand und Kalamitäten
Schaffung von Holzlagerplätzen
Verbesserung der Grundstücksstruktur
Reduzierung der Umzäunungskosten
Reduzierung der Grundstücksrandeffekte
Eigentums- und Rechtssicherheit
Anregung des Grundstückverkehrs
Verbesserung der Auffindbarkeit und des Liegenschaftskatasters
Reduzierung des Verwaltungsaufwands bei der Führung des Grundbuchs
Sicherung der Holzbodenwerte
Verbesserung der Beratung und Betreuung
Anregung von Grundstücksmarkt und Waldpacht
Auflösung von Erbengemeinschaften
Steigerung der Erholungswirkung
Kulturdenkmalsicherung
Steigerung der Attraktivität des Waldes für Erholungssuchende
Anlage von Erholungseinrichtungen
Offenhaltung der Kulturlandschaft
Sicherung von Kulturdenkmälern
Naturschutzmaßnahmen und Landschaftsgestaltung
Klimaschutz
Beitrag zum Klimaschutz
Waldrandaufbau für Artenvielfalt und Bestandsschutz
Entwicklung von Biotopverbund
Sicherung ökologisch bedeutsamer Gebiete
Lenkung der Aufforstung
Minimierung der Bodenverdichtung
Regulierung des Wasserregimes
Beschäftigungseffekt
Rohstoffversorgung
Sicherung und Schaffung ortsgebundener Arbeitsplätze
Sicherung inländischer Rohstoffversorgung
Prävention von Verkehrsunfällen durch Wegeverlegung
Verbesserung der Arbeitssicherheit und Reduzierung der Unfallhäufigkeit
Entwicklung der Energieversorgung (Wind)

4 Wertschöpfung durch Waldflurbereinigung

Um die Wertschöpfungsbeiträge der Waldflurbereinigung abschätzen und eingrenzen zu können, wurden bereits in Kapitel 3 die Leistungen der Waldflurbereinigung dargestellt. Aufbauend auf diesen Leistungsbeschreibungen sollen in diesem Kapitel die erzielbaren Wirkungen von Waldflurbereinigungsverfahren monetär berechnet werden.

Um die Leistungen und gesamtgesellschaftlichen Wirkungen der Waldflurbereinigung im Gesamtkontext des Verwaltungshandelns interpretieren zu können, werden zunächst bisherige Untersuchungsansätze für die Ermittlung von Nutzwerten, Wirkungen und Wertschöpfungen bei Flurbereinigungsverfahren, insbesondere bei Waldflurbereinigungsverfahren, erläutert. Daran anschließend wird die in Nordrhein-Westfalen und Rheinland-Pfalz durch die BMS-Consulting GmbH (BMS Consulting 2006) neu entwickelte Wertschöpfungsanalyse mit ihren wesentlichen Elementen dargestellt und auf drei neuere Waldflurbereinigungsverfahren in Rheinland-Pfalz angewendet. Da es sich gezeigt hat, dass Waldflurbereinigungsverfahren aufgrund ihrer Durchmischung mit Ackergrünlandflurbereinigungsflächen umfassende weitere Wirkungsparameter aufweisen, werden die aus der Wertschöpfungsanalyse ermittelten Berechnungen auf die reinen Privatwaldflächen reduziert. Dabei wird aus drei Beispielverfahren ein gemittelter Beitrag für die reine Wertschöpfung von Waldflurbereinigungsverfahren erzielt. Es werden Vorschläge für die Ergänzung der Wertschöpfungslogik auf der Grundlage des in Kapitel 3 entworfenen Leistungskataloges unterbreitet und diese anhand der Beispielverfahren überprüft.

Hieran schließt sich eine Teilnehmerbefragung in zwei größeren Waldflurbereinigungsverfahren an. Mit Hilfe dieser Kundenbefragung von Waldeigentümern und einem zusätzlich ausgewerteten Experteninterview mit ausgesuchten Akteuren wird ein komplettes Meinungsbild gespiegelt und neben den objektiven Kennzahlen einer tangiblen Wertschöpfungsanalyse auch die subjektive Effektivität dieser Waldflurbereinigungsverfahren bewertet.

4.1 Ermittlung von Nutzwerten und Wirkungen in Flurbereinigungsverfahren

Die Wirtschaftlichkeit und Ordnungsmäßigkeit der Haushalts- und Wirtschaftsführung wird vom Bundesrechnungshof geprüft (Art. 114 Abs. 2 Satz 1 GG). Die Aufgabenstellung des Bundesrechnungshofs zieht bei der Aufstellung und Ausführung des Haushaltsplanes die Beachtung der Grundsätze der Wirtschaftlichkeit und Sparsamkeit im Verwaltungshandeln nach sich, die als Rahmenregelung für Bund und Länder im Haushaltsgrundsätzegesetz (§ 6 HgrG) und in der Bundeshaushaltsordnung (§ 7 BHO) geregelt sind. Demnach sind für alle finanzwirksame Maßnahmen angemessene Wirtschaftlichkeitsuntersuchungen durchzuführen und in geeigneten Bereichen ist eine Kosten- und Leistungsrechnung einzuführen. Die Verwaltungsvorschrift zu § 7 BHO konkretisiert das Wirtschaftlichkeitsgebot: „Die Ausrichtung jeglichen Verwaltungshandelns nach dem Grundsatz der Wirtschaftlichkeit soll die bestmögliche Nutzung von Ressourcen bewirken." (VV-BHO § 7). Da bei Flurbereinigungsverfahren die Ziele im Haushaltsplan bereits formuliert sind, steht der Grundsatz der Wirtschaftlichkeit in seiner Ausprägung als Sparsamkeitsprinzip im Vordergrund. Die Verwaltungsvorschrift sieht in Wirtschaftlichkeitsuntersuchungen die Instrumente zur Umsetzung des Grundsatzes der Wirtschaftlichkeit. Sie sind in der Planungsphase, während der Durchführung und nach Abschluss der Maßnahme als Erfolgskontrolle vorzunehmen.

Die Arbeitsanleitung zur Einführung in Wirtschaftlichkeitsuntersuchungen des Bundesfinanzministeriums soll der Umsetzung des Grundsatzes der Wirtschaftlichkeit in der Verwaltung (§ 7 BHO) dienen, ist aber formell nicht verbindlich. Es werden Verfahren mit monetärer Bewertung, die Kosten-Nutzen-Analyse und Verfahren mit nicht monetärer Bewertung, die Nutzwertanalyse unterschieden. Die Kosten-Nutzen-Analyse wird als das umfassendste Verfahren zur Wirtschaftlichkeitsuntersuchung bezeichnet. Es werden nach dem Grad der Erfassbarkeit und der Möglichkeit zur Monetarisierung drei Positionen unterschieden:

- Direkte Kosten und Nutzen, die aufgrund verfügbarer Marktpreise direkt ermittelbar sind.
- Indirekte Kosten und Nutzen, die erst über Vergleichsabschätzungen monetär zu ermitteln sind.
- Nicht monetarisierbare Kosten und Nutzen, die über eine Vorteils-/Nachteilsdarstellung oder eine Nutzwertanalyse zu bewerten sind.

Die zeitlich unterschiedlich anfallenden Kosten und Nutzen sind durch die Kapitalwertmethode, die die Ein- und Auszahlungen auf den gleichen Zeitpunkt abzinst, zu berücksichtigen. Der Kalkulationszinssatz wird i. d. R. mit 3% bis 4% angesetzt. (VV-BHO-Anhang zu § 7)

Wenn Kosten- und Nutzenaspekte nicht monetär erfassbar sind, wird hilfsweise die Verwendung der Nutzwertanalyse vorgeschlagen. Die Ziele der Maßnahme werden nach ihrer Bedeutung zu einer Summe von 100% gewichtet. Auf einer Skala von 0 bis 10 Punkten wird das Erfüllen jedes Kriteriums der Maßnahme eingeschätzt. Die Multiplikation der Gewichtung mit den Punkten ergibt den Teilnutzen und die Addition aller Teilnutzen ergibt den Nutzwert der Maßnahme. Der Nutzwert dient als Vergleichsmaßstab zur Bewertung verschiedener Alternativen. Es wird empfohlen die Beurteilung der Erfüllung der Kriterien von mindestens zwei Personengruppen unabhängig voneinander durchführen zu lassen. (VV-BHO-Anhang zu § 7)

Ursprünglich war vorgesehen, aus diesen allgemeinen Schemata für die einzelnen Aufgabenbereiche von Seiten der Bundes- und Landesministerien unter Berücksichtigung der jeweiligen Problemstellung besondere Verfahren zu entwickeln (Weiß, Kremer, Strang 1996). Dieses ist nicht erfolgt. Die Flurbereinigungsverwaltungen in Deutschland mussten daher eigene Untersuchungsansätze wählen.

Zunächst soll daher erörtert werden, ob und inwieweit Nutzen-Kosten-Untersuchungen für Flurbereinigungsverfahren im Allgemeinen und speziell für Waldflurbereinigungsverfahren entwickelt und angewendet wurden. Dabei ist auch ein kurzer einführender Beitrag über Kosten-Nutzen-Untersuchungen erforderlich. Es erscheint aber nicht zweckmäßig, die umfangreiche Grundlagenliteratur zu Nutzen-Kosten-Untersuchungen (z.B. Zangemeister 1971) erneut auszuwerten. Die speziellen Anwendungen auf die Flurbereinigung (z.B. Bokermann, Kaufmann, Buhse 2000, Schulte, Bokermann 2002, Schlosser 1999, Oberholzer 1993, Burgmaier, Miersch, Donié 1995, Grüneberger 2003, Heinzlmeir 1983, Henkes 1998, Karmann 1988, Keymer, Linhart, Rintelen, Stumpf, Widermann 1989, Kroés 1971, Klare, Roggendorf, Tietz, Wollenweber 2005) wurden bereits bei BMS Consulting (2007, S. 91ff.) umfassend gewürdigt. Für Effizienzuntersuchungen zur Waldflurbereinigung können sie keine wesentlichen Beiträge leisten.

Die Methoden der Nutzen-Kosten-Untersuchungen wurden für den Bereich der Flurbereinigung erprobt. Die Ergebnisse wurden u.a. von Ruwenstroth, Schierenbeck 1980, Ruwenstroth, Schierenbeck, Strang 1982, Ruwenstroth, Schierenbeck 1985, Wedel, Barthel 1992, Weiß, Kremer, Strang 1996, König 1985 und Klare 2006 dargestellt und bewertet.

Die Nutzen-Kosten-Untersuchung ist eine von vielen Methoden der Wirtschaftlichkeitsanalyse auf dem Sektor des volkswirtschaftlichen Vergleiches. Zu den Nutzen-Kosten-Untersuchungen zählen die Kosten-Nutzen-Analyse (KNA), die Kosten-Wirksamkeits-Analyse (KWA) sowie die Nutzwertanalyse (NWA) (vgl. König 1985, Ruwenstroth, Schierenbeck, Strang 1982).

Im Auftrag des Bundesministeriums für Ernährung, Landwirtschaft und Forsten (BMELV) wurde in den Jahren 1977 bis 1979 von der Gesellschaft für Landeskultur eine Methode zur Beurteilung der Effizienz von Flurbereinigungsverfahren entwickelt. Sie baut auf der Nutzwertanalyse (NWA) auf. Nach Ruwenstroth et al. (1982) soll durch die Nutzwertanalyse die Wirksamkeit einzelner Maßnahmen und Maßnahmenbündel in der Flurbereinigung festgestellt werden, um daraus auf die effektivste Zusammensetzung der Maßnahmen bei unterschiedlichsten Bedingungen schließen zu können. Hierfür war ein Zielsystem aufzustellen. Den Zielen waren Messkriterien zuzuordnen. Die Ziele waren zu gewichten und mit den Maßnahmen so zu verknüpfen, dass ein messbares Wirkungsfeld beschrieben werden konnte. Entscheidend war der aus einer Ziele-Maßnahmen-Matrix abgeleitete Erfüllungsgrad der Maßnahme. Wichtige Ergebnisse der Berechnungen waren alternative Gesamtnutzen von Maßnahmebündeln. (vgl. Ruwenstroth, Schierenbeck, Strang 1982, S. 2-4).

Aufbauend auf diesem Ansatz führten Optimierungsberechnungen und die modellhafte Anwendung in verschiedenen Flurbereinigungsverfahren schrittweise zur Fortentwicklung dieser Methode. Die Gesamtergebnisse aller dieser Untersuchungen wurden in Heft 69 - Effizienz der Flurbereinigung (Ruwenstroth, Schierenbeck 1980), Heft 73 - Effizienz der Flurbereinigung - Optimierungsberechnungen (Ruwenstroth, Schierenbeck, Strang 1982), Heft 75 - Effizienz der Flurbereinigung - Anwendungsfälle (Ruwenstroth, Schierenbeck 1985), Heft 79 - Effizienz der Flurbereinigung - gewandelte Rahmenbedingungen (Wedel, Barthel 1992) sowie Heft 82 Effizienz der Flurbereinigung - Praxisreife Fortentwicklung der Erfolgskontrolle (Weiß, Kremer, Strang 1996) publiziert. Im Jahre 1995 wurde dann versucht, die im Laufe von 18 Jahren entwickelten Forschungsansätze in die Praxis der Flurbereinigungsverwaltungen in Deutschland zu übertragen. Die Diskussion und Bewertung durch die eingesetzten Ausschussmitglieder des ehemaligen Ausschusses für Planung und Technik der Bund-Länder-Arbeitsgemeinschaft Flurbereinigung (Lorig 2010) ergab, dass der Aufwand der Untersuchungsmethode zu groß ist, um die Methode in der Praxis einzelner Projekte (vor Verfahrensanordnung) einzusetzen. Die weitere Anwendung der Nutzwertanalyse für die Bewertung der Effizienz der Flurbereinigung in Deutschland wurde daher in allen Bundesländern eingestellt (Lorig 2010).

4.2 Wirkungen, Nutzen und Kosten des Waldflurbereinigungsverfahrens U-O-R

König (1985) untersuchte die Wirkungen, Nutzen und Kosten eines Waldflurbereinigungsverfahrens anhand einer Kosten-Nutzen-Analyse, in die monetär nicht bewertbare Wirkungen deskriptiv mit einfließen. Von dem gewählten Flurbereinigungsverfahren Unteralpfen-Oberalpfen-Remetschwiel U-O-R (Baden-Württemberg), wurde das Teilgebiet Oberalpfen mit einer Verfahrensfläche von 216 ha untersucht.

4.2.1 Ergebnisse des Flurbereinigungsverfahrens U-O-R

Das Waldflurbereinigungsverfahren Unteralpfen-Oberalpfen-Remetschwiel (UOR) das im südlichen Schwarzwald gelegen ist, umfasste 1151 ha, davon 1060 ha Waldfläche mit 780 ha Privatwald, 120 ha Gemeindewald und 160 ha Staatswald. In dem Regelflurbereinigungsverfahren nach §§ 1 und 37 FlurbG wurde eine Fläche von 827 ha umgelegt, dessen Bestandeswert 13,7 Mio. € und der Bodenwert 1,8 Mio. € betrug. (Kuner, Peck 1994). Die Anordnung des Verfahrens erfolgte 1975, der Wegeausbau von 1978-1982, die Holzeinschlagssperre von 1982-1987, die Besitzeinweisung 1989 und die Schlussfeststellung 1997 (Teilnehmergemeinschaft Unteralpfen-Oberalpfen-Remetschwiel 1997). Die Verfahrensdauer erschien dem Leiter des staatlichen Forstamtes Waldshut zunächst als sehr lang, aber in Anbetracht des relativ kurzen Zeitraumes von 7 Jahren zwischen dem Beginn der Bewertung der Bestände und der offiziellen Besitzeinweisung, in dem der Waldeigentümer eingeschränkt ist, sieht er in der Gesamtlänge des Verfahrens letztendlich keine Beeinträchtigung (Peck 1993). Im Gegenteil, führt er an, dass bei einer Durchführung von drei einzelnen Verfahren für jede Gemarkung mit jeweils drei Teilnehmergemeinschaften die Dauer sicherlich länger und das Ergebnis bescheidener ausgefallen wären.

Das Hauptziel des Verfahrens war der Ausbau des Wegenetzes, da die Bewirtschaftung aufgrund der mangelhaften Erschließung von 3 lfm/ha Fahrwege nur in der Nähe der Ortschaften und der Feldflur stattfand. Es herrschten dadurch deutliche Pflege- und Durchforstungsrückstände und ein Übergewicht in den höheren Altersklassen, vor allem der 80-100 jährigen Bäume. Im Bestand dominierten zu 80% Fichten, die aufgrund der guten Bodenverhältnisse einen durchschnittlichen Gesamtzuwachs im Alter 100 (dGZ_{100}) von 10,5 Vorratsfestmeter (Vfm) erreichen. (Kuner, Peck 1994). Aufgrund der Vorratsverhältnisse und dem Über-gewicht an erntereifen Bäumen war die Einleitung von Bewirtschaftungstätigkeiten dringlich.

In dem Flurbereinigungsverfahren wurden 49 km Fahrwege mit Baukosten von 26,60 €/lfm und 15 km Maschinenwege mit Baukosten von 18 €/lfm gebaut. Damit wurde das Waldgebiet mit 46 lfm/ha Fahrwege und 14 lfm/ha Maschinenwege erschlossen. Das Erschließungskonzept sah vor, dass jeder Waldeigentümer Anschluss an einen Abfuhrweg erhält, leistungsstarke Standorte durch einen differenzierten Erschließungsgrad erfasst werden, Wasserschutzgebiete umgangen werden und eine Anbindung an Wege in der Feldflur gewährleistet wird. (Kuner, Peck 1994).

Der Privatwald im Flurbereinigungsgebiet war in 2665 Parzellen auf 369 Waldeigentümer verteilt, so dass sich die durchschnittliche Waldbesitzgröße auf 7 Parzellen pro Eigentümer mit durchschnittlich 0,3 ha Parzellengröße zersplitterte. Durch die Arrondierung der Flächen mit einem Zusammenlegungsgrad von 7:1 konnte die Verteilung des Waldeigentums auf 1,3 Parzellen reduziert und die durchschnittliche Parzellengröße auf 2 ha angehoben werden. Die Anzahl der Waldeigentümer senkte sich von 369 auf 314. Die Teilnehmergemeinschaft kaufte von den abgehenden Waldeigentümern im Laufe des Verfahrens 30 ha Wald auf, die dann zur Arrondierung des Neubesitzes von vergrößerungswilligen Waldeigentümern abgegeben werden konnte. (Kuner, Peck 1994).

Während in Tab. 4-1 die deutliche Abnahme von Eigentümern mit Flächen kleiner als 0,5 ha dargestellt ist, zeigt Abb. 4-1 die Vergrößerung der Parzellenflächen. Vor der Flurbereinigung waren 84% der Parzellen kleiner als 0,5 ha, danach sind es nur noch 23%. Die Größenklasse mit Parzellen die kleiner als 0,2 ha sind, konnte von 56% Anteil an allen Größenklassen auf 6% fast eliminiert werden. (Kuner, Peck 1994).

Tab. 4-1: Parzellengröße und Eigentümeranzahl vor und nach der Waldflurbereinigung (nach Kuner, Peck 1994)

Parzellengröße (ha)	Waldeigentümer davor		Waldeigentümer danach	
	Anzahl	in %	Anzahl	in %
0 - 0,5	119	32,2	66	21
0,51 - 1,0	64	17,4	70	22,3
1,01 - 2,0	71	19,2	74	23,5
2,01 - 10,0	106	28,8	94	30
>10	9	2,4	10	3,2
	369	100	314	100
durchschnittliche Parzellengröße	0,3 ha		2,0 ha	

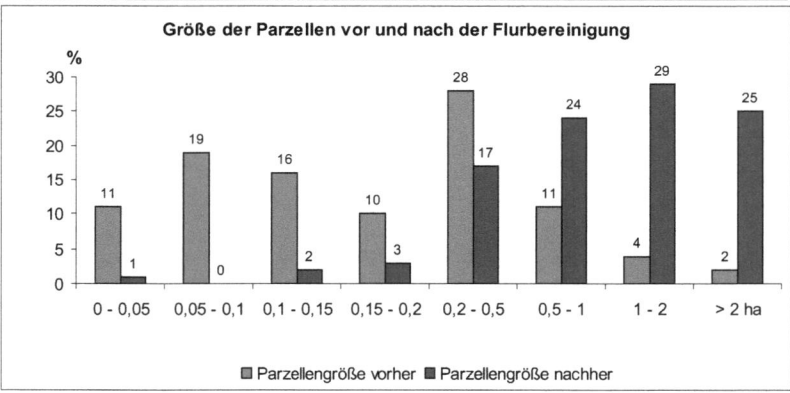

Abb. 4-1: Größe der Parzellen vor und nach der Waldflurbereinigung (nach Kuner, Peck 1994)

Die Ausführungskosten beliefen sich auf 2,1 Mio. €, womit sich bei einer umgelegten Fläche von 827 ha Kosten von 2557 €/ha ergeben. Bei einem Boden- und Bestandeswert von insgesamt 15,6 Mio. € wurden daher 13% des Gesamtwertes investiert, um das Ertragspotential auf den Forstflächen auszuschöpfen.

Der größte Teil (78%) der Investition floss in den Wegebau, da das für die geänderten Bewirtschaftungsmethoden unzureichende Wegenetz zum Erliegen der Bewirtschaftung geführt hat. Die Vermessungs- und Vermarkungskosten sowie die Waldbewertung betrugen 13% der Ausführungskosten. Die restlichen 9% der Kosten verteilen sich auf die Positionen: Landespflege, Erholung, sonstige Verbindlichkeiten der TG, Versicherung und Zinsen. Um die Kosten zu senken wird der Vorschlag gemacht, zukünftig von einer Vermarkung der Wege als eigene Flurstücke abzusehen und diese durch Dienstbarkeiten rechtlich zu sichern. (Kuner, Peck 1994).

Der größte Nutzen aus dem Verfahren wird aus der optimalen Wegeerschließung gezogen, die die Voraussetzung für eine ordnungsgemäße Forstwirtschaft ist. Die größeren und gut geformten Parzellen verbessern die Bewirtschaftungsmöglichkeiten erheblich, da in vielen Fällen dadurch erst eine sinnvolle Bewirtschaftung durch Naturverjüngung, Mischbestände, Vorbaumaßnahmen u.a. möglich wurde. Zur Bodenbewertung wurde eine forstliche Standortskartierung, die differenziert die Leistungsfähigkeit des Bodens unabhängig von der momentanen Bestockung ermittelt, für das Verfahrensgebiet flächendeckend vorgenommen. Die Standortskartierung, die bisher nur in Staatswaldgebieten zur optimalen Nutzung des Bodens vorlag, kann nun von den Privatwaldeigentümern zur besseren Standortsausnutzung heran gezogen und dadurch ein höherer Ertrag erwirtschaftet werden. Eine weitere Steigerung des Holzaufkommens kann durch verbesserte Nutzungsmöglichkeiten durch kostengünstigere Bringung erzielt werden. Durch ein konzentriertes Angebot an Holz können höhere Preise verhandelt werden. Die Waldflurbereinigung vereinfacht die Beratung und Betreuung der Privatwaldeigentümer wesentlich. Belastende Rechtsverhältnisse, wie Erbengemeinschaften, Miteigentumsanteile und Nießbrauchrecht, konnten geklärt bzw. abgelöst werden. (Kuner, Peck 1994).

Weiteren Nutzen stiftete das Verfahren für Landschafts- und Erholungsmaßnahmen. Es wurde der Jugendzeltplatz Steinbachmatt in Unteralpfen angelegt. Von 1990-2008 wurden auf dem Zeltplatz 47000 Übernachtungen von Kindern und Jugendlichen des Christlichen Verbandes Junger Menschen, der deutschen Pfadfinderschaft Sankt Georg, des Verbandes Christlicher Pfadfinder, des Jugendrotkreuzes, des Jugendzentrums und der Turnvereinsjugend registriert. Der Platzwart berichtet aus seiner langjährigen Tätigkeit: "Oft habe ich erlebt, dass aus den jungen Lagerteilnehmern später verantwortliche Teamer wurden." (Badische Zeitung 2008). Die Gestaltung des Geländes des an einem Bach liegenden Jugendzeltplatzes und insbesondere des angrenzenden Feuchtbiotops erhielt 1991 den ersten Umweltpreis.

Des Weiteren wurden im Verfahren Wanderparkplätze, Orientierungstafeln, Brunnen, Sitzgruppen und Einzelbänke, Wegweisschilder, Wegnamensschilder und Wanderwegmarkierungen errichtet. Da der südliche Schwarzwald ein beliebtes Wandergebiet ist, werden diese Einrichtungen vor allem von Urlaubsgästen aber auch Einheimischen genutzt. Dem Naturschutz dienen der Erwerb und die Überführung in öffentliches Eigentum von 14 ha Naturschutzgebieten und flächenhaften Naturdenkmälern, sowie Pflanzmaßnahmen und Biotopgestaltung. Die bisherigen Eigentümer erhielten für die Flächen je nach Wunsch eine Land- oder Geldabfindung. Den Belangen der Denkmalpflege wurde durch die Renovierung einer Kapelle, der Restaurierung und Sicherung von Steinkreuzen, Steinwegweisern und historischen Grenzsteinen Rechnung getragen. (Teilnehmergemeinschaft Unteralpfen-Oberalpfen-Remetschwiel 1997)

4.2.2 Ergebnisse des Teilgebiets Oberalpfen

König entschied sich dafür, in einer Dissertation nur das Teilgebiet Oberalpfen zu betrachten, da es aufgrund der Größe des Verfahrens nicht möglich war, das Gesamtgebiet zu untersuchen (König 1985, S. 70). Die Strukturanalyse der Waldfläche von 184,42 ha des Gebietes Oberalpfen ergab ähnliche Werte wie für das oben beschriebene Gesamtverfahren für die durchschnittliche Parzellengröße (S. 94), die Verteilung der Parzellengrößenklassen (S. 95), die unregelmäßige Verteilung der Altersklassen (S. 99), den guten durchschnittlichen Gesamtzuwachs (S. 100), die Waldeigentumsgrößenklassen pro Waldeigentümer (S. 104), die durchschnittliche Anzahl der Parzellen pro Waldeigentümer (S. 106), den durchschnittlichen Bestandeswert (S. 105) und die unzureichende Erschließung (S. 124).

König hat für das Teilgebiet weitere Untersuchungen angestellt, um Werte für die Berechnung einer Kosten-Nutzen-Analyse zu erhalten. Der Vorrat auf der Untersuchungsfläche schwankt zwischen 12 Vfm/ha und 870 Vfm/ha und beläuft sich auf durchschnittlich 422 Vfm/ha (S. 101). Die durchschnittliche jährliche Nutzung liegt bei 0,7 Efm/ha und wird als sehr gering gesehen (S. 110). In den letzten 10 Jahren haben 20 % der Waldeigentümer kein Holz eingeschlagen. Aufgrund der hohen Holzvorräte und dem guten Zuwachs von 10,4 Vfm/ha wird bei der Kosten-Nutzen-Analyse eine Zunahme der Nutzung auf 3 und 4 Efm/ha angenommen.

Der Leiter des zuständigen Forstamtes in Waldshut hält diese Annahme für zu niedrig (Peck 1993). Eine Auswertung der Daten der Bundeswaldinventur durch die Forstliche Versuchs- und Forschungsanstalt Baden-Württemberg ermittelte für den Zeitraum von 1987-2002 für das Land Baden-Württemberg eine Vorratsentnahme im kleinen und mittleren Privatwald von 2/3 des Zuwachses (Kändler et al 2005). Der damals die Waldflurbereinigung betreuende und heute noch tätige Amtsleiter des Kreisforstamtes des Landkreises Waldshut gibt an, dass der Einschlag 2010 im Waldflurbereinigungsgebiet U-O-R zwischen 9,6 und 11,1 Fm/ha lag (Peck 2011).

Die flurbereinigte Privatwaldfläche liegt über mehrere Reviere verteilt, daher ist der exakte Einschlag nicht feststellbar, aber aufgrund der vorratsreichen Nadelhölzern, lag er eher höher als niedriger. Im Jahr 2010 gab es sehr gute Holzpreise, worauf die Privatwaldbesitzer mit hohen Einschlägen reagierten, während im Jahr 2008 durch die Wirtschaftskrise die niedrigen Holzpreise zu einem Holzeinschlag von nur 3 Fm/ha führten. Peck spricht von einem realistischen

Einschlag von 7 Fm/ha im Mittel der Jahre und führt an, dass die damaligen Erwartungen vor der Waldflurbereinigung deutlich übertroffen wurden (Peck 2011).

Durch die Kombination verschiedener Strukturmerkmale stellte König (1985, S. 117ff) für das Verfahrensteilgebiet fest, dass der Mechanisierungsgrad bei den Vollerwerbslandwirten am höchsten und bei Nichtlandwirten am niedrigsten ist. Die Intensität der Nutzung des Waldeigentums steigt mit der Eigentumsgröße. Während Waldeigentum kleiner als 1 ha weitgehend brach liegt, ist bei Eigentumsgrößen ab 2 ha eine steigende Nutzung erkennbar, die bei 10 ha eine deutliche Einkommensfunktion erkennen lässt. Die Höhe der Nutzung ist unabhängig von der Anzahl der Parzellen. Tendenziell nutzen nah wohnende Waldeigentümer ihren Wald stärker als entfernter lebende. Vollerwerbslandwirte nutzen den Wald stärker, Eigentümer ohne Schlepper am wenigsten.

4.2.3 Kosten-Nutzen-Analyse des Teilgebiets Oberalpfen

4.2.3.1 Wahl des Zinsfußes

Um die zeitliche Vergleichbarkeit der Investitionskosten und des Nutzens zu gewährleisten legt König (1985) die vorläufige Besitzeinweisung als Vergleichszeitpunkt fest und nimmt an, dass die Wirkung der Waldflurbereinigung 50 Jahre anhält, aber auch länger denkbar ist (S. 150). Bezüglich der Wege wird diese Wirkungsdauer von forstlicher Seite bestätigt, allerdings hält die Wirkung der Grenzsicherheit weitaus länger an (Peck 1993). Für die Wahl des zur Diskontierung nötigen Zinsfußes schlägt König zum einen den in der Forstwirtschaft üblichen Zinsfuß von 3% und den landesüblichen Zinsfuß von 5% vor. Die Zielsetzung Verbesserung der Produktions- und Arbeitsbedingungen und die dadurch erreichte wirtschaftliche Stärkung der Betriebe und der lange Amortisationszeitraum würden für den niedrigeren Zinsfuß sprechen. Das für König (1985) nicht abschätzbare Risiko des Waldsterbens soll durch den höheren Zinsfuß zum Ausdruck kommen.

4.2.3.2 Berechnung der Kosten

Die durchgeführte Kostenkalkulation erfasst die Verfahrens-, Ausführungs- und Folgekosten des gesamten Verfahrens mit der derzeitigen Größe von 1020 ha und berechnet daraus den Anteil für das 215,7 ha große Teilgebiet Oberalpfen. Die Verfahrenskosten setzen sich aus den Personal- und Sachkosten der Flurbereinigungsverwaltung und der Forstverwaltung zusammen. Die Flurbereinigungs- und Forstverwaltung gaben die Kosten für ein Jahr an. In der Berechnung wurde angenommen, dass das Verfahren durchschnittlich 10 Jahre dauert und die jährliche Angabe wurde mit dem Faktor 10 multipliziert.

König ist sich über die Ungenauigkeit und Fehlerbehaftung der Vorgehensweise bewusst, wählt aber dennoch diesen Weg. Des Weiteren fließen als Sachkosten der Gemeinde die Telefonkosten für die Stadt Waldshut und die Folgekosten bei der Instandhaltung der Wege und Erholungseinrichtungen in die Berechnung ein. Als jährliche Folgekosten werden die Instandhaltungskosten der Gemeinde für 10,5 km Fahrwege von 576 €, für Maschinenwege 424 € (2,3 €/ha) und für Erholungseinrichtungen 2761 € (12,8 €/ha) angenommen und mit einem Zinsfuß von 3% und 5% diskontiert. Der Unterhalt der Erholungseinrichtungen zwischen 43 000 und 61 000 € erscheint als weit überzogen, da im gesamten Verfahren für Landespflege und Erholung insgesamt 49 084 € (Kuner, Peck 1994) ausgegeben wurde, dies entspricht prozentual nach der Berechnungsmethode von König ca. 10 000 € für Oberalpfen (Markierung von 12 km Rundwanderweg, Aufstellung von 10 Holzbänken, 1 Orientierungstafel).

Tab. 4-2: Kosten der Flurbereinigung für das Teilgebiet Oberalpfen für 10 Jahre (nach König 1985, umgerechnet von DM in Euro)

Verfahrenskosten	418 117 €	
Personalkosten der Forstverwaltung	110 286 €	
Sachkosten der Forstverwaltung	6 373 €	
Personalkosten Flurbereinigungsverwaltung	233 804 €	
Sachkosten Flurbereinigung	66 171 €	
Telefonkosten der Gemeinde	1 483 €	
Ausführungskosten	425 530 €	
Wegebau	335 182 €	
Vermessung/Vermarkung	54 062 €	
Landespflege	7 093 €	
Zinsen, Verbindlichkeiten der TG, Sonstiges	29 193 €	
	Zinsfuß 3 %	Zinsfuß 5 %
Folgekosten	**161 109 €**	**113 954 €**
Unterhalt Fahrwege	89 284 €	63 156 €
Unterhalt Maschinenwege	10 956 €	7 742 €
Unterhalt Erholungseinrichtungen	60 869 €	43 056 €
Gesamtkosten	**1 004 756 €**	**957 601 €**

4.2.3.3 Berechnung des Nutzens für den Waldeigentümer

Für den Waldeigentümer werden als monetär quantifizierbare Nutzen genannt:
- Mehrnutzung an Holz
- Bildung marktgerechterer Preise
- Verkürzung der Rückedistanzen
- Verkürzung der Anfahrtszeiten
- Sicherung der Grenzverhältnisse

4.2.3.3.1 Steigerung des Rohholzertrages

König berechnet den Mehrertrag in vier Szenarien mit einer angenommen Steigerung der Holzernte um 2,3 Fm und um 3,3 Fm mit einem jeweiligen von Zinssatz 3% und 5%.

Bei einer Waldfläche von 184,4 ha wird somit eine jährliche Mehrnutzung von 424 Efm bzw. 608,5 Efm angenommen. Der erntekostenfreie Erlös für Fichtenstammholz und Fichtenindustrieholz der Jahre 1980 – 1984 wurde der Buchführung über den Kommunalwald Waldshut der Gemarkung Oberalpfen entnommen und gemittelt.

Der durchschnittliche Holzpreis betrug für:

Fichten-Stammholz Güteklasse B	82 €	(63 € / 124 DM erntekostenfrei)
Fichten-Stammholz Güteklasse C	71 €	(52 € / 102 DM erntekostenfrei)
Fichten-Industrieholz N	35 €	(17 € / 33 DM erntekostenfrei)
Fichten-Industrieholz F	30 €	(12 € / 23 DM erntekostenfrei)

Davon sind Holzerntekosten von 18 € abzuziehen, um die erntekostenfreien Erlöse zu erhalten. Nach gutachtlicher Schätzung entfallen 75% der Ernte auf Stammholz, davon 90% in der Güteklasse B und 10% in der Güteklasse C und 25% als Industrieholz, davon in der Klasse N 90% und in der Klasse F 10%.

[Mehrnutzung um 2,3 Fm: 184,4 ha x 2,3 Fm x (124 DM x 0,675 + 102 DM x 0,075 + 33 DM x 0,225 + 23 DM x 0,025) = 42 136 DM
Mehrnutzung um 3,3 Fm: 184,4 ha x 3,3 Fm x 99,35 DM = 60 457 DM]

Um das Ergebnis zu sensibilisieren, werden die vier Szenarien nochmals mit einem 10% niedrigeren Holzpreis kalkuliert. Der Holzpreis unterliegt ständigen Schwankungen und in dem 4-jährigen Zeitraum der Erstellung der Dissertation von König von 1982-1985 fielen die Holzpreise seit ihrem Rekordhoch von 1981 beständig und eine Erholung war nicht absehbar. Es ist daher verständlich, dass aus der Unsicherheit der nicht kalkulierbaren Preisentwicklung, König auch mit niedrigeren Holzpreisen rechnet. Allerdings handelt es sich bei Holz um ein Produkt mit sehr spezifischen Eigenschaften, das nicht durch andere Materialien ersetzt werden kann. So kann man trotz großer Schwankungen, meist ausgelöst durch große Schadholzmengen, davon ausgehen, dass immer eine hohe Nachfrage nach Rohholz bestehen wird.

Grundsätzlich kann festgestellt werden, dass die Holzpreise von 1953 bis heute gestiegen sind, wenn auch mit deutlichen negativen wie auch positiven Preissprüngen. Die Preisschwankungen fielen in den letzten Jahrzehnten für Stammholz heftiger aus als für das niedrigpreisige Industrieholz. Die Erlöse für Fichtenstammholz der Klasse B im Staatswald Baden-Württemberg beliefen sich umgerechnet für die Jahre (Peck 1993):

1960: 46 €/Efm (abzüglich Erntekosten)
1970: 51 €/Efm
1980: 92 €/Efm
1990: 97 €/Efm

Nach starken Preisverfällen durch Sturmwürfe und Nachfragerückgang in der Wirtschaftskrise stiegen die Preise wieder stetig an, so dass der Landesbetrieb Forst Baden-Württemberg bis Jahresmitte 2011 folgende Preise frei Waldstraße fixiert hat (ForstBW 2010):

Fichten-Stammholz 2b Güte B	95 € (erntekostenfrei)
Fichten-Stammholz 2b Güte C	81 €
Fichten-Industrieholz N	36 €
Fichten-Industrieholz F	31 €

Während die Holzerntekosten von 18 € (König 1985) lediglich auf 22 € (Bär 2009) gestiegen sind, sind die erntekostenfreien Holzpreise im Leitsortiment von 64 € auf 95 € gestiegen.

4.2.3.3.2 Bildung marktgerechter Holzpreise

Der nach der Waldflurbereinigung konzentrierte Holzanfall und die damit verbundene vorteilhaftere Losbildung wird mit einem Nutzen von 2 €/Fm (4 DM) angenommen.
[Nutzung 3 Fm: 184,4 ha x 3 Fm x 4 DM = 2213 DM
Nutzung 4 Fm: 184,4 ha x 4 Fm x 4 DM = 2950 DM]

4.2.3.3.3 Reduzierung der Rückekosten

König ermittelte die Rückedistanzen für das Gebiet Oberalpfen anhand einer Karte im Maßstab 1: 10 000. Es wurde die Luftlinie zwischen dem Mittelpunkt einer Parzelle und dem nächsten Fahrweg gemessen und als mittlere Rückedistanz angenommen. Gewässer wurden als Transporthindernisse berücksichtigt, Hohl- und Vollformen des Geländes und die Bestandesverhältnisse nicht. Es wurden vor (bzw. nach) dem Flurbereinigungsverfahren Distanzen von 5-590 m (10-110 m) aus der Karte gegriffen, mit einer durchschnittlichen Rückedistanz von 151 m (51 m). Berechnet man die durchschnittliche Gesamtstrecke die bei Begehung jeder einzelnen Parzelle zurückgelegt werden müsste, so wäre vor dem Verfahren eine Strecke von 85 km zu bewältigen, die sich auf 4 km nach dem Verfahren verringert.

Durch die erhebliche Verkürzung der Rückedistanzen nach dem Wegebau reduzieren sich die Rückekosten. Für die Berechnung des daraus entstehenden Nutzens werden nicht die für Oberalpfen ermittelten reduzierten Rückedistanzen verwendet, sondern in Anlehnung an forstwirtschaftliche Arbeiten wird eine Ersparnis von 5,1 €/Efm (10 DM/Efm) angenommen.

Tab. 4-3: Durchschnittliche Rückedistanz vor und nach der Flurbereinigung (nach König 1985)

Rückedistanzklasse (m)	Parzellen davor	Parzellen danach
0 - 50	99	39
51 - 100	116	37
101 - 200	200	3
201 - 300	101	0
301 - 400	33	0
401 - 500	11	0
> 500	3	0
Parzellen gesamt	563	79
Wegestrecke gesamt	**84575 m**	**4200 m**

Der Vorstand der Teilnehmergemeinschaft hat sich für die Bringungskosten auf 2,6 €/Efm, 5,1 €/Efm und 7,7 €/Efm (5,10,15 DM/Efm) für drei Rückedistanzklassen festgelegt und somit ähnliche Werte (Kuner, Peck 1994).

[Nutzung 3 Fm: 184,4 ha x 3 Fm x 10 DM = 5532 DM
Nutzung 4 Fm: 184,4 ha x 4 Fm x 10 DM = 7376 DM]

4.2.3.3.4 Verkürzung der Anfahrtszeiten

Durch die Zusammenlegung der Grundstücke verkürzen sich die Anfahrtszeiten. Es wird angenommen, dass bei jährlich jeweils 4 Einsätzen der 75 Waldeigentümer von einer Zeitersparnis von jeweils 30 Minuten ausgegangen werden kann, bei einem Zeitlohn von 5,6 € (11 DM) Waldarbeitertarif.
[4 x 75 x 0,5 h x 11 DM/h = 1650 DM]

4.2.3.3.5 Sicherung der Grenzverhältnisse

Die Sicherung der Grenzverhältnisse wird zur Hälfte der Volkswirtschaft und zur Hälfte den Waldeigentümern zugedacht. Bei einer Anzahl von 564 Parzellen in Oberalpfen vor dem Verfahren mit angenommenen 4,5 Grenzpunkten pro Grundstück würde bei einer Vermessung durch ein Staatliches Vermessungsamt bei Kosten von 40,90 € (80 DM) pro Grenzpunkt insgesamt Kosten von 103812 € anfallen. Diese Kosten werden zur Hälfte als einmaliger Nutzen für die Volkswirtschaft mit 51906 € angerechnet. König wollte eine Ermäßigung von 20% aufgrund der Vielzahl der Grenzpunkte berücksichtigen, hat dies aber vergessen.
[(564 x 4,5 x 80 DM) : 2 = 101 520 DM]

4.2.3.4 Nutzen für die Forstwirtschaft

Der monetär quantifizierbare Nutzen für die Forstverwaltung liegt in der Rationalisierung der Beratungs- und Betreuungstätigkeit durch eine geringere Anzahl von Waldeigentümern und Parzellen und der neugewonnenen Grenzsicherheit. Der Zeitaufwand vermindert sich um 7% nach der Waldflurbereinigung. Dies entspricht einem jährlichen Nutzen von 1432 € bei einem Jahresgehalt des Revierleiters von 20 450 € (diskontiert auf 50 J. mit 3%: 36 970 €, mit 5%: 26 151 €). Allerdings werden diese Werte nicht in die Nutzenberechnung aufgenommen, da König davon ausgeht, dass die gewonnen Zeit für die Mehrnutzung des Holzes und der Fortbildung der Waldeigentümer verwendet wird. Der Nutzen für die Forstwirtschaft wird daher mit 0 bewertet, die höhere Effizienz der Beratungs- und Betreuungstätigkeit findet keinen Eingang in die Bewertung.

4.2.3.5 Nutzen für die Volkswirtschaft

Die Volkswirtschaft erhält eine regional verbesserte inländische Holzversorgung und die Sicherung der Grenzverhältnisse als monetär quantifizierbaren Nutzen. Da aber die Mehrnutzung an Holz, die den besseren Versorgungsgrad ausmacht, schon als Gewinn für den Waldeigentümer zugerechnet wurde, möchte König die Mehrnutzung nicht doppelt anrechnen und bewertet die verbesserte Rohholzversorgung mit 0. Die Schaffung und Erhaltung von regionalen Arbeitsplätzen im Holzsektor durch ein Mehrangebot von Rohholz wird nicht bewertet. Die Sicherung der Grenzverhältnisse wird zur Hälfte der Volkswirtschaft und zur Hälfte den Waldeigentümern zugedacht. (Berechnung: siehe oben)

Die nachfolgende Tabelle 4-4 stellt den monetären Nutzen des Teilgebietes Oberalpfen in vier Szenarien dar, bei einer Nutzungssteigerung auf 3 Fm/ha/a und 4 Fm/ha/a diskontiert mit einem Zinsfuß von 3% und 5% auf 50 Jahre.

Da in der Arbeit von König der Rechenweg nicht nachvollziehbar ist, sind eigene Berechnungen angestellt worden, die im Endergebnis eine Abweichung von 10 000 – 13 000 DM von Königs Angaben aufweisen. In den eigenen Berechnungen wurde die bestockte Waldflächengröße von 184,4 ha und bei dem Kalkulationszinssatz von 3% der Barwertfaktor 25,7298 und bei dem Kalkulationszinssatz von 5% der Barwertfaktor 18,2559 verwendet.

Da sich die Abweichung nicht durch einen Rundungsfehler erklären lässt, werden für die weitere Betrachtung die eigenen Berechnungen, umgerechnet in Euro verwendet.

4.2.4 Ergebnis der Kosten-Nutzen-Analyse des Teilgebiets Oberalpfen

Tab. 4-4: Nutzen für das Teilgebiet Oberalpfen (nach König 1985)

Nutzenträger		jährlich	eigene Berechnung 3%	eigene Berechnung 5%	Berechnung König 3%	Berechnung König 5%	Umrechnung in € 3%	Umrechnung in € 5%
Waldeigentümer								
Steigerung	2,3 Fm	42136	1084151	769231	1087622	769334	554318	393301
Holzertrag	3,3 Fm	60457	1555547	1103697	1561284	1104381	795338	564311
marktgerechte	3 Fm	2213	56940	40400	42868	30323	29113	20656
Preise	4 Fm	2950	75903	53855	57124	40407	38809	27536
Rückekosten-	3 Fm	5532	142337	100992	142809	101017	72776	51636
reduzierung	4 Fm	7376	189783	134656	190481	134737	97035	68848
Anfahrtszeitverkürzung		1650	42454	30122	42042	29739	21706	15401
Grenzsicherung		101520	101520	101520	101520	101520	51906	51906
Volkswirtschaft								
Grenzsicherung		101520	101520	101520	101520	101520	51906	51906
Forstwirtschaft								
Rationalisierung		0	0	0	0	0	0	0
Gesamtnutzen								
Nutzung 3 Fm			1528922	1143785	1518381	1133453	**781726**	**584808**
Nutzung 4 Fm			2066727	1525370	2053971	1512304	**1056701**	**779909**
Währung			DM	DM	DM	DM	€	€

König stellt die monetären Kosten dem monetären Nutzen der Waldeigentümer und der Volkswirtschaft gegenüber. Die Ausführungskosten des Verfahrens wurden gemäß dem damaligen Schwarzwaldprogramm mit 85 % durch Bundes- und Landesmittel finanziert, die betroffenen Gemeinden beteiligten sich freiwillig mit 10%, so dass die Waldeigentümer lediglich 5% der Ausführungskosten zu tragen hatten. Für das Teilgebiet Oberalpfen rechnet König mit einer Eigenbeteiligung von 21 276 € (41 613 DM). Im Kosten-Nutzen-Vergleich haben die Waldeigentümer daher in jedem Szenario, selbst bei 10% niedrigeren Holzpreisen einen positiven monetären Nutzen.

Tab. 4-5: Gesamtkosten und -nutzen in 4 Szenarien in € (nach König 1985)

Zinssatz		3%	5%
Gesamtkosten			
		1 004 756 €	957 601 €
Gesamtnutzen			
bei Nutzung von	3 Fm	781 726 €	584 808 €
bei Nutzung von	4 Fm	1 056 701 €	779 909 €
Kosten-Nutzen-Differenz			
bei Nutzung von	3 Fm	- 223 030 €	- 372 793 €
bei Nutzung von	4 Fm	+ 51 945 €	- 177 692 €

Aus den getroffenen Annahmen gelangt König zu dem Ergebnis, dass die Flurbereinigung für die Allgemeinheit nur bei einer Steigerung der Holznutzung auf 4 Fm/ha/a und einer Verzinsung von 3 % ein positives monetäres Resultat aufweist, die anderen Szenarien zeigen eine negative Bilanz.

König sieht in dem Verfahren neben dem monetär quantifizierbaren Nutzen ebenso Wirkungen, die sich für die Volkswirtschaft und den Waldeigentümer in ökonomischer, psychologischer und raumordnerischer Hinsicht durchweg positiv auswirken, aber nicht monetär bewertet wurden (König 1985, S. 175ff).

4.2.4.1 Monetär nicht berücksichtigte Wirkungen für den Waldeigentümer

- Durch die im Waldflurbereinigungsverfahren durchgeführte Standortkartierung erhielt der Eigentümer eine verbesserte Orientierung der waldbaulichen Behandlungsmaßnahmen an den standörtlichen Gegebenheiten.
- Die Nutzung führt langfristig zu einer stabilisierenden Wirkung auf den Wald- und Bodenzustand und somit zur Sicherung der kontinuierlichen Holzproduktion.
- Es können nun rechtzeitige werterhöhende Eingriffe in Reservebestände erfolgen.
- Die Zusammenlegung führt zu einer Verminderung von negativen Randeffekten.
- Durch die Zuwegung und Zusammenlegung ist eine pfleglichere und schonendere Holzernte möglich.
- Die Herstellung der räumlichen Ordnung fördert das Nutzverhalten.

→ qualitative und quantitative Steigerung des Holzertrages

- Die Produktivität kann bei den übrigen Betriebsarbeiten gesteigert werden.
- Durch die Grenzsicherheit können Grenzkonflikte vermieden werden.
- Die Zugänglichkeit erlaubt die Senkung der Risikokosten.
- Aus der Standortkartierung und der Inventarisierung kann ein Informationsnutzen gezogen werden.

→ Senkung des Produktionsaufwandes

- Die Motivation zu forstwirtschaftlichem Handeln wird gefördert.
- Das Vertrauen zu den zuständigen Forstbeamten wird gestärkt.

4.2.4.2 Monetär nicht berücksichtigte Wirkungen für die Forstverwaltung

- Der Betriebsaufwand wird dadurch gesenkt, dass die Arbeiten zur Erfüllung der Forstschutzaufgaben rationalisiert werden können.
- Das Vertrauensverhältnis zu den Waldbesitzern wächst an.

4.2.4.3 Monetär nicht berücksichtigte Wirkungen für die Volkswirtschaft

- Der Privatwaldbesitzer wird als Marktpartner gestärkt.

- Verwaltungsaufgaben erfordern verminderten Zeitaufwand.
- Das Angebot an Erholungsmöglichkeiten hat sich vergrößert.
- Raumplanerische Maßnahmen können besser koordiniert werden.

Nachteile ergeben sich für die Waldeigentümer durch die Öffnung des Waldes für Erholungszwecke in einer Erhöhung der Risikokosten, für die Forstverwaltung ein erhöhter Aufwand für die Verkehrssicherheit und für Flora und Fauna die Störung durch Intensivierung der Bewirtschaftung.

4.2.4.4 Monetär nicht berücksichtigte Wirkungen für die Regionalentwickl.
- Die künftige ordnungsgemäße Bewirtschaftung bewirkt eine walderhaltende und waldstabilisierende Behandlung, die zur Erhaltung des durch den Wald mitgeprägten Landschaftsbildes, zur Erhaltung und Sicherung der Filterung von Luft und Wasser, zur Sicherung der Bodenfruchtbarkeit und zum Schutz vor Erosion führt.
- Die verbesserten Produktionsbedingungen und die Vergrößerung landwirtschaftlicher Betriebe durch Aufstockung führen zur Sicherung der Eigentumsverhältnisse und somit zur Erhaltung von Arbeitsplätzen in den landwirtschaftlichen Betrieben.
- Die Stabilisierung der Betriebe verhindert teilweise die Abwanderung der ansässigen Bevölkerung.
- Das gesteigerte Pro-Kopf-Einkommen in der Region hat eine gesteigerte Kaufkraft zur Folge.

→ Erhaltung des Landschaftsbildes
(König 1985, S. 178ff)

Trotz der vielen positiven Wirkungen steht König der Waldflurbereinigung reserviert gegenüber, da die Kosten hauptsächlich von der Allgemeinheit getragen werden und die Staatshaushaltslage angespannt ist. Als kostengünstigere Alternative wird die Bildung eines Kooperationswaldes vorgeschlagen. Allerdings haben die Waldeigentümer Oberalpfens eine Bildung abgelehnt (S.149). Erweist sich die Waldflurbereinigung geeigneter, werden zur Senkung der Kosten eine Rationalisierung der Verfahrensschritte und die Erkundung von Einsparungsmöglichkeiten auch in anderen Bundesländern vorgeschlagen (König 1985, S.180).

4.2.5 Bewertung der Ergebnisse durch Klare (2006)

Klare (2006) betrachtet in der Studie „Kosten und Nutzen von Waldflurbereinigungen" ausschließlich das von König (1985) vorgestellte Waldflurbereinigungsverfahren, da dem Autor keine weiteren Fallstudien bekannt sind und nimmt an, dass die Ergebnisse auf alle Waldflurbereinigungen übertragen werden können. Klare würdigt die durch das Verfahren gelungenen Verbesserungen, dennoch stimmt er mit König darüber überein, dass die Verfahrens- und Ausführungskosten sehr hoch sind und die Eigenbeteiligung der Teilnehmer sehr gering ausfiel, obwohl sie die hauptsächlichen Nutznießer sind. Da der Aufgabenschwerpunkt des Verfahrens auf der Verbesserung der forstwirtschaftlichen Nutzung lag und die erreichten Schutz- und Erholungsziele nur von untergeordneter Bedeutung waren, ist Klare der Ansicht, dass der primär privatwirtschaftliche Nutzen mit weniger Kosten für die Allgemeinheit und damit aus gesamtwirtschaftlicher Sicht effizienter zu erreichen sein müsste. (Klare 2006, S.32 ff, S. 50)

Ob das Ziel des Waldschutzes tatsächlich von untergeordneter Bedeutung war, ist anzuzweifeln, da die Forstverwaltung, mit der gesetzliche Aufgabe der Erhaltung der Schutzfunktionen des Privatwaldes, personell und finanziell in dem Verfahren stark mitwirkte.

4.2.6 Bewertung der Ergebnisse durch Oberholzer (1997)

Oberholzer (1997) wirft König (1985) eine wissenschaftliche Einseitigkeit vor, da neben dem Verfahren UOR in unmittelbarer Nähe und zur selben Zeit das Beschleunigte Zusammenlegungsverfahren (BZV) Oberwihl und das Regelverfahren Bernau durchgeführt worden ist. Wesentliche Vereinfachungen in diesen Verfahren führten zu einer Reduzierung der Ausführungs- und Verfahrenskosten auf 43 % (Oberwihl) und 34 % (Bernau) der Kosten des Verfahrens UOR. Die Analyse der Strukturdaten der drei Waldflurbereinigungsverfahren zeigt ein ähnliches Bild vor und nach dem Verfahren. Bei einem ähnlichen Nutzen in allen drei Verfahren, der von den zuständigen Forstämtern bestätigt wurde, ist somit in den beiden nicht betrachteten Verfahren ein wesentlich positiveres Kosten-Nutzen-Verhältnis erreicht worden. Der Teilnehmerbeitrag lag bei 12% (Bernau) und 13% (Oberwihl) und war mit ca. 130 €/ha etwa genauso hoch wie in UOR.

In dem Regelverfahren Bernau wurden die Wege umfassend neu trassiert und ausgebaut. Die neuen Wege führten vielfach durch die Waldgrundstücke hindurch, weil sich das topographisch und für die Holzrückung als günstiger erwies. Die Fahrwege wurden nur als Dienstbarkeiten zugunsten der Gemeinde gesichert, eine Katasterneuvermessung wurde nicht vorgenommen. Es wurden nur in Gewannen mit besonders kleinen und unförmigen Grundstücken, diese als ganze Grundstücke ausgetauscht, so wie es in einem BZV geschieht. Gewanne mit Grundstücken, die größer als 0,6 ha waren, blieben von der Neueinteilung unberührt. Durch den Verzicht auf eine kostspielige Katasterneuvermessung in dem meist sehr steilen Gelände konnten die Kosten sehr niedrig gehalten werden. (Oberholzer 1997)

In dem BZV Oberwihl wurde erstmalig versucht in einem Gebiet mit äußerst mangelhafter Grundstücksstruktur und Erschließung ein Beschleunigtes Zusammenlegungsverfahren im Wald durchzuführen. Es wurde ebenfalls das Wegenetz neu trassiert und ausgebaut, was nicht ganz im Sinne des § 97 FlurbG ist. Über Dienstbarkeiten wurden die Fahrwege zugunsten der Gemeinde und die Maschinenwege zugunsten der Hinterleger gesichert. Der Verlauf der alten Grundstücke, der sich häufig an natürlichen Scheidelinien wie Ober- und Unterkanten im Gelände oder Bachläufe richtete, wurden so weit möglich beibehalten und nur zur Vermeidung von Unformen wurden gezielte Fortführungsvermessungen durchgeführt. (Oberholzer 1997)

Im Verfahren UOR erfolgte eine vollkommene Neugestaltung der Grundstücksstruktur, die eine umfassende Katasterneuvermessung erforderlich machte. Bei den drei Verfahren in UOR, Bernau und in Oberwihl handelt es sich um Pilotprojekte, in denen verschiedene Vorgehensweisen erprobt wurden, um daraus Schlüsse für zukünftige Verfahren zu ziehen. Insofern ist es bedenklich, die in einem Pilotprojekt gewonnenen Erkenntnisse über die Kosten und Nutzen auf alle Waldflurbereinigungen zu übertragen und zu verallgemeinern.

Eine Neuberechnung des Verfahrens UOR mit der tatsächlich höheren Holznutzmenge, dem tatsächlichen Holzpreis und dem niedrigeren Zinsfuß, da sich das Risiko des Waldsterbens als eher gering herausgestellt hat, würde ein weitaus positiveres Ergebnis zeigen.

Die von König (1985) zusammengestellte Strukturanalyse und Analyse der Merkmalkombinationen wurde auch in anderen Waldgebieten durch verschiedene Studien bestätigt (Schaffner 2001, Schurr 2006, Weiß et al. 2007 u.a.) und kann als allgemein gültig für die desolate Situation im Kleinprivatwald betrachtet werden. Erstaunlich ist, dass nachdem König (1985) eine Kosten-Nutzen-Analyse über ein Teilgebiet einer Waldflurbereinigung erstellt hat, sich damit dann Oberholzer (1997), Klare (2006) und nun diese Arbeit beschäftigt. Daraus zeigt sich, dass die Frage nach der Wertschöpfung durch ein Waldflurbereinigungsverfahren seit Jahrzehnten besteht und weitere Kosten-Nutzen-Analysen notwendig sind, um die Ergebnisse zu sensibilisieren.

Hierfür ist es erforderlich, sowohl die vollständigen Kosten der Herstellung des „Produktes Waldflurbereinigung" (Verfahrens- und Ausführungskosten sowie Kostenanteile Dritter bei der Herstellung) als auch eine möglichst vollständige Bewertung des Nutzens der Waldflurbereinigung in tangibler forstwirtschaftlicher, ökologischer und regionalwirtschaftlicher Hinsicht zu ermitteln.

Von BMS Consulting wurden daher neue Ansätze einer Kosten-Nutzen-Analyse und monetären Wertschöpfung entwickelt, um die Objektivierung von Wertschöpfungen zu ermöglichen (Lorig, Kasten, Mosiek, Pieper 2006). Es wird der der gesamte betriebswirtschaftliche Aufwand eines Flurbereinigungsverfahrens dem weitgehend vollständig erfassten volkswirtschaftlichen Nutzen eines Flurbereinigungsverfahrens gegenübergestellt (Lorig et al. 2007).

Auf diese Methode und ihre Anwendung für die Waldflurbereinigung wird nun im folgenden Abschnitt eingegangen.

4.3 Vorgehensweise der Wertschöpfungsanalyse nach BMS Consulting

Da es aufgrund des geltenden Haushaltsrechts nach wie vor erforderlich ist, für Maßnahmen von erheblicher finanzieller Bedeutung Nutzen-Kosten-Untersuchungen (NKU) durchzuführen, um den Wertschöpfungsbeitrag einzelner Verwaltungsmaßnahmen im Sinne einer möglichst umfassenden Kosten-Nutzen-Bilanz detailliert zu ermitteln, wurde seitens der Flurbereinigungsverwaltungen in den Bundesländern Nordrhein-Westfalen und Rheinland-Pfalz nach neuen betriebs- und volkswirtschaftlichen Lösungen für die Berechnung gesamtwirtschaftlicher Wirkungsbeiträge gesucht. Ziel war dabei, den Aufwand und die Leistungen der Flurbereinigung betriebs- und volkswirtschaftlich messen und steuern zu können. In zwei grundlegenden Untersuchungen (BMS Consulting 2005, BMS Consulting 2006) wurden für die Flurbereinigungsverwaltungen in Nordrhein-Westfalen und Rheinland-Pfalz der gesamtgesellschaftliche Wertschöpfungsbeitrag von Bodenordnungsverfahren nach dem Flurbereinigungsgesetz im Rahmen von Wertschöpfungsanalysen systematisch aufbereitet und ein Wirkungsgefüge erarbeitet.

Unter Verwendung der zugehörigen Veröffentlichungen (BMS Consulting 2005, BMS Consulting 2006, BMS Consulting 2007, BMS Consulting 2008 sowie Lorig, Kasten, Mosiek, Pieper 2006) werden nachfolgend die wichtigsten allgemeinen Ergebnisse dieser Untersuchungen kurz vorgestellt.

Um zu einer gesamtgesellschaftlichen Wertschöpfungsbilanz für die Flurbereinigung zu gelangen, ist es notwendig, die gesamtgesellschaftlichen Effekte zu analysieren, die daraus erwachsen, dass eine Bodenordnung durchgeführt wurde. Dabei wird vom theoretischen Ansatz her unterstellt, dass sämtliche staatliche Vorhaben der Flurbereinigung sowohl mit als auch ohne ein begleitendes Flurbereinigungsverfahren realisiert werden könnten. Folgt man dieser theoretischen Annahme, so ist es Zielsetzung der betriebswirtschaftlichen und volkswirtschaftlichen Analyse, die aus der Bodenordnung resultierenden Zusatzkosten und Zusatznutzen für die Gesellschaft zu ermitteln. Damit basiert der Vergleich, insbesondere im volkswirtschaftlichen Analyseteil, zu einem großen Teil auf hypothetischen Überlegungen. Die untersuchungsleitende Fragestellung lautet also: Welche gesamtgesellschaftlichen Veränderungen (Vorteile im Sinne von Nutzen bzw. Nachteile im Sinne von Kosten) haben sich dadurch ergeben, dass eine Flurbereinigung durchgeführt wurde. Hierbei wurde eine monetäre Bewertung aller identifizierbaren Wirkungen der Flurbereinigung angestrebt, denn je mehr Wirkungen monetär einer Bewertung zugeführt werden können, umso weniger verbleiben intangible Effekte, die nur verbal in ihren Ausprägungen (z.B. schöneres Landschaftsbild, naturnähere Bachaue) beschrieben werden können. (Lorig, Kasten, Mosiek, Pieper 2006, S. 454ff.)

Kosten und Nutzen der Flurbereinigung sind bei der Wertschöpfungsanalyse, wie auch von König (1985) bei ihrer modifizierten Form einer Kosten-Nutzen-Analyse aufgezeigt, präzise zu ermitteln und gegenüberzustellen. Es ist besonders wichtig, bei einer Beurteilung der Ergebnisse an Hand von Fallbeispielen die wesentlichen Wirkungstreiber des Verwaltungshandelns zu identifizieren und einer strategischen Steuerung zugänglich zu machen, um ein optimales Wirkungsgefüge zu erhalten.

Wie bereits dargelegt, zerfällt die von BMS Consulting entworfene Vorgehensweise in eine betriebswirtschaftliche Analyse und eine volkswirtschaftliche Analyse. Die betriebswirtschaftliche Analyse baut auf der inzwischen in den Ländern teilweise eingesetzten Kosten-Leistungs-Rechnung auf und hat nicht mehr lediglich Schätzungen des eingesetzten Personalaufwands, der Sachkosten und der eingesetzten Ausführungskosten als Grundlage. Die Kosten-Leistungs-Rechnung liefert für jedes Bodenordnungsverfahren detaillierte Verwaltungskosten. Diese Kostenermittlungen beschränken sich nicht nur auf die originär für die Flurbereinigung eingesetzte Behörde, sondern auch auf die Zusatzkosten anderer betroffener Vollzugsebenen, soweit sie bedeutsam sind. Damit liefert die Auswertung der Verfahrens- und Ausführungskosten, einschließlich verschiedener Zuschläge für Oberbehörden und andere Stellen, die Gesamtkosten für die jeweils ausgewählten Bodenordnungsverfahren.

Bei der volkswirtschaftlichen Analyse der Wertschöpfungsanalyse wird der neue Ansatz verfolgt, alle relevanten Bereiche einer Bewertung zugänglich zu machen. Der Nutzen wird den Empfängerebenen Bürger, Wirtschaft, Staat und Umwelt zugeordnet. Die Gliederung der Berechnungsmodule folgt dieser Systematik. Damit können die einzelbetrieblichen Wirkungen von den gesellschafts- oder umweltpolitischen Wirkungen getrennt betrachtet und bewertet werden. Es werden die Wirkungen in die Klassifikation der volkswirtschaftlichen Wirkungsdeterminanten „tangibel" und „intangibel" eingeteilt. Der Begriff „tangibel" umfasst alle Wirkungsdeterminanten, die sich in irgendeiner Form, d. h. entweder monetär oder ggf. in anderen physischen Einheiten, quantifizieren lassen. Nutzenkomponenten, die sich weder monetär noch in anderen physischen Einheiten messen lassen werden als „intangibel" bezeichnet. Diese Differenzierung findet sich auch bereits bei König (1985) in der modifizierten Nutzen-Kosten-Analyse und bei Klare (2006).

„Die intangiblen gesamtgesellschaftlichen Auswirkungen können einen bedeutenden Wertschöpfungsbeitrag leisten und dürfen daher im Rahmen einer differenzierten Wirkungsanalyse nicht vernachlässigt werden" (BMS Consulting 2007). Letztlich beschränken sich aber auch Klare und König bei ihren abschließenden Bewertungen weitgehend auf die rein rechnerisch ermittelten Determinanten, obwohl sie deutlich herausstellen, dass damit das Wirkungsgefüge nur sehr unzureichend erfasst wird.

Abb. 4-2: Allgemeines Wirkungsgefüge von Bodenordnungsverfahren (Ausschnitt) (Lorig, Kasten, Mosiek, Pieper 2006)

Daraus ergeben sich zwei Notwendigkeiten. Zum einen muss die Nutzenanalyse um qualitative Beurteilungen ergänzt werden. Zum anderen sollten, da letztlich nur die Berechnungen ausgewertet werden, wie auch Klare belegt, soweit wie möglich wesentliche Wirkungstreiber identifiziert werden und diese der Berechnung als tangible Komponenten zugänglich gemacht werden.

Für die Wirkungsdauer der Waldflurbereinigung wurde zuletzt in Rheinland-Pfalz ein Zeitraum von 52 Jahren ermittelt (Lorig et al 2006). Dies entspricht etwa dem Ansatz König (1985) und der Einschätzung von Peck (1993).

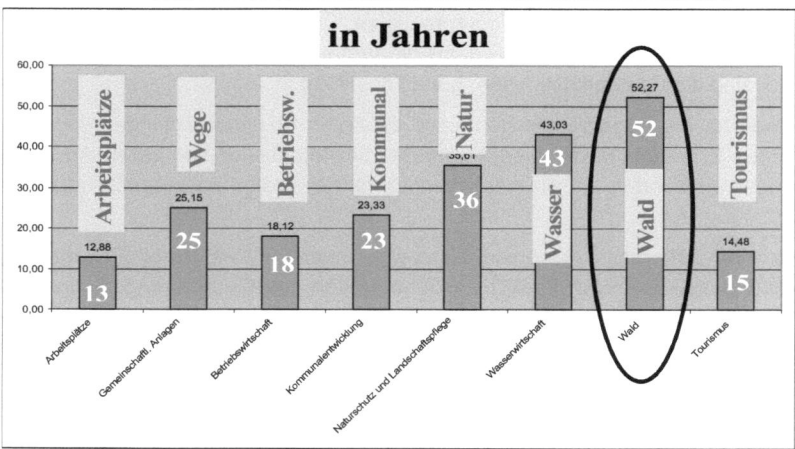

Abb. 4-3: Wirkungsdauer der Ländlichen Bodenordnung (Lorig, Kasten, Mosiek, Pieper 2006)

4.4 Anwendung der Wertschöpfungsanalyse

Wie bei BMS Consulting (2007) erkennbar, ist die Bewertung von Waldflurbereinigungsverfahren als integrierter Bestandteil einer Gesamtbewertung in den vorstehend erläuterten Wirkungsmodulen mit enthalten. Um eine spezielle Untersuchung der Waldflurbereinigung durchzuführen, ist es erforderlich, die Rechenmethode auf Flurbereinigungsverfahren anzuwenden und dann sowohl die betriebswirtschaftlichen Kostenaufwendungen als auch das Wirkungsgefüge auf den speziellen Waldanteil zu reduzieren.

Die von BMS Consulting entworfenen Wertschöpfungsanalysen sind bisher für Unternehmensflurbereinigungsverfahren nach § 87 FlurbG, für integrale Flurbereinigungsverfahren (Regelverfahren nach § 1 FlurbG oder Vereinfachte Flurbereinigungsverfahren nach § 86 FlurbG) sowie für Beschleunigte Zusammenlegungsverfahren nach § 91 FlurbG entwickelt worden. Eine Sonderanwendung wurde nur für Dorfflurbereinigungsverfahren erstellt (BMS Consulting 2008). Für Waldflurbereinigungen gibt es bisher keine speziell ausgerichtete Untersuchung und auch kein eigenes Berechnungstool. Waldflurbereinigungsanteile werden daher mit dem Tool für integrale Flurbereinigungsverfahren nach § 1 oder § 86 FlurbG berechnet. Die integralen Flurbereinigungsverfahren können je nach Situation umfangreiche landwirtschaftliche und forstwirtschaftliche Flächen mit Neugestaltung, ergänzend einbezogene landwirtschaftliche und forstwirtschaftliche Flächen ohne wesentliche Neugestaltung, aber auch die Flächen einer oder mehrerer Ortsgemeinden enthalten.

In diesem Abschnitt werden aus drei aktuellen, aber bereits weitgehend abgeschlossenen, Flurbereinigungsverfahren mit größerem Waldanteil, sowohl die Gesamtkosten als auch der Gesamtnutzen auf den Waldanteil und damit auf die eigentliche Waldflurbereinigung reduziert. Dies ist zum Teil nur durch sachgerechte Abschätzungen möglich. Da die Verfahren weitgehend abgeschlossen sind, sind die Gesamtkosten sehr genau bestimmt.

Soweit für die Verfahrenskosten keine expliziten Kostenermittlungen vorlagen, wurden Erfahrungen der hierfür eingesetzten Mitarbeiter und deren Aufzeichnungen verwendet, um die gesamten Verfahrenskosten sachgerecht zuzuordnen.

Bei den Ausführungskosten verhielt es sich anders: In zwei Verfahren lagen die Ausführungskosten für den Waldanteil aufgrund des Finanzierungsplanes und der Dokumentation der Ausführung der Verfahren explizit vor, sie konnten unmittelbar verwendet werden. Im dritten Verfahren wurden sie sachgerecht abgeschätzt. Sie lassen sich auch in diesem Verfahren plausibel dem Waldanteil zuordnen.

Für die volkswirtschaftliche Bewertung des Nutzens wird anhand der Auswertungsergebnisse DLR Eifel (2010a), DLR Eifel (2010b), DLR Eifel (2010c) für die drei ausgewählten Bodenordnungsverfahren jeweils entschieden, welche der Wirkungstreiber für die Auswertung der Waldflurbereinigung herangezogen werden können und wie die Reduzierung der Ergebnisse auf den Waldanteil am plausibelsten gelingt.

Die drei Bodenordnungsverfahren werden getrennt ausgewertet. Anschließend werden die Ergebnisse verglichen und ein Gesamtergebnis der Auswertung berechnet.

4.4.1 Auswertung der Waldflurbereinigung Hinterhausen-Büdesheim

Das nach § 86 FlurbG angeordnete Flurbereinigungsverfahren liegt in Rheinland-Pfalz in der Eifel und umfasste umfangreiche Neuordnungsmaßnahmen in

Feld, Wald und Ortslage. Ziele waren die Verbesserung der Produktions- und Arbeitsbedingungen in der Land- und Forstwirtschaft, die Umsetzung von Maßnahmen der Landschaftspflege und des Naturschutzes, die sachgerechte Erschließung der Abfindungsflurstücke durch neue Wege, die Zusammenlegung und Neuvermessung aller Flächen, die Regulierung der Ortslage, der land- und forstwirtschaftliche Wegebau, die Umsetzung landespflegerischer Planungen mit dem Ziel einer positiven Ökobilanz sowie die Ausweisung von Uferrandstreifen an Gewässern.

Das Verfahren hat eine Größe von 873 ha mit einem Waldanteil von 549 ha, die restliche Fläche erstreckt sich auf Acker, Grünland, sonstige Flächen und die Ortslage. (DLR Eifel 2010a, DLR Eifel 2010h)

4.4.1.1 Berechnung der Verfahrenskosten

Die gesamten Verfahrenskosten wurden aufgrund der Kosten-Leistungsrechnung dieses Verfahrens mit 752 000 € nachgewiesen. Die Ortslage verursachte keinen höheren Aufwand als die umgebenden Flächen. Durch den hohen Aufwand für die Planung des Wegenetzes und die Bewertungsarbeiten im Wald ist der Aufwand im Waldflurbereinigungsteil etwa mit dem 1,2 fachen Aufwand der übrigen Flächen anzunehmen (Lorig 2011). Das führt dazu, dass nicht die prozentuell auf den Flächenanteil des Waldes entfallenden Verfahrenskosten in Höhe von 472 907 € zu veranschlagen sind, sondern ein Betrag von **504 088 €.** [752 000 x 549 x1,2 : (549 x 1,2 + 324)]

4.4.1.2 Berechnung der Ausführungskosten

Die Ausführungskosten sind der nachfolgenden Tabelle mit **719 391 €** zu entnehmen.

Tab. 4-6: Tatsächlich entstandene zuwendungsfähige Ausführungskosten (Hinterhausen-Büdesheim) (Waldanteil) (DLR Eifel 2010d)

Kostenart	Hinterhausen-B. (549 ha Wald)
Vermessung und Vermarkung	29 316 €
Instandsetzung/Ausgleiche/Wertermittlung	131 233 €
Ländlicher Wegebau	507 901 €
Wasser, Bodenverbesserung	43 941 €
Landespflege	7 000 €
zuwendungsfähige Ausführungskosten Hektarwert der Ausführungskosten	**719 391 €** ca. 1310 €/ha

Der Anteil für die Waldflurbereinigung beläuft sich nach Addition der zuvor errechneten Verfahrens- und Ausführungskostenanteile auf **1 223 479 €**.

4.4.1.3 Berechnung der Wirkungen - Nutzen für den Waldeigentümer

Als Empfänger des Nutzens wird zwischen dem Grundstückseigentümer, der öffentlichen Verwaltung, der regionalen Allgemeinheit und der ökologischen Umwelt unterschieden.

4.4.1.3.1 Jährlicher Bewirtschaftungsvorteil der Forstwirtschaft

BMS Consulting (2007, S.144) unterscheidet bei der Berechnung des Wertschöpfungsbeitrags durch die Waldflurbereinigung zwischen bewirtschafteten und unbewirtschafteten Wald. Bei der Bewirtschaftung von vormals unbewirtschafteten Waldflächen wird bei einem erwarteten Ertrag von 6 Fm/ha/a unter Abzug der Holzerntekosten von folgenden Erlösen ausgegangen:

Laubwald: 120 €/ha/a (= 20 €/Fm erntekostenfrei)
Nadelwald: 108 €/ha/a (= 18 €/Fm erntekostenfrei)

Bei bewirtschafteten Waldflächen reduzieren sich aufgrund der Verbesserung der Erschließung die Bewirtschaftungskosten und erhöhen sich durch die Vorteile der Bodenordnung die Erlöse.

Mittendorfer (2006) kalkulierte den Nutzen der dem Waldeigentümer durch das Flurbereinigungsverfahren entsteht und kam unter vorsichtiger Abschätzung und der Annahme einer Nutzung von lediglich 5 Fm/ha auf Werte, die für die Waldgebiete Rheinland-Pfalz als allgemein gültig angenommen werden können.

- Kostenersparnis durch kürzere Rücke- und Transportentfernungen bei 50 % der Fläche: **12,5 €/ha/a**

- Erleichterung der Bewirtschaftung durch Erschließung aller Grund-stücke bei der Begründung, Pflege und Hauung der Waldbestände: **15 €/ha/a**

- Erzielung höherer Holzpreise durch größere Verkaufsmengen aufgrund der Zusammenlegung von Streuparzellen: 5 €/Fm.
  Bei einer Nutzung von 5 Fm/ha: **25 €/ha/a**

- Intensivierung der Nutzung aufgrund der Neuzuteilung der Flächen durch Erhöhung des Einschlags um 20 % (entspricht ca. 1 Fm): **20 €/ha/a**

  Gesamtnutzen bei Nutzung von 5 Fm/ha/a: 72,5 €/ha/a

Der Forstfachmann Mittendorfer (2006) geht von einer zukünftigen Nutzung von 10 Fm/ha durch die Pflege der Waldbestände aus und rechnet daher mit einer wesentlich höheren tatsächlichen Wertschöpfung.

BMS Consulting (2007, S.146) verwendet den abgerundeten Betrag von 72 €/ha/a. Es ist hier auf eine Inkonsistenz in der Berechnung hinzuweisen: bei unbewirtschafteten Wäldern wird von einer zukünftigen Bewirtschaftung von

6 Fm/ha/a ausgegangen, bei zum Teil bewirtschaftetet Wäldern lediglich von 5 Fm/ha/a. Dies sollte angeglichen werden.

Jährlicher Bewirtschaftungsvorteil der Forstwirtschaft: 55 128 €

118 ha unerschlossenen Laubwald: [118 ha x 120 €/ha = 14 160 €]
276 ha unerschlossenen Nadelwald: [276 ha x 108 €/ha = 29 808 €]
155 ha teilerschlossener Wald: [155 ha x 72 €/ha = 11 160 €]

4.4.1.3.2 Einmalige Erhöhung des Bodenwertes:

Fachvertreter aus dem Bereich der Forstwirtschaft gehen von einer Erhöhung des Bodenwertes des Waldes durch die Flurbereinigung um das Doppelte aus (BMS Consulting 2007, S.144). Der durchschnittliche Preis für schlecht erschlossenen und schwierig zu bewirtschaftenden Waldboden beträgt in Rheinland-Pfalz 0,30 €/m². Bei gut erschlossenen und maschinell bewirtschaftbaren Flächen steigt der Bodenpreis im Durchschnitt auf etwa 1,0 €/m². Die Bodenpreissteigerung wird daher hier mit mindestens 3000 €/ha angenommen.

Bodenwertsteigerung: 1 647 000 €
[549 ha x 3000 €/ha = 1 647 000 €]

4.4.1.3.3 Jährl. Bewirtschaftungsvorteile durch Wegenetzverbesserung

Die Bewirtschaftungsvorteile aus der Entfernungs- und Wegeverbesserung wurden aus einer Studie zum Einfluss der Flurbereinigung auf landwirtschaftliche Betriebe entnommen. Dort wurden 43 repräsentative, auf verschiedene bayerische Erzeugungsgebiete verstreute Betriebe, die in 10 verschiedenen Flurbereinigungsverfahren teilnahmen, untersucht (Keymer et al 1989). Durch die Zusammenlegung der Parzellen und dem Ausbau der Wege, die höhere Geschwindigkeiten zulassen, verkürzte sich die durchschnittliche Fahrtzeit vom Hof zum Feld erheblich. Mit der Annahme, dass pro ha Feldfläche 20 Fahrten verbunden sind, beträgt die Zeitersparnis für Hin- und Rückfahrt 1 h/ha/a (Keymer et al 1989, S. 51). Dies ergibt eine Reduzierung der unproduktiven Wegezeit von 90 Sekunden für die einfache Wegestrecke. Durch die Reduzierung der Waldparzellen im Flurbereinigungsverfahren kann der Effekt der kürzeren und schnelleren Wegzurücklegung vom Hof zum Waldgrundstück auch auf die Waldbereiche übertragen werden. Es kommt hinzu, dass ein Großteil der Acker- und Grünlandwege unmittelbar zum Wald hinführen und damit die Waldwege durch die Feldflur verlängern. Das Verhältnis der Anzahl der Fahrten und der Zeitersparnis verschiebt sich im Wald aber dahingegen, dass weniger Anfahrten getätigt werden, aber die Zeitersparnis weitaus höher ist.

BMS Consulting (2007, S.146) leitet aus der 1-stündigen Zeitersparnis Einsparungen an Arbeits- und Maschinenkosten in Höhe von 20 €/ha/a für Vereinfachte Flurbereinigungsverfahren, das doppelte für Regelflurbereinigungen ab.

Bewirtschaftungsvorteil durch Wegenetzverbesserung: 10 980 €
[549 ha x 20 €/ha = 10 980€]

4.4.1.3.4 Gebühreneinsparungen bei Grundstückstransaktionen

In Flurbereinigungsverfahren kann sich der Eigentümer wertgleich in Geld anstatt in Land abfinden lassen (§ 52 FlurbG). Diese Flächen werden gegen Geldausgleich von anderen Teilnehmern erworben, um damit ihre Betriebe aufzustocken. Bei einem Grunderwerb außerhalb der Flurbereinigung würden Gebühren für den Notar und die Grundbucheintragung anfallen. BMS Consulting (2007, S.157) geht von einer durchschnittlichen Kosteneinsparung von 1% des Kaufpreises aus.

Bei einem in Waldflurbereinigungsverfahren ermittelten durchschnittlichen Waldwert von 5000 €/ha wird eine Gebührenersparnis von 50 €/ha veranschlagt. Aufgrund von in Kapitel 3 dargestellten Überlegungen wird ein Landabfindungsverzicht auf 10 % der Fläche angenommen.

Einmalige Gebühreneinsparungen bei Waldgrundstückstransaktionen:
2745 €   [549 ha x 0,1 x 50 €/ha = 2745 €]

4.4.1.4 Berechnung der Wirkungen - Nutzen für die Allgemeinheit

4.4.1.4.1 Vorteile durch Verbesserung des regionalen Wegenetzes

Die flurbereinigungsbedingte Verbesserung des Wegenetzes wird den drei Empfängerebenen: Allgemeinheit, Landwirtschaft und Tourismusbranche zugeordnet. Die ansässigen Bewohner profitieren von einer Steigerung des Freizeit- und Erholungswertes ihrer Region und von privaten Zeitersparnissen bei der Nutzung der aus- und neugebauten Wege. Die Land- und Forstwirtschaft erfährt Bewirtschaftungsvorteile durch das erneuerte Wegenetz und die regionale Tourismusbranche nutzt sie als Rad-, Wander- oder Reitwege, die häufig erst in einem Flurbereinigungsverfahren als Rundwege geschaffen werden. Des Weiteren werden Waldwege im Winter gerne von Skiangläufern genutzt. Um eine Überbewertung der Effekte zu vermeiden, wird unterstellt, dass sich die Vorteile zu jeweils einem Drittel auf die drei genannten Bereiche verteilen. Es wird eine vorsichtige Kosten-Nutzen-Relation von 1:1 angenommen, so dass der Nutzen des Wegebaus den Investitions- und Planungskosten entsprechen soll. (BMS Consulting 2007, S.105, 113, 128 ff, 152)

Die Herleitung der Planungskosten erfolgt auf der Grundlage der Verordnung über die Honorare und Leistungen der Architekten und der Ingenieure (HOAI) für die Honorarzone I für Verkehrsanlagen mit sehr geringen Planungsanforderungen. Die Planung von landwirtschaftlichen Wirtschaftswegen fällt in die Leistungsphasen 1 – 5 und 9 und umfasst 70% des Gesamthonorars. Die Planungsskosten werden in Abhängigkeit zur Höhe der Herstellungskosten mit einem pauschalen Prozentwert kalkuliert, bei Herstellungskosten von 75 000 bis 750 000 beträgt dieser 7,25% und von 750 000 bis 7,5 Mio. 4%. Es gilt der Mehrwertsteuersatz von 19%.

Herstellungskosten Wegebau im gesamten Verfahren Hinterh.-B.: **789 826 €**
Herstellungskosten Forstwegebau und Wasserarbeiten im Wald: 551 842 €

Planungskosten Waldwegebau: [551 842 x 0,04 x 0,7 x 1,19]   18 387 €

Herstellungs- und Planungskosten Waldwege: 570 229 €

4.4.1.4.2 Verbesserung der regionalen Rad- und Wanderwege

Da nach vorsichtiger Schätzung von Experten aus dem Bereich des Tourismus in etwa ein Drittel der in einem Bodenordnungsverfahren erschlossenen Wege für touristische Zwecke genutzt werden, werden ein Drittel der Summe der Planungs- und Herstellungskosten als touristischer Wertschöpfungsbeitrag in Ansatz gebracht (BMS Consulting 2007, S.152 ff).[570 229 € : 3 = 190 076 €]

Der flächenproportionale Betrag für den Waldanteil beträgt: **190 076 €**

4.4.1.4.3 Erschließungsfunktion des regionalen Wegenetzes

Der Vorteil der ortsansässigen Bevölkerung an der Steigerung des Naherholungswertes wird ebenfalls mit einem Drittel bewertet: **190 076 €**

Das dritte Drittel der Berechnung aus den Vorteilen durch Verbesserung des regionalen Wegenetzes für den Landwirt wird nicht zum Ansatz gebracht, da die jährlichen Bewirtschaftungsvorteile durch Wegenetzverbesserung in anderer Weise berechnet werden und das Wegenetz nicht doppelt zum Nutzen der Bewirtschafter gerechnet werden soll.

4.4.1.4.4 Einkommens- und Beschäftigungseffekt aus baulichen Investitionen

Infrastrukturinvestitionen haben direkten Einfluss auf die Einkommens- und Beschäftigungssituation des mit dem Bauvorhaben beauftragten Unternehmens und indirekte Auswirkungen auf die Vorleistungs- und Investitionsgüterlieferanten. Einkommenssteigerungen können durch das höhere verfügbare Einkommen einen erhöhten Konsum hervorrufen. Der aus einer baulichen Investition resultierende volkswirtschaftliche Nutzen kann der Flurbereinigung zugeschrieben werden, wenn ohne sie das Vorhaben nicht verwirklicht worden wäre. (BMS Consulting 2007, S.106).

Der Beschäftigungseffekt der aus 1 Mrd. € Infrastrukturinvestitionen resultiert, wird anhand einer Studie aus dem Bereich Verkehrswegebau erhoben (BMS Consulting 2007, S. 132, Hartwig 2005). Demnach sind bei der Umsetzung eines Bauvorhabens von 1 Mrd. € in der Bauwirtschaft 11 860 Erwerbstätigenjahre, bei Vorleistungs- und Investitionsgüterlieferanten 6480 Erwerbstätigenjahre und im produzierenden Gewerbe 3204 Erwerbstätigenjahre erforderlich, insgesamt also 21 544 Arbeitsplätze.

Der Nutzen eines Arbeitsplatzes wird anhand der Kosten, die ein Arbeitsloser dem Fiskus verursacht ermittelt. BMS Consulting (2007, S.134, Bach 2003) stützt sich auf eine Studie, die die direkten arbeitslosenbedingten Ausgaben wie Arbeitslosengeld und -hilfe und die Mindereinnahmen an Steuern und Sozialbeiträgen berücksichtigt und die Kosten der Arbeitslosigkeit für eine Person auf 18 986 € ermittelt.

Der Beschäftigungseffekt durch Investitionen in die Infrastruktur wird anhand der getroffenen Annahmen mit 409 € pro 1000 € Investition berechnet, der indirekt wirkende Einkommenseffekt wird nicht weiter verfolgt.
[21 544 x 18 986 € : 1 000 000 € = 409 €]

Beschäftigungseffekt im Verfahren Hinterhausen-Büdesheim aufgrund der für den Waldwegebau getätigten Herstellungs- und Planungskosten:**225 722 €**
[551 842 €: 1 000 000 000 € x 21 544 x 18 986 € = 225 722 €]

4.4.1.4.5 Erhaltung der Kulturlandschaft und des Landschaftsbildes

Während ökologische und landschaftspflegerische Zielsetzungen in den Flurbereinigungsverfahren bis in die 1970er Jahre kaum Bedeutung hatten, sondern betriebswirtschaftliche Verbesserungen in der Land- und Forstwirtschaft im Fokus standen, hat heute die Förderung der allgemeinen Landeskultur einen sehr hohen Stellenwert. In Flurbereinigungsmaßnahmen werden regelmäßig Maßnahmen zur Landespflege verträglich umgesetzt und Interessenkonflikte beseitigt. Aber auch nur die Gewährleistung einer rentablen Bewirtschaftung steigert die Erlebniswirkung einer Landschaft, wie Bauer et al. (1979, S. 56 ff.) in einer Studie feststellten.

Es wurde die Wirkung der Landschaft auf die Wahrnehmung von 379 Personen von flurbereinigten und unbereinigten Gebieten ähnlicher Art in Mittelgebirgslage untersucht. In den flurbereinigten Landschaften wurde von den befragten Erholungssuchenden eine höhere Vielfältigkeit, Natürlichkeit und auch Übersichtlichkeit wahrgenommen und diese als zugänglicher erlebt.

Das Wohlbefinden und die Bereitschaft, das flurbereinigte Gebiet zu Erholungszwecken zu besuchen, war höher als in den nicht flurbereinigten Vergleichsgebieten. Das Ergebnis zeigte eine tendenzielle Überlegenheit der untersuchten flurbereinigten Landschaften gegenüber den unbereinigten (Bauer et al. 1979, S.80).

In der an dieses Ergebnis anknüpfenden Erkundungsstudie bezüglich der für das Erholungserleben bedeutsamen Beschaffenheit von Erholungslandschaften wird dem Zusammenspiel von Wald und Freiflächen besondere Bedeutung zugewiesen. Der optische Kontrast zwischen Feld und Wald sowie die floristische und faunische Vielfalt der Waldränder haben eine große Anziehungskraft auf Erholungssuchende (Bauer et al. 1979, S.97).

König (1985, S.178) wies auf die Erhaltung des durch den Wald mitgeprägten Landschaftsbildes durch die Waldflurbereinigung hin. Kuner, Peck (1994, S.1417) berichten über die Entwicklung von strukturreichen Waldinnensäumen, an den im Waldflurbereinigungsverfahren geschaffenen Wegen. Durch die großzügige Aufhiebsbreite der Trasse von 10 m konnte sich eine vielfältige Fauna ausbilden; die befürchteten Sturmschäden sind selbst bei der Sturmkatastrophe von 1990 nicht eingetreten.

Die monetäre Quantifizierung des Beitrags der Flurbereinigung zur Offenhaltung und Aufwertung der Kulturlandschaft unternimmt BMS Consulting (2007, S.151 f.) über die geplanten Direktzahlungen an die Landwirtschaft, wodurch die EU den Erhalt der Kulturlandschaft fördert. Die zurzeit noch betriebsabhängigen Zahlungsansprüche der Landwirte sollen durch die Beschlüsse zur Reform der Gemeinsamen Agrarpolitik bis zum Jahr 1213 in regional einheitliche Flächenprämien umgewandelt werden. Die Begründung der Direktzahlungen als Entgelt für gesellschaftlich gewünschte Leistungen, wie Tier- und Umweltschutz oder die Pflege der Kulturlandschaft (BMVEL 2005, S.18), wird von BMS Consulting (2007, S.151 f) als die gesellschaftliche Zahlungsbereitschaft für diese Leistungen interpretiert. Das Hektarprämienrecht für das Land Rheinland-Pfalz wird auf 280 € geschätzt.

Der jährliche Beitrag der Flurbereinigung zur Offenhaltung und Aufwertung der Kulturlandschaft sowie zur Förderung des regionalen Tourismus wird durch die Multiplikation der Flächenprämie von 280 € mit dem im Verfahrensgebiet touristisch genutzten Flächenanteil ermittelt.

Der im Verfahren Hinterhausen-Büdesheim touristisch genutzte Flächenanteil wird mit der Hälfte der Gesamtfläche, also 436 ha angenommen.

Ein wesentlicher Bestandteil einer attraktiven Kulturlandschaft ist der Wechsel von Freiflächen zu Waldflächen. Die Hilfskonstruktion der ausschließlich für landwirtschaftliche Nutzflächen getätigten Direktzahlungen für die gesellschaftliche Zahlungsbereitschaft für die Erhaltung einer attraktiven Kulturlandschaft wird für einen kleinen Teil der Waldfläche übertragen, nämlich für stufig gestaltete Waldränder, durch den Wegebau neu geschaffene Waldsäume, Waldlichtungen und durch Entfichtungsmaßnahmen frei geräumte Bachläufe oder Sichtschneisen. Da es sich dabei nur um einen sehr kleinen Teil der Fläche handelt, werden nur 5% der Verfahrensfläche angerechnet.

Jährlicher Beitrag zur Offenhaltung und Aufwertung der regionalen Kulturlandschaft: [873 ha x 0,05 x 280 € = 12 222 €]   **12 222 €**

4.4.1.4.6 Einmalige Verbesserung des Liegenschaftskatasters

Berechnungsgrundlage des Beitrags der Bodenordnung zur Verbesserung der Qualität des Liegenschaftskatasters sind die Vermessungskosten, die bei einer Neuvermessung anfallen würden. Es wird angenommen, dass jedes Flurstück im Altzustand vor der Flurbereinigung mit 4 Grenzpunkten vermessen werden kann, zu einem Kostensatz von 120 €/Messpunkt (BMS Consulting 2007, S.132). Das gesellschaftliche Interesse an der Erfüllung des gesetzlichen Auftrags der regelmäßigen Aktualisierung der öffentlichen Bücher wird aufgrund der hohen Kosten als relativ gering eingeschätzt. Es werden daher 50 % der Kosten angerechnet, wenn die Katasterunterlagen aus der Urvermessung stammen und 30 %, 20 %, 10 %, wenn die letzte Vermessung nicht so lange zurück liegt.

Die Vermessung entstammte im Verfahrensgebiet Hinterhausen-Büdesheim der Urvermessung. Das Waldgebiet erstreckte sich vor der Flurbereinigung auf 1729 Flurstücke, die im neuen Zustand auf 504 reduziert werden konnte. Es wird für die Ermittlung des Nutzens für die Waldfläche der flächenproportionale Anteil berechnet.

Verbesserung des Liegenschaftskatasters: **260 954 €**
[1729 Fl. x 4 x 120 € x 0,5 : 873 x 549 = 260 954 €]

4.4.1.5 Nutzen für die öffentliche Verwaltung

4.4.1.5.1 Verringerung Verwaltungskosten im Kataster- / Grundbuchamt

Der Beitrag der Flurbereinigung zur Verbesserung der Qualität der öffentlichen Bücher und der Verkleinerung ihres Umfanges wird mit einer Schrumpfung des Verwaltungsaufwandes in den entsprechenden Ämtern und Behörden verbunden (BMS Consulting 2007, S. 117, Kroés 1971, S.80 f.). Die Ersparnisse bei der Kataster- und Grundbuchführung, die aus den exakten Katasterunterlagen und der Arrondierung resultieren, wurden von Kroés (1971, S.108 f.) in einer Studie berechnet:

- Geringerer Aufwand bei der Anfertigung von Vermessungsunterlagen durch Arrondierung: 0,43 DM/ha/a (dauerhaft).
- Einsparungen bei Teilungsvermessungen als Folge exakter Unterlagen: 5 DM/ha/a für 25 Jahre.
- Einsparungen bei der häuslichen Bearbeitung: 2,25 DM/ha/a für 25 Jahre.
- Einsparungen bei der Katasterbuchführung: vorhanden, aber nicht fühlbar.
- Einsparungen bei der Grundbuchführung durch die Katasterbereinigung: 2,25 DM/ha/a
zuzüglich 50% für die Vereinfachung durch Ablösung alter Grunddienstbarkeiten.

Die von Kroés (1971) ermittelten Werte hängen von der Anzahl der jährlichen Anträge bei den Katasterämtern ab und sind Durchschnittswerte für dichter besiedelte ländliche Räume, vor allem am Rande zentraler Orte. Für reine Landgemeinden wird nur 10% der Werte angesetzt.

Auf der Grundlage der Untersuchung von Kroés (1979) verwendet BMS Consulting (2007, S.154 f.) nur die Einsparungen bei der Grundbuchführung in der Höhe von ca. 1,75 €/ha. Die Höhe des Einsparungseffekts wurde nicht zeitgemäß angepasst, da man davon ausgeht, dass der Verteuerungseffekt und die gestiegene Automatisierung sich ausgleichen. Reine Landgemeinden erhalten einen Abschlag von 90%.

Jährliche Verringerung der Verwaltungskosten im Grundbuchamt: 96 €
[549 ha x 1,75 €/ha x 0,1 = 96 €]

4.4.1.5.2 Kostenersparnisse bei der Unterhaltung des Waldwegenetzes

Die in einem Flurbereinigungsverfahren erstellten gemeinschaftlichen Anlagen werden nach der Fertigstellung bis zur Übergabe an die Gemeinde von den Teilnehmergemeinschaften meist einige Jahre unterhalten. Die eingesparten Unterhaltungskosten werden als Nutzenkomponente der Flurbereinigung betrachtet.

Kosteneinsparung durch temporäre Unterhaltung des Wegenetzes durch die TG: **17 608 €** [28 000 € : 873 x 549 = 17 608 €]

4.4.1.6 Ergebnis der Kosten-Nutzen-Analyse

Die berechneten Wirkungskomponenten nach der von BMS Consulting (2007) entwickelten Methode werden in der nachfolgenden Tabelle zusammengestellt.

Tab. 4-7: Nutzen im Flurbereinigungsverfahren Hinterhausen-Büdesheim (Waldanteil) (nach DLR Eifel 2010a)

Nutzen für den Waldeigentümer		
Bewirtschaftungsvorteil der Forstwirtschaft	55128 €/a	1 184 271 €
Erhöhung des Bodenwertes		1 647 000 €
Bewirtschaftungsvorteile Wegenetzverbesserung	10980 €/a	235 875 €
Gebühreneinsparung Waldgrundstückstransaktionen		2745 €
Nutzen für die Allgemeinheit		
Verbesserung der regionalen Rad- und Wanderwege		190 076 €
Erschließungsfunktion des regionalen Wegenetzes		190 076 €
Beschäftigungseffekt aus baulichen Investitionen		225 722 €
Erhalt / Förderung Kulturlandschaft u. Landschaftsbild	12222 €/a	262 555 €
Verbesserung des Liegenschaftskatasters		260 954 €
Nutzen für die öffentliche Verwaltung		
Verringerung Verwaltungskost. Kataster- Grundbuchamt	96 €/a	1672 €
Kostenersparnis bei Unterhaltung des Waldwegenetzes		17 608 €
Gesamtsumme der Wirkungen		**4 218 554 €**

Allerdings sind die jährlich wiederkehrenden Nutzen nicht wie bei BMS Consulting (2007) auf 25 Jahre, sondern auf 50 Jahre kapitalisiert. Dies beruht auf der Tatsache, dass die Wirkungen der Flurbereinigung im Wald mindestens 50 Jahre spürbar sind (König 1985, Peck 1993, Lorig et al. 2007). Der Diskontierungszinssatz wird, wie in der Wirkungsanalyse mit 4% beibehalten, daher ergibt sich ein Barwertfaktor von 21,4822. Ausnahme bildet die Nutzwirkung der Verringerung der Verwaltungskosten im Grundbuchamt. Da dieser Wert aus einer Studie entnommen wurde, die sich ausschließlich auf landwirtschaftliche Nutzflächen bezieht und dort von einer Wirkungsdauer von 25 Jahren ausgegangen wird, mit einem Zinssatz von 3 % für den Verwaltungsnutzen, wird hier mit dem Barwertfaktor 17,4131 operiert.

Kosten von 1 223 531 € und Nutzen von 4 218 554 € ergeben den Nutzen-Kostenfaktor **3,4**.

4.4.2 Auswertung der Waldflurbereinigung Lissingen

Das nach § 86 FlurbG 2001 angeordnete vereinfachte Flurbereinigungsverfahren sah umfassende Neuordnungsmaßnahmen in Feld, Wald und Ortslage vor. Das Verfahren hat eine Größe von 826 ha mit 584 Teilnehmern davon beträgt der Waldanteil 203 ha.

Ziele des Verfahrens sind die Verbesserung der Produktions- und Arbeitsbedingungen in der Land- und Forstwirtschaft, Umsetzung von Maßnahmen der Landschaftspflege und des Naturschutzes, Berücksichtigung der Schutzgebiete (NSG, FFH) bei der Abfindungsgestaltung, sachgerechte Erschließung der Abfindungsflurstücke durch neue Wege, Zusammenlegung und Neuvermessung aller Flächen, Regulierung der Ortslage, land- und forstwirtschaftlicher Wegebau, Umsetzung landespflegerischer Planungen mit dem Ziel einer positiven Ökobilanz, Unterstützung bei der Umsetzung kommunaler Vorhaben, Verbesserung der Abgrenzung des militärischen Bereiches der Eifelkaserne und Ausweisung von Uferrandstreifen an Gewässern. (DLR Eifel 2010b, DLR Eifel 2010i)

4.4.2.1 Berechnung der Verfahrenskosten

Die gesamten Verfahrenskosten wurden aufgrund der Kosten-Leistungsrechnung dieses Verfahrens mit 802 000 € nachgewiesen. Die in das Verfahren einbezogene große Ortslage von 26 ha verursachte einen wesentlichen höheren Aufwand, als die umgebenden Flächen. Der Personal- und Sachaufwand für die Bearbeitung der Ortslage kann mit 30% des Gesamtaufwands abgeschätzt werden. Auf der in das Verfahren mit einbezogenen Fläche der Bundeswehr von 166 ha wurden keine bodenordnerischen Maßnahmen durchgeführt. Da auf der Waldfläche ein höherer Arbeitsaufwand anfällt, als auf den landwirtschaftlichen Nutzflächen wird der Aufwand der Waldflächen mit den restlichen Flächen gleich gesetzt.

Die Verfahrenskosten für den Waldteil betragen nach fachkompetenter Abschätzung **280 700 €** (Lorig 2011). [802 000 x 0,7 : 2 = 280 700]

4.4.2.2 Berechnung der Ausführungskosten

Tab. 4-8: Tatsächlich verausgabte zuwendungsfähige Ausführungskosten (Lissingen) (Waldanteil) (DLR Eifel 2010e)

Kostenart	Lissingen (203 ha Wald)
Vermessung und Vermarkung	19 028 €

Instandsetzung/Ausgleiche/Wertermittlung	48 378 €
Ländlicher Wegebau	344 063 €
Wasser, Bodenverbesserung	15 458 €
Landespflege	2 000 €
zuwendungsfähige Ausführungskosten	**428 927 €**
Hektarwert der Ausführungskosten	ca. 1650 €/ha

Die Ausführungskosten für den Waldanteil des Verfahrens Lissingen betragen **428 927 €**. Der Gesamtkostenanteil der Verfahrens- und Ausführungskosten der Waldflurbereinigung beläuft sich auf **709 627 €**.

4.4.2.3 Berechnung der Wirkungen

Jährlicher Bewirtschaftungsvorteil der Forstwirtschaft: **18 960 €**
53 ha unerschlossenen Laubwald: [53 ha x 120 €/ha = 6360 €]
50 ha unerschlossenen Nadelwald: [50 ha x 108 €/ha = 5400 €]
100 ha teilerschlossener Wald: [100 ha x 72 €/ha = 7200 €]

Einmalige Bodenwertsteigerung: **609 000 €**
[203 ha x 3000 €/ha = 609 000 €]

Jährlicher Bewirtschaftungsvorteil durch Wegenetzverbesserung: **4060 €**
[203 ha x 20 €/ha = 4060 €]

Einmalige Gebühreneinsparungen bei Waldgrundstückstransaktionen: **1015 €**
[203 ha x 0,1 x 50 €/ha = 1015 €]

Verbesserung der regionalen Rad- und Wanderwege:		**127 078 €**
Gesamtinvestition in das Wegenetz Lissingen:	653 196 €	
Herstellungskosten Waldwegebau: [344 063 + 15 458]	359 521 €	
Planungskosten (Wald): [359 521 € x 0,0725 x 0,7 x 1,19]	21 712 €	
Herstellungs- und Planungskosten Waldwegebau:	381 233 €	
Erschließungsfunktion des regionalen Wegenetzes:		**127 078 €**

Beschäftigungseffekt Waldwegebau: **155 937 €**
[381 233 €: 1 000 000 000 € x 21 544 x 18 986 € = 155 937 €]

Jährlicher Beitrag Offenhaltung und Aufwertung Kulturlandschaft: **2842 €**
[203 ha x 0,05 x 280 € = 2842 €]

Verbesserung des Liegenschaftskatasters: **135 130 €**
[2291 Fl. x 4 x 120 € x 0,5 : 826 x 203 = 135 130 €]

Jährliche Verringerung der Verwaltungskosten im Grundbuchamt: **36 €**
[203 ha x 1,75 €/ha x 0,1 = 36 €]

Kosteneinsparung temporäre Unterhaltung Wegenetz durch die TG: **4915 €**
[20 000 € : 826 x 203 = 4915 €]

4.4.2.4 Ergebnis der Kosten-Nutzen-Analyse

Kosten von 709 627 € und Nutzen von 1 716 353 € ergeben den Nutzen-Kostenfaktor **2,4**.

Tab. 4-9: Nutzen im Verfahren Lissingen (Waldanteil) (nach DLR Eifel 2010b)

Nutzen für den Waldeigentümer		
Bewirtschaftungsvorteil der Forstwirtschaft	18 960 €/a	407 303 €
Erhöhung des Bodenwertes		609 000 €
Bewirtschaftungsvorteile Wegenetzverbesserung	4060 €/a	87 218 €
Gebühreneinsparung Grundstückstransaktionen		1015 €
Nutzen für die Allgemeinheit		
Verbesserung regionale Rad- und Wanderwege		127 078 €
Erschließungsfunktion des regionalen Wegenetzes		127 078 €
Beschäftigungseffekt aus baulichen Investitionen		155 937 €
Erhalt / Förderung der Kulturlandschaft und Land-	2842 €/a	61 052 €
Verbesserung des Liegenschaftskatasters		135 130 €
Nutzen für die öffentliche Verwaltung		
Verring. Verwaltungskost. Kataster- Grundbuchamt	36 €/a	627 €
Kostenersparnis Unterhaltung Waldwegenetzes		4915 €
Gesamtsumme der Wirkungen		**1 716 353**

4.4.3 Auswertung der Waldflurbereinigung Birresborn

Das Regelflurbereinigungsverfahren Birresborn wurde im Jahre 1991 angeordnet, 2001 erfolgte der Besitzübergang und 2005 wurde das Verfahren abgeschlossen. Es wurde eine Fläche von 1385 ha mit 1213 Verfahrensteilnehmern bearbeitet, davon 709 ha Wald und 518 ha LN sowie weitere nicht genutzte Flächen und die Ortslage mit 50 ha. Von der Waldfläche von 709 ha wurden 269 ha, die sich im Privatbesitz befinden, neu gestaltet, wobei die Anzahl der Waldgrundstücke von 1000 auf 250 reduziert wurde. Im gesamten Verfahrensgebiet wurden 32 km Wege neu gebaut und 19 Auffahrten zu klassifizierten Straßen befestigt. Außerdem wurden umfangreiche Maßnahmen für Naturschutz und Landespflege durch die Ausweisung von Naturschutzgebieten umgesetzt. Zur Gewässerrenaturierung wurde auf einer Länge von 12 km 17 ha Gewässerschutzstreifen ausgewiesen. Durch die Anlage von Streuobstflächen konnte das Orts- und Landschaftsbild verbessert werden. Für den Radweg im Kylltal und weitere Infrastruktureinrichtungen wurden Flächen bereitgestellt und Ausgleichsflächen ausgewiesen. (DLR Eifel 2010c, DLR Eifel 2010j)

4.4.3.1 Berechnung der Verfahrenskosten

Die Gesamtkosten wurden anhand der Kosten-Leistungsrechnung mit 2 055 000 € nachgewiesen. Da das Verfahren schon älter ist, werden für die Anfangsphase (bei veralteter Technik) wesentlich höhere Personalkosten berechnet, als in den Vergleichsverfahren. In der großen Ortslage wurden 400 Ortslagengrundstücke mit allen Grenzverläufen neu reguliert und die Grenzen neu festgelegt. Diese Arbeit verursachte einen sehr hohen Aufwand, der mit 50% des Gesamtaufwandes in diesem Verfahren zu kalkulieren ist. Durch den hohen Aufwand für die Planung des Wegenetzes und die Bewertungsarbeiten im flurbereinigten Waldbereich ist der Aufwand im Waldflurbereinigungsteil etwa mit dem 1,2 fachen Aufwand der übrigen Flächen anzunehmen.

Die Verfahrenskosten für den Flächenanteil des flurbereinigten Waldes betragen daher nach fachkompetenter Abschätzung **394 478 €** (Lorig 2011).
[(2 055 000 : 2) x 269 x 1,2 : (269 x 1,2 + 518) = 394 478]

4.4.3.2 Berechnung der Ausführungskosten

Die Ausführungskosten für die Acker- Grünland- und Waldflächen des Verfahrens Birresborn ohne die Dorffläche betragen 1 334 767 €. Von den 32 km neu gebauten Wegen entfallen etwa 2/3 auf die landwirtschaftliche Nutzfläche. Bei den übrigen Ausführungskosten ist ebenso mit maximal 1/3 der Gesamtkosten zu rechnen. Daraus berechnet sich für die Waldflurbereinigung ein Anteil von **444 922 €** an Ausführungskosten. Der Gesamtkostenanteil der Verfahrens- und Ausführungskosten der Waldflurbereinigung beläuft sich auf **839 400 €**.

Tab. 4-10: Tatsächlich verausgabte zuwendungsfähige Ausführungskosten (Birresborn) (DLR Eifel 2010c)

Kostenart	**Birresborn** (269 ha Wald)
Vermessung und Vermarkung	326 690 €
Instandsetzung/Ausgleiche/Wertermittlung	183 209 €
Ländlicher Wegebau	704 000 €
Wasser, Bodenverbesserung	63 869 €
Landespflege	56 939 €
zuwendungsfähige Ausführungskosten	**1 334 767 €**
Hektarwert der Ausführungskosten	ca. 1696 €/ha

4.4.3.3 Berechnung der Wirkungen

Jährlicher Bewirtschaftungsvorteil der Forstwirtschaft: **26 448 €**
50 ha unerschlossenen Laubwald: [50 ha x 120 €/ha = 6000 €]
130 ha unerschlossenen Nadelwald: [130 ha x 108 €/ha = 14040 €]
89 ha teilerschlossener Wald: [89 ha x 72 €/ha = 6408 €]

Einmalige Bodenwertsteigerung: **807 000 €**

[269 ha x 3000 €/ha = 807 000 €]

Jährlicher Bewirtschaftungsvorteil durch Wegenetzverbesserung: **5380 €**
[269 ha x 20 €/ha = 5380 €]

Einmalige Gebühreneinsparungen bei Waldgrundstückstransaktionen: **1345 €**
[269 ha x 0,1 x 50 €/ha = 1345 €]

Verbesserung der regionalen Rad- und Wanderwege:	**88 168 €**
Gesamtinvestition in das Wegenetz Birresborn:	767 929 €
Herstellungskosten Waldwegebau:	255 976 €
Planungskosten (Wald): [255 976 x 0,04 x 0,7 x 1,19]	8 529 €
Herstellungs- und Planungskosten Waldwegebau:	264 505 €

Erschließungsfunktion des regionalen Wegenetzes: **88 168 €**

Beschäftigungseffekt Waldwegebau: **108 192 €**
[264 505 €: 1 000 000 000 € x 21 544 x 18 986 € = 108 192 €]

Jährlicher Beitrag Offenhaltung und Aufwertung Kulturlandschaft: **3766 €**
[269 ha x 0,05 x 280 € = 3766 €]

Verbesserung des Liegenschaftskatasters: **491 788 €**
[5995 Fl. x 4 x 120 € x 0,5 : 787 x 269 = 491 788 €]

Jährliche Verringerung der Verwaltungskosten im Grundbuchamt: **47 €**
[269 ha x 1,75 €/ha x 0,1 = 47 €]

Kosteneinsparung temporäre Unterhaltung Wegenetz durch die TG: **4000 €**

4.4.3.4 Ergebnis der Kosten-Nutzen-Analyse

Kosten von 839 400 € und Nutzen von 2 354 116 € ergeben den Nutzen-Kostenfaktor **2,8**.

Tab. 4-11: Nutzen im Verfahren Birresborn (Waldanteil) (nach DLR Eifel 2010c)

Nutzen für den Waldeigentümer		
Bewirtschaftungsvorteil der Forstwirtschaft	26 448 €/a	568 161 €
Erhöhung des Bodenwertes		807 000 €
Bewirtschaftungsvorteile Wegenetzverbesserung	5380 €/a	115 574 €
Gebühreneinsparung Grundstückstransaktionen		1345 €
Nutzen für die Allgemeinheit		
Verbesserung regionale Rad- und Wanderwege		88 168 €
Erschließungsfunktion des regionalen Wegenetzes		88 168 €
Beschäftigungseffekt aus baulichen Investitionen		108 192 €
Erhalt / Förderung Kulturlandschaft, Landschaftsbild	3766 €/a	80 902 €
Verbesserung des Liegenschaftskatasters		491 788 €

Nutzen für die öffentliche Verwaltung		
Verring. Verwaltungskosten Kataster- Grundbuchamt	47 €/a	818 €
Kostenersparnis Unterhaltung Waldwegenetz		4000 €
Gesamtsumme der Wirkungen		**2 354 116€**

4.4.4 Zusammenfassung der Berechnungen

Die mit sehr unterschiedlichen Waldanteilen ausgestatteten Waldflurbereinigungsverfahren führen zu einem vergleichbaren Nutzen-Kosten-Verhältnis von durchschnittlich **2,9 : 1**.

Tab. 4-12: Ergebniszusammenstellung der untersuchten Waldflurbereinigungsverfahren

Verfahren	Hinterhausen-B.	Lissingen	Birresborn
Waldflurbereinigungsfläche	**549 ha**	**203 ha**	**269 ha**
Verfahrenskosten	504 088 €	280 700 €	394 478 €
Ausführungskosten	719 391 €	428 927 €	444 922 €
Gesamtkosten	1 223 479 €	709 627 €	839 400 €
Kosten / ha Waldfläche	2229 € / ha	3496 € / ha	3120 € / ha
Nutzen (tangibel)	4 218 554 €	1 716 353 €	2 354 116 €
Nutzen / ha Waldfläche	7684 € / ha	8455 € / ha	8751 € / ha
Nutzen : Kosten	**3,4 : 1**	**2,4 : 1**	**2,8 : 1**

4.5 Auswertung von Teilnehmerbefragungen von Waldflurbereinigungen

Für eine Untersuchung der Wirkungsbereiche und Wirkungsintensität der Waldflurbereinigung aus Sicht der Teilnehmer wurden zwei abgeschlossene Flurbereinigungsverfahren mit hohem Waldanteil in Rheinland-Pfalz in der Eifelregion gewählt. Die persönlichen Erfahrungen und Einschätzungen von Teilnehmern der Waldflurbereinigungen wurden schriftlich durch Fragebögen befragt. Die Befragung wird durch die Verfahrensdaten und durch Interviews mit Forstwirten aus beiden Regionen, die die Flurbereinigung begleitet haben, ergänzt. Ziel der Befragungen ist es, zu ergründen welche Bedeutung das Waldeigentum für die Teilnehmer hat und inwieweit die Teilnehmer einen Einfluss der Flurbereinigung auf die Waldfunktionen, die Nutzung, die Arbeitsbedingungen und den Waldzustand sehen. Des Weiteren ist von Interesse welchen Stellenwert den Maßnahmen der Flurbereinigung zugewiesen wird und außerdem wie das gesamte Verfahren von den Teilnehmern bewertet wurde.

4.5.1 Auswertung Teilnehmerbefragung der Waldflurbereinigung Adenau

4.5.1.1 Kenndaten des Verfahrens Adenau-Herschbroich-Leimbach

Das Flurbereinigungsverfahren Adenau-Herschbroich-Leimbach wurde nach § 1 FlurbG am 02.06.1976 angeordnet und am 1.6.1987 beendet. Die Verfahrensfläche erstreckte sich auf 2.983,4266 ha, davon waren ca. 2.200 ha bewaldet, womit der Waldanteil 74% betrug. Es ist zu vermuten, dass es sich dabei um die flächenmäßig größte jemals durchgeführte Waldflurbereinigung handelt. An dem Verfahren waren 1.302 Eigentümer (Ordnungsnummern) beteiligt, dabei zählte eine Erbengemeinschaft mit bis zu 100 Einzeleigentümern als eine Ordnungsnummer.

Der sehr hohe Waldflächenanteil hebt sich hervor, aber es handelte sich um eine integrale Neuordnung von Wald, Feld, Grünland und Ortschaften. Die infrastrukturellen, landespflegerischen und agrarstrukturellen Lösungen für die problembehafteten Restflächen, die Dorferneuerung, die Ortsregulierung für die Stadt Adenau und drei Gemeinden, sowie die bodenordnerische Realisierung einer Vielzahl von Baugebieten sind in diesem Verfahren ebenfalls von großer Bedeutung.

Im klein parzellierten Privatwald mit ca. 800 Waldeigentümern diente das Verfahren zur Bereinigung der forstlichen Besitz- und Bewirtschaftungsverhältnisse in Gemengelage. Die Gemengelage war insbesondere zwischen den Privatwaldflächen, den Kirchenwaldflächen, dem Körperschaftswald der verschiedenen Gemeinden und dem Staatswald gegeben. Staatswald und Körperschaftswald stellten keine geschlossenen Areale dar, sondern lagen vermischt mit den Privat- und Kirchenwaldflächen im unerschlossenen Zustand.

Das Relief des Verfahrensgebietes weist einen Gesamthöhenunterschied von 500 m auf (256 m bis 747 m über N.N.) und ist durch häufige Steilpartien mit Hangneigungen von 50-60% und sehr tief eingeschnittenen Tälern gekennzeichnet.

Es wurden insgesamt 206 km neue Wirtschaftswege gebaut, davon waren 180 km neue Waldwege. Der Landabzug betrug 8,5%.

Die Wertermittlung erfolgte 1975 für die Holzbodenfläche und im Wesentlichen 1981 für den Aufwuchs. Sie ergab eine Einteilung in 5 Holzklassenflächen und einen durchschnittlichen Holzbestandswert je ha Waldfläche von etwa 5.000 € mit hohen Anteilen sowohl bei 500 € pro ha (Brennholz) als auch über 10.000 € pro ha (Holzbestände aus nachhaltiger Holzwirtschaft). Im Rahmen der Waldflurbereinigung wechselten etwa 1.200 ha mit Holz bestandene Waldfläche den Eigentümer.

4.5.1.2 Auswahl und Befragung der Teilnehmer

Die Befragung einiger ehemaliger Teilnehmer in dem vor 23 Jahren abgeschlossenen Verfahren erfolgte mittels eines Fragebogens (s. Anhang), der an die Teilnehmer ausgegeben wurde. Die Ausgabe der Fragebögen wurde von dem Geschäftsführer des Waldbauvereins Ahrweiler übernommen. Die schriftlich beantworteten Fragebögen stammen alle von Mitgliedern aus dem Waldbauverein Ahrweiler.

Der Waldbauverein Ahrweiler berät seine Mitglieder in forstlichen Fragen, wie Holzvermarktung, gemeinsame Pflanzenbeschaffung, Waldbrand- Haftpflichtversicherung, PEFC-Zertifizierung und finanziellen Fördermöglichkeiten durch das Land, bietet in einem Schulungszentrum Motorsägen- und andere Lehrgänge an und informiert in Veranstaltungen zu aktuellen forstlichen Themen.

Bei den befragten Teilnehmern handelt es sich also durchweg um Waldeigentümer, die Interesse an ihrem Waldeigentum zeigen und differenziert über die ihnen verschieden wichtigen Verbesserungen durch die Waldflurbereinigung urteilen können. Dies ist bewusst so gewählt worden, da inaktive Waldeigentümer aus Desinteresse die Waldflurbereinigung pauschal ablehnen, aber auch durch eine Befragung nicht erreicht werden können. Auf Befragung des Geschäftsführers des Waldbauvereins Ahrweiler ist im Verfahrensgebiet der Anteil der interessierten Waldeigentümer wesentlich höher als der desinteressierten. Eine weitere Auswahl der Befragten erfolgte durch den Umstand, dass das Verfahren 34 Jahre vor der Befragung eingeleitet worden ist und dadurch danach verstorbene Teilnehmer ausschließt.

4.5.1.3 Einschätzung der Wirkung aus Sicht des Waldbauvereins

Der Geschäftsführer des Waldbauvereins Ahrweiler, Schiffarth, hat in der von 1976 bis 1987 durchgeführte Waldflurbereinigung als Forstamtsleiter mitgewirkt und berichtet von einer mit den Jahren zunehmender positiven Wirkung des Verfahrens.

Anfangs herrschte nach der Einleitung des Verfahrens große Unsicherheit seitens der Teilnehmer, ob sie davon tatsächlich eine Verbesserung erfahren würden und der damalige Bürgermeister musste sich Vorwürfen entgegenstellen, warum er die Flurbereinigung zugelassen hat. Heute sieht Schiffarth eine große Akzeptanz der Waldflurbereinigung, da diese nach Jahrzehnten deutlich eine Verbesserung der Bewirtschaftungssituation zeigt und mit der Zeit kleine Ärgernisse vergessen wurden.

Die für ihn entscheidende Arbeitserleichterung ist der Ausbau der Waldwege, dessen vormaligen Erschließungsgrad er als katastrophal bezeichnet. Dies ist vor allem dann spürbar, wenn man nicht mehr mit der Motorsäge in der Hand auf unebenen, hängigen und manchmal rutschigen Boden 2 km in den Wald hinein laufen muss. Schiffarth beobachtet sehr häufig, dass die Waldbesitzer Freude an der Arbeit in ihrem eigenen Wald haben. Er sieht den Wald als Zufluchtsort, um manchmal der häuslichen Enge zu entkommen und auch als Alternative zu einem Fitnessstudio. Er sagt, es ist befriedigend nach getaner Arbeit stolz das Geschaffte zu betrachten und es ist auch schön zu sehen wie der Wald wächst und sich vielleicht durch Naturverjüngung verändert. Nachdem nach der Waldflurbereinigung schon die 2. oder 3. Durchforstung durchgeführt wurde, bemerken die Waldbesitzer spürbar eine Verbesserung der Einkommenssituation.

Trotz der vielen Vorteile, die die Waldflurbereinigung geschaffen hat, gibt es auch Waldbesitzer, insbesondere von sehr kleinen Parzellen, die sich um ihren Wald nicht kümmern. Diese Waldbesitzer werden vom Waldbauverein angeschrieben, auch mehrmals, aber wenn sie darauf nicht reagieren, dann ist eine Ansprache unmöglich. (Schiffarth 2011)

4.5.2 Auswertung Teilnehmerbefragung Waldflurbereinigung Birresborn

4.5.2.1 Kenndaten des Verfahrens Birresborn und Auswahl der Teilnehmer

Das Flurbereinigungsverfahren Birresborn wurde nach § 1 FlurbG am 22.08.1991 angeordnet und im Jahr 2006 erfolgte die Schlussfeststellung. Die Verfahrensgröße betrug 1384 ha, davon waren 709 ha Waldfläche, 506 ha Acker und Grünland und 50 ha Ortslage. Wie auch im Verfahren Adenau handelt es sich um ein Verfahren, das durch umfassende Neuordnungsmaßnahmen in Feld, Wald und Ortslage eine Verbesserung der Produktions- und Arbeitsbedingungen in der Land- und Forstwirtschaft zum Ziel hat. Außerdem wurden zur Landentwicklung umfangreiche Maßnahmen der Landschaftspflege und des Naturschutzes umgesetzt.

Die Fragebögen über die Waldflächen im Flurbereinigungsverfahren wurden über den Forstamtsleiter Witzel vom Forstamt Gerolstein an Teilnehmer versand und auch wieder angenommen. Es ist zu vermuten, dass Waldeigentümer, die sich für ihren Wald interessieren, die Zeit genommen haben, um den Fragebogen auszufüllen aber desinteressierte Waldeigentümer nicht.

4.5.2.2 Einschätzung der Wirkung aus Sicht des Forstamtsleiters

Der Forstamtsleiter Witzel hat in dem Verfahren Birresborn bei der Neuordnung der Waldflächen mitgewirkt. Er hat beobachtet, dass eine Waldflurbereinigung erst lange nach der Umsetzung akzeptiert wird und während des Verfahrens viel kritisiert wird. Er führt das auf starke Emotionen zurück, die den Waldeigentümer mit seinem Wald verbinden. Menschen, die ihren Besitz verkaufen mussten, haben meistens ihre Waldgrundstücke als letztes verkauft, weil sie daran mehr hängen, als an anderem Besitz. Er sagt, dass es schwierig ist, einen Wald herzugeben, in dem man gearbeitet hat, weil man eine persönliche Bindung zu ihm aufbaut. Um sich einen Wald, den man neu zugeteilt bekommen hat, wieder zu eigen zu machen, muss man darin erst einmal arbeiten und schwitzen, damit man wieder das Gefühl erlangt, dass der Wald „meins" ist.

Ein sehr großes Problem und zum Teil unmöglich war für das Forstamt die Auffindung der Grenzen. Häufig war eine Fremdversteinung anzutreffen, es war dann unklar, wo die eigentliche Grenze verläuft. An einigen Bäumen wurden alte Hauszeichen zur Markierung der Grenze gefunden. Früher ging der Vater mit seinen Kindern in den Wald und zeigte ihnen die Grundstücksgrenzen, aber wenn man einige Jahre nicht mehr im Wald war, dann gerät das in Vergessenheit. Zum Teil wurde überhaupt keine Versteinung gefunden und häufig lagen die Grenzen bis zu 15 m daneben. Vermessungsprobleme in der Feldlage konnten in den Wald „hineingeschoben" werden, da im Wald seit der Urvermessung nicht mehr vermessen worden ist. Witzel berichtet von Schwierigkeiten bei der Bewirtschaftung insbesondere bei tortenstückartigen Grundstücken, wie sie an Berghängen üblich sind. Ein Stein markiert auf der Bergkuppe das Ende einer Vielzahl von schmal zusammenlaufenden Grundstücken, die sich vom Fuß des Berges bis zur Spitze erstrecken. Am oberen Teil des Berges ist es sehr schwierig einen Baum einem Grundstück zu zuordnen. Bei der Bewirtschaftung dieser Grundstücke waren zum Teil die Nachbarn anwesend, um zu kontrollieren, dass der Bauer nichts „Falsches" macht.

Zur Waldbewirtschaftung sagt Witzel, dass es in Birresborn Waldbesitzer gibt, die überaktiv sind und welche, die „schlafen". Nach der Waldflurbereinigung ist der Holzeinschlag von 1 Fm/ha auf 5 Fm/ha angestiegen. Er führt das darauf zurück, dass das mit dem Alter der Bäume zu tun hat, es gibt viele Kriegsaufforstungen in denen man jetzt viel zu tun hat, aber es liegt auch an der Mobilisierung der Waldbesitzer durch die Privatwaldbetreuer. (Witzel 2011)

4.5.2.3 Einschätzung der Wirkung aus Sicht des Privatwaldbetreuers

Der für Birresborn zuständige Privatwaldbetreuer, Forstoberinspektor Fleck, ist seit 18 Jahren Privatwaldbetreuer. Er wurde über seine Einschätzung zur Wirkung der Waldflurbereinigung befragt.

Im Waldgebiet Birresborn dominieren zu etwa 80% Kriegsaufforstungen mit Fichte, die Mitte der 50er gepflanzt wurden. Es handelt sich dabei meist um schwächeres Stammholz und Industrieholz. Die Laubwaldbestände dienen den Waldeigentümern der Selbstversorgung mit Brennholz.

Der Einschlag ist nach der Flurbereinigung stark gestiegen. Vor der Flurbereinigung lag er im Privatwald bei etwa 1 Fm/ha/Jahr, danach bei 3-5 Fm. Das ist für die vorherigen Verhältnisse eine gute Steigerung, wenn auch der Einschlag im Staatswald bei etwa 8-9 Fm liegt. In Birresborn und in Densborn, das ebenso flurbereinigt wurde, ist die Nutzung im Privatwald gut, aber in dem dazwischen liegenden Wald von Mürlenbach, wird fast kein Einschlag getätigt. Für die Schadholzaufbereitung ist es sehr zweckmäßig, wenn durch den Wegebau die Flächen erreicht werden können. Nach dem Sturmwurf Kyrill kann das geworfene Holz einfacher aufbereitet werden und man benötigt keine Erlaubnis von Grundstücksnachbarn zum Überfahren seiner Flächen.

Die Flurbereinigung fördert das Interesse am eigenen Wald. Wenn die Waldeigentümer nach der Flurbereinigung zum ersten Mal angesprochen werden, zeigen sie sich viel interessierter. Es findet ein Generationenwechsel statt und so ist für manchen Waldeigentümer der Wald absolutes Neuland und manche urbane Waldeigentümer wussten nicht, dass sie Wald besitzen. Diese Waldeigentümergruppe lassen sich meist einen Unternehmer nennen, der die Ernte der Bäume durchführt. Der Waldeigentümer hat zur Holzernte die Möglichkeiten, die Ernte komplett selbst auszuführen oder selbst zu fällen und dann rücken zulassen oder alles an einen Unternehmer zu vergeben. Die Privatwaldbetreuer arbeiten mit den Waldbauvereinen zusammen. Der Waldbauverein in Prüm vermarktet das Holz selbst und der Waldbauverein in Daun gibt die Arbeiten an die Forstämter weiter. Die Waldbauvereine sind nicht mit forstwirtschaftlichen Zusammenschlüssen vergleichbar, da Privatwaldbetreuer sehr eng mit ihnen zusammen arbeiten und dadurch eine gemeinsame Mobilisierung der Waldbesitzer erreichen.

Die ältere Generation arbeitete mehr im Wald, als die nachkommende Generation. Den jungen Waldeigentümern wird von den Privatwaldbetreuern eine Art „Rundumsorglospaket" für den Wald angeboten. Wenn sie es annehmen, dann wird aus den Fichtenbeständen im Stangenbereich der älteren Generation ein gepflegter stabiler Wald. Nach dem Sturmwurf Kyrill findet verstärkt ein Waldumbau zu mehr Laubholz statt. Die Motivation Laubholz und nicht Fichten auf den Sturmflächen zu pflanzen, erfolgt durch die höhere Förderung von Laubholzanpflanzungen.

Ein großes Hindernis in der Eifel ist die sehr hohe Wilddichte. Aufforstungen müssen durch Umzäunungen geschützt werden, sonst ist die Kultur in wenigen Wochen vernichtet. Wenn Bestände durch Verbiss zerstört werden, dann haben die Verbesserungen durch die Flurbereinigung keinen Nutzen.

Grundsätzlich dient die Flurbereinigung einer nachhaltigen Bewirtschaftung des Waldes und vermittelt den Waldeigentümern den Spaß am Wald. (Fleck 2010)

4.5.3 Auswertung der Fragebögen

a. Strukturdaten der befragten Waldeigentümer in Adenau

26 Waldeigentümer haben an der Befragung teilgenommen und zum größten Teil alle Fragen beantwortet, es fehlen nur wenige Angaben. Die Befragten sind

Eigentümer von mindestens 166 ha Waldfläche (1 Angabe fehlt) mit einer Größe von 0,25 ha bis 20 ha, im Mittel 6,6 ha. Das Waldeigentum liegt von einer Parzelle auf bis zu 25 Parzellen zerstreut, im Durchschnitt ist eine Parzelle 1,3 ha groß. Die Ursache hierfür erklärt Schiffarth damit, dass es im Laufe der Zeit zu Zukäufen kam, daher haben gerade die größeren Waldeigentümer sehr viele Grundstücke, aber auch zu Teilungen durch Vererbung. Außerdem gibt es einige Grundstücke, die durch einen Weg geteilt sind und daher zwei verschiedene Flurstücksnummern haben. Da sie aber in der Bewirtschaftung eine Einheit bilden, weil der Weg nicht stört, ist dies kein Mangel.

Das Waldeigentum der meisten Befragten verteilt sich auf mehrere unterschiedliche Waldbestände, so dass man über Nadelholz wie auch über Laubholz verfügt. Nach Aussage von Förstern und Privatwaldbetreuern haben die meisten Privatwaldbesitzer in der Eifel sowohl Nadel- wie auch Laubholzbestände. Die Waldbestände der Befragten setzen sich zusammen aus Fichtenhochwald, gemischte Nadelwaldbestände mit Fichte, Tanne, Douglasie, Kiefer, Mischwald mit Nadel- und Laubholz, reine Laubholzbestände mit Eiche und Buche und Forstungen. Daher erklärt sich auch die Verteilung auf mehrere Parzellen, da die Bestände unterschiedliche Standortansprüche haben.

Die Größe der Waldfläche hat sich nach der Waldflurbereinigung bei den meisten Eigentümern nicht verändert, bei einem hat sie sich reduziert, 6 haben durch Zukäufe ihre Fläche aufgestockt.

b. Strukturdaten der befragten Waldeigentümer in Birresborn

An der Befragung des Waldflurbereinigungsverfahrens Birresborn nahmen 14 Teilnehmer mit einem Waldeigentum von 50 ha teil. Die Eigentumsgröße umfasst 0,3 ha bis 13 ha, im Mittel liegt sie bei 3,8 ha. Die meisten besitzen 1 oder 2 Waldparzellen, bei einer durchschnittlichen Parzellengröße von 1,6 ha. Ein Eigentümer mit 13 ha Fläche und unterschiedlichen Beständen hat 10 Parzellen. Fast alle Befragten besitzen Nadelwald mit der Hauptbaumart Fichte, einige haben dazu noch Mischwald und Laubwald. Nach der Flurbereinigung hat sich bei 5 Befragten die Fläche vergrößert, bei 4 verkleinert und bei 5 ist sie gleich groß geblieben.

c. Auswertung der Antworten der Befragung in Adenau und in Birresborn

Die Auswertung der Antworten aus der Befragung in Adenau und in Birresborn erfolgt gemeinsam, da die Antworten tendenziell meist gleich ausgefallen sind. In wenigen Punkten gibt es Ausnahmen, die dann an der Stelle genannt werden. Die Befragung umfasst somit 40 Befragte mit einer Waldfläche von mehr als 216 ha.

4.5.3.1 Bedeutung der verschiedenen Waldfunktionen für die Befragten

Es soll erfahren werden, welche Funktionen insbesondere das kleine Waldeigentum vorrangig erfüllt. Es zeichnete sich deutlich ab, dass nicht monetäre Werte einen höheren Stellenwert haben, als monetäre. 80% der Befragten gaben an, dass es ihnen „wichtig" oder „sehr wichtig" ist, mit ihrem Wald zum Natur- und Klimaschutz beizutragen, aber auch Freude an der Arbeit im Wald zu haben. Die Wichtigkeit, die dem Natur- und Klimaschutz beigemessen wird, zeigt, dass sich die Waldeigentümer der Sozialpflichtigkeit des Eigentums bewusst sind und das auch sehr ernst nehmen. Die Freude, die die Waldeigentümer durch die Waldarbeit empfinden, und das Wissen einen bedeutenden Beitrag zum Umweltschutz zu leisten, führen zu einem Besitzerstolz über die eigenen Waldflächen.

Die Brennholzgewinnung wurde bei der Befragung in Adenau als wichtiger gewertet als in Birresborn, daher ist dieser Bereich detaillierter dargestellt. In allen anderen Bereichen ist die Abweichung kleiner als 0,2 Punkte, wodurch gegeben ist, dass der Mittelwert die Realität gut abbildet.

Nur noch „teilweise wichtig" ist der Wald als Geldreserve und die Erwirtschaftung von Einkommen durch den Holzverkauf. Der Wandel der Funktionsbedeutungen des Waldes zeichnet den Agrarstrukturwandel nach, indem die dem bäuerlichen Waldbesitzer vormals wichtige Einkommens- und Sparkassenfunktion an Wichtigkeit verloren hat und die dem Freizeitwaldbesitzer wichtige Arbeitsfreude an Bedeutung gewinnt.

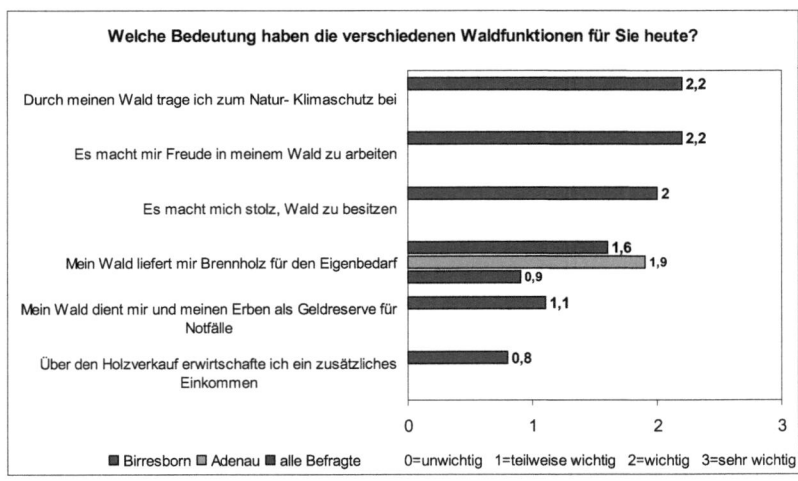

Abb. 4-4 : Bedeutung der verschiedenen Waldfunktionen

4.5.3.2 Änderung von Waldfunktionen nach der Waldflurbereinigung

Es sollte in Erfahrung gebracht werden, ob sich die Einstellung zum Waldeigentum hinsichtlich der Funktionen durch die Waldflurbereinigung verändert hat. Diese Frage wurde sehr verhalten beantwortet. Etwa 2/3 der Befragten waren der Ansicht, dass sich für sie die Gewichtung der Waldfunktionen durch die Flurbereinigung nicht geändert hat.

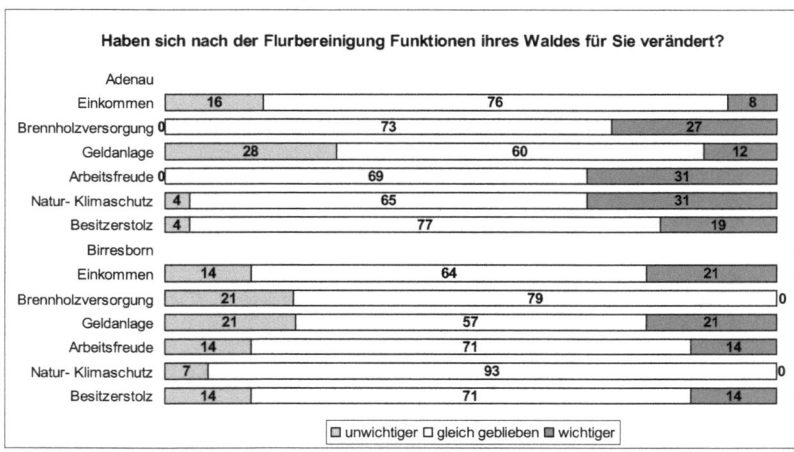

Abb. 4-5: Veränderung von Waldfunktionen nach der Flurbereinigung

In dem länger zurückliegenden Waldflurbereinigungverfahren Adenau haben die Waldeigentümer eher den Eindruck, dass ihnen nach der Flurbereinigung manche Bereiche wichtiger geworden sind, insbesondere die Freude an der Waldarbeit, der Beitrag zum Natur- und Klimaschutz und die Eigenversorgung mit Brennholz. Aufgrund der aktuellen Klimadiskussion und der beliebter werdenden Beheizung mit Holz korrelieren der Bedeutungsgewinn der Brennholzversorgung und des Natur- und Klimaschutzes sehr gut miteinander. Die Ursache für diesen Bedeutungsgewinn ist sicherlich in den deutschlandweiten Bestrebungen dem Klimawandel entgegenzuwirken zu suchen, aber die Wahrnehmung dieser Funktionen ist nur durch die Flurbereinigung ermöglicht worden. Der Wald als Geldanlage ist unwichtiger geworden, da zum einen weniger Waldeigentümer noch einen landwirtschaftlichen Betrieb haben, der finanziell abgesichert werden muss, zum anderen aus waldbaulichen Gründen von einer Überbevorratung abgeraten wird.

Im Vergleich dazu ist im Waldgebiet Birresborn die Bedeutung des Natur- und Klimaschutzes und der Brennholzversorgung gleich geblieben oder sogar unwichtiger geworden. Das Verfahren liegt noch nicht solange zurück und die Wichtigkeit des Natur- und Klimaschutzes war auch schon vor dem Verfahren sehr ausgeprägt. Die Deckung des Brennholzbedarfes ist in Birresborn grundsätzlich weniger wichtig, da dort vorwiegend Nadelholz vorherrscht, als Brennholz aber allgemein Laubholz genutzt wird.

4.5.3.3 Änderungen in der Bewirtschaftung nach der Waldflurbereinigung

Es ist von Interesse, ob sich das Verhalten der Waldeigentümer bezüglich der Bewirtschaftung verändert hat. In beiden Flurbereinigungsgebieten ist eine etwa gleich starke Veränderung in der Bewirtschaftungsintensität, der Bestandespflege, des Holzverkaufs und der Arbeitsbedingungen wahr genommen worden, daher sind sie in einer Graphik dargestellt.

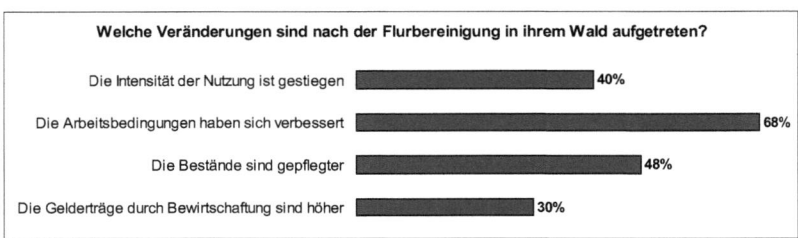

Abb. 4-6: Veränderungen in Adenau und Birresborn durch die Flurbereinigung

Die größte Wirkung der Waldflurbereinigung hat sich durch eine Verbesserung der Arbeitsbedingungen entfaltet, die dann eine intensivere Nutzung der Holzbestände, häufigere Pflegeeingriffe und Durchforstungen und höhere Gelderträge bewirkte. Niemand der Befragten gab an, dass die Bestände ungepflegter geworden sind und nur jeweils eine Person, dass die Nutzung sank, die Arbeitsbedingungen schlechter wurden und die Gelderträge niedriger. Alle anderen Befragten hatten den Eindruck, dass alle Bereiche gleich geblieben sind

Eine sehr bemerkenswerte Wahrnehmung von fast der Hälfte der Befragten ist, dass nach der Flurbereinigung die Bestände gepflegter sind. Die Ursache von gepflegten Waldbeständen liegt nicht direkt in der Durchführung eines Flurbereinigungsverfahrens, sondern ist das Resultat von andauernder aktiver Pflege durch die Waldeigentümer. Die Wirkung des Flurbereinigungsverfahrens zeigt sich daher zum einen in der Motivierung der Waldeigentümer sich intensiv mit dem Eigentum zu beschäftigen und zum anderen in der Schaffung von Bewirtschaftungserleichterungen, die dann zu einer gesteigerten Nutzung und Pflege führen. Der Waldzustand ist ein Indikator für den Erfolg einer Waldflurbereinigung, der erst nach mehreren Jahren ablesbar ist.

4.5.3.4 Wichtigkeit der verschiedenen Maßnahmen des Verfahrens

In einer Flurbereinigung werden sehr verschiedene Maßnahmen durchgeführt, um den Zweck des Verfahrens zu erreichen. Wie beurteilt der Teilnehmer die Wichtigkeit der Maßnahmen für sich persönlich?

An erster Stelle rangierte die Kenntnis über die eigenen Grundstücksgrenzen. Die Unkenntnis der Grenzen behinderte die Bewirtschaftung massiv, da die versehentliche Pflege oder Ernte eines Baumes die Waldeigentümer Nachbarschaftsstreitigkeiten befürchten ließ, so dass man sich auf die Bäume beschränkte, die sich sicher innerhalb des Grundstückes befanden. Ein nicht vorhandenes Wegenetz macht die Bewirtschaftung unrentabel, aber eine nicht vorhandene Grundstücksgrenze verhindert eine Bewirtschaftung grundsätzlich aus dem Risiko vor einem Rechtsstreit.

Der Wegebau ist die kostenintensivste aber auch die am meisten gewinnbringende Maßnahme, wie im Kapitel zur Leistung dargestellt wurde. Ein gut ausgebautes Wegenetz ist der Schlüssel zu einer ertragreichen Bewirtschaftung wie auch zu einem gepflegten, stabilen Wald. Dieser Tatsache sind sich die Waldeigentümer sehr bewusst, daher sehen mehr als 80% der Waldeigentümer den Ausbau der Wege als „wichtig" oder „sehr wichtig". Die Zusammenlegung der zersplitterten Waldgrundstücke rangiert auf demselben Platz, da sich dadurch nicht nur die Anfahrtswege, sondern auch die Grundstücksgrenzlängen verkürzen. Die neue Formgebung der Grundstücke reduziert die Länge der Grundstücksgrenze zusätzlich, wenn anstatt streifenförmiger Flächen eher quadratische Grundstücke geformt werden, was durch die Zusammenlegung bei einer größeren Grundstücksfläche leichter möglich ist. Die Anregung des Grundstückmarktes und die Möglichkeit Flächen zu kaufen oder zu verkaufen ist für die, die davon Gebrauch gemacht haben sehr bedeutend. Der Austausch von landwirtschaftlicher Fläche mit Forstflächen wurde weniger stark gewichtet, wobei in Adenau durchschnittlich 0,7 Punkte vergeben wurden und in Birresborn 1,2 Punkte. Die Wichtigkeit von Gewässerrenaturierungen und Ausweisungen von Naturschutzflächen wird von den Teilnehmern teilweise anerkannt, als Nebenziel, von dem sie sich nicht so betroffen fühlen.

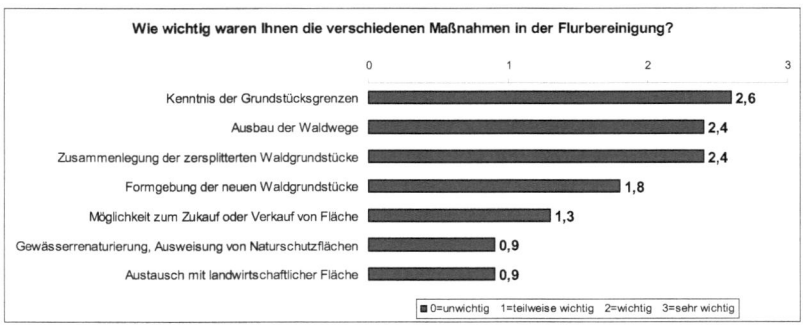

Abb. 4-7: Einschätzung der Wichtigkeit verschiedener Maßnahmen

4.5.3.5 Einschätzung der Wirkung des Verfahrens

Die Befragten konnten den Aussagen mit „richtig" oder „falsch" zustimmen oder sie ablehnen. Mehrheitlich war man mit der Flurbereinigung zufrieden und selbst die, die keine Arbeitserleichterung erfahren haben, würde sie weiter empfehlen. Allgemein sah man einen positiven Einfluss auf den Wald, dies korrespondiert mit der Beantwortung der Frage 3 über die Veränderungen im Wald, die ebenso als überwiegend positiv eingestuft wurden. Ein Großteil der Teilnehmer konnte die für den Wegebau erforderliche Eigenbeteiligung wieder erwirtschaften. Die Teilnehmer, die sie nicht wieder erwirtschaften konnten, haben bei der Bedeutung ihres Waldeigentums in Frage 1 angegeben, dass der Holzverkauf keine oder nur eine untergeordnete Rolle spielt. Alle Aussagen wurden von den Befragten in Adenau wie auch in Birresborn ähnlich bewertet, nur der guten Koordination der verschiedenen Interessen haben in Adenau nur 68% in Birresborn 100% zugestimmt. Ein Teilnehmer aus Adenau gab an, dass die Umsetzung des Nürburgrings katastrophal war. Adenau war ein sehr großes Verfahren mit mehreren Verfahrenszielen, wo die Koordination mitunter sehr schwierig sein kann. Aus diesem Grund werden die neueren Verfahren mit kleinerem Umfang gewählt.

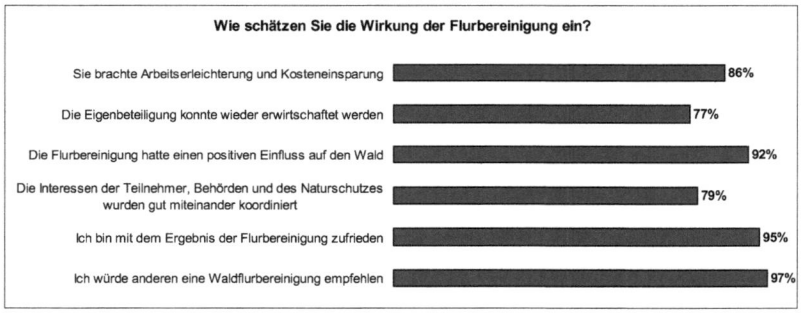

Abb. 4-8: Einschätzung der Wirkung der Flurbereinigung in Adenau, Birresborn

4.5.3.6 Zunahme der Zeitinvestition nach der Flurbereinigung

Es wurde erfragt, ob sich die Zeit, die man in den Wald investiert, nach der Flurbereinigung verändert hat. In Adenau gab fast die Hälfte der Befragten an, dass sie sich mehr mit ihrem Wald beschäftigen und / oder häufigeren Kontakt zu ihrem Forstamt oder Privatwaldbetreuer haben. In Birresborn ist die Zeit, die in den Wald investiert wird, bei fast allen gleich geblieben. Weder in Adenau, noch in Birresborn hat einer der Befragten geantwortet, dass er sich weniger mit dem Wald beschäftigt oder seltener den Kontakt zum Forstamt / Privatwaldbetreuer hat.

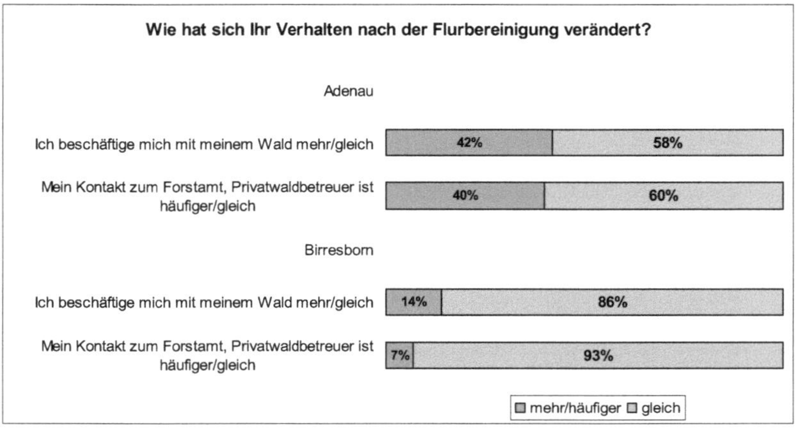

Wie hat sich Ihr Verhalten nach der Flurbereinigung verändert?

Adenau
- Ich beschäftige mich mit meinem Wald mehr/gleich: 42% / 58%
- Mein Kontakt zum Forstamt, Privatwaldbetreuer ist häufiger/gleich: 40% / 60%

Birresborn
- Ich beschäftige mich mit meinem Wald mehr/gleich: 14% / 86%
- Mein Kontakt zum Forstamt, Privatwaldbetreuer ist häufiger/gleich: 7% / 93%

(■ mehr/häufiger ■ gleich)

Abb. 4-9: Zeitinvestition nach der Flurbereinigung

4.5.3.7 Zunahme an Weiterbildungen / Bewirtschaftungskooperationen

Mit dieser Frage soll ein Eindruck davon gewonnen werden, ob Waldeigentümer durch eine Flurbereinigung dazu motiviert werden, sich intensiver mit ihrem Wald auseinander zu setzen, so dass sie an Weiterbildungen, wie z.B. Motorsägenkurs, oder an Kooperationsmöglichkeiten zur Waldbewirtschaftung, wie z.B der gemeinsame Einsatz von Lohnunternehmen, teilnehmen. Das Ergebnis zeigt, dass in Adenau die Nutzung von Weiterbildungen und Bewirtschaftungskooperationen sprunghaft angestiegen sind. Der Grund dafür kann zum einen darin liegen, dass es vor der sehr lange zurück liegenden Flurbereinigung nur ein geringeres Angebot dafür gab oder zum anderen, dass es viel Zeit braucht, bis der Motivationsanstoß durch die Flurbereinigung in eine derartige Aktion mündet.

In Birresborn ist nur eine geringfügige Zunahme zu verzeichnen, wobei Weiterbildungen auch schon vor der Flurbereinigung gut besucht wurden. Die Privatwaldbetreuer und Förster arbeiten intensiv daran, zu einer Teilnahme an Bewirtschaftungskooperationen zu motivieren. Nach der Schlussfeststellung des Verfahrens sind erst 4 Jahre vergangen in denen die zum Teil jetzt erst bekannten Eigentümer angesprochen werden können. Erfahrungsgemäß nehmen erst nur wenige an einer Bewirtschaftungskooperation teil und wenn diese erfolgreich ist, dann entschließen sich auch die Nachbarn dazu. Der Privatwaldbetreuer Fleck sieht in den kommenden Jahren einen Generationenwechsel vieler Waldeigentümer und die nachkommende Generation ist Kooperationen viel aufgeschlossener. Ob die Waldflurbereinigung in Birresborn durch ihre Maßnahmen eine Steigerung von Bewirtschaftungskooperationen unterstützen konnte, kann erst in mehreren Jahren festgestellt werden, da auch die Waldbewirtschaftung in sehr langen Zeiträumen verläuft und nicht jährlich geerntet wird.

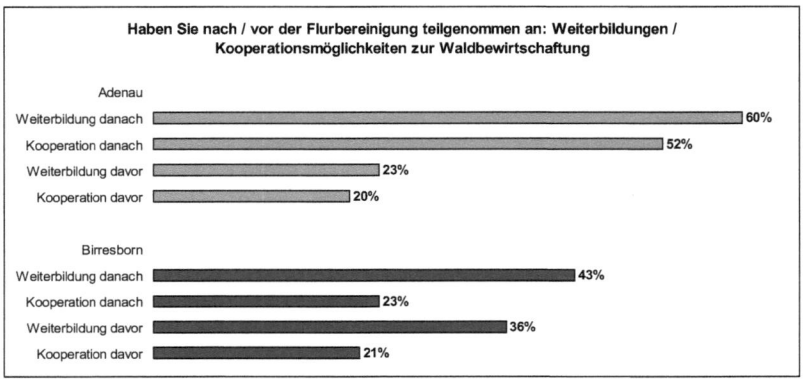

Abb. 4-10: Teilnahme an Weiterbildungen / Kooperationen vor und nach dem Verfahren

4.5.4 Schlussfolgerung

Die beiden Teilnehmerbefragungen in Adenau-Herschbroich-Leimbach und Birresborn liefern für Adenau-Herschbroich-Leimbach mit einem zeitlichen Abstand von über 20 Jahren und für Birresborn unmittelbar nach dem Abschuss der Waldflurbereinigung in beiden Fällen ein sehr einheitliches positives Bild der Verfahrensergebnisse.

Die Bedeutung bei sehr kleinem Waldeigentum liegt mehr im emotionalen als im monetären Bereich. Der hohe Stellenwert, dem der Natur- und Klimaschutz beigemessen wird, zeigt, dass sich der Waldeigentümer des Wertes der Wälder sehr bewusst ist. Durch die Waldflurbereinigung verbessern sich die Arbeitsbedingungen und dadurch steigt die Nutzung, die Bestände sind gepflegter und die Gelderträge höher. Die wichtigsten Verbesserungen durch die Flurbereinigung sind an erster Stelle die Grundstücksgrenzsicherheit, dann der Wegebau und die Zusammenlegung der Grundstücke. Die Umsetzung der Flurbereinigung wird allgemein als positiv bewertet und man ist mit dem Ergebnis sehr zufrieden. Je länger eine Waldflurbereinigung zurück liegt, umso deutlicher treten die Bewirtschaftungsverbesserungen zum Vorschein und umso mehr stellen die Teilnehmer einen Einfluss auf ihr Verhalten und ihre Einstellung fest.

Das nachfolgende Fachinterview mit Privatwaldbetreuern und Forstfachleuten deckt sich im Ergebnis mit allen zentralen Aussagen der Waldeigentümer und gibt zusätzliche Hinweise im Hinblick auf die Gewichtung der wichtigsten Nutzen.

4.6 Ergebnis des Experteninterviews mit Waldbetreuern

In dem noch laufenden Waldflurbereinigungsverfahren Vinxtbachtal, das in räumlicher Nähe zu den Waldflurbereinigungsverfahren Adenau und Birresborn liegt, wurde im Juli 2010 ein Experteninterview durchgeführt. Da in der Flurbereinigung, die kostenintensivste, aber auch, wie schon dargestellt, die wirksamste Maßnahme zur Verbesserung der Bewirtschaftungssituation der Wegebau ist, war er der hauptsächliche Gegenstand der Befragung. Das Interview fand im Wald auf einem der kürzlich neu gebauten Waldwege der Gemeinde Schalkenbach statt. Es wurde, wie bei der Teilnehmerbefragung, um eine Einschätzung der Bedeutung des Wegebaus, der Grenzsicherheit und der Zusammenlegung gebeten. Es wurde geklärt, wann der beste Zeitpunkt zur Aktivierung der Waldeigentümer durch die Privatwaldbetreuer in einem Flurbereinigungsverfahren ist und diskutiert, wie das „Modell 2 der Waldflurbereinigungsverfahren" weiter entwickelt werden könnte.

Es wurden folgende Experten befragt: die Forstwirte Hr. Schmitz: Privatwaldreferent des Landes Rheinland-Pfalz, Hr. Reiher: Privatwaldbetreuer des Forstamts Ahrweiler, Hr. Günter: Büroleiter des Forstamts Ahrweiler, Hr. Schiffarth: Vorsitzender des Waldbauvereins Ahrweiler und der Ortsbürgermeister von Schalkenbach Hr. Harst: Vorsitzender der Teilnehmergemeinschaft.

Das noch anhängige Flurbereinigungsverfahren Vinxtbachtal im Landkreis Ahrweiler, RLP, mit einer Gesamtfläche von 995 ha, davon 812 ha Forstfläche und 897 Beteiligten wurde am 10.12.2002 als Regelverfahren nach §§ 1 und 37 FlurbG angeordnet. Der im Benehmen mit dem Vorstand der Teilnehmergemeinschaft aufgestellte und mit den Trägern öffentlicher Belange sowie der landwirtschaftlichen Berufsvertretung erörterte Wege- und Gewässerplan mit landschaftspflegerischem Begleitplan wurde am 20.9.2007 festgestellt. Zur Erreichung der Ziele der Flurbereinigung und zur Sicherstellung der Ausführung des Flurbereinigungsplanes war es notwendig, die gemeinschaftlichen Anlagen teilweise vorweg auszubauen. Die Wegebaukosten beliefen sich auf 530 000 €. Die vorläufige Besitzeinweisung in die neuen Grundstücke erfolgte am 10.04.2009.

Ziel des Verfahrens ist die Beseitigung der extrem starken Besitzzersplitterung im Privatwald und der Gemengelage mit dem Körperschaftswald und einem größerem Forstbetrieb, dem Waldgut Schirmau. Außerdem der Neubau und Ausbau des im Privatwald nur unzureichenden oder nicht vorhandenen Wegenetzes. Weitere Zielsetzungen liegen im Bereich des Naturschutzes und der Landespflege. (www.DLR-Westerwald-Osteifel.rlp.de)

Abb. 4-11: Wegebau in Schalkenbach (DLR Eifel 2010g)
Abb. 4-12 u. Abb. 4-13: Wegebau in Dedenbach vor und nach Ausbau (DLR Eifel 2010g)

Der betrachtete Waldweg ist ein ganzjährig mit LKW befahrbarer Weg mit einer Tragfähigkeit von mindestens 40 t. Die topographischen Verhältnisse sind einfach, da das Gebiet fast eben ist und daher keine steilen Hanganschnitte bewältigt werden mussten. Allerdings führt der Weg über einige vergleyte Stellen, die einen besonderen Aufwand in der Konstruktion des Unterbaus erforderten. Die vernässten Senken wurden mit starken Steinen verfüllt, bis sich ein stabiler Untergrund aufgebaut hat. Auf den groben Unterbau, die Tragdeckschicht, die das Stützgefüge zum weichen Unterboden bildet, folgt auf eine Ausgleichsschicht mittlerer Körnung das Dachprofil mit feinerer Körnung. Durch die feine Körnung der Deckschicht ist eine wassergebundene Abbindung des Weges gegeben, die die Oberfläche versiegelt und Standfestigkeit gibt und den Verzicht auf Schwarz- oder Betondecke ermöglicht. Schwierigkeiten ergeben sich bei wassergebundenen Decken durch schnell fahrende PKW, die besonders bei Trockenheit das Feinmaterial der Deckschicht durch die schnelle Drehbewegung der Reifen lösen und sich durch das fehlende Bindematerial Schlaglöcher bilden. Auf wassergebundenen Decken sollte daher grundsätzlich langsam gefahren werden. Der Holz transportierende LKW-Verkehr im Wald legt nur geringe Geschwindigkeiten zurück. Der Wasserabfluss vom Weg zu den Seiten wurde durch eine leichte Neigung des Dachprofils und der Formung eines leichten Spitzgrabens mit dem Gräder hergestellt. Eine schnelle Abtrocknung des Weges durch Sonneneinstrahlung nach einem Niederschlagsereignis wurde durch Schaffung eines ausreichenden Lichtraumprofils über dem Weg durch großzügigen Aufhieb der Wegetrasse gewährleistet. (Günter 2010)

Nach den Erläuterungen zum Aufbau des betrachteten Weges stellen sich die Experten der Frage, ob es sich um den wünschenswerten Wegeaufbau handelt und welche Gewichtung die Umsetzung von Hauptwirtschaftswegen, Zubringerwegen und Rückewegen in einem Flurbereinigungsverfahren haben.

Der Vorstand der Teilnehmergemeinschaft, der zugleich der Bürgermeister von Schalkenbach ist, bezeichnete den vorab beschriebenen Weg als sehr zufriedenstellend und pflegeleicht für die Gemeinde. Er räumt ein, dass der Weg sehr teuer geworden ist, weil er durch sumpfiges Gebiet führt und daher eine besondere Befestigung verlangt. Aber bei einem geringeren Ausbaustandard würden durch schwere Maschinen auf dem nicht richtig befestigten Weg sehr bald Schäden auftreten. Das würde zu noch größeren Ausgaben für die Pflege und Sanierung des Weges für die Gemeinde oder die Anlieger führen. Der Vorstand der Teilnehmergemeinschaft betont die Wichtigkeit der Zugänglichkeit aller Grundstücke und wenn möglich auf ganzjährig befahrbaren Wegen, außerdem des haltbaren Erstausbaus, damit nicht nach 1-2 Jahren nachgearbeitet werden muss. (Harst 2010)

Der Vorsitzende des Waldbauvereins Ahrweiler misst den Hauptwegen für die Abfuhr des fertig geschlagenen Holzes als Sammelwege eine besondere Wichtigkeit bei. Er hält einen guten Ausbau dieser Wege für notwendig, da die Holz transportierenden Fahrzeuge als moderne Züge einen bestimmten Standard beim Wegebau verlangen. Die Umsetzung einer Walderschließung durch Hauptwirtschaftswege und Zubringerwege durch die Flurbereinigung stellt eine wesentliche Verbesserung der Arbeitsbedingungen dar. Rückewege bedürfen aber keiner Beteiligung durch die Flurbereinigung, allenfalls bei der Festlegung der Wegegrenzen. (Schiffarth 2010)

Der für Rheinland-Pfalz zuständige Privatwaldreferent sieht in der Walderschließung im Rahmen der Flurbereinigung den Hauptansatz zur Holzmobilisierung im Privatwald. Daher wird der Wegebau in der Waldflurbereinigung in Partnerschaft mit dem Wirtschaftsministerium und dem Forstministerium gefördert. In unerschlossenen Privatwaldbereichen ist eine Erschließung mit LKW-festen Wegen vorrangig. Die industrielle Holzverarbeitung ist nicht mehr im Besitz großer Holzlagerplätze am Werk, sondern fordert eine Belieferung mit dem Rohstoff just-in-time. Daher ist für eine Holzmobilisierung im Privatwald eine grundsätzliche Erschließung mit ganzjährig befahrbaren LKW-festen Wegen, oder dort wo es das Gelände nicht anders zulässt mit zeitweisen LKW befahrbaren Wegen unerlässlich. Die Rückeweganbindung gewährleistet den Transport des Holzes aus dem Bestand an den Abfuhrweg. (Schmitz 2010)

Der für das Waldgebiet zuständige Privatwaldbetreuer vom Forstamt Ahrweiler beschreibt die sich neu ergebenden Möglichkeiten, die sich durch den ganzjährigen LKW befahrbaren Weg eröffnet haben. Es erfolgte eine Flächenzusammenfassung, so dass einige Waldbesitzer zum Teil mehrere Hektar Waldeigentum an dem betrachteten Weg liegen haben. In der Beratung oder Forcierung der Holzmobilisierung kann diesen Waldbesitzern vorgeschlagen werden, auch an die Industrie, als größeren Holzabnehmer zu liefern, wofür dieser Weg unabdingbar ist. Der Weg erschließt ca. 150 ha auf einer Länge von ca. 3,5 Km. Vorausgesetzt es wird sämtliches Holz im Umfeld zu mobilisiert, dann kann darauf ein theoretisches Potenzial von ca. 1000 fm Holz pro Jahr abtransportiert werden. Ein weiterer Aspekt ist, dass viele Waldbesitzer keine landwirtschaftliche Geräte, Maschinen oder Spezialgeräte besitzen, und daher über einen PKW befahrbaren Weg sehr dankbar sind, um wenigsten mit dem Hänger Brennholz abtransportieren zu können. (Reiher 2010)

Der Revierleiter des Forstamts Ahrweiler weist darauf hin, dass das Gesamtkonzepts der in der Flurbereinigung umgesetzten Erschließung stimmig sein muss und eine für das Gebiet ausgewogene Verteilung der Wegearten entscheidend ist. Er unterstreicht diese Aussage mit einigen Faustzahlen: Wege werden bis zu einer Wegedichte von 45 lfd. m/ha gefördert. Ganzjährig LKW befahrbare Wege mit einer Dichte von 45 m/ha werden nur in Steilhängen, in Schichtlinie mit alle 80-100 m einem hangparalleler Weg gebaut. Die Zubringerwege sind zielgerichtet auf diese Wege zu führen. Beim Rücken von Holz werden ab einer Rückeentfernung von 200 m Kostenzuschläge verlangt, d.h. Holz, das unter 200 m vom Fahrweg entfernt ist, ist sehr gut erreichbar. Die durchschnittliche Rückeentfernung liegt bei 300-400 m, da noch eine gute Erreichbarkeit vorliegt, sind die Zuschläge für die Bringung aus dieser Entfernung sehr gering. (Günter 2010)

Um die Bedeutung der in der Flurbereinigung umgesetzten Maßnahmen 1. Erschließung, 2. Auffindbarkeit des Grundstückes und 3. Zusammenlegung mit Formgebung abzuwägen wurden die Experten um eine Einschätzung auf einer Skala von 0-100 gebeten.

Der Privatwaldbetreuer des Forstamtes Ahrweiler sieht Schwierigkeiten in einer grundsätzlichen Klassifizierung der Maßnahmen, da der vorhandene Waldbestand die Bedingungen der Dringlichkeit der Maßnahme stellt. Er führt aus, dass der an diesem Weg liegende Bestand, wenn er überhaupt in der Nutzung war, als reiner Brennholzwald genutzt worden ist. Es wurde sehr wenig aufgeforstet bis auf einzelne Fichtenaufforstungen oder Sonderkulturen. Ansonsten wurde Brennholz genutzt oder liegen gelassen, weil die Urparzellen so ausgeformt waren, dass sie zu klein waren, nicht aufgefunden werden konnten, weil keine Steine vorhanden waren und nicht erschlossen waren. Es lagen über den Grundstücken unzählige Fahrten die sich eingebürgert hatten, die über das Eigentum von 20 bis 30 verschiedener Waldbesitzer geführt haben. (Reiher 2010)

Der Privatwaldbetreuer des Waldgebietes vergibt eine Wertigkeit von 50 % für die Auffindbarkeit und Zusammenlegung und von 50 % für die Erschließung. Die Bedeutung der Zusammenlegung ist für ihn schwer einzuschätzen, da er die Erfahrung gemacht hat, dass die Waldeigentümer das individuell sehr unterschiedlich gewichten. Während einige Waldeigentümer ihre Landabfindung nicht an einer Stelle, sondern in bestimmten Lagen haben wollten und das auch mit Nachdruck durchgesetzt haben, wollten andere möglichst in einem Stück abgefunden werden. (Reiher 2010)

Der Revierleiter des Forstamts Ahrweiler beschreibt seine Erfahrung, wie wichtig es ist, wenn er auf dem Forstamt angesprochen wird, eine Bewertung von Waldbeständen durchzuführen, zu wissen, wo sich der Bestand befindet, um die Sicherheit der Richtigkeit der Bewertung zu haben. Aus diesem Grund gibt er der Auffindbarkeit eine Wertigkeit von 40-50 %. Die Flächengröße schlägt er mit einem Drittel an, da mehr Holz mobilisiert werden soll und es sich nicht lohnt, wenn mehr Zeit darauf verwendet werden muss, die Grenzen zu suchen als zu arbeiten. Die Erschließung sieht er als Gesamtkonzept für einen Waldkomplex, das sehr von der Topographie abhängt, in einem hängigen Gelände ist ein höherer Erschließungsgrad als in einem ebenen nötig. (Günter 2010)

Der Vorsitzende des Waldbauvereins Ahrweiler setzt die Erschießung an die erste Stelle mit 50 %, dann die Auffindbarkeit mit 30 % und 20 % für die Ausformung der einzelnen Grundstücke. Zusammengelegte Flächen sind wesentlich besser zu bewirtschaften, gerade wenn zukünftig größere Holzmengen von dem Einzelnen angeboten werden sollen. Allerdings wenn das Grundstück nicht erreichbar ist, ist eine Bewirtschaftung ausgeschlossen und wenn es erreichbar ist, ist die Kenntnis der Lage nötig, um unangenehme Verwicklungen zu vermeiden. (Schiffarth 2010)

Der Privatwaldreferent betrachtet in der Erschließung eine Schlüsselrolle, daher favorisiert er die Erschließung mit 40 %, die Auffindbarkeit des Grundstückes mit 30 % und die Zusammenlegung und Formgebung ebenso mit 30 %. Er bezieht sich auf das in Rheinland-Pfalz entwickelte „Modell 2" der Waldflurbereinigung, da im Kleinprivatwald erst eine Erschließung notwendig ist, um die Flächen zu erreichen, und dadurch eine Bindung und ein Bewusstsein als Waldbesitzer aufgebaut werden kann, an die mit der Holzmobilisierung angekoppelt werden kann. Die klassische Bodenordnung mit Parzellenzusammenlegung und Neuausformung bringt dennoch große Vorteile: In Rheinland-Pfalz liegt die Durchschnittsgröße der Waldgrundstücke in 150 000 ha Kleinprivatwald, der sich auf über 300 000 Waldeigentümer verteilt, bei 0,5 ha. Es ist vorteilhaft, wenn zwei Parzellen auf 1 ha zusammengelegt werden können. Aber ebenso wichtig findet er die Kenntnis der Grenzen damit eine Bindung zum Eigentum entsteht. (Schmitz 2010)

Der Vorstand der Teilnehmergemeinschaft setzt 60 % für die Abgrenzung der Grundstücke. Er führt aus, dass der Eigentümer, der die Lage seines Grundstücks nicht kennt, den Weg nur als Fahrradweg nutzen würde. Daher ist die Grenzenfestlegung sehr wichtig und er bedauert, dass in dem durchgeführten Verfahren nicht vermarkt, sondern nur verpflockt wurde und die Pflöcke die Grenzen nicht dauerhaft markieren und dadurch der Vorteil der Flurbereinigung wieder verloren gehen kann. Für die Zuwegung vergibt er 40 %. Die Zuteilung sieht er als „Geschmacksache" eines jeden einzelnen Eigentümers, unter Umständen wären es dann 30 % für die Zuwegung und 10 % für die Zuteilung. (Harst 2010)

Da die Holzmobilisierung einen sehr hohen Stellenwert einnimmt wurde der Frage nachgegangen, wann der beste Zeitpunkt ist, die Mobilisierung durch Privatwaldbetreuer zu integrieren. Im Vorlauf einer anlaufenden Flurbereinigung, während einer laufenden Flurbereinigung, z.B. im Planwunschtermin, oder nach Abschluss des Verfahrens?

Die einhellige Meinung aller Befragten war, dass aus verschiedenen Gründen, die nachfolgend erläutert werden, die Betreuung am einfachsten und effektivsten nach der Flurbereinigung möglich ist. Das Ende des Verfahrens sehen die Befragten nicht in der Schlussfeststellung sondern in der vorläufigen Besitzeinweisung.

Der Privatwaldreferent schildert zum besseren Verständnis die Privatwaldbetreuungsstruktur in Rheinland-Pfalz und das Aufgabenspektrum. In den Gemeinschaftsforstämtern liegt die Privatwaldbetreuung beim Staatlichen Forstamt, weil der Kleinprivatwald nicht nur kleinparzelliert und strukturell benachteiligt ist, sondern auch in Gemengelage mit Landes- und Kommunalwald liegt. Dazu gibt es weitere 30 Privatwaldbetreuer, die die Aufgabe haben, den Privatwaldeigentümer kostenfrei zu beraten und auf Wunsch beim Holzeinschlag mitzuwirken. Vor einigen Jahrzehnten war eine zusätzliche Holzmobilisierung im Privatwald nicht zweckmäßig, da ein zu großes Angebot für Industrieholz vorherrschte und eine Nachfrage nach Energieholz noch nicht existierte. Heute ist Holz ein sehr gefragter Rohstoff und die Nachfrage steigt weiter. Die Holzeinschlagsmengen konnten im Privatwald von 200 000 – 250 000 Fm auf 400 000 – 450 000 Fm gesteigert werden.

Der Privatwaldbetreuer spricht die Waldeigentümer an und bei Interesse zum Holzeinschlag bildet er einen möglichst geschlossenen Block aus mehreren nebeneinander liegenden Waldeigentümern und führt die gesamte Maßnahme durch, von der Organisation, Ausschreibung, Holzaufmessung, Holzeinschlag, Holzverkauf bis zur Abrechnung. Die Privatwaldbetreuer arbeiten in Kooperation mit den Waldbauvereinen, sodass gemeinsam die Waldbesitzer mobilisieren werden und über den Waldbauverein abgerechnet werden kann.

Er führt ein erfolgreiches Beispiel an: In einem Block von 6500 Fm, der an einem Stück von einem Privatwaldbetreuer durch Ansprache und Mobilisierung der Waldbesitzer aufgearbeitet werden konnte, wurden nach Abzug der Kosten und Aufwendungen über 20,00 € je Fm Durchforstungsmasse Nadelschwachholz für den Waldbesitzer erwirtschaftet. Bei einem durchschnittlichen Eingriff von 70 Fm ergibt das 1400 € pro ha, die als Kaufkraft im ländlichen Raum geschaffen werden, zusätzlich zu den Arbeitsplätzen, die erhalten werden.

Der Privatwaldreferent sieht in der Waldflurbereinigung einen wesentlichen Ansatz zur Holzmobilisierung. Gerade nach der Waldflurbereinigung, wenn die Erschließung gegeben ist und die Waldbesitzer wieder eine Bindung an ihr Eigentum haben, ist der beste Zeitpunkt zur Holzmobilisierung. Wenn ein Waldflurbereinigungsverfahren, wie im Vinxtbachtal läuft, dann wird bis zum Abschluss gewartet. Wenn die letzten Streitfälle geklärt sind, die Besitzeinweisung erfolgt ist und alle Adressen aktuell vorliegen, erst dann beginnt die Ansprache durch die Privatwaldbetreuer. (Schmitz 2010)

Ebenso sieht der Vorsitzende des Waldbauvereins Ahrweiler den Abschluss der Flurbereinigung als den richtigen Zeitpunkt um mit einer Blockbildung zu beginnen. Den umgekehrten Weg zu gehen und ein Flurbereinigungsverfahren auf einer Blockbildung aufzubauen hält er für illusorisch und nicht praktikabel. Seitdem der Waldbauverein mit dem Blockbildungsverfahren begonnen hat, konnte der Holzabsatz in den letzten 1½ Jahren mindestens verdreifacht werden. Die Blockbildung wurde in den Gemeinden begonnen, wo ein Flurbereinigungsverfahren durchgeführt worden war, weil mit dem Wegezuschnitt die Parzellen erreichbar geworden sind. Die anderen Gebiete sind noch zurückgestellt worden, aber der Bedarf wächst und daher ist auch ein Flurbereinigungsverfahren in diesen Gemeinden dringlich, um durch den Wegebau die Erreichbarkeit der Parzellen zu ermöglichen. Dennoch hat er größte Bedenken am Anfang eines Flurbereinigungsverfahrens mit einer Blockbildung zu beginnen. (Schiffarth 2010)

Der Privatwaldbetreuer des Forstamtes Ahrweiler erklärt seine Vorgehensweise in der Betreuung der Waldeigentümer, um daran zu veranschaulichen, warum eine Betreuung nach der Besitzeinweisung sinnvoller ist. Er hat von dem Verfahrensgebiet Vinxtbachtal vor kurzem nach der vorläufigen Besitzeinweisung die aktuelle Eigentümerliste erhalten. Mit den größeren Waldeigentümern führt er Vorgespräche, um zu klären, ob ein grundsätzliches Interesse vorliegt. Wenn genügend Waldbesitzer vorab ihre Bereitschaft erklären, an einer gemeinsamen Holzernte teilzunehmen, dann schreibt er alle Grundstückseigentümer, die an dem Weg liegen, an oder bittet um eine Versammlung. Wenn er die Zusage zur Holzernte auf etwa 10 ha erhalten hat, dann stimmen erfahrungsgemäß die umliegenden kleineren Waldeigentümer der Maßnahme ebenso zu. Ziel ist es eine Firma, wenn möglich im Harvestersystem oder auch motormanuell einzusetzen, um das Brennholz oder das Industrieholz zu vermarkten. Für viele ältere Waldbesitzer, die sowieso auf Fremdhilfe angewiesen sind, ist es auch interessant, einen Teil zur eigenen Brennholznutzung wieder zurückzukaufen. Wenn er diese Vorschläge unterbreitet, wurde bisher eine gemeinsame Holzbewirtschaftung meist abgelehnt, weil man das Ende des Verfahrens abwarten möchte. Allerdings haben einige Waldeigentümer Interesse an der Beerntung von Kiefern angemeldet, die, um einen Qualitätsverlust zu vermeiden, im Winter geschlagen werden müssen. Der Privatwaldbetreuer erwartet daher, dass er nächstes Jahr im Winter eine größere Holzernte organisieren wird. Er betont, dass es dabei wichtig ist, dass die eingesetzte Firma forstlich sauber arbeitet, keine Schäden hinterlässt und einen maximalen Erlös bringt. Dadurch wird ein Vertrauen zur Bewirtschaftungskooperation aufgebaut und an die noch nicht beteiligten Waldeigentümer im Umfeld weiter getragen. (Reiher 2010)

Auf die Frage, ob die spätere Blockbildung zur Bewirtschaftung als Grundlage zur Arrondierung in der Waldflurbereinigung mit hinein bezogen werden kann, gibt der Privatwaldreferent an, dass sie im Verfahren Vinxtbachtal den Gedanken hatten, die Waldbesitzer nach ihrer Wirtschaftstätigkeit in Bereiche zu teilen. So sollten Bereiche mit selbst wirtschaftenden Waldbesitzern, vielleicht mit landwirtschaftlichem Hintergrund entstehen und andere Bereiche mit Waldbesitzern, die darauf angewiesen sind, Maßnahmen durch den Privatwaldbetreuer, das Forstamt oder den Waldbauverein durchführen zu lassen. Die Waldeigentümer wurden darauf angesprochen, sich mit Gleichgesinnten im Flurbereinigungsplan zusammen legen zu lassen. Der nächste Schritt wäre die Bereitschaft gewesen, eine Waldgemeinschaft zu bilden mit Eigentum zu ideellen Anteilen. Auf diese Vorschläge gab es keine Resonanz. Der Privatwaldreferent erklärt die Abneigung sich festzulegen mit der Mentalität der Rheinländer und der Erfahrung, dass selbst nach sehr erfolgreichen Maßnahmen nicht die Bereitschaft besteht, sich für die nächste Maßnahme zu binden, sondern immer bevorzugt wird, kurz davor noch einmal gefragt zu werden. Nach seiner Meinung ist es daher vernünftiger, den Willen der Waldbesitzer zu akzeptieren und eine gute Datenverwaltung zu installieren, damit bei der nächsten Durchforstung in 5 Jahren die Kontaktaufnahme möglichst einfach erfolgen kann. (Schmitz 2010)

Der Vorstand der Teilnehmergemeinschaft begründet, dass den Eigentümern jeder Quadratmeter Grund sehr viel wert ist und es deshalb so große Schwierigkeiten bereitet, Vereine oder Vereinsringe zu gründen, weil das Gefühl der Unsicherheit, was mit dem Eigentum passieren wird, hemmt. Er befürwortete diese Einstellung, da die starke Fixierung auf das Eigentum dazu führt, dass es geschätzt und erhalten wird. Daher sollte die Holzmobilisierung so durchgeführt werden, wie sie aktuell im Verfahrensgebiet praktiziert wird. Am Anfang und während des Verfahrens wurde informiert, welche Möglichkeiten anschließend gegeben sind, aber umgesetzt werden sie, wenn das Verfahren beendet ist und die Grundstücksgrenzen bekannt sind. Es ist für ihn verständlich, dass aus den genannten Gründen im Moment eine Bewirtschaftung erlaubt wird, allerdings nicht pauschal für die nächsten 10 Jahre. (Harst 2010)

Das in Rheinland-Pfalz konzipierte und zurzeit erprobte „Modell 2 Verfahren" der Waldflurbereinigung sieht einen vorzeitigen Wegeausbau und eine zeitlich versetze Neuordnung vor. Ist im „Modell 2 Verfahren" die

Holzmobilisierung, die sofort nach der Fertigstellung des Wegenetzes beginnt, schwieriger? Könnte man im „Modell 2" auf eine Zusammenlegung verzichten?

Der Privatwaldreferent stellt fest, dass die „Modell 2 Verfahren" entwickelt wurden, um für die Holzmobilisierung erstmals eine Erschließung herzustellen. Allerdings liegen die Unterlagen von den Waldbesitzern nicht so komfortabel vor, wie im klassischen Verfahren. Daher wird ein Privatwaldinformationssystem für die Landesforsten entwickelt, um Flurstücks- und Eigentümerinformationen zu verwalten.

Er gesteht ein, dass es an der Erfahrung fehlt, zu wissen, wann der Druck in den „Modell 2 Verfahrensgebieten" so groß wird, dass die Arrondierung durchgeführt werden muss. Zum Teil könnte man mit dem freiwilligen Landtausch beginnen, weil die Erschließung vorhanden ist. Bei einer positiven Einstellung der Waldeigentümer findet er die Durchführung des klassischen Verfahrens sinnvoll, bei einer ablehnenden Haltung aber nicht. Je besser die Verfahren zur Identifizierung der Parzellen, Eigentümer, Adressen und GPS-Einsatz mit Parzellenidentifikation werden, umso eher könnte man der klassischen Bodenordnung einen zweiten Rang einordnen. (Schmitz 2010)

Der Vorstand der Teilnehmergemeinschaft lenkt ein, dass die Waldeigentümer größten Wert darauf legen, zu wissen, wo sich ihr Grundstück in der Örtlichkeit befindet und nicht als Koordinate im GPS. Er hält daher die klassische Flurbereinigung für sehr wichtig, da sie dem Waldeigentümer absolute Grenzsicherheit bietet. (Harst 2010)

Der Vorstand des Waldbauvereins ist der Ansicht, dass die Ausformung und Lage der Parzellen Einfluss auf die Bewirtschaftungsmöglichkeiten haben. Wenn nach einem vorgezogenen Wegebau die Anbindung der Parzellen ideal auf den Weg ausgerichtet ist, dann ist die Situation anders, als wenn in Hangbereichen Parzellen quer liegen. Denn wenn Eigentümer fremdes Eigentum überqueren müssen, ist eine Bewirtschaftung stark eingeschränkt oder unmöglich. Daher erachtet er es nur als die zweit- oder drittbeste Lösung den Wegebau durchzuführen aber keine Zusammenlegung.

Aus der Erfahrung der letzten 25 Jahre in den Flurbereinigungsverfahren in Adenau, Herschbroich, Leimbach und Hönningen hat sich gezeigt, dass dort wo die Privatwaldeigentümer nahe an die Hauptabfuhrwege gelegt worden sind, es sich hervorragend auf die Freude am Bewirtschaften der Wälder ausgewirkt hat. Des Weiteren ist es bei Gemengelage mit Kommunalwald und Staatswald für alle Beteiligte von Vorteil durch Tausch kleine Parzellen, die mit dem kommunalen oder staatlichen Wald vermengt waren zu entfernen. Eine gute Anbindung an das Wegenetz mit verbesserter Grundstücksstruktur ist eine bessere Grundlage zur Bildung von Bewirtschaftungsblöcken. (Schiffarth 2010)

Fazit:

Die Experten sind sich darin einig, dass die Erschließung der Waldgebiete eine Schlüsselfunktion in der Bewirtschaftung darstellt. Es wird der inneren Erschließung mit ganzjährig LKW befahrbaren Wegen eine besondere Bedeutung zugemessen, da sie die wirtschaftliche Abfuhr größerer Holzmengen erlauben. Dadurch ist eine rentable und absatzorientierte Bewirtschaftung erst möglich. Allerdings wird darauf hingewiesen, dass die Unkenntnis der genauen Lage der Grundstücke eine Bewirtschaftung derart behindert, dass sie trotz guter Erschließung zum Erliegen kommt. Bei einer Bewertung der Wichtigkeit der in der Flurbereinigung umgesetzten Maßnahmen wird daher von einigen Experten die Grenzsicherheit, von den anderen der Wegebau als die wichtigste Maßnahme bezeichnet. Die Teilnehmerbefragung der Flurbereinigungsverfahren Adenau und Birresborn, sowie die Expertenbefragung haben zum Ergebnis die gleichwertige Unabdingbarkeit der bedarfsgerechten Erschließung und der Herstellung der Grenzsicherheit.

Die Zusammenlegung wurde von den Experten weitaus geringer gewichtet, da sie zwar eine Bewirtschaftung erleichtert, aber eine Zersplitterung diese nicht verhindert. Der Vorstand der Teilnehmergemeinschaft und der Privatwaldbetreuer messen der Zusammenlegung sogar keine Bedeutung zu, wenn Waldeigentümer ihre Abfindung in der alten Lage wünschen. Als den bestmöglichen Zeitpunkt zur Holzmobilisierung durch Privatwaldbetreuer wird allgemein das Ende des Verfahrens bzw. die vorläufige Besitzeinweisung gesehen.

Die Arbeit des Privatwaldbetreuers wird durch die Aktualisierung und Legitimation der Grundstückseigentümerdaten und der Herstellung der Grenzen wesentlich unterstützt. In den „Model 2 Verfahren" ist eine arbeitsintensive Beschaffung der Flurstücks- und Eigentümerinformationen erforderlich. Auf eine Arrondierung in den „Model 2 Verfahren" könnte nur verzichtet werden, wenn die Gebiete eigentumsübergreifend fremdbewirtschaftet werden, da so keine Überfahrtsgenehmigungen im herkömmlichen Sinn erforderlich sind.

4.7 Vorschläge zur Berechnung der Wertschöpfungen der Waldflurbereinigung

Basierend auf die in Kapitel 3 identifizierten 32 Wertschöpfungsansätze, gegliedert in 5 Wertschöpfungsbereiche, sollen nun im Folgenden für jede Wertschöpfung eine monetär messbare Wirkung gefunden werden. Intangible Wirkungen können nicht in die Berechnung des Nutzen-Kosten-Verhältnisses einfließen, so wie es in dem von König (1985) berechneten Verfahren Unteralpfen-Oberalpfen-Remetschwiel und in den nach BMS Consulting (2007) berechneten drei rheinland-pfälzischen Verfahren zu sehen war. Dadurch erhalten intangible Wirkungen eine schwächere Position gegenüber den berechneten tangiblen Wirkungen, unabhängig davon wie bedeutend sie tatsächlich sind. Die Kosten-Nutzen-Analyse selektiert daher schon im Vorfeld einer Entscheidung, da sie den monetär messbaren Kriterien einen höheren Stellenwert einräumt als den nur nachrichtlich erwähnten zusätzlichen Wirkungen. Es wird durch die Methode und nicht durch sachliche Abwägung bestimmt, welche Wirkungen in die Analyse mit einbezogen werden. (Scholles 2008)

Die Wirkungen im ökologischen und sozialen Wertschöpfungsbereich können in der Regel nicht direkt gemessen werden und gelten als intangibel, da es keinen Markt für öffentliche Güter gibt und deshalb auch keine Marktpreise. Man behilft sich mit der Konstruktion von Schattenpreisen, die aus marktlichen Bezügen abgeleitet werden. Sie zeigen die Bereitschaft der Gesellschaft für öffentliche Güter Mittel aufzuwenden in sogenannten Zahlungsbereitschaftsanalysen. (Scholles 2008)

So wird z.B. mittels Ersatzpreise die Reduzierung der Unfallgefährdung als ersparte Aufwendung für die Unfallbehandlung und Arbeitszeitausfall berechnet. Durch die Kontingente Bewertungsmethode wird durch umfangreiche Befragungen der Bevölkerung der Wert von nicht handelbaren Ressourcen, wie z.B. die Nutzung des Waldes zur Erholung oder die Erhaltung des Waldes zur Bewahrung der Biodiversität, ermittelt.

Zahlungsbereitschaftsanalysen werden kritisiert, wenn sie willentlich oder unbeabsichtigt verzerrt werden oder durch unterschiedliche Methoden für denselben Sachverhalt verschiedene Werte erzeugen, aber auch, dass sie meist zu niedrige Werte angeben. Durch die Einhaltung von in der Praxis entwickelten fachlichen Standards wird diese Problematik vermieden und Werte erzeugt, die durchaus die Präferenz des Einzelnen gut wiedergibt. Dadurch werden Preise für Güter modelliert, die keinen Preis aber sehr wohl einen Wert besitzen. (Scholles 2008)

Im Folgenden wird für jeden der 32 Wertschöpfungen das Zustandekommen des Wertes erläutert und berechnet. Im Anschluss daran werden die im vorherigen Abschnitt anhand der von BMS Consulting (2007) entwickelten Wirkungsanalyse berechneten Beispielverfahren nochmal mittels der neuen Wirkungsanalyse berechnet und diskutiert.

Dabei werden nachfolgend einfach handhabbare Rechenformeln, Überschlagsberechnungen oder Pauschalansätze für eine Prognoseformel in fachlicher Abstimmung mit DLR Eifel (Vicktorius 2009, 2011, Hack 2011), Lorig (2011) und Mauerhof (2010) aus bisherigen Berechnungen von König (1985) und BMS Consulting (2007) übernommen bzw. abgeleitet, teilweise für die nachfolgenden Pauschalwerte angepasst oder aufgrund eigener Überlegungen ergänzt. In einigen Fällen werden sie vollständig neu aufgrund der Überlegungen im Kapitel 3 „Leistungen der Waldflurbereinigung" abgeleitet.

4.7.1 Steigerung der Holznutzung

Die Höhe des nach der Waldflurbereinigung erwarteten Holzeinschlags kann aus den Buchführungsergebnissen des Testbetriebesnetzes Forst abgeleitet werden. Für das Forstwirtschaftsjahr 2009 wurden die Betriebsergebnisse von 361 Forstbetrieben des Privat- und Körperschaftswaldes ab einer Größe von 200 ha Holzbodenfläche ausgewertet. Diese repräsentative Stichprobe stellt hochgerechnete Daten über die Grundgesamtheit von 3500 Betrieben dar (BMELV 2011). Die Ertragslage im Kleinprivatwald wird nicht erfasst. Um die zukünftig mögliche Ertragslage des flurbereinigten Kleinprivatwaldes abschätzen zu können, ist die Betrachtung von wettbewerbsfähigen Betrieben nötig, daher bietet sich das Testbetriebsnetz Forst ideal an.

Tab. 4-13: Holzeinschlag im Privatwald (größer 200 ha Waldfläche) von 2005 – 2009 (BMELV 2011, S. 4)

Forstwirtschaftsjahr	2005	2006	2007	2008	2009
Holzeinschlag in m³/ha	7,1	8,1	12,0	7,1	6,4

Eine leichte jährliche Variation des Einschlags erfolgt durch die Anpassung der Einschlagsmenge an den Holzpreis. Die hohe Nutzung im Jahr 2007 ergab sich aus der Zwangsnutzung durch die hohen Sturmschäden verursacht durch das Sturmereignis „Kyrill". Im Durchschnitt ergab sich ein Holzeinschlag von 8 m³/ha in den betrachteten 5 Jahren.

Nach Einschätzung des Forstamtsleiters und des Privatwaldbetreuers in Birresborn, RLP ist der Einschlag nach der Waldflurbereinigung rapide von 1 Fm auf 5 Fm gestiegen. Die Nutzung auf den angrenzenden Landeswaldflächen liegt bei 8-9 Fm, daher wäre auch eine höhere Nutzung nachhaltig gesichert. Beide Forstwirte teilen die Erfahrung, dass die Veränderungen durch die Flurbereinigung erst im Laufe der Zeit bei den Eigentümern angenommen werden.

Aus diesen Überlegungen erscheint es plausibel, dass ein Holzeinschlag im Kleinprivatwald von 8 Fm stattfinden könnte. Da aber, wie in der Teilnehmerbefragung dargestellt, sehr viele Waldeigentümer von sehr kleinen Parzellen eine eher freizeitorientierte als betriebswirtschaftliche Sicht haben, ist eine zukünftige Nutzung von 6 Fm realistischer.

Es wird daher unter vorsichtiger Abwägung lediglich eine Steigerung der Nutzung durch die Waldflurbereinigung von 4 Fm/ha angenommen.

Bei der Anwendung des Modells fließt an dieser Stelle auch die genutzte Baumart mit ein, da der Hiebsatz bei Fichte etwas höher ist als bei Buche und Eiche und fast doppelt so hoch wie bei Kiefer.

Die Höhe des Holzerlöses pro Fm ist für den Zeitraum von 50 Jahren absolut nicht einschätzbar. Es ist anzunehmen, dass der Holzpreis so wie in den vergangenen 50 Jahren weiter kontinuierlich, wenn auch mit großen Schwankungen ansteigen wird. König (1985) ging von einem Holzpreis von 51 €/Fm aus, mit einem hohen Anteil von hochwertigen Stammholz, BMS Consulting (2007) von 20 €/Fm, da gerade im Kleinprivatwald mehr Schwachholz und Brennholz geschlagen wird. Das Testbetriebsnetz Forst (BMELV 2011) erstellte eine Statistik zum erntekostenfreien Erlös (nur verwertbares Holz) im Privatwald in Abhängigkeit zur Nutzung für das Forstwirtschaftsjahr 2009. Der Holzerlös betrug 2009 bei einem Einschlag von 3,5 bis 7,5 Fm ca. 25 €.

Es wird daher von einem erntekostenfreiem Ertrag von 25 €/Fm ausgegangen.

Tab. 4-14: Erntekostenfreier Holzerlös in Abhängigkeit vom Holzeinschlag 2009 (BMELV 2011, Anhang)

Einschlag in m³/ha	< 3,5	3,5 – 5,5	5,5 – 7,5	> 7,5	Ø
Holzerlös in €/m³	19,0	24,3	25,6	32,2	26,0

4.7.2 Bildung größerer Holzlose

Wenn größere Holzmengen angeboten werden, können höhere Holzpreise erzielt werden. Im Testbetriebsnetz Forst (BMELV 2011) wurde eine sehr deutliche Preissteigerung bei Zunahme der bewirtschafteten Holzbodenfläche festgestellt. Der erntekostenfreie Holzerlös (nur verwertbares Holz) im Privatwald im Forstwirtschaftsjahr 2009 betrug für eine Holzbodenfläche von mehr als 500 ha knapp 29 €.

Tab. 4-15: Erntekostenfreier Holzerlös in Abhängigkeit der Holzbodenfläche (BMELV 2011, Anhang)

Waldfläche in ha	< 500	500 – 1000	> 1000
Holzerlös in €/m³	21,9	28,8	37,0

König (1985, S.166) nahm einen Vorteil von 2 €/Fm für eine vorteilhaftere Losbildung an. BMS Consulting (2007) stützt sich auf die Einschätzung von Forstsachverständigen und nimmt einen erhöhten Holzpreis von 5 €/Fm durch größere Verkaufsmengen an. Dieser Wert wird übernommen und erscheint auch in Anbetracht der Statistik des Testbetriebsnetzes Forst als plausibel, da nach der Flurbereinigung Privatwaldbetreuer verstärkt die Waldeigentümer zur Blockbildung und gemeinsamen Bewirtschaftung motivieren.

Bei einem Einschlag von 6 Fm/ha ergibt sich eine Zunahme des Erlöses von 30 €/ha.

4.7.3 Senkung der Rückekosten

Ohne den Ausbau des Wegenetzes würden die Kosten für die Rückung des Holzes höher ausfallen. König (1985) stützt sich auf forstwirtschaftliche Veröffentlichungen und geht von einer Reduzierung der Rückekosten von 5 €/Fm aus. BMS Consulting (2007) stützt sich auf die Aussage von Forstsachverständigen, die eine Kostenersparnis von 2,50 €/Fm durch kürzere Rückedistanzen auf 50 % der Fläche angeben und hat somit denselben Wert.

Da in den meisten Waldflurbereinigungen eine teilweise Erschließung schon vorhanden ist und die Rückung mit modernen Verfahren durchgeführt wird, wird von einer Senkung der Rückekosten von 2,50 €/Fm ausgegangen.

Bei einer Nutzung von 6 Fm/ha ergibt sich eine Rückekostenersparnis von 15 €/ha.

4.7.4 Reduzierung der Anfahrtszeiten

König (1985) ermittelte durch die Zusammenlegung der Grundstücke eine Verkürzung der Fahrstrecken. Es wird angenommen, dass jeder Waldbesitzer 4-mal im Jahr seine Grundstücke zum Holzeinschlag, Forstschutz und für übrige Betriebsarbeiten aufsucht und bei jeder Fahrt eine halbe Stunde einspart. Bei einer durchschnittlichen Betriebsgröße von 2 ha ist das eine jährliche Zeitersparnis von 1 h/ha.

BMS Consulting (2007) legt für die Reduzierung der unproduktiven Wegezeit die Studie von Keymer et al. (1989) zu Grunde und kommt zu dem gleichen Ergebnis, nämlich der jährlichen Einsparung von 1 h/ha. Die Arbeits- und Maschinenkosten von 1 h werden mit 20 € berechnet.

Die Verkürzung der Anfahrtszeiten zu den Grundstücken wird durch deren Zusammenlegung und Ausbau des Wegenetzes im Wald und zum Wald mit 20 €/ha/a angenommen.

4.7.5 Reduzierung der Fußwegzeiten (Vorbeugung von Waldbrand, Kalamitäten)

Die Neuzuteilung von Flächen führt im Allgemeinen zu einer intensiveren Auseinandersetzung mit Risiken bei Kalamitäten und Waldbrand. Während der Wald vorher nicht als ein besonderer schützenswerter Besitz wahrgenommen wurde, steigt das Bewusstsein, dass Kalamitäten und Waldbrand den Wald insgesamt schädigen und vernichten können. Die Vorbeugung von Kalamitäten erfordert die regelmäßige Begehung und Besichtigung des Waldbestandes. Je besser das Wegenetz ausgebaut ist, umso kürzer fallen die Fußwegstrecken im Gelände aus und umso geringer sind die von Dietz (1984) bezeichneten Zu- und Abgangskosten. Mittendorfer (2006) geht bei der Erschließungssituation der Waldflurbereinigungsgebiete in der Eifelregion von einer Erleichterung bei der Begründung, Pflege und Hauung der Waldbestände durch bessere Erschließung von 3 €/Fm aus. Dieser Wert wird übernommen, da regelmäßige Pflege und Hauung die Bestände stabilisiert und bei der Begutachtung der Waldbestände das Augenmerk sowohl auf die Vermeidung von Gefahren, wie Borkenkäfer, Windwurf und Waldbrand, wie auch auf bald anfallende Arbeiten gerichtet ist.

Die Verkürzung der Fußwege wird bei Nutzung von 6 Fm/ha mit 18 €/ha berechnet.

4.7.6 Verbesserung der Holzertragsqualität durch Zusammenlegung

Eine zentrale Aufgabe der Flurbereinigung ist die Zusammenlegung der zersplitterten Grundstücke und die Formung der neuen, vergrößerten Grundstücke zu gut bewirtschaftbaren Einheiten. Durch die Vergrößerung und neue Ausformung der Flurstücke wird eine waldbauliche Behandlung ermöglicht, die es erlaubt, Wertholz anstatt ausschließlich Brennholz und Industrieholz zu produzieren, was in den zersplitterten Besitzeinheiten nicht realisierbar war.

Aus dem Vergleich von zwei 120-jährigen Waldbeständen in sehr steiler Lage konnten Rückschlüsse aus dem Pflegezustand auf den zu erzielenden Ertrag gezogen werden. Während in einem Bestand in etwa 10-jährigen Abständen starke Pflegeeingriffe erfolgten, wurde in dem anderen Bestand seit 50 Jahren keine Nutzung vorgenommen. Der gepflegte Bestand zeigte eine gut gemischte Bestockung mit zweischichtiger bis plenterartiger Struktur. Der ungepflegte Bestand setzte sich aus Bäumen geringer Dimensionen und Qualität zusammen, hatte fast keine Verjüngung, eine einschichtige Struktur und teilweise labilen Bestand. Es wurde in diesen beiden benachbarten Beständen zeitgleich ein Eingriff getätigt. In dem gepflegten Bestand wurde ein weitaus höherwertiges Sortiment als in dem ungepflegten Bestand geerntet, mit einem höheren Reinertrag von 21 €/Fm. In einer Begehung der Bestände wurde ersichtlich, dass die regelmäßige Eingriffe nicht nur zu guter Holzqualität, sondern auch zu einem schöneren Waldbild führen. Dieses Beispiel soll verdeutlichen, dass waldbauliche Behandlung sich selbst in außerordentlich schwierigen Steillagen mit hohen Bringungskosten rentiert, mehr noch ist die Wertholzproduktion in gut bewirtschaftbaren Flächen lohnenswert. (Liechti, Stocker 2005)

Es entstehen selten von Natur aus langfristig stabile Mischbestände und waldbaulich sinnvolle Mischungsformen mit hoher Wertschöpfung, denn sie sind meist das Produkt aus sorgfältiger Festlegung den Bestockungsziels und dem sich daraus ergebenden waldbaulichen Handeln (Ruhm 2011). Dies setzt aber zusammengelegte, große Grundstücke voraus.

Wissenschaftliche Überlegungen über die ökonomischen Aspekte einer zukünftigen Fichtenwirtschaft kamen zu dem Ergebnis, dass die Absenkung der Umtriebszeit den jährlichen Ertrag um 31 €/ha steigern kann und dass die Überführung von Fichtenbeständen in ungleichaltrig aufgebaute Fichten-Tannen-Bestände den Ertrag um jährlich 15 €/ha erhöhen. Die gruppenweise Beimischung von Laubholz wird aus finanzieller Hinsicht zur Stabilisierung und Risikosenkung empfohlen, ebenso die Streuung der Baumarten und der Behandlung (Astung der Fichte) (Knoke 2009).

Ein europaweit groß angelegter Versuch zeigte, dass durch eine frühzeitig starke Durchforstung, kontinuierliche Durchforstung und die Freistellung von Z-Bäumen zu ertragreicheren Beständen führen, als die Unterlassung einer Behandlung, unabhängig von der Bonität der Standorte. Auf den unbehandelten Versuchsflächen mit hoher Baumzahl wurde eine etwas größere Holzmenge produziert als auf den benachbarten Versuchsflächen, allerdings ausschließlich schwache meist defizitäre Sortimente mit geringer Baumstabilität und hohem Risiko von Schnee- und Windbruch. (Herbstritt, Kohnle 2009)

Kalamitäten beeinflussen die Betriebsergebnisse und daher sollten mögliche Schadereignisse bei Wirtschaftlichkeits- und Bestandesbeurteilungen berücksichtigt werden (Reiterer 2010). Die Waldbewertung wird nach der Bewertungsvorschrift WaldR2000 vorgenommen, die den Bestandeswert eines hiebsunreifen Bestands über den erntekostenfreien Abtriebswert bei Erreichen der Umtriebszeit berechnet. Wenn allerdings aufgrund eines Schadereignisses die angestrebte Umtriebszeit nicht erreicht wird, so kann der Abtriebswert nicht realisiert werden und Einkommenseinbußen sind die Folge. Die kalamitätsbedingte Minderung des Abtriebswerts bei einer Umtriebszeit von 100 Jahren wird für Fichte mit 21 % und für Buche mit 10 % berechnet (Beinhofer 2008).

Waldbesitzer erfuhren in der Vergangenheit unmittelbar finanzielle Verluste nach großen Windwurf-, Schneebruchereignissen und Borkenkäferbefall durch den massiven Preisverfall durch ein Überangebot an Holz. Es wurde überschlägig ein Preiseinbruch von 18 €/Fm bei einem Überangebot von Käferholz abgeschätzt (Borchert 2004). Die Kosten für Pflanzungen auf den geschädigten Flächen, die vorgenommen werden müssen, da aufgrund der unplanmäßigen Zwangsnutzung nicht durch Naturverjüngung der Bestand fortgeführt werden kann, sind in dieser Kalkulation nicht mit einbezogen.

In Mischbeständen werden die Risiken auf mehr Baumarten verteilt und die Elastizität der Bestände erhöht. Durch den Klimawandel verursachte Störungen können leichter abgepuffert werden. Mischbestände bieten ein vielseitiges Holzangebot und beeinflussen die wirtschaftliche Situation der Waldbestände. Die Beimischung von Edellaubhölzern kann die Ertragssituation erheblich steigern. (Ruhm 2001)

Anhand der aufgeführten Untersuchungen zur Steigerung des Holzertrages und Minimierung des Betriebsrisikos wird deutlich, dass durch waldbauliches Handeln auf zusammengelegten Grundstücken eine wesentliche Wertsteigerung der Waldbestände erfolgt. Die vorstehend erläuterten Wertsteigerungen liegen jeweils im Bereich mehrerer Prozent des Bestandswertes. Bei sehr vorsichtiger Abschätzung wird daher hier die durch die Waldflurbereinigung erstmals ermöglichte waldbauliche Handlungsfähigkeit mit einer Steigerung des Waldwertes von jährlich 1% angenommen. **Bei einem durchschnittlichen Bestandeswert ohne Bodenwert von 3000 €/ha ergibt sich eine Wertsteigerung von jährlich 30 €/ha.**

4.7.7 Reduzierung der Grundstücksrandeffekte

Während bei Punkt 6 die Verbesserung der Grundstücksstruktur durch eine Zusammenlegung von zersplittertem Grundbesitz neue waldbauliche Handlungsmöglichkeiten eröffnet, ist es bei Punkt 7 die Formung der Grundstücke. Die langgezogenen schmalen Riemengrundstücke in den Waldgebieten bieten keinerlei waldbaulichen Gestaltungsmöglichkeiten, da die Baumkronen zum Teil größere Ausmaße als die Grundstücksbreite erreichen. Die Überschattung durch ältere Bäume verhindert ein gutes Gedeihen von jüngeren Beständen auf dem Nachbargrundstück. Bäume, die sich auf der Grundstücksgrenze befinden, können einem Besitzer nicht eindeutig zugeordnet werden. Nach dem Landesnachbarrechtsgesetz für Rheinland-Pfalz ist bei der Neubegründung oder Verjüngung von Wald gegenüber Grundstücken, die mit Wald bepflanzt sind, ein Abstand von 2 m einzuhalten, gegenüber sonstigen Grundstücken, die nicht mit Wald bepflanzt sind, sogar bis zu 6 m (§ 49 LNRG).

Das in Kap. 3.2.4 beschriebene typische Waldgrundstück hat eine Länge von 460 m und eine mittlere Breite von 16 m. Dadurch ergeben sich einzuhaltende Grenzabstände zum Nachbargrundstück von 1904 m², bzw. 26% der Fläche. In dem Flurbereinigungsverfahren wurde dem Teilnehmer ein fast kreisförmiges Grundstück ausgewiesen. Bei einer neuzugeteilten Fläche mit einem Seitenverhältnis von 1:2 würde eine Abstandsfläche von 728 m² genügen, also nur 10% der Fläche. Selbst wenn der Teilnehmer nur ein einzelnes Grundstück in das Verfahren einbringt, kann durch die neue Formgebung ein Flächengewinn der waldbaulich behandelbaren Waldfläche erreicht werden. Auf einem annähernd quadratischen Grundstück können waldbauliche Behandlungsstrategien umgesetzt werden, wie sie unter Punkt 6 aufgeführt wurden, bei langen Riemengrundstücken ist dies durch die starke Abhängigkeit von der Waldbehandlung des Nachbargrundstückes nicht gegeben. In Anbetracht der angegebenen Werte, in der oben ausgewerteten Literatur, die einerseits durch Risikominderung eingespart werden können und andererseits durch waldbauliche Strategien das Einkommen erhöhen, erscheint es plausibel, den durch Reduzierung der Grundstücksrandeffekte gewonnenen waldbaulichen Handlungsfreiraum mit einer sehr vorsichtig angenommen Steigerung des **Bestandeswertes ohne Bodenwert von 3000 €/ha** von 1 % zu schätzen.

Die Reduzierung der Grenzlängen führt zu einer Wertsteigerung von jährlich 30 €/ha.

4.7.8 Verbesserung des Waldzustandes durch Erstdurchforstung

Durch die regelmäßige Bewirtschaftung der Waldflächen verbessern sich die Stabilität und die Wertigkeit des Waldes, denn gepflegte Wälder sind bewirtschaftete Wälder. Die vor der Waldflurbereinigung aus Gründen der Rentabilität häufig unterlassene Durchforstung kann durch das neue Wegenetz erstmals gewinnbringend durchgeführt werden. Nach der Besitzeinweisung in die neuen Flächen wird von den Privatwaldbetreuern verstärkt über die Möglichkeiten einer gemeinsam organisierten Durchforstung und deren Notwendigkeit informiert. Erfahrungswert der rheinland-pfälzischen Privatwaldbetreuer ist, dass der Erlös aus der Erstdurchforstung von 200 €/ha in der Regel die zu zahlende Eigenleistung des Teilnehmers schon deckt (Henkes 2006).

Die durch regelmäßige Pflege und Bewirtschaftung bewirkte Stabilitäts- und Wertsteigerung wird unter der „Verbesserung der Grundstücksstruktur" berechnet, hier kommt nur der einmalige Erlös durch die erstmalige Motivation der Waldeigentümer zur Erstdurchforstung zum tragen.

Die Erstdurchforstung bringt einen Nutzen von einmalig 200 €/ha.

4.7.9 Schaffung von Holzlagerplätzen

Die transportorientierte Holzlagerung ist eine wichtige Grundlage für die Holzvermarktung. Holzlagerplätze sind im Grundsatz nur durch eine Waldflurbereinigung ausweisbar und ausbaubar. Aufbauend auf das im Abschnitt Leistungen erläuterte Beispiel zur Schaffung von Holzlagerplätzen sind 22% des Zeitaufwandes (als Unterschied des Zeitaufwands zwischen Suche und Abfahrt) für Abholprozesse einer Wertschöpfungsberechnung zugrunde zu legen. Hierfür werden Kosten von 65,- €/h für den Einsatz eines (Rundholz)-Holztransporters angenommen (Fenz 2005). Der gesamte Such-, Lade und Abfahrprozess wird mit etwa 2:50 h kalkuliert, daraus ergibt sich ein Zeitverlust von 37 min bzw. Kosten von 40 € für den unnötigen Suchaufwand. Bei einem Ladevolumen von 27 Efm und einer jährlichen Holzernte von 6 Efm kann durchschnittlich ein Wertschöpfungsbetrag von jährlich 9 €/ha angenommen werden.

Die Schaffung bedarfsgerechter Holzlagerplätze an den Abfuhrwegen reduziert die Kosten der Holzabfuhr um jährlich 9 €/ha.

4.7.10 Reduzierung der Umzäunungskosten

Aufgrund der hohen Wilddichten müssen Verjüngungen und Neubegründungen gegen Wildverbiss durch technische Wildschadensabwehrmittel geschützt werden. Bei wenigen zu schützenden Pflanzen mit kurzem Schutzzeitraum können Einzelschutzmaßnahmen angewendet werden, größere Flächen werden durch Wildzäune geschützt. In Deutschland werden bundesweit durchschnittlich 3 % des Waldes durch Wildzäune geschützt, im rheinland-pfälzischen Privatwald besteht Zaunschutz auf 4 % der Fläche (BWI 2004). Die Verjüngungs- und Unterbauflächen bedürfen solange dem Schutz bis sie dem Äser des Wildes entwachsen sind. Nach etwa 10 Jahren haben die zu schützenden Forstpflanzen eine ausreichende Höhe erreicht, so dass der Wildschutzzaun wieder abgebaut werden kann. Die Kosten für das Material, den Zaunbau, Pflege und den Abbau wird mit 3500 €/ha eingezäunte quadratische Fläche angegeben (AELF Regensburg 2011, Neumann 2003). Die Form der einzuzäunenden Fläche, aber auch die Anzahl der Flächen bestimmen maßgeblich die erforderliche Zaunlänge und somit die Zaunkosten. Der Teuerungsfaktor für die Einzäunung eines Rechteckes mit einem Seitenverhältnis von 1:5 gegenüber einem Quadrat beträgt 34% (Nemestothy 2010), und für die Einzäunung von fünf Grundstücken gegenüber nur einem 55%. Lange Streifengrundstücke und die Zersplitterung des Eigentums verteuern die Zaunkosten derart, dass der Schutz vor Verbiss-, Fege- und Schälschäden unterbleibt und hohe Qualitätseinbußen des Holzes daraus folgen.

Bei einem Wildschutz auf 4% der Privatwaldfläche, die alle 10 Jahre gewechselt wird, kann von einer jährlich neu einzuzäunenden Fläche von 0,4% ausgegangen werden. Es können bei einer Reduzierung der Zaunlänge um 50 % bei Zaunkosten von 3500 €/ha jährlich 7 €/ha eingespart werden.
[3500€/ha x 0,004 x 0,5 = 7€/ha]

Die Reduzierung der Zaunlänge führt zu einer Kostenersparnis von 7 €/ha.

4.7.11 Verbesserung der Auffindbarkeit und des Liegenschaftskatasters

Die Teilnehmerbefragung der Waldflurbereinigungen Adenau und Birresborn zeigte deutlich, dass die neu erlangte Kenntnis der Grundstücksgrenzen den Teilnehmern noch wichtiger ist, als der Wegebau oder die Zusammenlegung der Grundstücke. Auch in der Expertenbefragung zum Verfahren Vinxtbachtal stellte sich die Grenzsicherheit als ebenso wichtig wie der Wegebau heraus, da ohne Kenntnis der genauen Lage des Grundstückes eine Bewirtschaftung nicht möglich ist. Die in die Waldflurbereinigungen involvierten Privatwaldbetreuer und Revierleiter beklagten die großen Schwierigkeiten bei der Suche nach den Grundstücksgrenzen vor dem Flurbereinigungsverfahren.

Die potentiellen Kosten zur Verbesserung der Qualität des Liegenschaftskatasters lassen sich auf Grundlage der Vermessungskosten ermitteln, die außerhalb der Flurbereinigung im Rahmen einer Erneuerung der öffentlichen Bücher anfallen würden. In den Waldflurbereinigungsverfahren handelt es sich überwiegend um Erstbereinigungen und das Kartenmaterial entstammt meist noch dem Urkataster, teilweise liegt ein Versagen des Katasters vor. Da die Grenzen im Kartenmaterial nur graphisch dargestellt sind und nicht in einem Koordinatenkataster, ist eine Grenzwiederherstellung nicht möglich, sondern eine Grenzfeststellung erforderlich. Die Gebühren der Vermessungs- und Katasterbehörden gestalten sich in den Bundesländern unterschiedlich. In Rheinland-Pfalz beträgt die Gebühr für die Grenzfeststellung je Grenzpunkt 280 € multipliziert mit einem bodenwertabhängigen Faktor von 0,8 für Flurstücke bei einem Bodenwert über 0 bis 3000 €, also 224 € (Landesverordnung über die Gebühren der Vermessungs- und Katasterbehörden 2007).

Die durchschnittliche Betriebsgröße im gesamten Privatwald beträgt in Rheinland-Pfalz 0,6 ha (Mauerhof 2009). Da in Waldflurbereinigungsverfahren überwiegend Kleinprivatwaldeigentümer involviert sind, liegen hier die Parzellengrößen durchschnittlich bei etwa 0,3 ha, ein Großteil der Parzellen ist kleiner als 0,25 ha (siehe Kap. 3.2.1). Bei einer Grenzfeststellung der Waldgrundstücke würden demnach bei der Annahme, dass nur 4 Grenzpunkte genügen um ein Grundstück abzugrenzen und davon 2 Grenzpunkte das Nachbargrundstück mit bestimmen, bei durchschnittlich 3 Grundstücken pro ha, 6 Grenzpunkte pro ha anfallen. Tatsächlich haben die unförmigen Grundstücke mit geländeangepassten Grenzen weitaus mehr Grenzpunkte und sind in der Örtlichkeit kaum wiederherstellbar.

Die Herstellung der Grenzsicherheit schafft eine einmalige Wertschöpfung von 1344 €/ha.

Der Wertschöpfungsbeitrag für die Schaffung der Grenzsicherheit variiert durch die verschieden hohen Gebühren der Vermessungs- und Katasterbehörden der Länder, der Qualität des vorhandenen Kartenmaterials und der Größe der Grundstücke. In den untersuchten Verfahren in Rheinland-Pfalz wurden die Erleichterungen durch die Grenzkenntnis von den Waldeigentümern wie auch Forstbediensteten als gleichwertig zu den Erleichterungen aus dem Wegebau bewertet und können daher monetär betrachtet die gleiche Höhe erreichen.

4.7.12 Verringerung Verwaltungsaufwand bei Führung des Grundbuchs

Im Grundbuch, dem amtlichen Verzeichnis der Grundstücke, werden die Eigentumsverhältnisse an Grundstücken sowie die mit dem Grundstück verbundenen Rechte und auf ihm liegende Lasten nachgewiesen. Die Eintragungen im Grundbuch genießen nach § 892 BGB den öffentlichen Glauben der Richtigkeit. In einer flächendeckenden Beschreibung gibt das Liegenschaftskataster in Katasterkarten und Katasterbüchern Auskunft über die Lage, Größe, Zuschnitt und Nutzung der Grundstücke und ist amtliches Verzeichnis der Grundstücke nach § 2 Abs. 2 GBO der Grundbuchordnung. Die zum Liegenschaftskataster zählende Flurkarte ist amtliche Karte im Sinne der Grundbuchordnung. Die Richtigkeitsvermutung des Grundbuchs erstreckt sich auch auf den sich aus dem Liegenschaftskataster ergebenden Grenzverlauf (BGH 02.12.2005 – V ZR 11/05). Dadurch wird das Vertrauen des Wirtschaftsverkehrs auf die Verlässlichkeit der Grundbucheintragungen geschützt.

In den Waldflurbereinigungsgebieten sind die Eintragungen in das Grundbuch häufig so veraltet, dass eingetragene Eigentümer schon lange verstorben und ungeteilte Erbengemeinschaften entstanden sind. Die Kartennachweise können den öffentlichen Glauben kaum noch stützen, da sie häufig das weit über einhundert Jahre alte Urkataster enthalten. Rechtsansprüche von Waldeigentümern sind auf dieser Grundlage kaum gegen Dritte durchzusetzen, da das Kostenrisiko für Zivilprozesse bei Grenzstreitigkeiten die Boden- und Bestandswerte häufig übersteigen würde und der Ausgang derartiger Klagen zudem sehr ungewiss wäre. Der Grundstücksverkehr ist auf dieser Grundlage stark eingeschränkt. Über eingesparte Kosten oder Verärgerungen durch den Verzicht auf möglicherweise erfolglose Rechtsstreitigkeiten gibt es keine verlässlichen Untersuchungen oder Kennwerte.

Die Verbesserung der Qualität der öffentlichen Bücher durch Aktualisierung und Verkleinerung des Datenumfangs durch Reduzierung der Flurstücke wurde von BMS Consulting (2007, S.117, 154) auf der Grundlage von Kroés (1971) mit jährlich 1,75 €/ha Verfahrensfläche berechnet, wobei nur die flurbereinigungsbedingten Ersparnisse bei der Grundbuchführung berücksichtigt werden. Die eingesparten Verwaltungskosten wurden für reine Landgemeinden, und als solche sind die meist peripher gelegenen Waldflurbereinigungsgebiete einzuordnen, als viel geringer eingeschätzt und daher nur zu 10% angerechnet, mit einem Diskontierungssatz von 3%. Da Waldflächen durch hohe Nachfrage nach nachwachsenden Rohstoffen inzwischen eine weitaus höhere Wertschätzung genießen als vor 40 Jahren erscheint dieser Ansatz deutlich zu gering.

In Ermangelung einer neueren Untersuchung mit verlässlichen Daten wird dennoch als Minimalansatz der von BMS Consulting (2007) ermittelte Wert von gerundet jährlich 0,2 €/ha für die Einsparungen bei der Grundbuch-

führung und Vereinfachung durch Ablösung alter Grunddienstbarkeiten übernommen.

4.7.13 Sicherung der Holzbodenwerte

Im Gespräch mit Fachvertretern aus dem Bereich der Forstwirtschaft wurde von BMS Consulting (2007) ermittelt, dass sich der Bodenwert des Waldes infolge einer Waldflurbereinigung mindestens verdoppelt. Als Ausgangswert wurde dabei in Mittelgebirgslagen mindestens im Durchschnitt ein Waldbodenwert von 30 Cent angenommen. Damit wäre pauschal für eine flurbereinigungsbedingte Steigerung des Bodenwertes ein Betrag von 30 Cent pro m² in Ansatz zu bringen. Vergleichbare Untersuchungen zur Erhöhung des Waldbodenwertes infolge einer Waldflurbereinigung, die diesen konkreten Betrag bestätigen oder widerlegen, gibt es nicht.

Zieht man zur Absicherung dieser Einschätzung den Immobilienmarktbericht Deutschland (2010, S.171) als aktuellste bundesweite Auswertung heran, so stellt man extreme Spannweiten bei den durchschnittlichen Kaufpreisen von Waldflächen im Bundesgebiet fest. Die großen Spannweiten von 0,13-6,00 €/m² sind damit zu begründen, dass der Kaufpreis die Summe von Bodenwert und Bestandswert darstellt und es in der Regel nicht gelingt, bei der Auswertung der Verkaufsfälle den Bodenwert vom Bestandswert zu trennen. Es ist lediglich festzustellen, dass die Lage des Forstgrundstückes „überwiegend städtisch", „teilweise städtisch" und „ländlich" Einfluss auf die Preisbildung hat, diese aber von anderen Grundstückseigenschaften wie Bodengüte, Bestandesausprägung und weiteren Eigenschaften stark überlagert wird.

Grundsätzlich ist der Bodenwert im Vergleichswertverfahren zu ermitteln, das scheitert aber häufig daran, dass nicht genügend Verkäufe von Grundstücken vorliegen, die in der Lage, Nutzung, Bodenbeschaffenheit, Zuschnitt und sonstigen Beschaffenheiten mit dem zu vergleichenden Grundstück übereinstimmen (Grünwald 2006, 2011). Das österreichische Bundesministerium für Land- und Forstwirtschaft, Umwelt und Wasserwirtschaft (Lanschützer 2005) empfiehlt daher, den Bodenwert im Verhältnis zur Ertragsklasse zu ermitteln. Dabei wird zwischen sehr gut bewirtschaftbaren Schlepper- und Seilgeländeflächen und schwierigem Seilgelände unterschieden.

Für den Salzburger Raum wird ein Multiplikator pro Ertragsklasse von 0,07-0,15 €/m² für leicht zugängliche und von 0,05-0,09 €/m² für schwer zugängliche Waldflächen unterstellt; in Salzburg ist durchschnittlich die Ertragsklasse 8 vorhanden. Während im Salzburger Wirtschaftswald Bodenwerte von 0,56-1,20 €/m² für flaches Gelände und 0,40-0,70 €/m² für steiles Gelände ermittelt wurden, wird für den Bodenwert des Schutzwaldes pauschal der Betrag von 0,20-0,40 €/m² angegeben.

Da im Schutzwald keine oder nur eine sehr restriktive Nutzung möglich ist, kann das Verhältnis des Bodenwerts zwischen Schutzwald und Wirtschaftswald dem Verhältnis des Bodenwerts zwischen schlecht oder nicht bewirtschaftbarem Wald vor der Waldflurbereinigung und gut bewirtschaftbarem Wald nach der Waldflurbereinigung gleich gestellt werden. In der Annahme, dass sich der Schutzwald eher in schwierig bearbeitbaren Lagen befindet, wird der Bodenwert von 0,40-0,70 €/m² dem Bodenwert von 0,20-0,40 €/m² gegenüber gesetzt und die Differenz von 0,20-0,30 €/m² für die Nutzbarkeit von Waldflächen in Wert gestellt.

Tab. 4-16: Bodenwert im Verhältnis zur Ertragsklasse abhängig von Bewirtschaftbarkeit (Lanschützer 2005)

Bewirtschaftung	Multiplikator der EKl	Ertragsklasse 8	Schutzwald
leicht	0,07 – 0,15 €/m²	0,56 – 1,20 €/m²	
schwierig	0,05 – 0,09 €/m²	0,40 – 0,70 €/m²	
keine			0,20 – 0,40 €/m²

Die gegenwärtige Einführung der doppelten Buchführung Doppik in der öffentlichen Verwaltung der Kommunen erfordert die Erfassung und Bewertung verschiedener Bilanzpositionen unter anderem auch den Bodenwert von Waldvermögen. Da in den meisten Fällen auf keine Bodenrichtwerte zurückgegriffen werden können, werden Ersatzbewertungen mit pauschalen Werten herangezogen.

In Bayern (AllMBl 2008) wird die Ersatzbewertung für Waldböden bei keiner oder unregelmäßiger Bewirtschaftung von 0,20 €/m² einschließlich dem Aufwuchs und bei wirtschaftlicher regelmäßiger Bewirtschaftung von 0,30 €/m² ausschließlich dem Aufwuchs empfohlen. Unter der Annahme, dass der Aufwuchs auf nicht bewirtschafteten Flächen keinen Wert besitzt, ist die wirtschaftliche Nutzbarkeit von Waldböden 0,10 €/m² wert. Unter der Annahme, dass der Aufwuchs bei keiner/unregelmäßiger Bewirtschaftung die Hälfte des Gesamtwertes, also 0,10 €/m² und der Boden ebenso 0,10 €/m² wert sind, dann ist die wirtschaftliche Nutzbarkeit der Böden 0,20 €/m² wert.

In Rheinland-Pfalz (Kommunale Doppik Rheinland-Pfalz 2006) wird, wenn keine Bodenrichtwerte vorhanden sind, landeseinheitlich ein Bodenwert von 0,20 €/m² für regelmäßig bewirtschaftete Waldflächen und 1 €/ha für nicht regelmäßig bewirtschaftete Waldbestände angesetzt. Für nicht bewirtschaftete Waldflächen gilt daher umgerechnet ein Bodenwert von 0,0001 €/m². Dies bedeutet, dass ein Waldboden, der aus welchem Grund auch immer keinen Ertrag leistet, keinen Wert besitzt. Im übertragenen Sinn kann man für Waldflächen, die mangels Erschließung nicht bewirtschaftet und mangels Grenzkenntnis nicht veräußert werden, durchaus annehmen, dass der Bodenwert ebenfalls bei 0 liegt. Eine Nutzbarmachung der Waldflächen durch eine Waldflurbereinigung würde durch die in der Doppik angewendeten Ersatzbewertung eine Bodenwertsteigerung von 0,20 €/m² ergeben.

In Kapitel 3 wurde dargestellt, dass die wesentlichen Verbesserungen der Grundstücksstruktur durch die Waldflurbereinigung zu einer Erhöhung des Bodenwertes führen. BMS Consulting (2007) ermittelte erstmalig die Bodenwertsteigerung durch Waldflurbereinigung in Expertengespräche mit einem Wert von 0,30 €/m². Aufgrund der oben angestellten Überlegungen scheint der etwas niedrigere Wert von 0,20 €/m² die Bodenwertsteigerung besser abzubilden.

Es wird für die Waldflurbereinigungsfläche eine einmalige Bodenwertsteigerung von 0,20 €/m² angenommen.

4.7.14 Effizientere Beratung, Wissens- und Motivationsgewinn durch Fortbildung

In der Untersuchung der Waldflurbereinigung Unteralpfen-Oberalpfen-Remetschwiel stellte König (1985) fest, dass durch die Verbesserungen der Waldstruktur die Beratungs- und Betreuungstätigkeiten der Forstverwaltung um 7% rationalisiert werden konnten. In der Teilnehmerbefragung der Waldflurbereinigungen Adenau und Birresborn gaben die Befragten an, dass sie nach dem Verfahren mehr Kontakt zu ihrem Privatwaldbetreuer haben und auch vermehrt an forstlichen Weiterbildungen teilnehmen.

Der Wegfall von unnötig gewordenen Arbeiten des Betreuungsförsters ermöglicht den Freiraum für andere nutzbringende Beratungen. Bei durchschnittlichen Privatwaldbetreuungsrevieren von 3100 ha (MUFV 2009) und einem Personalkostenverrechnungssatz von 89 738 €/a (Oberfinanzdirektion Koblenz 2011) ergibt sich für die bessere Betreuung in 7% der Arbeitszeit ein Nutzen von 2 €/ha.

Der durch eine Waldflurbereinigung erstmals hergestellte oder intensivierte Kontakt zum Waldeigentum führt zu einer vermehrten Nachfrage nach kostenlosen Beratungen durch das Forstamt, wie z.B. die Anleitung bei Betriebsarbeiten, die Unterstützung beim Holzverkauf, Pflanzenankauf und bei Förderanträgen. Darüber hinaus werden kostenpflichtige Motorsägenlehrgänge und Waldbauernschulungen verstärkt besucht, in der Grundkenntnisse einer nachhaltigen und multifunktionalen Waldbewirtschaftung vermittelt werden. Die in den Lehrgängen und Schulungen vermittelten Kenntnisse stärken die Bindung an das Waldeigentum, fördern das Verständnis für ökonomische und ökologische Zusammenhänge und steigern die Freude an der Beschäftigung mit dem Wald.

Der schwer greifbare Erfolg der Unterrichtung der Waldeigentümer wird anhand der Kurskosten, die der Teilnehmer trägt, bemessen und liegt damit unterhalb des tatsächlichen Wissens- und Motivationsgewinns.

Es wird angenommen, dass die Hälfte der Waldeigentümer zu einer Fortbildung motiviert werden können, in der sie jedes zweite Jahr ihre Kenntnisse vertiefen oder auffrischen. Bei einer durchschnittlichen Besitzgröße von 1 ha und den Kosten von 80 € für einen eintägigen Motorsägenlehrgang (Waldbauernschulungen dauern mehrtägig, Waldbegehungen werden kostenfrei angeboten) beträgt der Nutzen 20 €/ha.

Die effizientere Beratung wird mit 2 €/ha und der Wissens- und Motivationsgewinn durch gesteigerte Fortbildungsbereitschaft der Waldeigentümer nach der Waldflurbereinigung mit 20 €/ha angerechnet.

4.7.15 Auflösung von Erbengemeinschaften

In forstwirtschaftlichen Berichten wird immer wieder die Schwierigkeit der nicht möglichen Ansprache von Erbengemeinschaften im Kleinprivatwald bemängelt. Es liegt nicht in der Aufgabe der Betreuungsförster Erben von Erbengemeinschaften zu ermitteln, da dies einen unverhältnismäßig hohen Aufwand bedeutet. Daher liegen Waldflächen mit ungeklärten Eigentumsverhältnissen brach und können mit den Mitteln der Privatwaldbetreuung nicht in Bewirtschaftung gebracht werden. Anders liegt der Fall bei einer angeordneten Flurbereinigung, in der die am Verfahren Beteiligten zu ermitteln sind (§ 11 FlurbG) und damit die Eigentumsverhältnisse festgestellt werden. Die Legitimation der Teilnehmer gestaltet sich bei sehr großen Erbengemeinschaften, bei zweiter oder dritter Erbfolge, bei Auswanderung ins Ausland und anderen Komplikationen als sehr arbeitsaufwändig. Im Verfahren Hinterhausen-Büdesheim waren 10% der Teilnehmer von 5% der Fläche Erbengemeinschaften. Für die Legitimation der Beteiligten von Erbengemeinschaften wurde für Nachforschungen im Einwohnermeldeamt u.a., die Ermittlung vor Ort und Befragung Ortsansässiger sowie die Beibringung von Vollmachten von einer Arbeitskraft 3 Monate aufgewendet (Hack 2011). Nach dem Personalkostenverrechnungssatz für den gehobenen Dienst (Oberfinanzdirektion Koblenz 2011) liefen dafür Personalvollkosten von ca. 22 000 € an.

Für eine Erbenermittlung durch einen professionellen Erbenermittler ist als Vergütung ein Anteil von 10-30 % am Reinnachlass allgemein anerkannt, da diese einen hohen Aufwand betreiben müssen (LG München, Urteil vom 12.10.2005, Az. 26 O 10845/05). Das prozentuale Honorar richtet sich nach der Höhe der Erbschaft, so dass für Erbschaften unter 20 000 € der Höchstbetrag, meist sogar 35 % des Nachlasswertes zuzüglich Mehrwertsteuer verlangt wird.

Bei einer Erbenermittlung im Verfahren Hinterhausen-Büdesheim durch ein Erbermittlungsbüro wären für die mehr als 30 Erbengemeinschaften mit jeweils ca. 0,9 ha Waldvermögen in Höhe von 4500 € bei einem Honorar von 30% eine Summe von 40 000 € angefallen.

Im Verfahren Hinterhausen-Büdesheim wurden die Erbengemeinschaften vielfach aufgelöst, indem in einer Erbauseinandersetzung ein Erbe die Miterben auszahlte oder alle Erben zugunsten der Teilnehmergemeinschaft oder eines Dritten verkauften (Hack 2011). Die üblicherweise anfallenden Notar- und Grundbuchgebühren mussten nicht aufgebracht werden, dieser Vorteil wurde unter Punkt 16 „Anregung des Grundstückmarktes" berechnet.

Die Ermittlung der Erbberechtigten durch einen professionellen Erbenermittler verursacht bei einem Grundstückswert von 5000 €/ha Kosten von 1500 € pro ha Eigentum in Erbengemeinschaften. Es kann allgemein für Waldflurbereinigungen in RLP angenommen werden, dass etwa 5% der Fläche im Eigentum von schwer ermittelbaren Erbengemeinschaften stehen (Lorig 2011). Die anschließende Erbauseinandersetzung oder Benennung eines Bevollmächtigten reduziert für den Privatwaldbetreuer die Ansprechpartner auf eine Person pro Waldeigentum, dieser Vorteil fließt zum Teil in die Berechnungen zu Punkt 15 „Verbesserung der Beratung" ein.

Für die schwierige Ermittlung von Erbengemeinschaften wird ein einmaliger Nutzen von 1500 €/ha auf 5% der Waldfläche angenommen oder 75 €/ha auf die gesamte Waldfläche bezogen.

4.7.16 Anregung des Grundstückmarkts

Wie in Kapitel 3 erläutert, bevorzugen Waldeigentümer von etwa 10% der Waldfläche eine Abfindung in Geld anstatt in Land nach § 52 FlurbG. In der Wirkungsanalyse von BMS Consulting (2007) wird diese Erleichterung der Veräußerung mit 1% des Kaufpreises honoriert, das sind 50 €/ha bei einem durchschnittlichen Waldwert von 5000 €/ha.

Nach der Kostenordnung sind für die Beurkundung von Verträgen (§ 36 KostO) und den Vollzug des Geschäfts (§ 146 KostO) Notargebühren von 105 € und für die Eintragung des Eigentümers (§ 60 KostO) Grundbuchgebühren von 42 € fällig bei einem Geschäftswert zwischen 4000 und 5000 € (§ 32 KostO). Die Kostenersparnis durch den Wegfall der Notar- und Grundbuchgebühren beträgt für kleine Waldflurstücke mit einer Größe um 1 ha 147 €.

Bei einem Waldgrundstücksverkauf ist zur Verkaufsvorbereitung die Ermittlung des Waldwertes erforderlich. Nach den Erfahrungswerten des öffentlich bestellten und vereidigten Forstsachverständigen Stadie (2011), der bisher schon viele Waldbewertungen in Flurbereinigungsverfahren in Baden-Württemberg durchführte, liegen die Kosten für eine Waldbewertung außerhalb eines Flurbereinigungsverfahrens für kleinere Grundstücke bis zu 1 ha je nach Zeitaufwand zwischen 100 und 250 €. Da bei einer Landabfindungsverzichtserklärung auf jeden Fall der Wert der Einlagegrundstücke, insbesondere der Wert des Holzbestandes nach der Waldwertrechnung zu ermitteln ist (§ 27, § 85 Nr. 4 FlurbG), entfallen diese Kosten für den Verkäufer. Für die Berechnung wird ein mittlerer Wert von 150 € für die Ermittlung des Waldwertes unterstellt.

Die Flurbereinigungsbehörde übernimmt für den Verkäufer wie auch Käufer die Kaufabwicklung ähnlich wie ein Maklerbüro. Dennoch wird davon abgesehen, eine übliche Maklergebühr von 3% als Nutzen in Ansatz zu bringen, da die Reduzierung der Anzahl der Waldeigentümer im Interesse der Arrondierung der Flurstücke liegt und vorrangig dem Zweck der Flurbereinigung dient.

Der Nutzen einer Veräußerung durch Landabfindungsverzichtserklärung liegt bei 300 €/ha. Es wird angenommen, dass Eigentümer von 10% der Waldfläche davon profitieren.

4.7.17 Steigerung der Attraktivität des Waldes für Erholungssuchende

Durch den Wegebau werden Teile des Waldes erstmals für Erholungssuchende erschlossen und in einigen Fällen speziell als Rundwanderwege an Wanderrouten angeschlossen. In dem dicht besiedelten Deutschland kommen auf 1 ha Wald 7 Einwohner (BWI 2004), daher sind gerade weniger dicht besiedelte, waldreiche Regionen Deutschlands ein beliebtes innerdeutsches Reiseziel zur Erholung.

Der von Elsasser (1996) ermittelte Betrag von 100 DM / Jahr für die Erholungsleistung des Pfälzer Waldes wird für die Wälder in der Eifel übertragen und auf 50 € umgerechnet. Es wird angenommen, dass durch den Wegeneubau die Hälfte der Waldfläche einer neuen Erholungsnutzung zugeführt wird.

Die Steigerung der Attraktivität durch die spezielle Anbindung an Rundwanderwege, die Ausweisung als Mountainbikestrecke oder Langlaufloipe und ähnliche Leistungen, sowie die Steigerung des psychischen Wohlbefindens durch ein gepflegteres Waldbild werden vernachlässigt.

Der Erholungsnutzen steigt auf der Hälfte der Waldflurbereinigungsfläche um 350 €/ha.

4.7.18 Anlage von Erholungseinrichtungen

Im Staatswald wird eine Vielzahl an Erholungseinrichtungen angeboten. Davon wurden von den Waldbesuchern in einer Befragung Wegetafeln, Wegemarkierungen und Ruhebänke als wichtigste Erholungseinrichtungen eingestuft (Schaffner, Suda 2008) (Kreisl 1986).

In Flurbereinigungsverfahren werden regelmäßig gegen Ende des Verfahrens Sitzbänke und Wegetafeln aufgestellt, die meist von Vereinen, der Gemeinde oder Privatpersonen gespendet werden. Bei der zusätzlichen Ausstattung von Privatwäldern mit Ruhebänken, Wegetafeln und Brunnen werden vor allem stadtnah gelegene Wälder, die gerne von Naherholenden besucht werden und touristisch bereits gut erschlossene Gebiete bevorzugt.

In einigen Waldflurbereinigungsverfahren wurden durch Flurbereinigungsmittel erhebliche weitere Investitionen in die Verbesserung der Erholungseinrichtungen getätigt, wie z. B. die Erstellung eines Aussichtspunktes, Erneuerungen an vorhandenen Rastplätzen, Aufstellung von Panoramatafeln und Ruhebänken, Druck einer Wanderkarte (Teilnehmergemeinschaft der Flurbereinigung Ibach 2007), Aufstellung von Orientierungstafel und Waldinformationstafeln, Anlage eines Baumlehrpfades, Informationstafeln zu einem Bodendenkmal im Flurbereinigungsverfahren Bondorf (Speidel 2010).

Ebenso eine Bereicherung ist die Restauration von Kleindenkmälern, wie Wegekreuze, Gedenksteine und historische Grenzsteine, die meist mit einer Information zur Entstehungsgeschichte versehen, dem interessierten Besucher die geschichtlichen Zeugnisse näher bringen. Die kulturtouristische Bündelung einzelner Attraktionen in einer Region zu einem Netzwerk verschiedener Akteure birgt ein hohes wirtschaftliches Potenzial im ländlichen Raum (Gemeinde Altenkirchen 2009). Natur- und Kulturdenkmäler können, wenn sie touristisch erschlossen sind, einen wichtigen Baustein zum Kulturtourismus beitragen.

In dem abgeschlossenen Beispielverfahren Birresborn wurden die touristischen Attraktionen Birresborner Eis- und Mühlsteinhöhlen sowie das Naturdenkmal Adam und Eva, zwei 200-jährige Kiefern, mit Mitteln der Flurbereinigung in Höhe von insgesamt 5000 € unterstützt. Die unter Mithilfe der Flurbereinigung erfolgte Flächenausweisung für den überregional bedeutsamen Kylltalradweg ermöglichte die seit 20 Jahren gewünschte Durchgängigkeit des Kylltalradweges zwischen Lissingen und Birresborn (Ortsgemeinde Birresborn 2003). Der Verkehrs- und Gewerbeverein Birresborn stellte Tisch- und Sitzgruppen sowie Informationstafeln am Kylltalradweg auf (Ortsgemeinde Birresborn 2005).

Die bereits als Teil der Ausführungskosten investierte Summe in touristische Projekte wird in der Höhe der Kosten als Nutzen angerechnet. Die erwartete Höhe der Investitionen in Bänke, Schutzhütten und Beschilderungen durch Dritte kann nur schwer ermittelt werden, daher wird sie abgeschätzt. Es ist von einer hohen Investitionsbereitschaft in dem durch den Weitwanderweg „Eifelsteig" überregional touristisch bedeutsamen Wandergebiet auszugehen. Es wird mit Kosten für aufgebrachte Erholungseinrichtungen zum Fertigen und Aufstellen einer Holzbank mit etwa 500 € und für ein einfaches Wegbeschilderungssystem mit etwa 2000 € gerechnet. Diese durch Dritte aufgebrachten Erholungseinrichtungen müssen bei der Wertschöpfungsberechnung auch zusätzlich auf der Kostenseite kalkuliert werden.

Die Investitionssumme für Erholungseinrichtungen wird für die Region Eifel mit 20 €/ha einmalig geschätzt.

4.7.19 Offenhaltung und Aufwertung der regionalen Kulturlandschaft

Durch die Beseitigung unerwünschten Bewuchses auf landschaftsunverträglich zugewachsenen Flächen und die dauerhafte Sicherung dieser Offenlandbereiche durch Maßnahmen- und Pflegepläne der Waldflurbereinigung kann ein wichtiger Beitrag zur Erhaltung der für eine Region typischen Kulturlandschaft geleistet werden. Da diese Wertschöpfung nicht unmittelbar berechnet werden kann, wird eine Analogie aus der Förderpraxis der Europäischen Union verwendet. Die Direktzahlungen im Rahmen der Gemeinsamen Agrarpolitik dienen auch dem Ziel der Erhaltung der Kulturlandschaft und werden daher hier als übertragbarer Wertansatz für diese gesellschaftliche Leistung angenommen. BMS Consulting (2007, S.151) nahm für die Wirkungsanalyse den für Rheinland-Pfalz 2005 ermittelten Wert in Höhe von 280 € pro ha touristisch offen gehaltener Fläche und Jahr an. Der Betrag für Direktzahlungen liegt 2012 für Rheinland-Pfalz bei geschätzt 296 €/ha und im Bundesdurchschnitt bei 344 €/ha (BMELV 2011b, Stand Jan. 2011). Es wird der heute aktuelle Wert von 296 € als gesellschaftliche Zahlungsbereitschaft für die Erhaltung oder Wiederherstellung der Kulturlandschaft auf den in den drei Beispielverfahren unterschiedlich großen Flächen der Gestaltung der Bachauen angesetzt. Die Entfernung der, die Bäche bedrängende Fichtenbestockung, wurde erst zum Teil umgesetzt und soll zum Teil sukzessiv erfolgen, daher wird die betroffene Fläche abgeschätzt.

Tab. 4-17: Abgeschätzte Fläche der aufgewerteten regionalen Kulturlandschaft

Verfahren	Fließgewässer	Fläche
Hinterhausen-Büdesheim	Dreisbach	12 ha
Lissingen	Kyll, Oosbach	14 ha
Birresborn	Kyll, u. a.	15 ha

Es wird unter vorsichtiger Abwägung eine Steigerung des Wertes der Kulturlandschaft durch die Waldflurbereinigung in Höhe von jährlich 296 € pro ha erhaltener oder wiederhergestellter Talauen sowie landschaftsprägender Offenhaltungsflächen angenommen.

4.7.20 Sicherung von Kulturdenkmälern

Kulturdenkmale werden aufgrund des öffentlichen Interesses an der Erhaltung des kulturellen Erbes und der Zeugnisse über die Geschichte der Gesellschaft durch die Denkmalschutzgesetze der Bundesländer geschützt. In das Flurbereinigungsrecht ist der Belang des Denkmalschutzes durch das Gesetz zur Berücksichtigung des Denkmalschutzes im Bundesrecht im Jahr 1980 ausdrücklich eingefügt worden. Nach § 37 Abs. 2 FlurbG hat seitdem die Flurbereinigungsbehörde bei der Neuordnung des Flurbereinigungsgebietes die öffentlichen Interessen zu wahren und dabei vor allem auch den Erfordernissen des Denkmalschutzes Rechnung zu tragen. Bei diesem gesetzlichen Auftrag geht es vor allem um die Pflege und Erhaltung von Bau-, Boden- und Kunstdenkmälern durch ihre Unterschutzstellung und Überführung in das Eigentum geeigneter Träger (Brumberg 2009). Während in der Dorferneuerung vornehmlich Baudenkmäler zur Erhaltung des eigenständigen Dorfcharakters bewahrt werden, umfassen Schutz und Sicherung auf Acker- Grünland- und Waldstandorten vorwiegend im Boden verborgene Bodendenkmäler. Die hohe Schutzwürdigkeit von Bodendenkmälern zeigt sich darin, dass sie nicht erst durch einen Verwaltungsakt unter Schutz gestellt werden, sondern diesen Status durch gesetzliche Regelungen auch schon im unentdeckten Zustand innehaben.

Unter dem Waldboden haben sich mehr Bodendenkmäler erhalten, als unter anderen Nutzungsformen, da Waldboden nicht ständig einer Bodenbearbeitung unterzogen wird. Die gesamte Anzahl der Bodendenkmäler ist nicht bekannt, da noch längst nicht alle Bodendenkmäler entdeckt und registriert sind. In einer von einem Archäologen und einem Forstdirektor verfassten Schrift zu archäologischen Fundstätten im Wald wird anhand der Beschreibung verschiedener, entdeckter Bodendenkmäler deutlich, wie vielfältig und historisch bedeutend die Zeugnisse menschlichen Wirkens in allen Epochen der Geschichte sind (Sippel, Stiehl 2005). Die große Anzahl der in dieser Schrift beschriebenen Denkmalarten, wie Hügelgräber, Ringwälle, Wallburgen, römischer Limes, römische Kastelle, Gutshöfe, Burgflächen, Jagdschlösser, Landwehre, Warten, Schanzen, Wüstungen, Klöster, Kapellen, Klausen, Flurrelikte, Hohlwege, Bergwerke, Verhüttungsplätze, Töpfereien, Ziegeleien, Glashütten, Teer-Pechhütten, Kalköfen, Steinbrüche und Flurdenkmäler, wie Grenzsteine und Steinkreuze, bestätigen die Vermutung, dass noch weitaus mehr Bodendenkmäler unter dem Waldboden vorhanden sind, als bisher bekannt. Die Waldbedeckung hat vor allem auf Privatwaldflächen dazu geführt, dass die obertägig sichtbaren Geländemerkmale vor einer Entdeckung und Einebnung verschont blieben. Oft hatten Privatwaldeigentümer auch kein Interesse, Beobachtungen über vermutete Denkmale an staatliche Stellen weiterzugeben, da sie eine Einflussnahme der Denkmalpflegeinstitutionen auf ihren Eigentumflächen befürchteten.

Der tatsächliche Schutz dieser wertvollen Relikte der Kulturgeschichte kann in der Praxis erst mit dem Bekanntwerden und möglichst auch einer archäologischen Bewertung und Kartierung ihrer Lage beginnen. Eigentümer und Bewirtschafter können nach Kenntnis der Bedeutung, Lage und Ausdehnung eines Bodendenkmales dann bewusst eine versehentliche Zerstörung vermeiden. Der nachhaltige Schutz von besonders wertvollen Denkmalen wird innerhalb eines Bodenordnungsverfahrens durch die Landabtretung nach § 52 FlurbG in die Hand geeigneter Träger und die gleichzeitige, meist einvernehmliche Beseitigung von Interessenkonflikten bewerkstelligt. Durch die denkmalangepasste Modellierung der neuen Wirtschaftswege kann häufig in Flurbereinigungsverfahren der Verlauf historischer Bauwerke in der Landschaft nachgezeichnet werden. Weiterhin können durch die Pflanzung von Bäumen bisweilen auch die Lage von Eck- oder Linienpunkten eines Bodendenkmals gekennzeichnet und so dessen Ausdehnung für die Bevölkerung visualisiert werden.

Neben diesen aktiven Maßnahmen der Flurbereinigung zum Denkmalschutz kann eine Waldflurbereinigung auch indirekt einen Beitrag zur Denkmalpflege leisten, indem sie zur Vermeidung von Gefährdungen beiträgt.

Zum einen können Bodendenkmäler durch Windwurf gefährdet werden, indem der Wurzelteller der geworfenen Fichten den Boden mit Bodenskelett und darin liegenden archäologischen Zeugnissen nach oben reißt und damit die Lage der kulturhistorischen Relikte verändert. Waldflurbereinigungen haben den Zweck, durch Verbesserung der Bewirtschaftungsverhältnisse eine Nutzung der Waldbestände anzuregen, die bei ordnungsgemäßer Bewirtschaftung zu stabilen und standfesten Beständen führt.

Zum anderen stellt die flächige, ungeordnete Befahrung von Windwurfflächen eine mögliche Gefährdung von Bodendenkmälern dar. Stabile Waldbestände sind weniger windwurfgefährdet und haben ein geringeres Risiko, durch Windwurf Bodendenkmäler zu zerstören. Der Ausbau des Wegenetzes, mit in regelmäßigen Abständen vorhandenen Rückegassen verhindert eine flächige Befahrung im gesamten Waldgebiet wie auch auf vermiedenen Windwurfflächen.

Die Zusammenarbeit der Flurbereinigungsbehörde mit der Denkmalschutzbehörde folgt dem gesetzlich vorgegebenen Ablauf des Flurbereinigungsverfahrens. Durch die Aufforderung der Flurbereinigungsbehörde nach § 5 FlurbG an alle das Flurbereinigungsgebiet betreffenden Behörden erfährt die Flurbereinigungsbehörde von der Denkmalschutzbehörde die bekannten Bodendenkmäler nach Lage, Bedeutung und Schutzzweck. Diese Mitteilung dient der Prävention einer Zerstörung von Bodendenkmälern. Die Flurbereinigungsbehörde wird im Zusammenwirken mit dem Vorstand der Teilnehmergemeinschaft in die Lage versetzt, den Wege- und Gewässerplan unter Berücksichtigung der angegebenen Bodendenkmäler inklusive eines Sicherheitsabstandes aufzustellen. An der Aufstellung des Wege- und Gewässerplans wird auch die Denkmalschutzbehörde beteiligt. Vergleicht man dieses geordnete Verfahren mit einem (privaten) Wegebau ohne förmlichen Planfeststellungsverfahren, so stellt sich die Gefahr, Bodendenkmäler durch den Bau von neuen Wegetrassen zu zerstören, aufgrund der intensiven Mitwirkung der Denkmalschutzbehörde an der Waldflurbereinigung sehr viel niedriger dar.

Der gesellschaftliche Wert eines geschützten Kulturgutes ist schwer zu ermitteln, da ein Bodendenkmal aufgrund seiner Einzigartigkeit nicht ersetzt werden kann. Fachexperten bezeichnen derart geschützte Kulturgüter meist von „unschätzbarem Wert". Die Beseitigung oder Veränderung eines Bodendenkmals durch eine geplante Bebauung oder eine anderweitige Veränderung bedarf der Genehmigung der Denkmalschutzbehörde. Sofern dem Bau- oder Veränderungsvorhaben bei Güterabwägung Vorrang eingeräumt wird, wird stets, um die Auswirkungen der Beschädigung oder Zerstörung eines Bodendenkmals zu minimieren, vom Verursacher verlangt, den unversehrten Zustand des Bodendenkmales durch eine fachgerechte archäologische Ausgrabung zu dokumentieren.

Durch eine derartige Ausgrabung wird der „unschätzbare Wert des Bodendenkmals" aber ganz oder teilweise zerstört. Die Dokumentation sichert lediglich den Wert des Bodendenkmals für die Wissenschaft und erhält zum Teil Zeugnisse in Form von Funden und archivierbaren Daten der Befunde.

Da eine Notgrabung immer eine Zerstörung des Denkmals bedeutet, ist der Wert eines unzerstörten Bodendenkmals, das die Kulturlandschaft bereichert, wesentlich höher und erstrebenswerter und in jedem Fall der Notgrabung vorzuziehen.

Um zu einem Wertschöpfungsansatz der Waldflurbereinigung zu gelangen, werden die Kosten des teilweisen Erhalts der im Bodendenkmal enthaltenen Informationen als der mindeste volkswirtschaftliche Wert angesetzt. Dabei wird die Vermeidung von Notgrabungen durch Überführung in das Eigentum geeigneter Träger als Berechnungsmodell angenommen.

Die Kosten einer Notgrabung sind fallweise sehr unterschiedlich. Als Durchschnittwert kann für eine Grabung an einem Grabhügel mit etwa 8 m Durchmesser ein Sach- und Personalaufwand von 30.000 bis 50.000 € angenommen werden. Für Grabungen an vorgeschichtlichen Siedlungen mit einer Ausdehnung von 2-3 ha ist ein Erfahrungswert von 20-30 €/m² angemessen (= 400.000 € bis 900.000 € pro Anlage) (Sommer 2012).

Die Anzahl der vorhandenen Bodendenkmale ist nicht bekannt. Täglich werden neue Bodendenkmale gemeldet oder mit neuen Techniken der Luftbildvermessung oder Airborne-Laserscanning identifiziert. So konnte zum Beispiel durch archäologische Prospektion mittels Airborne-Laserscanning die Anzahl der Bodendenkmale in einem 2500 km² großen Testgebiet im Südschwarzwald um das Zehnfache der Verdachtsflächen erhöht werden (Bofinger, Hesse 2011).

Eine durchschnittliche Multiplizierung der bekannten Bodendenkmale mit dem Faktor 3-4 zur Erlangung der tatsächlich vorhandenen Bodendenkmale ist aus der fachlichen Praxis heraus begründet (Sommer 2012). Unter sehr vorsichtiger Schätzung kann anhand der Anzahl der bekannten Bodendenkmale für die Gesamtfläche Bayerns angenommen werden, dass sich auf einer Fläche von 5 km² jeweils ein Bodendenkmal befindet. In einem bewaldeten 600 km² großen Gebiet in Baden-Württemberg sind 2000 archäologische Fundstellen bekannt (Bofinger, Hesse 2011), das ergibt eine Fundkonzentration von einem belegten

Fund alle 0,3 km². Für die untersuchten Waldflurbereinigungsgebiete in Rheinland-Pfalz liegen keine verwertbaren Daten vor. Aufgrund der intensiven Besiedlung durch Kelten und Römer wird (in Anlehnung an die Untersuchung im Schwarzwald) vorsichtig von 2 Bodendenkmälern pro km² ausgegangen.

Der Nutzen, der bei einer Waldflurbereinigung unmittelbar durch die Überführung der Fläche des geschützten Bodendenkmals in die öffentliche Hand entsteht, sollte konkret anhand der vermiedenen Notgrabungskosten berechnet werden. Brumberg (2009) stellte an einigen Beispielen von am Limes gelegenen Kastellen dar, dass die konkrete Unterschutzstellung erst durch die Zusammenarbeit in der Flurbereinigung ermöglicht wurde.

Der beste Schutz eines Bodendenkmals vor Erosion und Abtragung ist nach Ansicht von Archäologen die Überdeckung mit einem stabilen Wald. Die Waldflurbereinigung trägt zu einer Stabilisierung des Waldes bei, indem sie eine rentable Nutzung und Pflege ermöglicht.

Der durch Übertragung an einen geeigneten Träger oder die Überdeckung mit einem stabilen Wald gewährte Schutz von vorsichtig angenommenen 2 Bodendenkmälern pro km² wird mit den Notgrabungskosten von mindestens 30.000€ Grabungskosten für einen kleinen Grabhügel von 100 m² Größe minus 100 € Grund- und Holzerwerbskosten, also 29 900 € pro Grabung bewertet.

Als Wertschöpfungsansatz werden bei einer angenommenen Bodendenkmaldichte von 2 Bodendenkmalen pro km² einmalig 600 €/ha Waldflurbereinigungsfläche angesetzt, oder umgerechnet 28 €/ha jährlich.

4.7.21 Beitrag zum Klimaschutz

Die CO_2-Speicherung spielt in den europäischen Wäldern klimapolitisch nur eine untergeordnete Rolle (Heuer 2009, Schulz 2005). Die Anrechnung von Kohlenstoffsenken durch Waldbewirtschaftung nach dem Kyoto-Protokoll wird in der EU nicht wahrgenommen. Die höchste Kohlenstoffspeicherung beginnt bei einem Baumalter von 38 Jahren und ist bei einem Alter von 200 Jahren gesättigt. Daher ergibt sich, dass alte Primärwälder kaum noch zusätzliches CO_2 speichern (IZT 2008). Die nachhaltige Bewirtschaftung eines Waldes erhöht die CO_2-Speicherung auf langfristige Sicht gesehen, da aber bisher keine Ergebnisse darüber vorliegen, inwieweit die Bewirtschaftung innerhalb einer Umtriebsperiode zur Kohlenstoffspeicherung beiträgt, kann dieser Punkt für die Waldflurbereinigung nicht berechnet werden.

Der durch eine Waldflurbereinigung erhöhte Holzeinschlag liefert Holz, das treibhausgasintensivere Materialien ersetzten kann und als Bauholz für längere Zeit CO_2 speichert. Der Sachverständigenrat für Umweltfragen (SRU 2008, S. 218) beurteilt eine Steigerung der Holznutzung im Privatwald in Hinblick auf eine Substitution fossiler Brennstoffe als wünschenswert. In welchem Ausmaß dadurch eine CO_2-Minderung eintritt, ist nicht untersucht und kann daher ebenso nicht für die Flurbereinigung berechnet werden.

Eine flächenhafte Entwaldung bei Sturmwurfereignissen legt den Waldboden, den größten CO_2-Speicher im System Wald frei und führt zu einer Freisetzung des CO_2. Um die Verletzbarkeit des Waldes gegenüber dem Klimawandel zu mindern, wird durch den Waldumbau eine höhere Resistenz gegenüber klimatischen Extremereignissen, eine Verringerung der Waldbrandgefahr und höhere Biodiversität erzeugt. (IZT 2008). Eine Vitalisierung der Naturräume fördert den Klimaschutz, die Anpassung an den Klimawandel und die Ziele des Naturschutzes (SRU 2008, S.164). Daher sollen „Ökosysteme mit besonderen Funktionen als Kohlenstoffspeicher wie Moore, Wälder und Grünland erhalten und gestärkt werden" (SRU 2008, S.48). Auch in der nationalen Strategie zur biologischen Vielfalt wird die „Anpassung der Wälder an die Herausforderungen des Klimawandels" angestrebt (BMU 2007, S.32).

Die Notwendigkeit des Waldumbaus ergibt sich in Deutschland, wie auch in Rheinland-Pfalz, auf 48 % der Waldfläche, die mit naturfernen Nadelholzbeständen bedeckt sind (BWI 2004). Der Erhalt und die Förderung der biologischen Vielfalt durch Waldumbau wurde mit einer Zahlungsbereitschaft von 145 €/ha ermittelt (nach Küpker 2007, vgl. Kap. 3.3.7). Die Anregung zum Waldumbau durch die Waldflurbereinigung erfolgt durch die gesteigerte Nutzung, die eine Verjüngung bedingt und durch den besseren Kontakt zum Privatwaldbetreuer.

Der Klima- und Naturschutz durch angeregte Waldumbautätigkeit wird mit 70 €/ha bewertet.

4.7.22 Waldrandaufbau für Artenvielfalt und Bestandsschutz

Der Waldrand ist ein besonders wertvolles Element des multifunktionalen Waldes, wenn er genügend Raum hat und stufig aufgebaut ist.

- Er schützt den Bestand vor Windwurf/ -bruch und Austrocknung.
- Er beherbergt eine außerordentlich hohe Zahl an Arten.
- Durch die lange linienhafte Struktur eignet er sich als Biotopverbund.
- Er wird in der Landschaft als prägendes Element zwischen zwei Landnutzungsformen von Erholungssuchenden besonders wahrgenommen.

Im Rahmen der Gemeinschaftsaufgabe „Verbesserung der Agrarstruktur und des Küstenschutzes" (GAKG) wird unter der Förderung der Erstaufforstung sowie einer naturnahen Waldbewirtschaftung die Waldrandgestaltung durch Zuwendungen zur Kulturbegründung und -pflege und einer Einkommensverlustprämie unterstützt. Damit wird die Umweltleistung honoriert, die nicht über die Produktpreise am Markt abgegolten werden können (BMELV 2009b, S.23).

Diese Leistungen sind vor allem der Schutz vor Erosion und Hochwasser sowie die Speicherung von CO_2.

Die Kulturbegründung wird mit 85 % der Ausgaben oder nach kalkulierten Kostensätzen bezuschusst. Rheinland-Pfalz, Bayern und Thüringen fördern nach kalkulierten Kostensätzen, die hier zur Berechnung des Nutzens des Waldrandes angewendet werden. (DVS 2011)

In Bayern beträgt die allgemeine Förderung für die Anlage eines Waldrandes als Maßnahme der Erstaufforstung 1700 €/ha, die Pflegeprämie 300 €/ha jährlich für 5 Jahre. Geschieht der Waldrandaufbau im Rahmen des Waldumbaus durch Wiederaufforstung, so liegt der Fördersatz bei 3200 €/ha, bei besonderer Förderung von Schutz- und Erholungswald bei 4800 €/ha (Waldföpr 2007).

In Thüringen liegt die Zuwendung für die Begründung eines Waldrandes mit einer Tiefe von 5 m bei 1,20 €/lfm; das sind umgerechnet 2400 €/ha und für die Pflege einmalig 0,80 €/lfm (1600 €/ha) (TMLNU 2008).

Landesforsten Rheinland-Pfalz setzt bei der Förderung der Erstaufforstung die Gestaltung eines Waldrandes voraus, wenn langfristig eine andere Landnutzungsart vorgelagert ist. Eine Mischkultur wird mit 3680 €/ha gefördert und liegt damit in ähnlicher Höhe wie in Bayern und Thüringen. (Landesforsten Rheinland-Pfalz)

Des Weiteren wird eine jährliche Einkommensverlustprämie von 150-700 €/ha für 15 Jahre gewährt. Bei Aufforstung von Grünlandflächen und geringwertigen Ackerflächen beträgt sie 350 €/ha. Davon abzuziehen ist der Verlust des Anspruches auf Direktzahlung im Rahmen der gemeinsamen Agrarpolitik, die einen regional einheitlichen Wert für Rheinland-Pfalz von 296 € vorsieht (GAK).

Der rheinland-pfälzische Förderbetrag von 3680 €/ha für Erstaufforstung mit Waldrand und die Differenz zwischen Einkommensverlustprämie und Direktzahlung von 54 €/ha für 15 Jahre wird als Wertschöpfung durch die Umsetzung des Waldrandaufbaus angenommen.

Dies ergibt einen einmaligen Wertschöpfungsbetrag von 4280 €/ha Waldrandaufbau bzw. 199 €/ha jährlich.

Der Wert von 4280 €/ha wird neben dem Aufbau von Waldrändern ebenso für Erstaufforstungen angewendet (Punkt 25), wenn diese erst durch ein Flurbereinigungsverfahren ermöglicht wurden.

Die Funktion des Waldaußenrandes als Bestandsschutz wird durch Anrechnung des Förderbetrages gewürdigt, die Funktion als Biotopverbund zu dienen, wird gesondert über die von Küpker (2007) ermittelte gesellschaftliche Wert für die Schaffung von biologischer Vielfalt von jährlich 145 €/ha (Ableitung siehe Kap. 3.3.7) berechnet.

Der Waldrand zeichnet sich optisch durch eine hohe Artenvielfalt aus und wird daher nicht nur von Erholungssuchenden direkt am Wald, sondern auch noch in Sichtweite davon entfernt hoch geschätzt. Es sollte daher unabhängig von der Wegedichte ein Erholungswert von 350 €/ha angenommen werden (s.Pkt.17).

Die Wertschöpfung durch den Waldrandaufbau beträgt für den Bestandsschutz, den Biotopwert und den Erholungswert insgesamt jährlich 694 €/ha Waldrand.

Bei einem 30 m breitem Waldrand sind dies 2 €/lfm Waldrand.

4.7.23 Sicherung ökologisch wertvoller Gebiete

In dem „Gesetz zu dem Übereinkommen vom 5. Juni 1992 über die biologische Vielfalt" (BGBl. II S.1741) verpflichtet sich Deutschland „nationale Strategien, Pläne oder Programme zur Erhaltung und nachhaltigen Nutzung der biologischen Vielfalt entwickeln" (Artikel 6).

Das Bundesministerium für Umwelt, Naturschutz und Reaktorsicherheit kam dieser Maßgabe mit der Schrift „Nationale Strategie zur biologischen Vielfalt" nach (BMU 2007). Für den Lebensraum Wald ist es das Ziel bis 2020 einen Flächenanteil von 5 % mit natürlicher Waldentwicklung zu erreichen. Es wird eine Förderung des Vertragsnaturschutzes im Privatwald auf 10% der Fläche angestrebt (BMU, 2007, S.31, 32).

Die Flurbereinigungsbehörde versucht ministeriale Vorgaben zum Naturschutz, soweit wie möglich und sinnvoll, umzusetzen. Die Sicherung der Flächen erfolgt durch die Überführung in das Eigentum der Gemeinde, des Landes oder an anerkannte Vereine des Naturschutzrechts.

Im Verfahren Lissingen konnten im Naturschutzgebiet Hundsbachtal im FFH-Gebiet Gerolsteiner Kalkeifel Blockschutthaldenwälder an den Naturschutzbund (NABU) und das Land Rheinland-Pfalz zugeteilt werden. Die sehr artenreichen Blockschutthaldenwälder sind in Teilbereichen Nahrungshabitat des geschützten Uhus.

Im Verfahren Hinterhausen-Büdesheim wurde der selten gewordene Waldtyp Erlenbruchwald von Privateigentum in Landeseigentum überführt. Zur Gewässerrenaturierung und zur Förderung des natürlichen Hochwasserschutzes wurden in allen drei untersuchten Verfahren Uferschutzflächen entlang von Bächen gesichert, die teilweise durch den Wald fließen. Es erfolgte eine ökologische Aufwertung des Auenbereichs durch die Beseitigung von standortfremden Nadelwaldbeständen.

Die Erhaltung oder Schaffung von ökologisch wertvollen Gebieten wurde in den Waldflurbereinigungsverfahren auf durchschnittlich 3 - 4 % der Fläche umgesetzt. Es wird die von Küpker (2007) abgeleitete Wertschätzung von 145 €/ha/a diesen Maßnahmen zu Grunde gelegt (siehe Kap. 3.3.7).

Bei einer durchschnittlichen Sicherung von ökologisch wertvollen Gebieten auf 3,5% der Fläche können 5 €/ha für das gesamte Verfahren angesetzt werden.

4.7.24 Entwicklung von Biotopverbund

Die Biotopvernetzung gewinnt angesichts des Klimawandels weiter an Bedeutung, da die Verbreitungsgebiete vieler Arten an klimatische Faktoren gekoppelt sind. Damit die Populationen klimaabhängiger Arten erhalten bleiben, müssen sie neue Lebensräume auf Wanderkorridoren besiedeln. Es gilt daher, auch in Privatwaldflächen vernetzte Biotopstrukturen zu schaffen.

In der Waldflurbereinigung bieten sich verschiedene Möglichkeiten der Biotopvernetzung an:

- Vernetzung von isolierten Waldbeständen durch Bäume und Hecken als Verbindungselemente (z. B. der Waldverbund auf 20 000 km Länge im Projekt „Rettungsnetz für die Wildkatze" (BUND 2011))
- Erhaltung oder Schaffung von Tot- und Altholz als Biotopinseln mit etwa 4 liegenden und 5 stehenden Bäumen/ha bzw. 10-20 m³/ha Totholz (Schaber-Schoor 2008).
- Verbindung von Laubholzbeständen in Nadelholzmonokulturen durch Laubholzkorridore und Laubholztrittsteine.
- Überwindung von Barrieren, wie stark frequentierte Verkehrswege, durch Grünbrücken.
- Wiederherstellung der ökologischen Durchgängigkeit von Wildbächen durch die Anlage von Fischtreppen und dem Rückbau von Verrohrungen und Sohlsprüngen.
- Verbesserung der ökologischen Gewässerqualität durch Entfernung standortfremder Fichten und Überführung in naturnahe Bruch- und Bachauenwälder.
- Anlage von stufig aufgebauten und artenreichen Waldaußenrändern.
- Öffnung kompakter Waldkomplexe durch Wege mit sich einstellender Saumvegetation und Förderung eines Waldinnenrandes.

In den drei Beispielverfahren wurden Linienbiotope geschaffen durch:
- Pflanzungen am Waldaußenrand
- Entfichtungen an Gewässern
- Baumreihenpflanzungen im Offenlandbereich und
- Einstellung einer Saumvegetation an den neu angelegten Wegen durch Öffnung eines Lichtraumes

Aus dem Waldflurbereinigungsverfahren Unteralpfen-Oberalpfen-Remetschwiel wird 15 Jahre nach den Wegebauarbeiten berichtet, dass sich durch die großzügige Aufhiebsbreite der Trasse von durchschnittlich 10 m strukturreiche Waldinnensäume gebildet haben. Die damaligen Befürchtungen, dass die Aufhiebsbreite Sturmschäden in der Schneise nach sich ziehen würden, haben sich trotz einer Sturmkatastrophe im Jahr 1990, ein Jahr nach dem Aufhieb, nicht bestätigt. (Kuner, Peck 1994)

Der Wert der Schaffung einer Wegesaumvegetation durch Öffnung des Kronendaches wird über die Kosten der Freistellung der Wegetrasse von 10 m kalkuliert. Abzüglich der Breite des Wegekörpers von 4 m ergibt sich eine Saumvegetation beidseitig des Weges mit einer Breite von jeweils 3 m auf der gesamten Wegelänge, und üblicherweise ein etwas spärlicher Bewuchs auf dem Mittelstreifen des Forstweges. Unter der Annahme von Erntekosten von 29 €/Fm und einem Fichtenmischbestand von 50 Fm/ha mit einem BHD von 25 cm auf gut befahrbarem Gelände ergeben sich Freistellungskosten von 1450 €/ha (Erni, Fruti 2005).

Tab. 4-18: Linienhafte Öffnungsfläche durch Waldwegebau

	Wegelänge (Wald)	Freistellungsfläche	Freistellungskosten
Hinterhausen-B.	15 000 m	15 ha	21 750 €
Lissingen	11 000 m	11 ha	15 950 €
Birresborn	10 000 m	10 ha	14 500 €

Der Nutzen der Öffnung eines Lichtraumes von 10 m Breite x Wegelänge zur Biotopvernetzung wird unter Heranziehung der Freistellungskosten mit 1450 €/ha einmalig berechnet bzw. zum besseren Vergleich mit 67 €/ha jährlich.

Wenn es bei Gestaltung der Waldinnenränder zu einer Beseitigung nicht standortgerechter Bestockung auf einer Tiefe bis zu 10 m kommt, so dient auch diese weitere Fläche dem Aufbau eines Biotopverbundes und ist dem Nutzen des Biotopverbundes hinzuzurechnen. In diesem Fall wird der Nutzen der Öffnung eines Lichtraumes zur Biotopvernetzung unter Heranziehung der Freistellungskosten von 1450 €/ha für die gesamte Wegelänge auf **30 m Breite** einmalig berechnet.

Die Pflege der Waldinnenränder an Wegen, Gewässern und Lichtungen, sowie die Pflanzung von heimischen Bäumen und Sträuchern werden in Rheinland-Pfalz mit 70 % der Ausgaben gefördert (Landesforsten RLP).

Die Offenhaltung der Kulturlandschaft durch Sicherung der Bachauen einschließlich der Entfichtung dient neben der Werterhaltung der Kulturlandschaft auch regelmäßig der Vernetzung von Biotopen. Für die Schaffung eines breiten Laubgehölzstreifens entlang der im Wald verlaufenden Fließgewässer wird der

Wertschöpfungsansatz zur Erhaltung der biologischen Vielfalt in Höhe von **jährlich 145 €/ha** erhaltener oder wiederhergestellter Talaue angesetzt.

Soweit weitere Anlagen eines Biotopverbundes mit finanziellen Mitteln oder Planungsaufwand der Waldflurbereinigung geschaffen werden, sind sie in einer Relation 1:1 über den Sachwertansatz pauschal zu veranschlagen. Dies gilt zum Beispiel für Streuobstbestände, die in den konkreten Beispielverfahren im Anschluss an den Wald in Offenlandbereichen zum Biotopverbund mit den Waldflächen angelegt wurden.

4.7.25 Lenkung der Aufforstung

Durch die fortschreitende Aufgabe von landwirtschaftlichen Betrieben und Abstockung von Haupt- zu Nebenerwerbsbetrieben werden laufend landwirtschaftlich genutzte Flächen frei, die, wenn sie nicht einer Verpachtung zugeführt werden können, durch Aufforstung noch einen Ertrag erbringen. Die Waldfläche in Deutschland nahm in den letzten Jahrzehnten durch die politisch gewollte Waldmehrung stetig zu. Allerdings führte die praktizierte Aufforstungspraxis dazu, dass durch die Genehmigung fast aller Anträge auf Erstaufforstung viele kleine, in der Landschaft verstreute Splitterparzellen aufgeforstet wurden und dadurch die landwirtschaftliche Nutzung nicht nur der angrenzenden Parzellen, sondern der gesamten Gewanne behindern (Monzel 1994). Zur Vermeidung der die Landwirtschaft und auch das Landschaftsbild störenden „Schrotschussaufforstungen", sind Aufforstungen zusammengefasst in landschaftsverträglich eingebetteten Aufforstungsblöcken vorzunehmen. Landwirtschaftliche Nutzflächen, die der Eigentümer aufzuforsten wünscht, sind eher selten dafür ideal gelegen und erfüllen nicht die Mindestgröße für ein optimales Aufforstungsergebnis. Zufällige Aufforstungen, die die Kulturlandschaft beeinträchtigen, werden wieder entfernt (s. Punkt 19 „Offenhaltung und Aufwertung der regionalen Kulturlandschaft") oder nicht genehmigt. Die Lenkung der Aufforstung durch die Ausweisung von Walderwartungsland in Blöcken an geeigneter Stelle und die Zuweisung von Flächen an aufforstungswillige Eigentümer ist in dem erforderlichen Umfang zur sinnvollen Umsetzung von größeren Flächen nur durch ein Flurbereinigungsverfahren realisierbar.

Die Schaffung von Aufforstungsblöcken, die erstmals eine nachhaltige forstwirtschaftliche Bewirtschaftung ermöglichen, wird mit dem Förderbetrag für Erstaufforstungen berechnet. Dieser beträgt in Rheinland-Pfalz für eine Mischkultur 3680 €/ha zuzüglich einer jährlichen Einkommensverlustprämie von 350 €/ha bei Aufforstung von Grünland oder geringwertigem Ackerland für 15 Jahre. Da bei einer Umwandlung in Forstflächen der Anspruch auf Direktzahlungen in Höhe von aktuell 296 €/ha entfällt, wird nur die Differenz von 54 €/ha für 15 Jahre angesetzt.

Die Schaffung von Aufforstungsblöcken wird mit einmalig 4280 €/ha berechnet.

Die Vorteile einer Waldmehrung liegen in den Eigenschaften der Waldbedeckung, die in besonderer Weise den Boden vor Erosion schützt, den Wasserhaushalt reguliert und Hochwasserspitzen dämpft und insbesondere mehr CO^2 assimiliert als andere Landnutzungsformen (Mößmer 2002). Dieser volkswirtschaftliche Nutzen, der die staatliche Förderung begründet, könnte auch aus den Einzelpositionen Hochwasserschutz, Erosionsschutz und Klimaschutz abgeleitet werden. Wie in Kapitel 4.1.6 dargestellt, beträgt der einmalige Nutzen nur für Hochwasser- und Erosionsschutz 3750 €/ha Erstaufforstungsfläche. Da ausschließlich standortgerechte Baumarten gefördert werden, kann der Beitrag zum Klimaschutz nach den Überlegungen in Punkt 21 mit jährlich 145 €/ha oder einmalig mit 3115 €/ha berechnet werden. Es wird aber davon abgesehen und die Berechnung über die Förderhöhe erstellt. Der Wert stellt daher den Mindestnutzen dar und berücksichtigt den dem Waldeigentümer zufließenden betriebswirtschaftlichen Nutzen durch die Holzernte durch den von ihm zu leistenden Eigenanteil an den Kosten.

In den Beispielverfahren werden auf durchschnittlich 0,7% der Fläche Aufforstungen durchgeführt. Der dabei gestaltete Waldrand auf den, zur Vereinfachung angenommenen, quadratischen Aufforstungsflächen wird unter Punkt 22 separat berechnet und von der Gesamtaufforstungsfläche abgezogen.

4.7.26 Minimierung der Bodenverdichtung

Untersuchungen zufolge entsteht ein Großteil der bodenökologischen Schäden bereits bei der erstmaligen Befahrung (Schäffer 2002). Der Regenerationszeitraum für verdichtete Böden wird in verschiedenen Studien mit mehreren Jahrzehnten angegeben (Kremer 2008). Unter verdichteten Böden leidet die Ertragsfähigkeit des Bestandes aber auch die Wasseraufnahmekapazität des Bodens, somit steht die Erhaltung von natürlich gelagerten Böden im Interesse des Bewirtschafters ebenso des Hochwasserschutzes (Mößmer 2002). Da keine Art der Befahrung den verletzlichen Waldboden unbeschadet lässt, ist nur eine Konzentration der Befahrung auf vorgegebenen permanenten Rückegassen und die Vermeidung flächigen Befahrens die einzig mögliche Vorsorgestrategie zum Bodenschutz (Schäffer 2002). Bei der Planung des Feinerschließungsnetzes können alte Fahrlinien wieder verwendet werden, um eine Neuverformung natürlich gelagerter Böden zu vermeiden (Lüscher et al. 2008a).

Da eine mechanische Lockerung verdichteter Waldböden nicht möglich ist, wurden Versuche zur biologischen Regeneration von Fahrspuren auf ehemaligen Lothar-Sturmwurfflächen unternommen (Lüscher et al. 2008b). Es zeigte sich, dass durch die Bepflanzung von Erlen in den gestörten Fahrlinien nach wenigen Jahren schon eine deutliche Regeneration einsetzte und die Auswirkungen der wilden Befahrung rückgängig gemacht werden können.

Es wird angenommen, dass durch die geplante Anlegung eines Feinerschließungsnetzes eine wilde Befahrung auf wenigstens 10% der Fläche vermieden werden kann. Eine Regeneration auf 10% der Fläche durch Erlenbepflanzung würde bei einer beidseitigen Bepflanzung von einer Gasse mit 250 m Länge in Abständen von 2 m, Kosten von 400 €/ha für die Pflanzen, die Pflanzung und Bodenvorbereitung (1,60 € pro Pflanze) verursachen.

Die Vermeidung von Bodenschäden durch die Unterlassung von flächigem Befahren aufgrund einer bedarfsgerechten Feinerschließung wird mit 400 €/ha einmalig berechnet.

4.7.27 Regulierung des Wasserregimes

In den drei dargestellten Flurbereinigungsverfahren Hinterhausen-Büdesheim, Lissingen und Birresborn wurden das Programm „Aktion Blau" des Landes Rheinland-Pfalz durchgeführt. Ziel des Aktionsprogramms ist die Wiederherstellung der ökologischen Funktionsfähigkeit der Fließgewässer, die Förderung des natürlichen Rückhalts in der Fläche durch Renaturierung und damit auch die Umsetzung der EU-Wasserrahmenrichtlinie (MUFV 2005).

Ein Teil der im Rahmen der Aktion Blau gesicherten Gewässerrandstreifen der Bäche liegt im Waldgebiet und ein Teil auf Acker- und Grünlandflächen. Da es sich bei allen drei Beispielverfahren nicht um reine Waldflurbereinigungsverfahren handelt, wurde bisher, weil nur die Bewertung des Nutzens für Waldflurbereinigungen im Fokus dieser Arbeit liegt, die Hilfskonstruktion unternommen, die Waldflächen aus dem Gesamtverfahren zu extrahieren. In Flurbereinigungsverfahren, die nur die Neuordnung der Waldfläche zum Ziel haben, bezieht die Flurbereinigungsgrenze die am Wald anliegenden Feldflächen in das Verfahren mit ein, insbesondere wenn naturschutzfachlich aufzuwertende Elemente in direkter Waldnähe liegen. Es ist daher der Realität geschuldet, dass bei der Bewertung der Verbesserung von Fließgewässern und ebenso des Biotopverbundes der Rahmen der begrenzten Betrachtung allein der Waldfläche gesprengt werden muss und auf einen kleinen Teil der angrenzenden Fläche erweitert wird.

Es wird daher die Fläche der Bachrenaturierungen proportional zum Flächenverhältnis der Waldfläche im Verfahrengebiet gesetzt und ein Blick auf die Verfahrenskarten der drei Beispielgebiete bestätigt diese Annahme.

Zur Berechnung des Nutzens der Aktion Blau können einerseits die Kosten der Maßnahmen proportional zur bewaldeten Fläche angesetzt werden, unter der Annahme eines Kosten-Nutzen-Verhältnisses von 1:1. Da aber andererseits davon auszugehen ist, dass der Nutzen weitaus höher liegt, als die Kosten, wird der von Kennel (2004) abgeschätzte Wert von 0-20 000 € herangezogen und der Mittelwert von 10 000 €/ha Wasserrückhaltefläche verwendet.

Tab. 4-19: Ausweisung von Gewässerschutzstreifen und Retentionsflächen mit Kosten

Verfahren	Waldanteil	Fließgewässer	Maßnahmenfläche	Kosten
Hinterhausen-B.	63 % Wald	Dreisbach	12 ha	50 922 €
Lissingen	31 % Wald	Kyll, Oosbach	23 ha	131 600 €
Birresborn	32 % Wald	Kyll, u. a.	15 ha	62 500 €

Tab. 4-20: Nutzenberechnung proportional zur Waldfläche mit verschiedenen Methoden

Verfahren	Nutzen nach dem Sachwert	Nutzen nach Kennel (2004)
Hinterhausen-B.	32 080 €	75 600 €
Lissingen	40 796 €	71 300 €
Birresborn	20 000 €	48 000 €

Der nach Kennel (2004) berechnete Nutzwert beträgt in etwa das doppelte des Nutzens aus dem Sachwertverfahren und erscheint in anbetracht der besonderen Anstrengungen und Kostenaufwendungen an den Gewässern der I. Ordnung als plausibel. Die Renaturierung der Bachauen erlaubt durch die bessere Durchwurzelung des Bodenkörpers durch standortangepasste Baumarten und mehr Mäandrierungsraum nicht nur eine höhere Infiltrations- und Retentionsleistung, sondern auch einen bedeutenden Beitrag zum Biotop- und Artenschutz (Mößmer 2002). Dieser Nutzen wird unter dem Punkt Entwicklung des Biotopverbundes berechnet.

Für die Regulierung des Wasserregimes wird für neu geschaffenes Retentionsvolumen der Nutzen von einmalig 10 000 €/ha Renaturierungsfläche angenommen.

Neben der Verbesserung der Wasserrückhaltung in Bachauen, gibt es noch weitere Möglichkeiten, um auf bewaldeten Flächen positiv auf den Wasser- und Stoffrückhalt einzuwirken. Der seitliche Wasserabschlag auf den Wegen, der abfließendes Wasser in die Bestände leitet, die Anlage von Flutmulden und grobschotteriger Wegeunterbau, der ein Durchsickern durch den Wegekörper erlaubt, sind weitere Maßnahmen zur Wasserrückhaltung im Wald (Irma 2000). Die effektivste forstliche Maßnahme zum präventiven Hochwasserschutz sind Neuaufforstungen und der Bestandesumbau zu tief und intensiv wurzelnden Baumarten, die aber mangels belastbarer Daten nicht berechnet werden.

In den Beispielverfahren wurden Wasserabschläge und Flutmulden nicht angelegt, aber in anderen Waldflurbereinigungen, dessen Nutzen dort nach der Sachwertmethode ermittelt werden kann.

4.7.28 Sicherung und Schaffung ortsgebundener Arbeitsplätze

Die Berechnungen von BMS Consulting (2007, S. 132, 134) zur Sicherung bzw. Schaffung von Arbeitsplätzen im vor- und nachgelagerten Bereich berücksichtigen vor allem das Investitionskapital in die örtlichen Maßnahmen des Wirtschaftswegebaus. Der berechnete Wert von 409 € für den Beschäftigungseffekt pro 1000 € Investition in die Infrastruktur erscheint plausibel.

41 % der Planungs- und Herstellungskosten der Infrastrukturinvestitionen dienen der Förderung der Beschäftigung im ländlichen Raum.

4.7.29 Sicherung inländischer Rohstoffversorgung

Wie in Kap. 3.3.2 dargestellt, wurde in Deutschland pro Fm Holz ein Umsatz von 2600 € erwirtschaftet, in Rheinland-Pfalz 3300 € (Seegmüller 2005). Seegmüller (2005, S. 52 ff) stellte in seiner Studie dar, dass der Forstwirtschaft für das ländlich geprägte Rheinland-Pfalz eine besondere Bedeutung zukommt und einen wichtigen Beitrag zur wirtschaftlichen Entwicklung der ländlichen Räume leistet. Der rheinland-pfälzische Forst-, Holz- und Papier- Sektor beschäftigt mehr als 50 000 Personen und erwirtschaftet bei der Verarbeitung von 2,5 Mio. m³ Rohholz Umsätze von 8,3 Mrd. €. Die Verarbeitung von 1000 m³ Rohholz schafft 20 Arbeitsplätze in Rheinland-Pfalz, dies entspricht dem durchschnittlichen deutschen Arbeitskräftebedarf für die Holzbereitstellung und Verarbeitung (Seegmüller 2005, S.13, Dieter, Thoroe 2003). Die Forstwirtschaft gewährleistet die Versorgung mit Rohholz, das durch Verarbeitung und Veredelung eine enorme Bruttowertschöpfung in der Forstwirtschaft und den nachgelagerten Unternehmen ermöglicht und gibt dadurch zahlreichen Arbeitnehmern Arbeitsplätze.

Der von Bach (2003) ermittelte Betrag von 18 986 € als Nutzen für einen Arbeitsplatz wird für die Schaffung bzw. Sicherung von Arbeitsplätzen durch die Umsetzung von Bauvorhaben und ebenso durch die Versorgung des Forst-, Holz- und Papier- Sektor mit Rohholz angewendet. Es ergibt sich für dir Gewinnung und Verarbeitung von 1 Fm Holz ein beschäftigungsbedingter Nutzen von 380 € [18 986 x 20 : 1000]. Während der Beschäftigungseffekt durch den Wegebau in der Region verbleibt, da die vergleichsweise kleinen Bauvorhaben beschränkt ausgeschrieben werden, strahlt der Beschäftigungseffekt durch die Bereitstellung von Rohholz durch die Verteilung in Warenströmen viel weiter aus.

Die Mehrnutzung von 4 Fm/ha bewirkt eine Steigerung der Beschäftigung mit einem Nutzen von 1520 €/ha

4.7.30 Entwicklung der Energieversorgung (Windenergie)

Die durch eine Waldflurbereinigung angeregte Mehrnutzung der Waldbestände, Holzentnahmen bei Durchforstungen und im Rahmen von Waldumbau erzeugte Biomasse, die als Schwachholzsortiment in die Energiegewinnung eingeht, wurden schon in den vorangehenden Wertschöpfungsbereichen unter verschiedenen Aspekten der Einkommensverbesserung des Waldeigentümers bewertet und werden daher an dieser Stelle nicht erneut betrachtet.

Die Nutzung von Windenergie über Staatswald brachte sehr positive Erfahrungen für die Staatsforstbetriebe wie auch für den Anlagenbetreiber, so dass die Aufstellung von Windkraftanlagen auch im Privatwald erfolgen soll. Der Kleinprivatwald erfüllt allerdings häufig aufgrund unzureichender Zuwegungen und kleinparzellierter Grundstücksstruktur nicht die planerischen Anforderungen für eine Windenergienutzung. Es fehlen die Zuwegungen an geeignete exponierte Standorte, die für den Bau der Anlagen und die ständige Unterhaltung benötigt werden. Es fehlen auch Korridorflächen, auf denen die Energiekabel verlegt und durch Leitungsrechte gesichert werden können. Insgesamt umfasst der Aufwand für die Erstellung der Windkraftanlagen die Trassenbeschaffung, die Trassenfreistellung, den Bau der Wege, die Verlegung der Kabel und alle zugehörigen Planungs-, Erwerbs- und Rechtssicherungsfragen. Durch eine Waldflurbereinigung können alle diese Maßnahmen im Kleinprivatwald aus einer Hand umgesetzt werden. Insbesondere die Ermittlung der Eigentümer aus Erbengemeinschaften für die Sicherung der Überleitungsrechte ist ein entscheidender Wertschöpfungsbeitrag, da eine einzelne Sperrfläche die gesamte Maßnahme zum Scheitern bringen kann.

Im Zuge des Waldflurbereinigungsverfahrens werden zweckmäßigerweise an den windgünstigsten Standorten die für die Anlagen erforderlichen Flächen in Gemeindeeigentum ausgewiesen. Durch den Neuausbau des Wegenetzes der Waldflurbereinigung kann der Anlagenbetreiber die Kabel in der Wegemitte in einer Tiefe von 0,80-2,00 m ohne Mehrkosten verlegen und dinglich im Grundbuch sichern lassen. Die Kommunen profitieren im Gegenzug von den Pachteinnahmen, die den ansässigen Bürgern in der Region direkt zu Gute kommen, und ebenso die benachbarten Gemeinden, die innerhalb der Verbandsgemeinde einen Pachtanteil erhalten. Die erforderlichen Ersatzaufforstungen von 2000-3000 m² durch die dauerhafte Rodung und Versiegelung der Standortfläche der Windkraftanlage werden als Kompensationsmaßnahmen der Waldflurbereinigung an naturschutzfachlich geeigneten Stellen innerhalb des Verfahrensgebiets ausgewiesen.

Die Vorteile könnten grundsätzlich durch die konkreten Planungs-, Bau-, Bodenordnungs- und Rechtssicherungsmaßnahmen berechnet werden, die z.B. bei dem Wegebau oder der Sicherung der Leitungstrassen entstehen. Am plausibelsten ist es aber, den Ertragswert als Wertschöpfung zu veranschlagen, der den regionalen Verpächtern im Rahmen eines Pachtentgeltes entrichtet wird. Ohne die Leistungen der Flurbereinigung gibt es in unerschlossenen Flächen kein Pachtentgelt.

Der Vorteil, der durch den Betrieb von Windkraftanlagen entsteht, wird als Minimum der Wertschöpfung durch die Einnahmen aus der Flächenverpachtung errechnet, der bei einer Anlage mit einer Leistung von 2 Megawatt bei jährlich **27 000 €** liegt (Keilen 2011).

4.7.31 Verbesserung Arbeitssicherheit u. Reduzierung der Unfallhäufigkeit

Die Arbeitstätigkeit im Wald ist sehr unfallträchtig, insbesondere die motormanuelle Ernte. Während im Niedersächsischen Landesforst 60 % der Holzernte motormanuell durchgeführt wird (s. Kap. 3.1.9), muss im schlecht erschlossenen Privatwald die gesamte Ernte mit der Motorsäge erfolgen. Durch den Ausbau des Wegenetzes kann 40 % des Holzeinschlages auf den weniger unfallgefährdeten Harvestereinsatz umgestellt werden. Die Schwere der Verletzungen bei Arbeitsunfällen im Wald und die betroffenen Körperteile ähneln den Verletzungen bei Straßenverkehrsunfällen.

Es werden daher für die Kosten eines Forstunfalles, die von der Bundesanstalt für Straßenwesen (BASt) ermittelten volkswirtschaftlichen Kosten für einen Straßenverkehrsunfall angenommen.

Die Unfallkostenrechnung der BASt setzt sich aus den Kosten für Personenschäden und Sachschäden zusammen, wobei hier nur die Kostensätze für Personenschäden relevant sind. Personenschäden werden überwiegend aus den Kostenkomponenten der medizinischen und beruflichen Rehabilitation der Unfallopfer (Reproduktionskosten), den Verlust an Erwerbstätigenjahre durch Arbeitsunfähigkeit, Invalidität und vorzeitigem Tod (Ressourcenausfall) gebildet (Kranz, Straube 2010).

Tab. 4-21: Kostensätze je verunglückte Person im Jahr 2008 im Straßenverkehr (Kranz, Straube 2010)

Schwerverletzte	110 506 €
Getötete	1 035 165 €

Tab. 4-22: Unfallhäufigkeit 2005 – 2008 im Landesforst Niedersachsen (Niedersächsische Landesforsten 2009)

Motormanuelle Ernte	9000 Fm
Harvestereinsatz	210 000 Fm

Tab. 4-23: Todesfall pro geschlagene Holzmenge 1990 – 2004 in der Schweiz (BAFU 2006)

Landwirte Freizeitholzer	182 251 Fm
Forstwirte	661 411 Fm

Über das Unfallgeschehen im Privatwald liegen keine gesicherten Daten vor, da es keine einheitliche Statistik gibt in der Angaben zu sich ereigneten Unfällen gesammelt werden. Die Schweizerische Unfallversicherungsanstalt Suva analysierte die Unfälle mit Todesfolge bei Holzerntearbeiten aus Medien- und Polizeimeldungen und konnte so Rückschlüsse auf die Unfallsituation im Bauern- und Privatwald ziehen.

Personen ohne forstliche Ausbildung verunglücken 4 x häufiger tödlich als Personen mit forstlicher Berufsausbildung (BAFU 2006). Die nicht eingehaltenen Sicherheitsstandards und mangelnde Erfahrung führten zu den häufigere Todesfällen und lassen auch den Rückschluss zu, dass nicht tödlich verlaufende Unfälle im selben Maße gehäufter Landwirten und Freizeitholzern passieren. Hinzu kommt, dass die ausgebildeten Forstwirte in den letzten Jahren gezielte Schulungen zur Erhöhung der Arbeitssicherheit erhielten, die eine Senkung der Unfallrate von 1990 bis 1999 um 40% bewirkte (BAFU 2006).

Für die Berechnung des Wertschöpfungmodells wird angenommen, dass auf 40% der Fläche von motormanueller Ernte auf Harvestereinsatz umgestellt wird und dass die Todesrate sinkt durch mehr Einsatz von Forstunternehmen und durch Fortbildungsmaßnahmen besser geschulte Privatpersonen.

Durch eine Verbesserung der Arbeitssicherheit können Personenschäden in Höhe von 8,80 €/Fm vermieden werden. Bei einer angenommenen Nutzung von 6 Fm entspricht das einer Wertschöpfung von 52,8 €/ha.

[110 506€ : 9000 Fm - 110 506€ : 9000 Fm x 0,6 - 110 506€ : 210 000 Fm x 0,4 = 4,70€/Fm] [1 035 165€ : 182 251 Fm - 1 035 165€ : 661 411 Fm = 4,10€/Fm]

4.7.32 Prävention von Verkehrsunfällen durch Wegeverlegung

Das Bundesministerium für Verkehr, Bau und Stadtentwicklung hat sich zum Ziel gesetzt, die Verkehrssicherheit unter anderem durch straßenbauliche Maßnahmen weiter zu erhöhen, wobei die Entschärfung von Gefahrenstellen auf Landstraßen hervorgehoben werden (BMVBS 2011). Die Unfallschwere ist auf Landstraßen aufgrund der hohen Fahrgeschwindigkeiten der Verkehrsteilnehmer viel größer als auf innerörtlichen Straßen, obwohl sich dort Verkehrsunfälle wesentlich häufiger ereignen. 60 % der getöteten Unfallopfer starben 2010 auf Landstraßen außerorts (Statistisches Bundesamt 2011, S.19). Als Unfallursache werden an erster Stelle eine nicht angepasste Geschwindigkeit, an zweiter Stelle Fehler beim Abbiegen, Wenden, Rückwärtsfahren und Ein- und Anfahren und an dritter Stelle die Missachtung der Vorfahrt genannt.

Die beiden letztgenannten Unfallursachen führten trotz ihrer Häufigkeit seltener zu Personenschäden mit Todesfolge, als sie durch zu hohe Geschwindigkeiten verursacht werden (Statistisches Bundesamt 2011, S.25-26). Dennoch ist die

Verhinderung von Einbiegeunfällen durch eine übersichtliche Gestaltung der Straßenmündung ein wichtiger Beitrag zur Unfallvermeidung.

Im ländlichen Raum münden häufig untergeordnete Wege, aber auch Holzabfuhrwege, die schon sehr lange bestehen, an unübersichtlichen oder von der Steigung her ungeeigneten Stellen oder in ungeeigneter Ausbauweise (unbefestigt oder zu schmal) in klassifizierte Straßen.

An diesen Knotenpunkten ist die Gefahr einer Kollision von Holzabfuhrtransporten aber auch Traktoren für die Pflege und Unterhaltung der Holzbestände mit schnellfahrenden Fahrzeugen auf den Landes- und Kreisstraßen besonders hoch.

Durch die Verlegung von gefährlichen Wegeinmündungen, die sachgerechte Gestaltung von Sichtdreiecken und den technischen Ausbau von unzweckmäßigen Auffahrten kann die Unfallgefährdung deutlich gemindert werden. Wegeverlegungen, wie in Kap. 3 beschrieben, sind bei der Betroffenheit von mehreren privaten Grundstückseigentümern außerhalb eines Flurbereinigungsverfahrens kaum umsetzbar.

Die von der Bundesanstalt für Straßenverkehrswesen ermittelten Unfallkosten können für den Nutzen für die in einem Flurbereinigungsverfahren umgesetzten Wegeverlegungen oder den Ausbau von Einmündungen nicht herangezogen werden, da keine Daten über die Reduzierung der Unfallhäufigkeit durch diese Maßnahmen vorliegen. Als unterste Grenze des Nutzens werden stattdessen hilfsweise die Sachkosten für die Verlegung von Wegen und die Erstellung von Auffahrten als volkswirtschaftlicher Nutzen der Prävention von Verkehrsunfällen angenommen.

Diese belaufen sich für den Bau einer Auffahrt auf eine klassifizierte Straße mit 30 Meter Wegelänge (ohne die Gestaltung von Sichtdreiecken) nach den Planungsvorgaben des Verbandes der Teilnehmergemeinschaften Rheinland-Pfalz für die Planung und Finanzierung von Wege- und Gewässernetzen auf etwa 5000 €.

Wird die Auffahrt über diesen Pauschalsatz von 30 m Länge hinaus bautechnisch verlängert, so sind etwa 70 €/lfm für die Erstellung eines anschließenden Schotterweges zu kalkulieren (Verband der Teilnehmergemeinschaft Rheinland-Pfalz 2011).

Der Nutzen der Entschärfung von Verkehrsgefahrenpunkten wird vereinfacht mit 5.000 € pro neu gestalteter Auffahrt angenommen. Bei aufwendigen Auffahrten wird der Nutzen anhand der tatsächlich dafür verausgabten Sachkosten (Auffahrt, Anschlussstrecke und Gestaltung der Sichtdreiecke) berechnet.

4.8 Anwendung des neuen Wertschöpfungsmodells

Es wird in diesem Abschnitt überprüft, wie sich das neue Wertschöpfungsmodell auf die drei vorher untersuchten Verfahren aus Rheinland-Pfalz anwenden lässt. Der Wirkungszeitraum wird, wie schon dargelegt, mit 50 Jahren angenommen. Um eine Vergleichbarkeit der im Laufe des Verfahrens getätigten Kosten mit den im Laufe des Wirkungszeitraumes von 50 Jahren entstehenden Nutzen herzustellen, ist es erforderlich, die Werte zu diskontieren. Die Verfahrensteilnehmer kommen nach der Besitzeinweisung in den Genuss der Verbesserungen. Meist erfolgt dies in einer vorläufigen Besitzeinweisung kurz nach dem Ausbau der Wege, die den größten Teil der Ausführungskosten ausmachen. Es wird von einer Diskontierung der Kosten abgesehen, da die Schlussfeststellung meist einige Jahre nach der Besitzeinweisung erfolgt und daher sich die Gesamtkosten nur vernachlässigbar gering ändern würden.

Vielmehr fällt ins Gewicht, dass das Modell einen konstanten Nutzen über den gesamten Wirkungszeitraum annimmt, der aber in der Realität am Anfang eher zögerlich und dann nach einigen Jahren verstärkt ausgenutzt wird. Der von den Privatwaldbetreuern im Interview angesprochene Generationenwechsel bewirkt zuweilen einen enormen Bewirtschaftungswechsel von geringer Eigenbewirtschaftung zu starker Fremdbewirtschaftung durch Forstunternehmen.

Es ist festzuhalten, dass die tatsächliche Nutzung sprunghaften Schwankungen unterliegt und langsam ansteigt, so wie es im Flurbereinigungsverfahren U-O-R nach 30 Jahren festgestellt wurde. Es wird dennoch von einer konstanten Nutzung ausgegangen, um die Berechenbarkeit zu erleichtern, allerdings zur Sicherheit stets mit dem niedrigsten anzunehmenden Wert. Der angenommene Nutzen wird daher in der Anfangsphase über dem tatsächlichen liegen, aber nach einer Gewöhnungsphase der Waldeigentümer an die neuen Möglichkeiten bei weitem übersteigen.

Die Höhe des Zinssatzes wird mit 4% festgelegt. König (1985) wählte den in der Forstwirtschaft üblichen Zinssatz von 3% und als Variante 5% zur Abdeckung eines eventuellen höheren Risikos. Für die Berechnung von Verkehrsinfrastrukturmaßnahmen gilt ebenso der Zinssatz von 3% und da der Hauptteil der Verfahrenskosten durch den Wegebau verursacht wird, wäre es auch plausibel diesen Zinsfuß zu wählen.

BMS Consulting (2007) berechnet die Verfahren mit dem in der Landwirtschaft üblichen Zinssatz von 4%, der für das in dieser Arbeit entworfene Wertschöpfungsmodell übernommen wird, da in den meisten Flurbereinigungsverfahren Wald- sowie Feldflurflächen mit einbezogen sind und die Wirkungsreichweiten sich gegenseitig überlagern. Ein an dem Marktzins orientierter Zinssatz ist unbrauchbar, weil dieser von Einflüssen wie Geldpolitik, Außenwirtschaftspolitik,

Sparverhalten und internationaler Konjunkturentwicklung abhängt, die nichts mit gesellschaftlicher Zeitpräferenz zu tun haben (Scholles 2008).

Nach der Kapitalwertmethode können die zeitlich unterschiedlichen Zahlungsströme auf den gleichen Zeitpunkt abgezinst werden und sind somit vergleichbar. Bei jährlich gleichbleibenden Beträgen vereinfacht sich die Berechnung durch die Anwendung des Rentenbarwertfaktors.

Der Rentenbarwertfaktor wird über folgende Formel ermittelt, mit der Vorgabe:

p (Kalkulationszinssatz) = **4 %** und **n** (Zeitraum) = **50 Jahre**

$$\frac{(1 + p)^n - 1}{p(1 + p)^n} = \frac{(1 + 0{,}04)^{50} - 1}{0{,}04(1 + 0{,}04)^{50}} = \underline{\mathbf{21{,}4822}}$$

Für die Wertschöpfungsbetrachtung wird nur die Größe der Waldfläche im Verfahrensgebiet herangezogen, auf der strukturverbessernde Maßnahmen durchgeführt wurden, auch wenn die gesamte Waldfläche aus vermessungstechnischen Gründen größer ist.

Des Weiteren wird die Fläche, die einer Nutzung entzogen wird, abgezogen. Es werden für die drei Beispielverfahren pauschal folgende Flächenabzüge vorgenommen:

- Wegeausbau: 5,0 %
- Holzlagerplätze und vergleichbare Anlagen: 0,2 %
- Flächen für Erholungseinrichtungen: 0,1 %
- Flächen für Sicherung von Bodendenkmalen: 0,1 %
- Flächen für Biotopverbund: 1,0 %
- Flächen zur Sicherung ökologisch bedeutsamer Gebiete: 2,5 %
- Flächen zur Regulierung des Wasserregimes: <u>0,3 %</u>

Zwischensumme: 9,2 %

Da sich eventuell einige kleinere Wertschöpfungsansätze auch im Wirkungsbereich berühren, wird zur Gewährleistung der Zielneutralität ein Sicherheitsabschlag von 2 % angebracht.

- Sicherheitsabschlag wegen Zielneutralität: 2,0 %

Abschlag insgesamt: <u>**11,2 %**</u>

Mit den reduzierten Flächengrößen und einem zusätzlichen Sicherheitsabschlag wegen nicht vollständig zu gewährleistender Zielneutralität wird das Nutzen-Kosten-Verhältnis in den Beispielverfahren nachfolgend für die drei Beispielverfahren ermittelt.

4.8.1 Ganzheitliche Wertschöpfungsberechnung Verfahren Hinterhausen-Büdesheim

Tab. 4-24: Ganzheitliche Wertschöpfungsberechnung Verfahren Hinterhausen-Büdesheim

Verfahren Hinterhausen-Büdesheim Waldfläche 549 ha, Berechnungsfläche 488 ha (Abschlag 11,2%)							
			jährl	einmal	€/ha in 50 J.	Fläche	Wertschöpfung in €
Bewirtschaftung, Holzvermarktung, nachhaltige Forstwirtschaft							2.812.778 €
Steigerung Holznutzung	4 Fm	25 €/Fm	100		2148,22	488	1048331
Größere Losbildung	6 Fm	5 €/Fm	30		644,47	488	314499
Senkung Rückekosten	6 Fm	2,5 €/Fm	15		322,23	488	157250
Reduzierung Anfahrtszeiten			20		429,64	488	209666
Reduzierung Fußwegzeiten	6 Fm	3 €/Fm	18		386,68	488	188700
Verbess. Grundstücksstruktur			30		644,47	488	314499
Reduzierung Grundstücksrand			30		644,47	488	314499
Verbesserung Waldzustand			9,3	200	200	488	97600
Schaffung Holzlagerplätze	6 Fm	1,5 €/Fm	9		193,34	488	94350
Reduzierung Umzäunung			7		150,38	488	73383
Eigentums- und Rechtssicherheit							1.915.842 €
Verbesserung Auffindbarkeit			62,8	1344	1344	488	655872
Reduzierung Verwaltung			0,2		4,30	488	2097
Sicherung Bodenwert			93	2000	2000	488	976000
Verbesserung Beratung			22		472,61	488	230633
Auflösung Erbengemein.	5%		70	1500	1500	24,4	36600
Grundstücksmarkt	10%		14	300	300	48,8	14640

Steigerung der Erholungswirkung, Kulturdenkmalsicherung							2.213.445 €
Erholung Tourismus	50%		350		7518,77	244	1834580
Erholungs- einrichtungen			1	20	20	488	9760
Erhaltung Landschaftsbild			296		6358,73	12	76305
Sicherung Kulturdenkmäler			28	600	600	488	292800
Naturschutz, Klimaschutz, Landschaftsgestaltung							1.097.402 €
Beitrag Klimaschutz	48 %		145		3114,92	234,24	729639
Waldrand- aufbau			694		14908,65	0,4	5963
öko. bedeutsame Gebiete			145		3114,92	10	31149
Biotopverbund -Waldinnenrand -Bachaue			67,5 145	1450	1450 3114,92	15 7,56	21750 23549
Lenkung Aufforstung			199	4280	4280	3,4	14552
Minimierung Bodenverdicht.			19	400	400	488	195200
Regulierung Wasserregime			466	10000	10000	7,56	75600
Beschäftigungseffekt, Rohstoffversorgung, Unfallprävention							16.718.878 €
Arbeitsplätze regional (Bau)				225722	225722	(x1)	225722
Rohstoff- versorgung	4 Fm	380 €/Fm	1520		32652,94	488	15934637
Windenergie- versorgung			27000		580019,4	0	0
Verbesserung Arbeitssicherheit	6 Fm	8,8 €/Fm	52,8		1134,26	488	553519
Prävention Verkehrsunfälle				5000	5000	(x1)	5000
Summe alle							**24.758.344 €**
Summe ohne Rohstoffversorgung							8.823.707 €

4.8.2 Ganzheitliche Wertschöpfungsberechnung Verfahren Lissingen

Tab. 4-25: Ganzheitliche Wertschöpfungsberechnung Verfahren Lissingen

Verfahren Lissingen Waldfläche 203 ha, Berechnungsfläche 180 ha (Abschlag 11,2%)							
		jährl.	einmal	€/ha in 50 J.	Fläche	Wertschöpfung in €	
Bewirtschaftung, Holzvermarktung, nachhaltige Forstwirtschaft						1.037.500 €	
Steigerung Holznutzung	4 Fm	25 €/Fm	100		2148,22	180	386680
Größere Losbildung	6 Fm	5 €/Fm	30		644,47	180	116004
Senkung Rückekosten	6 Fm	2,5 €/Fm	15		322,23	180	58002
Reduzierung Anfahrtszeiten			20		429,64	180	77336
Reduzierung Fußwegzeiten	6 Fm	3 €/Fm	18		386,68	180	69602
Verbess. Grundstücksstruktur			30		644,47	180	116004
Reduzierung Grundstücksrand			30		644,47	180	116004
Verbesserung Waldzustand			9,3	200	200	180	36000
Schaffung Holzlagerplätze	6 Fm	1,5 €/Fm	9		193,34	180	34801
Reduzierung Umzäunung			7		150,38	180	27068
Eigentums- und Rechtssicherheit						706.663 €	
Verbesserung Auffindbarkeit			62,8	1344	1344	180	241920
Reduzierung Verwaltung			0,2		4,30	180	773
Sicherung Bodenwert			93	2000	2000	180	360000
Verbesserung Beratung			22		472,61	180	85070
Auflösung Erbengemein.	5%		70	1500	1500	9	13500
Grundstücksmarkt	10 %		14	300	300	18	5400

Steigerung der Erholungswirkung, Kulturdenkmalsicherung							877.312 €
Erholung Tourismus	50 %		350		7518,77	90	676689
Erholungs- einrichtungen			1	20	20	180	3600
Erhaltung Landschaftsbild			296		6358,73	14	89022
Sicherung Kulturdenkmäler			28	600	600	180	108000
Naturschutz, Klimaschutz, Landschaftsgestaltung							477.396 €
Beitrag Klimaschutz	48 %		145		3114,92	86,4	269129
Waldrand- aufbau			694		14908,65	0,2	2982
öko. bedeutsame Gebiete			145		3114,92	6	18690
Biotopverbund -Waldinnenrand -Bachaue			67,5 145	1450	1450 3114,92	11 7,13	15950 22209
Lenkung Aufforstung			199	4280	4280	1,2	5136
Minimierung Bodenverdicht.			19	400	400	180	72000
Regulierung Wasserregime			466	10000	10000	7,13	71300
Beschäftigungseffekt, Rohstoffversorgung, Unfallprävention							6.242.634 €
Arbeitsplätze regional (Bau)				155937	155937	(x1)	155937
Rohstoff- versorgung	4 Fm	380 €/Fm	1520		32652,94	180	5877530
Windenergie- versorgung			27000		580019,4	0	0
Verbesserung Arbeitssicherheit	6 Fm	8,8 €/Fm	52,8		1134,26	180	204167
Prävention Verkehrsunfälle				5000	5000	(x1)	5000
Summe alle Wertschöpfungen							**9.341.504 €**
Summe ohne Rohstoffversorgung							3.463.974 €

4.8.3 Ganzheitliche Wertschöpfungsberechnung Verfahren Birresborn

Tab. 4-26: Ganzheitliche Wertschöpfungsberechnung Verfahren Birresborn

Verfahren Birresborn Waldfläche 269 ha, Berechnungsfläche 239 ha (Abschlag 11,2%)							
		jährl.	einmal	€/ha in 50 J.	Flä- che	Wertschöpfung in €	
Bewirtschaftung, Holzvermarktung, nachhaltige Forstwirtschaft						1.368.698 €
Steigerung Holznutzung	4 Fm	25 €/Fm	100		2148,22	239	513425
Größere Losbildung	6 Fm	5 €/Fm	30		644,47	239	154027
Senkung Rückekosten	6 Fm	2,5 €/Fm	15		322,23	239	77014
Reduzierung Anfahrtszeiten			20		429,64	239	102685
Reduzierung Fußwegzeiten	6 Fm	3 €/Fm	18		386,68	239	92416
Verbess. Grund- stücksstruktur			30		644,47	239	154027
Reduzierung Grundstücksrand			30		644,47	239	154027
Verbesserung Waldzustand			9,3	200	200	239	47800
Schaffung Holzlagerplätze	6 Fm	1,5 €/Fm	9		193,34	239	46208
Reduzierung Umzäunung			7		150,38	180	27068
Eigentums- und Rechtssicherheit						938.366 €
Verbesserung Auffindbarkeit			62,8	1344	1344	239	321216
Reduzierung Verwaltung			0,2		4,30	239	1027
Sicherung Bodenwert			93	2000	2000	239	478000
Verbesserung Beratung			22		472,61	239	112953
Auflösung Erbengemein.	5%		70	1500	1500	12	18000
Grundstücks- markt	10%		14	300	300	23,9	7170

Steigerung der Erholungswirkung, Kulturdenkmalsicherung							1.002.413 €
Erholung Tourismus	50%		350		7518,77	120	902252
Erholungseinrichtungen			1	20	20	239	4780
Erhaltung Landschaftsbild			296		6358,73	15	95381
Sicherung Kulturdenkmäler			28	600	600	239	143400
Naturschutz, Klimaschutz, Landschaftsgestaltung							566.573 €
Beitrag Klimaschutz	48%		145		3114,92	114,7	357281
Waldrandaufbau			694		14908,65	0,3	4473
öko. bedeutsame Gebiete			145		3114,92	8	24919
Biotopverbund -Waldinnenrand			67,5	1450	1450	10	14500
-Bachaue			145		3114,92	4,8	14952
Lenkung Aufforstung			199	4280	4280	1,6	6848
Minimierung Bodenverdicht.			19	400	400	239	95600
Regulierung Wasserregime			466	10000	10000	4,8	48000
Beschäftigungseffekt, Rohstoffversorgung, Unfallprävention							8.278.334 €
Arbeitsplätze regional (Bau)				108192	108192	(x1)	108192
Rohstoffversorgung	4 Fm	380 €/Fm	1520		32652,94	239	7804054
Windenergieversorgung			27000		580019,4	0	0
Verbesserung Arbeitssicherheit	6 Fm	8,8 €/Fm	52,8		1134,26	239	271088
Prävention Verkehrsunfälle				5000	5000	(x19)	95000
Summe alle Wertschöpfungen							**12.154.384 €**
Summe ohne Rohstoffversorgung							4.350.330 €

4.8.4 Zusammenfassende Bewertung der Wertschöpfungsberechnungen

Tab. 4-27: Ergebnisse in den Waldflurbereinigungsverfahren Hinterhausen-Büdesheim, Lissingen und Birresborn (Waldanteil) nach dem ganzheitlichem Wertschöpfungsmodell

Verfahren	Hinterhausen-B.	Lissingen	Birresborn
Waldflurbereinigungsfläche	**549 ha**	**203 ha**	**269 ha**
Gesamtkosten	1 223 479 €	709 627 €	839 400 €
Kosten / ha Waldfläche	2229 € / ha	3496 € / ha	3120 € / ha
Nutzen alle Wertschöpfungen	24 758 344 €	9 341 504 €	12 154 384 €
Nutzen / ha Waldfläche	45 097 € / ha	46 017 € / ha	45 184 € / ha
Nutzen ohne Rohstoffversorg.	8 823 707 €	3 463 974 €	4 350 330 €
Nutzen / ha Waldfläche	16 072 € / ha	17 064 € / ha	16 172 € / ha
Nutzen : Kosten (alle Wertschöpfungen)	**20 : 1**	**13 : 1**	**14 : 1**
Nutzen : Kosten (ohne Rohstoffversorg.)	7,2 : 1	4,9 : 1	5,2 : 1

Bei der Analyse der Wertschöpfungsansätze (König 1985, BMS Consulting 2007) wurde deutlich, dass einige wesentliche Ansätze lediglich als intangibel ausgewiesen wurden. In Abstimmung mit dem Dienstleistungszentrum Ländlicher Raum Eifel (DLR Eifel 2010a-e) sowie Flurbereinigungs- (Lorig 2011) und Forstfachleuten (Mauerhof 2010) wurden die Leistungen der Waldflurbereinigung neu beschrieben und gegliedert. Diesen Ansätzen wurden plausible Bewertungsabschätzungen zugeordnet. Alle Ansätze sind aus Mittelgebirgslagen abgeleitet und auf durchschnittliche Waldflurbereinigungsverfahren dieser Regionen bezogen. Für flachere Regionen und andere europäische Länder können sich andere Werte ergeben.

Durch die Bewertung aller relevanten Wertschöpfungsfaktoren konnte eine Nutzen-Kosten-Relation von durchschnittlich **16:1** und eine Wertschöpfung durch Waldflurbereinigung von etwa **45 000 €/ha** Waldfläche bei Betrachtung aller Wirkungskomponenten ermittelt werden und übersteigt damit bei weitem den Grundstückswert. Selbst bei Negierung der durch das Cluster Forst und Holz entstehende immensen Wertschöpfungsbeitrag durch die zusätzliche Rohstoffbereitstellung, wird durch das Waldflurbereinigungsverfahren eine enorme Wertschöpfung erzeugt, die bei weitem die Kosten übersteigen.

Für Mittelgebirgslagen wurde anhand der drei Beispielverfahren Hinterhausen-Büdesheim, Lissingen und Birresborn ohne Berücksichtigung der inländischen Rohstoffversorgung eine

> **Wertschöpfung von durchschnittlich 16.436 € je ha Waldflurbereinigungsfläche**

berechnet. Im Vergleich zu den in den drei Verfahren eingesetzten Verfahrens- und Ausführungskosten entsteht im Durchschnitt eine

> **Nutzen-Kosten-Relation von 6 : 1** (ohne Cluster Forst und Holz).

Je größer der Waldanteil eines Verfahrens ist, umso günstiger wird die Nutzen-Kosten-Relation, da sich die relativ geringeren Gesamtkosten pro ha Waldflurbereinigung auswirken.

Die von König (1985) und BMS Consulting (2007) ermittelten, auf nachhaltige Forstwirtschaft, Bewirtschaftungsvorteile und Holzvermarktung bezogenen Wertschöpfungsansätze wurden durch eigene Ansätze deutlich erweitert. Besonders wichtige Nutzentreiber sind die Sicherung des Bodenwertes der Waldbodenflächen, die Grundstückserschließung, Eigentumsklarheit und Eigentumssicherung und Erhöhung der Rechtssicherheit. In den weiteren Bereichen sind der gesteigerte Erholungsnutzen, die Verwirklichung von Klimaschutzzielen und die Unfallprävention als bedeutend hervorzuheben. Im nächsten Abschnitt soll gezeigt werden, welche Wertschöpfungsbereiche besonderen Einfluss auf den Gesamtnutzen haben.

4.9 Gewichtung der Leistungen nach ihrer Bedeutung für die Wertschöpfung

Die 32 Wertschöpfungsmöglichkeiten, die in einem Waldflurbereinigungsverfahren umgesetzt werden können, erlangen, wie bei der Berechnung der drei Beispielverfahren zu sehen war, sehr unterschiedlich hohe monetäre Bedeutung. Um die großen Wirkungstreiber auszumachen, wird in diesem Abschnitt ein fiktives Verfahren berechnet, indem alle 32 Wertschöpfungsansätze zum Tragen kommen. Dazu werden die in den drei Beispielverfahren berechneten Werte als Durchschnittswerte übernommen, mit der Annahme einer Nutzungssteigerung um 4 Fm auf 6 Fm und einer durchschnittlichen Waldflurbereinigungsfläche von 340 ha, durch den Abschlag gekürzt auf 300 ha. Des Weiteren wird davon ausgegangen, dass eine Windenergieanlage mithilfe der Flurbereinigung durch Flächenbereitstellung, Zuwegung und Sicherung der Leitungsrechte aufgestellt wird. Die in der nachfolgenden Tabelle berechneten Ergebnisse werden nach ihrer Höhe in fünf Kategorien eingeteilt. Sehr niedrige Wertschöpfungen erhalten 1 Punkt und sehr hohe Wertschöpfungen bis zu 5 Punkte. Da sich die berechneten Werte von 1000 € bis 10 000 000 € spreizen, werden sie nicht linear in die Kategorien zugeordnet, sondern nahe zusammen liegende Werte erhalten einen gemeinsamen Kategoriewert. Die Einteilung in hohe oder niedrige Wertschöpfung ist hier in Bezug auf die gesamten Wertschöpfungen dieser 300 ha Berechnung zu sehen und nicht als absolute Größe.

Tab. 4-28: Einteilung der Wertschöpfungen in Kategorien

Kategorie	Wertspanne in €	Eingeordnete Werte in 1000 €
1	1000 – 10 000	1, 4, 6, 9, 9
2	20 000 – 70 000	23, 25, 35, 38, 45, 58, 60, 65
3	80 000 – 130 000	89, 97, 116, 120, 129
4	140 000 – 200 000	142, 163, 180, 193, 193, 193
5	340 000 – 10 000 000	340, 403, 449, 580, 600, 644, 1128, 9796

Tab. 4-29: Einteilung der Nutzentreiber der Wertschöpfungskette in Kategorien

Nutzentreiber der Wertschöpfungskette							
Berechnungsfläche 300 ha							
		jährl.	einmal	€/ha in 50 J.	Fläche	Wertschöpfung	Kat.
Vorteile in Bewirtschaftung und Holzvermarktung						1.729.167 €	
Steigerung Holznutzung	4 Fm	100		2148,22	300	644.466	5
Größere Losbildung	6 Fm	30		644,47	300	193.340	4
Senkung Rückekosten	6 Fm	15		322,23	300	96.670	3
Reduzierung Anfahrtszeiten		20		429,64	300	128.893	3
Reduzierung Fußwegzeiten	6 Fm	18		386,68	300	116.004	3
Grundstücks- struktur		30		644,47	300	193.340	4
Reduz. Grund- stücksrand		30		644,47	300	193.340	4
Verbesserung Waldzustand		9,3	200	200	300	60.000	2
Schaffung Holzlagerplätze	6 Fm	9		193,34	300	58.002	2
Reduzierung Umzäunung		7		150,38	300	45.113	2
Eigentums- und Rechtssicherheit						1.177.771 €	
Verbesserung Auffindbarkeit		62,8	1344	1344	300	403.200	5
Reduzierung Verwaltung		0,2		4,30	300	1.289	1
Sicherung Bodenwert		93	2000	2000	300	600.000	5
Verbesserung Beratung		22		472,61	300	141.783	4
Auflösung Erbengemein.	5%	70	1500	1500	15	22.500	2
Grundstücks- markt	10%	14		300	30	9.000	1

Steigerung der Erholungswirkung, Kulturdenkmalsicherung						1.402.838 €	
Erholung Tourismus	50%	350		7518,77	150	1.127.816	5
Erholungs-einrichtungen		1	20	20	300	6.000	1
Erhaltung Landschaftsbild		296		6358,73	14	89.022	3
Sicherung Kulturdenkmäler		28	600	600	300	180.000	4
Naturschutz, Klimaschutz, Landschaftsgestaltung						709.147 €	
Beitrag Klimaschutz	48%	145		3114,92	144	448.548	5
Waldrandaufbau		694		14908,65	0,3	4.473	1
öko. bedeutsame Gebiete		145		3114,92	8	24.919	2
Biotopverbund -Waldinnenrand		67,5	1450	1450	12	17.400	2
-Bachaue		145		3114,92	6,5	20.247	
Lenkung Aufforstung		199	4280	4280	2	8.560	1
Minimierung Bodenverdicht.		19	400	400	300	120.000	3
Regulierung Wasserregime		466	10000	10000	6,5	65.000	2
Beschäftigungseffekt, Rohstoffversorgung, Unfallprävention						10.914.464 €	
Arbeitsplätze Regional (Bau)			163284	163284	(x1)	163.284	4
Rohstoffversorgung	4 Fm	1520		32652,94	300	9.795.883	5
Windenergieversorgung		27000		580019	(x1)	580.019	5
Arbeitssicherheit	6 Fm	52,8		1134,26	300	340.278	5
Prävention Verkehrsunfälle			5000	5000	(x7)	35.000	2
Summe alle						**15.933.388 €**	
Summe ohne Rohstoffversorgung						6.137.504 €	

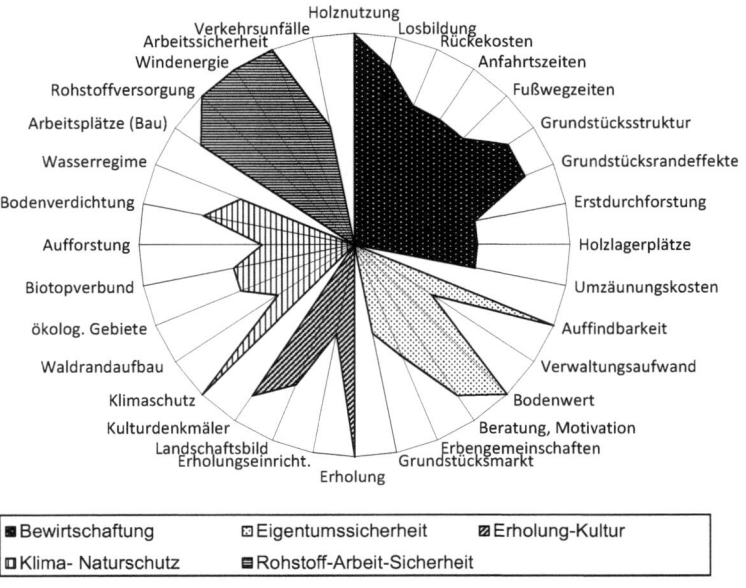

Abb. 4-14: Darstellung der Wertschöpfungsbereiche mit Dimensionierung des Nutzens als Wertschöpfungsstern

Die Darstellung der berechneten Wertschöpfungen in ihrer Dimension zeigt, dass in jedem Wertschöpfungsbereich wenigstens ein Nutzen eine besonders hohe Wirkung entfaltet. Die durchschnittlichen Kosten wurden aus den drei Beispielverfahren mit 924 000 € ermittelt, die summierten Nutzen in den einzelnen Wertschöpfungsbereichen können aus der oben stehenden Tabelle entnommen werden. Bei der Gegenüberstellung des Nutzens in den fünf Wertschöpfungsbereichen und den durchschnittlichen Kosten wird deutlich, dass die Bereiche mit der ökonomisch-betriebswirtschaftlichen, der eigentumssichernden, der touristischen und der sozialen Zielsetzung die Kosten jeweils allein decken. Nur der Nutzen des ökologischen Bereichs liegt unter den Gesamtkosten des Verfahrens, wobei hier die Größe der umgesetzten ökologischen Maßnahmen den Nutzwert bestimmen und bei Fokussierung eines Verfahrens auf diesen Aspekt auch weitaus höhere Werte erreicht werden können. Es soll bei der Betrachtung der fünf Wertschöpfungsbereiche festgehalten werden, dass unter alleiniger Beachtung der Kosten – Nutzen – Relation jeder dieser Bereiche als Grund für die Durchführung eines Flurbereinigungsverfahrens stehen könnte. Da aber mit Ausnahme bei der Unternehmensflurbereinigung immer die Privatnützigkeit gegeben sein muss, steht der ökonomisch-betriebswirtschaftliche Bereich im Vordergrund der Überlegungen bei der Auswahl eines Verfahrensgebiets.

Nachfolgend werden die herausstechenden acht Nutzentreiber diskutiert, die in die Kategorie 5 eingeordnet wurden und in den einzelnen Bereichen die Wirkungen überstrahlen.

4.9.1 Wirkungstreiber im sozialen Bereich

Der Wirkungstreiber mit dem höchsten Nutzen von 9,8 Mio. € ist die Sicherung der nationalen Rohstoffversorgung mit Holz. Die hohe Bedeutung der Verfügbarkeit von Rohholz und der Unabhängigkeit von Importen wird in den Clusterstudien deutlich dargestellt. Dennoch wird aufgrund der sehr weitreichenden Verknüpfung des Holzclusters bis in die Papier- und Druckindustrie und der möglichen und nicht überblickbaren Überschneidungen mit anderen Effekten die Berechnung mit und ohne diesen Wert durchgeführt.

Ein weiterer sehr hoher Nutzwert kann bei der Ermöglichung der Aufstellung von Windenergieanlagen im Privatwald erreicht werden. Abhängig von der Leistung der Windkraftanlagen und der den Gemeinden zufließenden Pachteinnahmen kann dieser alleinige Nutzen die Kosten des Verfahrens decken. Allerdings ist stark zu vermuten, dass zukünftig nur in wenigen Waldflurbereinigungen auch Windenergieanlagen errichtet werden und dies somit nur einen optionalen Nutzen darstellt.

Ein sehr realer hoher Nutzen mit 0,3 Mio. € ist die Verbesserung der Arbeitssicherheit in den besser erschlossenen Waldgebieten. Kritiker möchten meinen, dass bei der Nichtnutzung der Privatwälder keine Unfälle passieren und erst durch die Nutzung eine Unfallgefahr entsteht. Dem ist zu entgegen, dass durchaus in allen deutschen Privatwäldern eine Nutzung stattfindet, nur nicht in dem Ausmaß, dass von einer ordnungsgemäßen Bewirtschaftung aller Flächen gesprochen werden kann. Die weiterhin bestehende hohe Unfallgefahr bei der gefährlichen Holzerntearbeit führt durch ein verbessertes Wegenetz trotz höherer Nutzmengen zu weniger Unfällen als bei geringerer Nutzung in schlecht erschlossenen Waldgebieten.

4.9.2 Wirkungstreiber im touristischen Bereich

Der zweithöchste Wirkungstreiber mit 1,2 Mio. € ist die Öffnung von Waldgebieten für die Naherholung sowie den touristischen Freizeitsport. Der sehr hohe Wert ergibt sich zum einen aus der hohen Wertschätzung des Waldes von der Bevölkerung. Zum anderen lastet aufgrund der hohen Einwohnerdichte Deutschlands ein enormer Freizeitdruck auf dem Wald.

4.9.3 Wirkungstreiber im ökonomischen Bereich

Die Wirkung der Steigerung der Holznutzung mit 0,6 Mio. €, flankiert von weiteren kleineren Wirkungen, ist für den Waldeigentümer sehr bedeutend, da er einen privaten Nutzen aus dem Verfahren ziehen möchte. Ist dies nicht gegeben, würde der Großteil der Eigentümer nicht die erforderliche Zustimmung zum Flurbereinigungsverfahren geben. Waldgebiete in denen absehbar keine Holznutzungssteigerung zu erwarten ist, eignen sich nicht für ein Verfahren nach § 1 oder § 86 FlurbG. Verfahren mit einer reinen naturschutzfachlichen Zielsetzung werden daher im Wald meist als BZV oder Freiwilligen Landtausch durchgeführt.

4.9.4 Wirkungstreiber im eigentumssichernden Bereich

Dieser öffentlich-rechtliche Wertschöpfungsbereich dient den aktuellen Waldeigentümern ebenso wie den nachfolgenden Generationen. Die Wirkung der Sicherung des Bodenwertes durch eine Verbesserung der Grundstückseigenschaften mit 0,6 Mio. € und ebenso die Wirkung der Herstellung der Grenzsicherheit mit 0,4 Mio. € hält weitaus länger an, als der angenommene Wirkungszeitraum von 50 Jahren. Durch Erbteilungen kann zwar wieder eine Verschlechterung der Grundstücksstruktur eintreten, aber selbst für einen längeren Zeitraum gesehen, nicht wieder in dem heutigen Ausmaß. Durch die Aktualisierung der meist im Urkataster festgelegten Grenzverläufe nehmen diese wieder am öffentlichen Glauben der Richtigkeit teil.

4.9.5 Wirkungstreiber im naturschutzfachlichen Bereich

Der Beitrag zum Klimaschutz durch die Bewahrung des großen CO^2-Speichers Wald vor seiner Zerstörung wurde mit 0,4 Mio. € berechnet. Es ist anzunehmen, dass der tatsächliche Wert weitaus höher liegt, da der Anblick großräumig zerstörter Waldflächen Gefühle der Unsicherheit und Existenzängste in der Bevölkerung hervorrufen und diese von Seiten der Bürger wie auch der Politik sicherlich um einen höheren Preis vermieden werden möchten. Durch weitere Untersuchungen könnten der Wert des Klimaschutzes durch einen stabileren Wald präzisiert werden und die Unzulänglichkeiten der angewendeten Bewertungsmethode ausgebessert werden.

4.10 Variationen der Berechnungsansätze der 32 Wertschöpfungsbereiche der Waldflurbereinigung für die Anwendung in allen deutschen Bundesländern

Die aus den in Rheinland-Pfalz gelegenen Beispielverfahren abgeleiteten Wertschöpfungsansätze bedürfen einiger Anpassungen, damit sie auf alle Waldflurbereinigungsverfahren in Deutschland angewendet werden können. Da sich die Ausgangssituation und die naturräumliche Ausstattung zwischen Waldflurbereinigungsverfahren stark unterscheiden können, werden im Folgenden Vorschläge unterbreitet, wie den örtlichen Gegebenheiten Rechnung getragen werden kann. Die Variationen wurden in Zusammenarbeit mit der Sonderarbeitsgruppe Leistungsvergleich der Bund-Länder-Arbeitsgemeinschaft Landentwicklung erarbeitet und berücksichtigen die forstwirtschaftliche Situation aller Bundesländer.

4.10.1 Steigerung der Holznutzung

Ziel der Waldflurbereinigung ist die Verbesserung der Produktions- und Arbeitsbedingungen, die die überwiegende Zahl der Waldeigentümer zu einer stärkeren und konsequenteren Nutzung der Waldbestände veranlasst. Die aus den Beispielverfahren abgeleitete Steigerung der Holznutzung kann nicht ohne Weiteres auf alle Waldflurbereinigungsverfahren in Deutschland übertragen werden, denn sie ist von der Art und dem Alter der Bestockung abhängig, ebenso von der Höhe des bisher getätigten Einschlags. Auch ist der Hiebsatz in Fichtenbeständen höher als in Laubbeständen, der erzielbare Holzpreis kann aber für qualitativ hochwertiges Laubholz um ein Vielfaches höher liegen. Der angenommene Durchschnittswert des Holzerlöses von 25 €/Fm könnte zwar für hochwertige Laubwälder anhand der Holzqualität angepasst werden, bleibt aber als Minimumswertschöpfung zweckmäßigerweise unverändert. Für die zu erwartende Steigerung der Holznutzung wird als Ergebnis dieser Erwägung vorgeschlagen, je nach Bestandsreife, Bestockungsart, bisheriger Nutzungsintensität und Motivation der Waldeigentümer die Wertschöpfungsberechnungen bei einer Waldflurbereinigung in einer fest vorgegebenen Stufung zwischen 2 Fm und 6 Fm, zu variieren. Das Ergebnis der Beispielverfahren liegt dabei in der Mitte der Variationen.

4.10.2 Bildung größerer Holzlose

Die Bündelung des Holzangebots erlaubt es auch, größere Holzabnehmer als Geschäftspartner zu gewinnen, wodurch sich die Verhandlungsposition der Holzerzeuger verbessert. Da größere Holzmengen mit einem breitem Sortiment einheitlich einen um 5 € höheren Holzpreis als Kleinmengen erzielen, wird auf eine Variation dieser Wertsteigerung verzichtet und in jedem Fall ein um 5 €/Fm höherer Holzerlös auf die erwartete Gesamtnutzung angenommen. Die Gesamtnutzung wird dabei für eine Übertragung auf alle Waldflurbereinigungsverfahren in Deutschland in einer fest vorgegebenen Stufung zwischen 2 Fm und 10 Fm variiert. Ein Wert von 10 Fm ist als Ausnahme zu sehen.

4.10.3 Senkung der Rückekosten

Die Erschließung mit LKW-befahrbaren Wegen verkürzt die Rückewege und senkt damit die Rückekosten. Aus den Beispielverfahren wurden Rückekostenersparnisse von 2,5 €/Fm abgeleitet. Dieses Ergebnis trifft aber nicht alle in der Praxis vorzufindende Zustände der Erschließung. In einem absolut unerschlossenen Gebiet können durch die Erschließung durch Wege Rückekosten von 10 €/Fm eingespart werden, bestand wenigstens schon ein forstwirtschaftlich nutzbarer Weg, dann liegen die Einsparungen bei 4 €/Fm. Bei bestehender mäßiger bzw. guter Erschließung liegt die Rückekostenersparnis bei 2,5 €/Fm bzw. 1 €/Fm. Bei einer vorgefundenen Vollerschließung können die Einsparungen im Extremfall auch bei 0 €/Fm liegen. Es wird vorgeschlagen, diese Stufung für eine Variation über alle Waldflurbereinigungsverfahren in Deutschland zu verwenden.

4.10.4 Reduzierung der Anfahrtszeiten

Die Zusammenlegung der Grundstücke und die Verbesserung des Wegenetzes ermöglichen eine schnellere Erreichbarkeit der Waldflächen. Die Zeitersparnis beträgt etwa 1 h/ha jährlich, bei Arbeits- und Maschinenkosten von 20 €/h. Dieser Ansatz kann einheitlich für alle Waldflurbereinigungsverfahren ohne Variation verwendet werden.

4.10.5 Reduzierung der Fußwegzeiten

Durch die Erschließung mit Fahrwegen kann jedes Grundstück mit dem Fahrzeug erreicht werden und es erübrigen sich lange Fußwege über andere Grundstücke hinweg, ebenso verkürzen sich durch die Neuformung und Zusammenlegung die Fußwegstrecken auf dem Grundstück selbst. Durch die Vollerschließung können bei einem bestehenden gutem Wegenetz 10 €/ha, bei einem mäßigem Wegenetz 20 €/ha, bei nur einem vorhanden Weg 30 €/ha und bei absolut keiner Erschließung 40 €/ha an Fußwegkosten eingespart werden. Diese Werte ergeben sich aus der Übertragung der Berechnungsergebnisse aus dem in Kapitel 3.1 erläuterten Beispiel nach Dietz (1984). Dort liegen allerdings die Zu- und Abgangskosten bei fehlender Erschließung viel höher, hier werden die Ersparnisse zwischen guter und keiner Erschließung linear fortgeführt. Es wird vorgeschlagen, diese Stufung für eine Variation über alle Waldflurbereinigungsverfahren in Deutschland zu verwenden.

4.10.6 Mehr Waldbaumöglichkeiten durch Zusammenlegung (Bestandsqualität)

Die Vergrößerung der Grundstücke durch Zusammenlegung und Ankauf ermöglicht mehr waldbauliche Behandlungsformen. Diese führen zu einem qualitativ höherwertigeren Bestand, weil die in den Landeswaldgesetzen geforderten Vorgaben der nachhaltigen Forstwirtschaft umgesetzt werden können. Die Wertsteigerung der Bestände, zum einen durch Erhöhung der produzierten Holzqualität und zum anderen durch Reduzierung des Betriebsrisikos, beträgt mehrere Prozent des Bestandeswerts. Je größer die Waldeigentumsflächen sind, umso mehr Waldbaustrategien können angewendet werden. Die aus den Beispielverfahren abgeleitete Steigerung der waldbaulichen Behandlungsformen kann nicht ohne weiteres auf alle Waldflurbereinigungsverfahren in Deutschland übertragen werden, denn sie ist vom Zusammenlegungsverhältnis der Grundstücke abhängig. Bei einer Zusammenlegung im Verhältnis 5:1 wird von der Erhöhung des Wertes des Bestandes von jährlich 1% ausgegangen. Bei einem niedrig angenommenen Bestandeswert von 3000 €/ha beträgt der Nutzen 30 €/ha und Jahr. Bei einer Zusammenlegung im Verhältnis 3:1 bzw. 2:1 liegt die Bestandswertsteigerung bei 20 bzw. 10 €/ha und bei einem Zusammenlegungsverhältnis von 10:1 beträgt der Nutzen 40 €/ha. Es wird vorgeschlagen, diese Stufung für eine Variation über alle Waldflurbereinigungsverfahren in Deutschland zu verwenden, denn damit können die sehr unterschiedlichen Ergebnisse der Waldflurbereinigung am besten in die Wertschöpfungsberechnungen eingebracht werden.

4.10.7 Reduzierung der Grundstücksrandeffekte

Durch einen größeren Handlungsspielraum in den Waldbehandlungsmöglichkeiten wirkt sich die Formgebung ähnlich wie die Vergrößerung der Grundstücke auf die Qualität des Bestandes aus. Vor allem aber reduziert sich bei einer annähernd quadratischen Flächenform der einzuhaltende Grenzabstand zum Nachbargrundstück, wodurch sich die nutzbare Fläche vergrößert und forstwirtschaftliche Eingriffe aus nachbarrechtlichen Gründen unterbleiben können. Abgeleitet aus den Beispielverfahren mit einer starken Verbesserung der Ausformung wird vor allem aus den nachbarrechtlichen Gesichtspunkten angenommen, dass bei einer Formveränderung der Grundstücke der Wert des Waldbestandes um mindestens 1% jährlich steigt. Dieses ist mit 30 €/ha zu bewerten. Für eine deutschlandweite Variation mit regelmäßig niedrigeren Zusammenlegungsergebnissen wird vorgeschlagen, eine starke Verbesserung der Ausformung mit 30 €/ha, eine mittlere Verbesserung mit 20 €/ha und eine geringe Verbesserung mit 10 €/ha zu berechnen.

4.10.8 Verbesserung des Waldzustandes

Durch die erste Nutzungsmöglichkeit nach Erschließung und Besitzeinweisung in der Waldflurbereinigung kann von den neuen Grundstückseigentümern eine Erstdurchforstung der Bestände durchgeführt werden. Erfahrungsgemäß werden aus den meist vernachlässigten Waldbeständen 10 Fm/ha Schwachholz entnommen mit einem Holzerlös von 20 €/Fm. Die Menge und die Qualität des Durchforstungsholzes sind vom Alter und Pflegezustand des Bestandes abhängig. Da es sich aber um einen relativ niedrigen Nutzwert handelt, wird vorgeschlagen, keine Variation vorzunehmen, sondern den Wertschöpfungsbetrag von einmalig 200 €/ha als fixe Wertschöpfung festzulegen.

4.10.9 Erhöhung der Transporteffizienz

Ungünstig und verstreut gelegene, kleine Holzlagerplätze verursachen einen erhöhten Suchaufwand nach dem Holzpolter. Die Anlage von großzügigen Holzlagerplätzen, die gut erreichbar an den Hauptabfuhrwegen liegen, aber auch ein gut ausgebautes Lkw-taugliches Wegenetz reduzieren den Zeit- und Kostenaufwand für die Suche bei der Holzabfuhr um durchschnittlich 1,5 €/Fm für die Gesamtnutzung. Es wird auf eine Variation dieser Wertsteigerung pro Fm verzichtet. Der Nutzen aus der Erhöhung der Transporteffizienz wird für eine Übertragung auf alle Waldflurbereinigungsverfahren in Deutschland in einer fest vorgegebenen Stufung mit der Gesamtholzmenge zwischen 2 Fm und 10 Fm multipliziert und damit in einer festen Stufung zwischen 3 €/ha und 15 €/ha variiert.

4.10.10 Reduzierung der Umzäunungskosten

Hohe Wilddichten erfordern eine temporäre Einzäunung von Verjüngungs-, Unterbau- und neu begründeten Flächen zum Schutz vor Wildverbiss auf etwa 4% der Waldfläche. Die Zaunlänge und damit die Zaunkosten werden von der Form und der Anzahl der Grundstücke bestimmt. Die aus den Beispielverfahren abgeleitete Reduzierung der Umzäunungskosten von 7 €/ha kann nicht ohne weiteres auf alle Waldflurbereinigungsverfahren in Deutschland übertragen werden, denn sie ist vom Zusammenlegungsverhältnis der Grundstücke abhängig. Unterschiedliche Zusammenlegungsverhältnisse von 1:1, 2:1, 3:1, 5:1 und 10:1 werden durch eine lineare Abstufung der Ersparnis von 0 €/ha, 2 €/ha, 4 €/ha, 8€/ha und 10 €/ha dargestellt. Die Verkürzung der Zaunlänge durch ein ausgewogeneres Seitenverhältnis ist nicht berücksichtigt. Es wird vorgeschlagen, diese Stufung für eine Variation über alle Waldflurbereinigungsverfahren in Deutschland zu verwenden, denn damit können die sehr unterschiedlichen Ergebnisse der Waldflurbereinigung am besten in die Wertschöpfungsberechnungen eingebracht werden

4.10.11 Verbesserung Auffindbarkeit und Liegenschaftskataster

Die Herstellung der Grenzsicherheit ist neben der Erschließung die bedeutendste Verbesserung der Arbeits- und Produktionsbedingungen im Privatwald. Würde man außerhalb eines Flurbereinigungsverfahrens die Grenzen durch eine Grenzfeststellung durch die Vermessungs- und Katasterbehörde in Auftrag geben, so würden Gebühren in Höhe von 224 € pro Grenzpunkt in Rheinland-Pfalz anfallen. Bei einer Betriebsgröße von 1 ha unter der Annahme von nur 2 Grenzpunkten pro ha entstehen Gebühren von 448 €/ha, bei Betriebsgrößen von 0,33 ha, 0,2 ha bzw. 0,1 ha werden 6, 10 bzw. 20 Grenzpunkten pro ha angenommen. Die geländeangepassten Grenzlinien der unförmigen Grundstücke haben meist mehr Grenzpunkte und sind in der Örtlichkeit kaum festzulegen. Die Höhe der Gebühren zur Grenzfeststellung sollte nach den unterschiedlichen Gebührenordnungen der Vermessungs- und Katasterbehörden des jeweiligen Bundeslandes festgelegt werden. Das Kartenmaterial der Privatwaldflächen entstammt in der Regel in allen Ländern noch aus dem Urkataster. Es wird vorgeschlagen, diese Kombination aus Flurstücksanzahl pro ha einer Waldflurbereinigung und länderweise unterschiedlicher Höhe der Gebühren für die Grenzfeststellung für eine Variation über alle Waldflurbereinigungsverfahren in Deutschland zu verwenden.

4.10.12 Verringerung Verwaltungsaufwand bei der Grundbuchführung

Die Verbesserung der Qualität der öffentlichen Bücher durch Aktualisierung der Daten und Verringerung der Anzahl der Grundstücke und Flurstücke wird mit jährlich 0,2 €/ha Verfahrensfläche berechnet. Der aus einer älteren Untersuchung stammende, sehr niedrige Wert wird als fester Mindestwert für die Leistung der Flurbereinigung in diesem Bereich übernommen und aufgrund des geringen Wertschöpfungsbetrages nicht variiert.

4.10.13 Sicherung der Holzbodenwerte

Durch die Waldflurbereinigung werden wesentliche Eigenschaften der Grundstücke, wie die Form, Zuwegung oder auch Konzentration des Grundbesitzes verbessert, was sich in einer Erhöhung des Bodenwertes widerspiegelt. Die Erhöhung um 0,2 €/m² wurde aus Richtwerten und Daten mehrerer Länder abgeleitet. Dieser Wertschöpfungsansatz wird daher für alle Waldflächen Deutschlands gleichermaßen angenommen und nicht variiert.

4.10.14 Effizientere Beratung, Wissens- und Motivationsgewinn

Die Waldflurbereinigung führt zu einer vermehrten Auseinandersetzung der Waldeigentümer mit ihrem Wald. Durch die Wertermittlung in der Waldflurbereinigung lernen alle Eigentümer den Wert ihrer Baumbestände erstmals besser kennen. Durch die Erklärungen der am Verfahren beteiligten Förster erhalten sie ergänzende Informationen über das Potenzial der Waldflächen. Nach der Waldflurbereinigung wird das Beratungs- und Betreuungsangebot der Forstbehörde verstärkt nachgefragt. Der dadurch insgesamt entstehende Gewinn an Wissen und Motivation wird einheitlich mit 20 €/ha jährlich berechnet. Die Verbesserung der Beratungs- und Ansprechmöglichkeiten durch die Forstbehörde infolge einer Aktualisierung der Daten über die Waldeigentümer und Grenzverläufe wird zusätzlich mit 2 €/ha jährlich bewertet. Der zusammengefasste Nutzen wird bundeseinheitlich mit 22 €/ha angenommen und nicht weiter variiert.

4.10.15 Ermittlung von Erbengemeinschaften

In Flurbereinigungsverfahren wird ein großer Aufwand betrieben, um die am Verfahren beteiligten Eigentümer durch Legitimation zu ermitteln. Ein Arbeitsschwerpunkt dieser Legitimation ist die Klärung von Erbengemeinschaften in mehrfacher Erbfolge. Die Kosten der Erbermittlung durch einen professionellen Erbermittler betragen 30% der Erbsumme, also mindestens 1500 €/ha bei einem Waldwert von 5000 €/ha. In der Diskussion der Sonderarbeitsgruppe Leistungsvergleich der Bund-Länder-Arbeitsgemeinschaft Landentwicklung wurde darauf hingewiesen, dass der Aufwand für die Erbenermittlung mit der Anzahl der unbekannten Teilnehmer steigt und bei besonders kleinen Grundstücken der tatsächliche Nutzen weitaus höher anzusetzen wäre, als die vorgegebene Berechnung über die Fläche ergibt. Es wird dennoch eine Bewertung über die Waldfläche und nicht über die Personenzahl vorgeschlagen, da die Erbenermittlung nach dem Wert des Erbes abgerechnet wird. Es war auch zu überlegen, ob ein Mindestbetrag pro Erbengemeinschaft angesetzt wird, so wie es auch in der Erbermittlungsbranche üblich ist. Als praktikabler Ansatz wird empfohlen, die Wertschöpfung über die Fläche mit 0%, 3%, 5%, 10% und 50% mit dem daraus folgenden Ergebnis von 0 €/ha, 45 €/ha, 75 €/ha, 150 €/ha und 750 €/ha zu variieren. Der hohe Wertschöpfungsansatz von 50% für die Erbenermittlung in der vorgeschlagenen Variation trägt der Situation in den ostdeutschen (neuen) Bundesländern Rechnung. Bei einer Programmierung der Wertschöpfungsberechnung könnte aber auch eine gleitende Variante gewählt werden, die bestmöglich an die vorliegende Situation des Verfahrens angepasst wird.

4.10.16 Kostenersparnis bei Landabfindungsverzicht

Innerhalb eines Flurbereinigungsverfahrens kann durch Verzicht auf Landabfindung Eigentum an einen Dritten abgetreten werden, ohne dafür Notar- und Grundbuchgebühren oder Waldbewertungskosten entrichten zu müssen. Die Ersparnis für die betroffenen Grundstückseigentümer beträgt bei einem 1 ha großen Grundstück etwa 300 €. Die Fläche, die voraussichtlich in einem Waldflurbereinigungsverfahren gegen Geld abgegeben wird, kann anhand der regional spezifischen Erfahrungen der Flurbereinigungsbehörde konkret in ihrer Höhe eingeschätzt werden. Als zusätzlicher praktikabler Ansatz wird empfohlen, die Wertschöpfung über die Fläche mit 0%, 2%, 5%, 10% und 20% und dem daraus folgenden Ergebnis von 0 €/ha, 60 €/ha, 150 €/ha, 300 €/ha und 600 €/ha zu variieren.

4.10.17 Steigerung der Attraktivität des Waldes für Erholungssuchende

Der Ausbau des Wegenetzes öffnet für den Erholungssuchenden bisher unerschlossene Waldbereiche und vernetzt bestehende Wander- und Fahrradrouten. Der Erholungswert der deutschen Wälder von 350 €/ha wird für die im Allgemeinen teilerschlossenen Waldflurbereinigungsgebiete zur Hälfte mit 175 €/ha (mäßige Erschließung) angesetzt. Die Variation wird über den Erschließungszustand des Gebietes von voll, gut, mäßig, gering erschlossen bis zu keine Erschließung mit dem daraus folgenden Ergebnis 0 €/ha, 75 €/ha, 175 €/ha, 250 €/ha und 350 €/ha vorgeschlagen. Des Weiteren hat die Sonderarbeitsgruppe Leistungsvergleich der Bund-Länder-Arbeitsgemeinschaft Landentwicklung einvernehmlich festgelegt, das vorstehend variierte Einschätzungsergebnis zusätzlich mit einem reduzierenden Faktor von 0,0 bis 1,0 zwischen touristisch unattraktiven (Faktor 0,0) und touristisch sehr attraktiven Waldgebieten (Faktor 1) zu multiplizieren und damit die Wertschöpfung in touristisch wenig attraktiven Waldgebieten deutlich abzustufen. Damit wird sowohl in bereits voll erschlossenen Waldgebieten als auch in touristisch völlig uninteressanten Gebieten keinerlei Wertschöpfung berechnet. Ob es allerdings touristisch völlig uninteressante Privatwaldgebiete mit 0,0 Wertschöpfung in der Realität gibt, bleibt abzuwarten.

4.10.18 Anlage von Erholungseinrichtungen

Erholungseinrichtungen, die mit den Mitteln der Flurbereinigung geplant und hergestellt werden, werden anhand der Höhe der geplanten bzw. tatsächlich verausgabten Sachkosten in der Nutzenberechnung addiert. Bei von Dritten finanzierten Erholungseinrichtungen wird der Sachwert auf der Nutzenseite ebenso wie auf der Kostenseite berechnet. Als praktikabler Ansatz für die von Dritten finanzierten Erholungseinrichtungen wird empfohlen, die Wertschöpfung pauschal nach Erfahrungswerten in der Region mit 10 €/ha, 20 €/ha und 40 €/ha zu variieren. Zusätzlich empfiehlt sich in Regionen mit hohem Erholungseinrichtungspotenzial bei einer Datenverarbeitungslösung ein Erfassungsfeld vorzusehen, in dem der erwartete Betrag für Erholungseinrichtungen frei eingefügt werden kann.

4.10.19 Offenhaltung und Aufwertung der regionalen Kulturlandschaft

Landschaftsunverträglich aufgeforstete oder zugewachsene Flächen können in einem Flurbereinigungsverfahren planmäßig vom Bewuchs befreit und dauerhaft gesichert werden. Die Wertschöpfung für diese Form der Erhaltung der Kulturlandschaft wird anhand der Größe der Fläche, auf der Maßnahmen zur Offenhaltung umgesetzt werden, berechnet. Als Multiplikationsfaktor für die Wertschöpfungsberechnung wird der Durchschnittsbetrag der jährlichen Direktzahlungen im Rahmen der Gemeinsamen Agrarpolitik für das jeweilige Bundesland angesetzt. Im Bundesdurchschnitt lag der Betrag 2011 bei 344 €/ha. (BMELV 2011b)

4.10.20 Sicherung von Kulturdenkmälern

Durch die Sicherung von Bodendenkmälern können Zeugnisse unserer Kulturgeschichte erhalten werden. Der bestmögliche Erhalt eines Bodendenkmals ist die Konservierung durch schützende Überdeckung mit Boden. Durch die Übertragung der Denkmalfläche in die Hand eines geeigneten Trägers kann ein Bodendenkmal mit Hilfe der Waldflurbereinigung nachhaltig geschützt werden. Eine weitere Schutzfunktion erfüllt die Waldflurbereinigung, wenn die initiierte Nutzung und Pflege zu stabileren Wäldern führt. Dies gilt vor allem für die zahlreichen, noch nicht bekannten Bodendenkmäler. Der Nutzen des Schutzes durch die Übertragung in die Hand eines geeigneten Trägers sowie durch eine stabile Waldbedeckung wird mit den Kosten einer vermiedenen Notgrabung bewertet. Die Anzahl der vermuteten Bodendenkmäler pro 1000 ha, die regional bei den Denkmalschutzbehörden nachgefragt werden soll, bestimmt die Höhe des daraus fließenden Nutzens. So ergibt eine Dichte von 2, 5, 10 und 20 Bodendenkmälern auf 1000 ha einen einmaligen Nutzen von 60 €/ha, 150 €/ha, 300 €/ha und 600 €/ha.

4.10.21 Beitrag zum Klimaschutz

Der Wald als Ökosystem mit seiner besonderen Funktion als Kohlenstoffspeicher soll, um diese Funktion dauerhaft zu erhalten, an den Klimawandel angepasst werden. Die Waldflurbereinigung ermöglicht eine rentable Nutzung und Pflege der Waldbestände und somit auch die Voraussetzung für den Waldumbau zu standortangepassten, stabilen Waldbeständen. Die deutsche Bevölkerung schätzt den Wert der Gesunderhaltung ihrer Lebensumwelt mit jährlich 145 €/ha ein. Für Deutschland gilt, nach der Bundeswaldinventur, dass etwa die Hälfte der Waldfläche durch ihre Naturferne ein erhöhtes Kalamitätsrisiko birgt. Die Größe der Waldfläche, die eines Umbaus bedarf, ist regional sehr unterschiedlich. Daher soll unter Einbeziehung des örtlich zuständigen Privatwaldbetreuers die Fläche in Prozent abgeschätzt und mit 145 €/ha multipliziert werden.

4.10.22 Waldrandaufbau für Artenvielfalt und Bestandesschutz

Die Multifunktionalität des Waldrandes als Element zwischen zwei Ökosystemen erzeugt Nutzen in wirtschaftlicher, ökologischer und sozialer Hinsicht und wird daher als eigenständiger Nutzwert aufgeführt, um das hohe Potenzial eines Waldrandes zu verdeutlichen. Der Mangel an gut ausgebildeten Waldaußenrändern auf deutschen Privatwaldflächen bietet die Chance hohen Nutzen zu schaffen.

Der neu angelegte Waldsaum bietet ebenso wie Erstaufforstungen eine höhere Schutzwirkung gegen Hochwasser, Erosion und für das Klima als die Acker- oder Grünlandnutzung, daher soll auch hier der Nutzen von einmalig 4200 €/ha angesetzt werden (s. Pkt.25) bzw. umgerechnet 195 €/ha jährlich.

Die Gehölze des Waldrandes produzieren keinen Ertrag in der Höhe wie die nachgelagerten Bäume der I. Ordnung, da sie diese aber vor Windwurf und – bruch und Austrocknung schützen und das Ertragspotenzial erhalten, sollte auch die Waldrandfläche zur Produktionsfläche gerechnet werden.

Der Waldrand ist mit seiner linienhaften Struktur und der außerordentlich hohen biologischen Vielfalt eine hervorragende Biotopvernetzung, die mit jährlich 145 €/ha Waldrandfläche bewertet wird (s.Pkt.24).

Erholungssuchende bewerten den in der Landschaft weithin sichtbaren Waldrand durch die faunistische und floristische Artenvielfalt als herausragendes und besonders schönes Landschaftselement. Es genießen nicht nur Waldbesucher am Waldrand, sondern auch sich im Offenland aufhaltende Menschen die Schönheit eines strukturreichen Waldrandes, insbesondere im Herbst zur Laubfärbung, daher sollte der Wert zur Erhöhung der Attraktivität der Landschaft für Erholende ohne Abschlag mit jährlich 350 €/ha angesetzt werden (s.Pkt.17).

Der Nutzen für den Waldeigentümer, die Natur und die Bevölkerung beträgt zusammengefasst jährlich 690 €/ha. Es wird vorgeschlagen diesen Wert nicht zu variieren, da meist nur auf sehr kleinen Flächen ein neugestalteter Waldrand hergestellt wird. Bei einer angenommenen Breite des Waldrandes von lediglich 20 m, wird diese Wertschöpfung erst bei einer Waldrandlänge von 500 m erreicht.

4.10.23 Sicherung ökologisch wertvoller Gebiete

In Waldflurbereinigungsverfahren werden regelmäßig ökologisch besonders wertvolle Flächen in das Eigentum geeigneter Träger überführt, um die biologische Vielfalt, die sich auf diesen Flächen entwickelt hat, dauerhaft zu erhalten. Die Fläche, die in dem jeweiligen Verfahren durch Unterschutzstellung gesichert wird, wird im konkreten Waldflurbereinigungsverfahren mit 145 €/ha bewertet.

4.10.24 Entwicklung von Biotopverbund

Die vielfältigen Strategien der Biotopvernetzung in einem Waldflurbereinigungsverfahren können an dieser Stelle nicht umfassend beschrieben und bewertet werden. Grundsätzlich eignet sich für die Bewertung von Projekten mit naturschutzfachlichem Ziel die Sachwertmethode, die aber meist nur den Minimalwert des Vorhabens berechnet und weit unter dem realen geschaffenen Wert liegt.

Die Förderung der Biodiversität in deutschen Wäldern durch ein Maßnahmenbündel wurde mit einer gesellschaftlichen Wertschätzung von 145 €/ha Maßnahmenfläche ermittelt. Eine Maßnahme aus dem Bündel, nämlich die Vernetzung von Beständen, erfuhr bundesweit die höchste Akzeptanz, so dass angenommen werden kann, dass für die Entwicklung eines Biotopverbundes eine weitaus höhere Zahlungsbereitschaft vorliegt, als der gebildete Mittelwert ausdrückt. Es wird dennoch vorgeschlagen weder innerhalb des Maßnahmenbündels noch zwischen den verschiedenen Bundesländern zu differenzieren und den ermittelten gesellschaftlichen Wert der biologischen Vielfalt von 145 €/ha einheitlich anzunehmen.

Für die linienhafte Durchdringung der Waldbestände durch Schaffung eines Waldinnenrandes wurde das Sachwertverfahren gewählt, da Waldinnenränder eine nicht so hohe Wertstellung genießen wie andere Arten Biotopverbünde. Nach der Öffnung des Kronendaches bei der Freistellung der Wegetrasse stellt sich sehr bald eine Saumvegetation beidseitig des Weges ein, dessen Wert über die Freistellungskosten berechnet werden. In den Beispielverfahren wurde ein Durchschnittswert von 1450 €/ha bzw. 1,45 €/lfm Weg angesetzt. Für die bundesweite Anwendung empfiehlt es sich, die für das konkrete Verfahren kalkulierten Freistellungskosten anzuwenden.

4.10.25 Lenkung der Aufforstung

Es ist forstpolitisch eine Waldmehrung aus Gründen des Hochwasser-, Erosions- und Klimaschutzes erwünscht, daher werden Aufforstungen gefördert. Der Nutzen der Aufforstung wird nicht über die vermehrte Schutzleistung bewertet, sondern über die Förderhöhe, in der sich der Wert der gewollten Waldmehrung aus der regierungspolitischen Sicht ausdrückt. Da sich aber die Höhe der Zuwendungen von Bundesland zu Bundesland unterscheiden, die Schutzwirkungen des Waldes aber nicht von der Haushaltslage sondern von der naturräumlichen Lage abhängt, wird vorgeschlagen, einen bundeseinheitlichen Wert für den volkswirtschaftlichen Nutzen der Aufforstung anzunehmen. Für die Bearbeitung des Bodens, der Pflanzensetzung und Kulturpflege sowie die Beschaffung der Setzlinge werden Kosten in Höhe von 6000 € veranschlagt, die aber höchstens mit 85 % bei Laubbaumkulturen und 70% bei Mischkulturen gefördert werden. Um den betriebswirtschaftlichen Vorteil des Aufforstungswilligen zu verdeutlichen, wird von einem höheren Eigenanteil ausgegangen und nur mit einer Förderung von 70 % gerechnet. Es wird vorgeschlagen, die in einer Waldflurbereinigung umgesetzte Erstaufforstung deutschlandweit mit 4200 €/ha Aufforstungsfläche zu bewerten.

4.10.26 Minimierung der Bodenverdichtung

Zur Erhaltung der Bodenfruchtbarkeit und der Wasserspeicherfähigkeit des Boden, ist durch eine konsequente Festlegung von Befahrungslinien eine flächige Befahrung zu vermeiden. Durch den Ausbau des Wegenetzes und die Anbindung jedes Grundstückes an die Wege einschließlich innerer Befahrungslinien wird die bisher übliche wilde Befahrung über Nachbargrundstücke hinweg unterbunden. Es wird eine Vermeidung von flächiger Befahrung auf 10% der Fläche für alle Verfahren vorgeschlagen und nicht variiert.

4.10.27 Regulierung des Wasserregimes

In einem Flurbereinigungsverfahren können verschiedene, von den örtlichen Gegebenheiten abhängige Maßnahmen umgesetzt werden, die sich positiv auf das Wasserregime auswirken. In den Beispielverfahren wurde an kleinen Fließgewässern Vorgaben der Wasserrahmenrichtlinie umgesetzt und damit ein Beitrag zum Hochwasserschutz, zum Biotop- und Artenschutz und zur Pflege der Kulturlandschaft geleistet. Für an den Bächen neu geschaffenes Retentionsvolumen durch Renaturierung und Ausweisung von Gewässerrandstreifen wurde ein einmaliger Nutzen von 10 000 €/ha Bachaue angesetzt.

Für das Anlegen von Flutmulden, seitlichen Abschlägen an Wegen oder andere Maßnahmen, die eine regulierende Wirkung auf den Wasserhaushalt haben, die in anderen Waldflurbereinigungsverfahren durchgeführt werden, wird vorgeschlagen nach der Sachwertmethode den Nutzen zu ermitteln.

4.10.28 Sicherung, Schaffung ortsgebundener Arbeitsplätze durch Wegebau

Der in einer Flurbereinigung umgesetzte Wirtschaftswegebau, der in der Regel beschränkt ausgeschrieben wird, sichert oder schafft örtliche Arbeitsplätze im Straßenbaugewerbe. Der Beschäftigungseffekt wird von der Höhe des eingesetzten Investitionskapitals bestimmt und wird daher anhand der Planungs- und Herstellungskosten der Infrastruktureinrichtung im jeweiligen Verfahren ermittelt.

4.10.29 Sicherung inländischer Rohstoffversorgung

Nach der Cluster-Studie Forst und Holz hat die Forst- und Holzwirtschaft in Deutschland eine hohe arbeitsmarktpolitische Bedeutung, da die Verarbeitung von 1000 Fm Holz in der gesamten Clusterkette 26 Arbeitnehmer beschäftigt, ohne Zulieferer, Verlags- und Druckereigewerbe noch 19 Beschäftigte. Für das ländlich geprägte und stark bewaldete Rheinland-Pfalz kommt der Forstwirtschaft eine besondere Bedeutung zu, daher schafft der rheinland-pfälzischen Forst-, Holz- und Papier- Sektor 20 Arbeitsplätze pro 1000 Fm Rohholz. In den Beispielverfahren wurde der Nutzen aus 20 Arbeitsplätzen mit 380 €/Fm berechnet. Es ist nun möglich, den Beschäftigungseffekt zwischen den Bundesländern unterschiedlich hoch zu gewichten, aber aufgrund der stark vernetzten Warenströme wird der Bundesdurchschnitt von 19 Arbeitsplätzen pro 1000 Fm vorgeschlagen. Der beschäftigungsbedingte Nutzen von 360 €/Fm wird mit der Holzmenge multipliziert, die aufgrund der betriebswirtschaftlichen Verbesserungen durch Waldflurbereinigungsverfahren mehr eingeschlagen wird. Da der beschäftigungsbedingte Nutzen einen sehr hohen Wert erreichen wird, der andere Nutzen weit übertrifft, wird vorgeschlagen, bei der Berechnung der Wertschöpfung einer Waldflurbereinigung immer zwei Ergebnisse auszuweisen: Regionale Wertschöpfung (ohne Sicherung inländischer Rohstoffversorgung) und Gesamtnutzen (mit Sicherung inländischer Rohstoffversorgung). Die Sonderarbeitsgruppe Leistungsvergleich der Bund-Länder-Arbeitsgemein-schaft Landentwicklung hat sich diesem Vorschlag einstimmig angeschlossen.

4.10.30 Entwicklung der Energieversorgung durch Windenergie

Aufgrund der guten Erfahrungen bei der Aufstellung von Windenergieparks in Staatswäldern und der Notwendigkeit, die Energieversorgung verstärkt über erneuerbare Energien zu gewährleisten, rückt auch der Privatwald in den Fokus als Windenergiestandort. Die Waldflurbereinigung kann durch Erschließungsmaßnahmen, z.B. Sicherung der Kabeltrasse für die Stromableitung und Flächenausweisung für Windkraftanlagen auf windhöffigen Standorten, die Eignung des Kleinprivatwalds für Windkraftanlagen herstellen. Der Nutzen für die Herstellung der planerischen Anforderungen für eine Windenergienutzung wird in Höhe der im konkreten Verfahren zu erzielenden Pachteinnahmen berechnet. Als aktueller Schätzwert kann der Betrag von 27.000 €/Windkraftanlage angesetzt werden.

4.10.31 Verbesserung Arbeitssicherheit und Reduzierung Unfallhäufigkeit

Der Ausbau des Wegenetzes verkürzt zum einen die besonders unfallträchtigen Fußwege und reduziert zum anderen die sehr gefährliche motormanuelle Ernte durch den Einsatz von Harvestern wenigstens auf Teilflächen. Die dadurch vermiedenen Unfallkosten betragen 8,8 €/Fm und werden mit der Gesamtnutzung multipliziert. Sie können als einheitlich angenommen werden und sind nicht zu variieren.

4.10.32 Prävention von Verkehrsunfällen durch Wegeverlegung

In Flurbereinigungsverfahren wird durch Verlegung von gefährlichen Wegeeinmündungen oder Ausbau von unzweckmäßigen Auffahrten die Unfallgefährdung entschärft. Der Nutzen der Unfallprävention wird anhand der Sachkosten im jeweiligen Verfahren berechnet. Als stark vereinfachter Mindestansatz kann der Betrag von 5.000 €/Auffahrt angesetzt werden. Für hängige Gebiete sind deutlich höhere Nutzen anzusetzen.

4.10.33 Zusammenfassung der Variationen

In der folgenden Tabelle sind die Ergebnisse zusammengefasst, die zunächst für die Sonderarbeitsgruppe Leistungsvergleich der Bund-Länder-Arbeitsgemeinschaft Landentwicklung zu den möglichen Variationen der Wertschöpfungsansätze für alle Bundesländer erarbeitet und dann mit der Arbeitsgruppe diskutiert wurden. Die Ergebnisse der Diskussion in der Arbeitsgruppe wurden zur Überarbeitung der vorliegenden Tabelle verwendet.

Die Parameter, die in den berechneten Verfahren Hinterhausen-Büdesheim, Lissingen und Birresborn verwendet wurden, sind grau unterlegt.

Es wird in der Wirkungsdauer zwischen einmaliger Wirkung und 50-jähriger Wirkung unterschieden. Der Wirkungsbereich bezieht sich zum Teil auf die Gesamtfläche und in einigen Wertschöpfungen, vor allem im Bereich Natur- und Klimaschutz, nur auf die Teilfläche, auf der eine bestimmte Maßnahme umgesetzt worden ist.

In den Spalten, die Wirkungsdauer und –bereich anzeigen, ist die Spannweite der erreichbaren Wertschöpfung angegeben.

Tab. 4-30: Variationen der Wertschöpfungsansätze für alle Bundesländer

Wertschöpfungsansätze der Waldflurbereinigung - Variationen									
Wirkungsdauer	50 J.	50 J.	50 J.	einmal	einmal				
Wirkungsbereich Flächenanteil)	gesamt	teil		gesamt	teil				
Barwertfaktor: 21,4822	€/ha	€/ha	€/Fm	€/ha	€/ha				
Steigerung Holznutzung			25			x Differenz Holznutzung	Δ 2 Fm	Δ 3 Fm	Δ 4 Fm	Δ 5 Fm	Δ 6 Fm
Größere Losbildung			5			x Gesamtnutzung	2 Fm	4 Fm	6 Fm	8 Fm	10 Fm
Senkung Rückekosten			0-10			Erschließung	voll 0 €/Fm	gut 1 €/Fm	mäßig 2,5 €/Fm	gering 4 €/Fm	keine 10 €/Fm
Reduzierung Anfahrtszeit	20					20 €/ha	nicht variabel			
Reduzierung Fußwegzeit	0-40					Erschließung	voll 0 €/ha	gut 10 €/ha	mäßig 20 €/ha	gering 30 €/ha	keine 40 €/ha
Zusammenlegung	0-40					Zusammenlegungsverhältnis	1:1	2:1	3:1	5:1	10:1
Bestandsqualität						1 % Bestandswert (3000 €/ha)	0 €/ha	10 €/ha	20 €/ha	30 €/ha	40 €/ha
Reduz. Grundstücksrand	10-30					Formverbesserung	gering	mittel	stark		
						1 % Bestandswert	10 €/ha	20 €/ha	30 €/ha		
Erstdurchforstung				200		Erfahrungswert:	Erstdurchforstungsmenge 10 Fm/ha à 20 €			
Transporteffizienz			1,5			Gesamtnutzung	2 Fm	4 Fm	6 Fm	8 Fm	10 Fm
						(1,5 €/Fm x Gesamt Fm/ha)	3 €/ha	6 €/ha	9 €/ha	12 €/ha	15 €/ha
Reduzierung Umzäunung	0-10					Zusammenlegungsverhältnis	1:1	2:1	3:1	5:1	10:1
							0 €/Fm	4 €/ha	6 €/ha	8 €/ha	10 €/ha
Verbesserung Auffindbarkeit				1344		Flurstücksgröß. (RLP:1 Grenzpunkt à 224 €)	>1 ha	0,33 ha	0,2 ha	0,1 ha	
							2 GP	6 GP	10 GP	20 GP	
Reduzier. Verwaltung	0,2					0,2 €/ha	nicht variabel			

Sicherung Bodenwert				2000	0,2 €/m²	nicht variabel			
Verbess. Beratung	22				22 €/ha	nicht variabel			
Ermittlung Erbenge-mein.				0-750	Fläche in Erbenge-mein.	0	3 %	5 %	10 %	50 %
						0 €/ha	45 €/ha	75 €/ha	150 €/ha	750 €/ha
Grund-stücks-markt				0-600	% Verfah-rensfläche (§ 52)	0	2 %	5 %	10 %	20 %
				300	veräußerte Fläche	[ ] ha x 300 €			
Erholung Tourismus	0-350				Erschließung	voll	gut	mäßig	gering	keine
					tourist. Be-deutung von 0,0-1,0	0 €/ha	75 €/ha	175 €/ha	250 €/ha	350 €/ha
Erholungs-einrichtun-gen					Sachwert, Planung, Un-terhalt	[ ] €			
				0-40	Einrichtun-gen Dritter	10 €/ha	20 €/ha	40 €/ha		
Erhalt. Land-schaftsbild					Offenhal-tungsfläche in ha	[ ] ha x Landeswert (∅ 344 €)			
Sicherung Kultur-denkmäler				0-600	grabungs-würd.	0	2	5	10	20
					Boden-denkmale auf 1000 ha	0 €/ha	60 €/ha	150 €/ha	300 €/ha	600 €/ha
Beitrag Klimaschutz		145			Waldumbau-fläche in ha	[ ] ha x 145 €			
Waldrand-aufbau				4200	Waldrandflä.	[ ] ha x 4200 €			
öko. bedeut. Gebiete		145			Landschafts-Naturschutz	[ ] ha x 145 €			
Entwicklung Biotopver-bund				1450	1450 €/ha x 10m x Weg in m	[ ] m Weg x 1,45 €			
		145			Waldrandflä.	[ ] ha x 145 €			
		145			Bachaue	[ ] ha x 145 €			
					Sachwert sonst.Biotop	[ ] €			
Lenkung Aufforstung				4200	Auffors-tungsfläche	[ ] ha x 4200 €			
Minimierung Bodenver-dichtung	19				19 €/ha	nicht variabel			
Regulierung Wasserre-gime				10000	voraussichtl. Maßnahmen	[ ] €			
					Wasserrück-haltung	[ ] ha x 10000 €			
Arbeitsplät-ze regional (Bau)					41% Plan-Herstellkos-ten Weg	[ ] €			
Rohstoff-versorgung			360		x Differenz Holznutzung	[ ] Δ Fm x 360 €			
Windener-gieversorg.			27000		pro Anlage 27000 €	[ ] €			
Arbeits-sicherheit			8,8		x Gesamt-nutzung	[ ] Gesamt Fm x 8,8 €			
Prävention Verkehrsun-fall				5000	Sachkosten à Auffahrt 5000 €	[ ] €			

4.11 Zusammenfassung und Fazit

Im vorstehenden Kapitel wurden zunächst anhand einer Literaturauswertung die einschlägigen Bewertungsansätze untersucht und in ihren Kernelementen vorgestellt. Die Bewertung von Flurbereinigungsverfahren in den letzten Jahrzehnten haben aber hauptsächlich Flurbereinigungsverfahren mit landwirtschaftlichen Nutzflächen zum Gegenstand. Die einzige vorhandene Kosten-Nutzen-Analyse über ein reines Waldflurbereinigungsverfahren (König 1985) wird zuzüglich der darüber vorhandenen Sekundärliteratur detailliert ausgewertet. Die von BMS Consulting (2007) entwickelte Wertschöpfungsanalyse bewertet neben landwirtschaftlichen Nutzflächen und Dorfflächen auch die Nutzen der Flurbereinigung auf forstwirtschaftlichen Flächen. Diese Wertschöpfungsmethodik wird auf drei aktuelle rheinland-pfälzische Verfahren angewendet und ein Nutzen-Kostenfaktor von 2,9 : 1 ermittelt. Während König alle intangiblen Werte nur deskriptiv der Analyse zugeführt hat, hat BMS Consulting einige vormals als intangibel geltende Faktoren monetarisiert und der Gesamtbewertung zugeführt.

Ziel dieser Arbeit war es, alle in einem Waldflurbereinigungsverfahren geschaffenen Werte in einer monetären Bewertung den Kosten des Verfahrens gegenüber zu stellen und dadurch eine gesamtheitliche Betrachtung der Wertschöpfung zu schaffen. Durch die Befragung von Teilnehmern eines länger zurückliegenden und eines gerade abgeschlossenen Verfahrens und durch ein Experteninterview wurde die Einschätzung der direkt Betroffenen zu den neu geschaffenen Nutzwerten erfragt. Die in dieser Arbeit identifizierten 32 unterschiedlichen Leistungen der Waldflurbereinigung wurden schrittweise Bewertungsansätzen zugeführt, soweit nicht vorhandene Bewertungsansätze weiterverwendet werden konnten; die Gespräche und Beratungen haben wesentlich dazu beigetragen, die neuen Ansätze zu berechnen und schwierige Abschätzungen fachlich zu stabilisieren. Dabei wurden immer Mindestwertschöpfungen bei durchschnittlichen Privatwaldflächen angenommen.

Die Berechnung der mit der von BMS entwickelten Wertschöpfungsanalyse bewerteten drei Beispielverfahren ergab nach dem neuen ganzheitlichen Wertschöpfungsmodell einen Nutzen-Kostenfaktor von 6 : 1. Bei Berücksichtigung des sehr hohen Wertschöpfungsbeitrags im Cluster Forst und Holz wurde sogar ein Nutzen-Kostenfaktor von 16 : 1 ermittelt. Die Betrachtung der großen Wirkungstreiber, die alle Wirkungen überstrahlen, zeigt, dass die Waldflurbereinigung sowohl im ökonomischen, wie auch ökologischen und sozialen Bereich gemäß der drei Säulen der Nachhaltigkeit hohe Werte schafft.

Das ganzheitliche Wertschöpfungsmodell wurde anhand der Beispielverfahren aus Rheinland-Pfalz auf die dort vorherrschenden Verhältnisse konzipiert. Um ein Modell zu entwickeln, das in allen deutschen Bundesländern angewendet werden kann, wurden Vorschläge zur Variation der Berechnungsparameter in der Sonderarbeitsgruppe Leistungsvergleich der Bund-Länder-Arbeitsgemeinschaft Landentwicklung diskutiert. Das Ergebnis der Beratungen stellt eine große Bandbreite von Variationsmöglichkeiten zur Verfügung, die eine Abbildung der verschiedenartigen Waldsituationen in den Bundesländern ermöglichen sollten. Eine Anwendung des neuen Modells wird zeigen, inwiefern es sich in der Praxis bewährt und ob noch Modifikationen nötig sind.

Eine Wertschöpfungsbilanz ist immer ein Quotient aus Nutzen und Kosten. Oberholzer (1997) weist bereits bei der Auseinandersetzung mit der Arbeit König (1985) daraufhin, dass König auch differenzierte Kosten von Vergleichsverfahren der Waldflurbereinigung hätte untersuchen müssen.

Dies lässt den Schluss zu, dass mit anderen Vorgehensweisen einer Waldflurbereinigung oder durch vereinfachte planerische oder technische Prozessschritte die Kosten der Waldflurbereinigung gesenkt werden könnten. Diesen Fragen der Wertschöpfung wird – auch im Hinblick auf eine weitere Verbesserung des Nutzen-Kosten-Verhältnisses – im nächsten Kapitel nachgegangen.

Die Waldflurbereinigung ist, wie dargestellt werden konnte, ein Motor, der eine beachtliche Wertschöpfungskette auf den Privatwaldflächen in Gang setzt. Es gilt daher, die durch die Waldflurbereinigung geschaffenen Werte zu sichern, zu erhalten und möglichst noch deutlich zu steigern. Dazu können verschiedene Maßnahmen der Kooperation und Beratung – z.B. durch ein Privatwaldbetreuungssystem oder durch Forstwirtschaftliche Zusammenschlüsse – beitragen, die ebenfalls im nachfolgenden Kapitel untersucht werden.

5 Effizienzsteigerung des Waldflurbereinigungsverfahrens

Eine höchst mögliche Wertschöpfung durch Waldflurbereinigung kann nur erreicht werden, wenn die rechtlichen, planerischen und technischen Abläufe der Flurbereinigung optimal ausgestaltet sind. In diesem Kapitel soll daher aufgezeigt werden, welche wissenschaftlichen und praktischen Anstrengungen unternommen werden, um diesem Anspruch zu genügen.

Die richtige Wahl der Verfahrensart nach dem Flurbereinigungsgesetz ermöglicht durch Vereinfachungen und Beschleunigungen unterschiedliche Zielsetzungen. Eine Aktivierung der Waldflurbereinigung wird in Rheinland-Pfalz durch eine Zerlegung des Verfahrens in einen vorgezogenen Wegeausbau und eine nachgezogene Neugestaltung in Gang gesetzt. Einsparmöglichkeiten ergeben sich durch Neuerungen bei der technischen Bearbeitung der Verfahren, vor allem durch weitgehenden Verzicht auf Herstellung der Verfahrensgrenze, die Punktfestlegung durch Digitalisierung, den teilweisen Verzicht auf Abmarkung von neuen Anlagen und abgehenden Grenzen, die Erprobung neuer Vermessungsmethoden und die Reduzierung des Aufwandes bei der Holzbestandsbewertung.

Die Größenzunahme der holzverarbeitenden Industrie erfordert eine dementsprechende Größenzunahme der Holzlieferanten. Ebenso verlangen die neuen, durch den Klimawandel verursachten waldbaulichen Herausforderungen größere Waldbaueinheiten. Die Mobilisierung der Waldeigentümer durch eine Waldflurbereinigung muss daher in weiterführende Maßnahmen münden, um die neu geschaffenen Vorteile der Strukturverbesserung voll auszuschöpfen. Es ist zu beobachten, dass durch eine Flurbereinigung mobilisierte Waldbesitzer von neu gebildeten forstwirtschaftlichen Zusammenschlüssen oder Privatwaldbetreuern zu Bewirtschaftungskooperationen bewegt werden konnten, die vor der Flurbereinigung nicht möglich gewesen wären. Eine Gegenüberstellung der Stärken und Schwächen von Waldflurbereinigung und forstwirtschaftlichem Zusammenschluss führt dahin, dass durch eine Kombination beider Instrumente eine maximale Wertschöpfung zugunsten aller Beteiligten realisiert werden kann.

Abschließend werden zwei in Vorbereitung befindliche Forschungsvorhaben skizziert, die die Grundstückseigentümer von vorneherein besser in die Abläufe einbeziehen sollen und so den entstehenden Planungs- und Ausbauaufwand minimieren.

5.1 Vereinfachung und Beschleunigung durch Wahl der Verfahrensart nach FlurbG

Ziel einer Neuordnung von Waldflächen ist vor allem, bisher unbewirtschaftete Waldbestände und ungenutzte Holzreserven im Kleinprivatwald durch Maßnahmen der Flurbereinigung und Schaffung gemeinsamer Bewirtschaftungseinheiten in eine nachhaltige Bewirtschaftung zu bringen. Hierfür können alle Verfahrensarten nach dem Flurbereinigungsgesetz genutzt werden. In der Vergangenheit wurde zumeist das Verfahren nach § 1 FlurbG angeordnet, weil dieses für die erstmalige Neuordnung des Flurbereinigungsgebiets und die hiermit verbundene Einbeziehung von Waldflächen am geeignetsten erschien. Aus einer Mitteilung des Bayerisches Staatsministerium für Ernährung, Landwirtschaft und Forsten (2011) ist zu entnehmen, dass die in Bayern vorliegenden Anträge auf Waldneuordnung auf Grund der hohen Arbeitsbelastung und des fortgesetzten Personalabbaus „nur bei einer deutlich vereinfachten Vorgehensweise" angegangen werden können. Die bayerische Flurneuordnungsverwaltung hat hierfür am ALE Unterfranken die Projektgruppe „Einfache Waldverfahren" eingesetzt, deren wesentlichste Aufgabe es ist, in vier Pilotverfahren schnelle, einfache und effektive Verfahrensabläufe (u.a. in der Waldbewertung, vgl. Kap. 5.4) zur Durchführung von Waldneuordnungen zu entwickeln.

In zwei Fällen (Verfahren Mühlhausen 3, Verfahren Böttigheim 3, Landkreis Würzburg), wurde das vereinfachte Verfahren nach § 86 FlurbG als Rechtsgrundlage gewählt. Das Verfahren Holzhirschhausen 4, Landkreis Würzburg wurde nach § 1 FlurbG angeordnet. Für die Stadt Fladungen wurde der freiwillige Landtausch Brücks 2 angeordnet. Die Zielsetzungen und Kenndaten dieser Verfahren werden nachfolgend kurz erläutert:

Das Verfahren Mühlhausen 3 hat die Zielsetzung, Wälder mit der Auflösung von nicht mehr funktionsfähigen Altkörperschaften neu zu ordnen und dabei die Zusammenlegung von privaten Grundstücken einzubeziehen. Das vereinfachte Verfahren nach § 86 FlurbG umfasst 75 ha Waldfläche und 83 Waldbesitzer. Insgesamt sind 210 Grundstücke im alten Bestand zu bearbeiten. Die Planbekanntgabe ist bereits erfolgt. Die Ausführungsanordnung wurde im Frühjahr 2011 erlassen.

Das Verfahren Holzkirchhausen 4 ist ein umfassendes Neuordnungsverfahren mit Wegebau, vollständiger Vermessung und Aufteilung des gemeinschaftlichen Eigentums mit dem Ziel großzügiger Zusammenlegungen. Es wurde als umfassendes Verfahren nach § 1 FlurbG angeordnet, mit einer Waldfläche von 110 ha und 274 Waldbesitzer mit 1775 Flurstücken. Der Wegebau steht vor dem Abschluss. Im Herbst 2011 wurden die Wunschverhandlungen durchgeführt.

Das Verfahren Böttigheim 3 umfasst weitgehend freiwillige Tauschverhandlungen mit Zusammenlegung möglichst ganzer Grundstücke, nur geringem Wegebau aber Vermessung. Das vereinfachte Verfahren nach § 86 FlurbG umfasst 150 ha Waldfläche mit 348 Waldeigentümern und hat 1674 Flurstücke einbezogen. Das Verfahren befindet sich noch im Frühstadium, die Anordnung ist erst im Jahr 2011 erfolgt.

Der freiwillige Landtausch Brüchs 2 hat zum Ziel ganze Grundstücke ohne Wegebau freiwillig zu tauschen. Es sind mit 35 Waldeigentümern Einigungen über 155 Flurstücke auf 15 ha Waldfläche zu treffen. Die Vereinbarungen wurden im Januar 2011 abgeschlossen und die Ausführungsanordnung im Sommer 2011 erlassen.

Für die sehr unterschiedlichen Zielsetzungen der Verfahren, die von einer umfassenden Neuordnung mit Wegebau und vollständiger Vermessung einschließlich Aufteilung gemeinschaftlichen Eigentums bis hin zu einem freiwilligen Landtausch ohne Wegebau reichen, erscheinen die Verfahrensarten jeweils zutreffend gewählt. Anstelle des freiwilligen Landtauschs hätte für das kleinste Verfahren auch ein beschleunigtes Zusammenlegungsverfahren angeordnet werden können, wenn einzelne Teilnehmer sich den freiwilligen Vereinbarungen entzogen hätten. Drei der vier Pilotverfahren sind bereits so weit fortgeschritten, dass sie auch einer weiteren Beurteilung unterzogen werden können. Die Verfahrensdaten zeigen für das 75 ha große vereinfachte Verfahren Mühlhausen einen Zeitablauf von etwa drei Jahren von der Anordnung bis zur Ausführungsanordnung. Das zum gleichen Zeitpunkt angeordnete Verfahren Holzkirchhausen 4 war nach drei Jahren erst beim Wunschtermin angelangt. Der freiwillige Landtausch Brücks 2 nahm für den Zeitraum von der Waldbewertung bis zur Ausführungsanordnung etwa vier Jahre in Anspruch und ist trotz der viel kleineren Fläche von nur 15 ha und der geringen Zahl von 35 Eigentümern im Zeitablauf langsamer als das Verfahren nach § 86 FlurbG. Dies erscheint auch plausibel, da bei einem freiwilligen Landtausch mit jedem einzelnen der Eigentümer eine Einigung herbeigeführt werden muss. Im Hinblick auf den Zeitablauf hat sich das Verfahren nach § 86 FlurbG hier als besonders schnell erwiesen. Eine Kalkulation des Personaleinsatzes liegt nicht vor. Sie kann nur gesichert von den Bundesländern abgegeben werden, die für die Flurbereinigung die Kosten-Leistungs-Rechnung eingeführt haben. Die Diskussion innerhalb der Sonderarbeitsgruppe „Leistungsvergleich der Bund-Länder-Arbeitsgruppe Landentwicklung" (Hinz 2012b) hat gezeigt, dass es nur nachrangig auf die Wahl der Verfahrensart ankommt.

Diese Arbeitsgruppe hat auf diese Differenzierung bei der Erstellung der Kostenprognosen verzichtet. Als Kostentreiber wurden vielmehr die Flächengröße des Waldgebietes, die Anzahl der Eigentümer, die Anzahl der Erbengemeinschaften, die Topographie oder die Anzahl der Maßnahmen identifiziert. Um eine einfache Formel zu gewinnen, konzentrierte man sich auf die Anzahl der Eigentümer und Erbengemeinschaften und die Flächengröße des bewaldeten

Gebiets. Die weitergehenden Untersuchungen dieser Arbeitsgruppe anhand größerer Datenmengen könnten Aussage liefern, ob allein aufgrund der Verfahrenswahl wesentliche Einsparungen zu erzielen sind. Nach einer ersten Einschätzung in den Diskussionen der Arbeitsgruppe kann aber davon ausgegangen werden, dass die mit der Waldflurbereinigung angestrebten Ziele am effizientesten mit Verfahren nach § 86 FlurbG zu erreichen sind. (Hinz 2012b). Es bleibt weiteren Untersuchungen in der Praxis vorbehalten zu klären, ob diese Einschätzungen für den Regelfall einer Waldflurbereinigung bestätigt werden können.

5.2 Zerlegung des Verfahrens in Ausbau- und Neugestaltungsabschnitte

In dem Programm „Landentwicklung und ländliche Bodenordnung 2007-2013" hatte Rheinland-Pfalz geregelt, intensiv Privatwaldflächen in Bodenordnungsverfahren einzubeziehen (Ministerium für Wirtschaft, Verkehr, Landwirtschaft und Weinbau Rheinland-Pfalz 2006). Da die Bundeswaldagentur der Forstverwaltung in Rheinland-Pfalz verdeutlicht hat, dass die größten Potentiale zur Steigerung der Holznutzung im Privatwald liegen, und Eigentumsklarheit und Erschließung als wichtigste Voraussetzung angesehen wurden, um eine Waldbewirtschaftung zu ermöglichen, wurden die verschiedenen Vorgehensweisen der Waldflurbereinigung neu diskutiert. Rheinland-Pfalz setzte eine Arbeitsgruppe aus den beiden damals zuständigen Ministerien ein, die eine Belebung der Waldflurbereinigung durch unterschiedliche Modelle der Vorgehensweise erreichen sollte. Das klassische Flurbereinigungsverfahren für die Waldflurbereinigung wurde als Modell 1 bezeichnet. In den geplanten Flurbereinigungsverfahren wurde überprüft, ob Wald einbezogen werden kann. Dieses Verfahren ist in 16 Teilabschnitte gegliedert, die nachfolgend kurz vorgestellt werden: (Arbeitsgemeinschaft Flurbereinigung 1985)

a) Vorplanung von Waldflurbereinigungsverfahren

Die Vorplanung von Flurbereinigungsverfahren (Vorkonzepte bzw. Projektuntersuchungen) trifft Aussagen über die Notwendigkeit von Verfahren nach dem Flurbereinigungsgesetz, die geeignete Verfahrensart, die Abgrenzung von Verfahrensgebieten, den zweckmäßigen Zeitpunkt der Durchführung, die voraussichtlichen Kosten und die Auswirkung der Verfahren auf die Entwicklung des ländlichen Raumes. Auch die Sondervorschriften nach § 85 FlurbG, z.B. ob geschlossene Waldflächen von mehr als 10 ha Größe in ein Flurbereinigungsverfahren einzubeziehen sind, werden berücksichtigt.

b) Einleitung von Waldflurbereinigungsverfahren

Die voraussichtlich beteiligten Grundstückseigentümer eines Waldflurbereinigungsverfahrens sind eingehend über Sinn und Zweck der vorgesehenen

Waldflurbereinigung, Grundzüge des anzustrebenden Planungskonzeptes, Verlauf der Begrenzung des Verfahrensgebietes, zeitlichen und verfahrenstechnischen Ablauf des Verfahrens, voraussichtlich anfallende Kosten und die Finanzierung der Ausführungskosten des Verfahrens aufzuklären.

c) Anordnung der Waldflurbereinigung

Die Flurbereinigungsbehörde ordnet in Rheinland-Pfalz die Waldflurbereinigung an und macht den entsprechenden Teil des Flurbereinigungsbeschlusses öffentlich bekannt.

d) Beteiligte und Teilnehmergemeinschaften in Waldflurbereinigungsverfahren

Teilnehmer sind die zum Flurbereinigungsverfahren gehörenden Eigentümer der Grundstücke sowie den Eigentümern gleichstehende Erbbauberechtigte. Ein besonders aufwendiger Arbeitsabschnitt ist die Legitimation der Teilnehmer, vor allem bei im Waldflurbereinigungsverfahren häufig anzutreffenden ungeteilten Erbengemeinschaften.

Die Teilnehmergemeinschaft der Waldflurbereinigung nimmt die gemeinschaftlichen Aufgaben der Teilnehmergemeinschaft wahr. Hierzu zählen vor allem die Finanzierung des Verfahrens sowie Ausbau und Unterhaltung der gemeinschaftlichen Anlagen. Auch um das Modell 2 durchführen zu können, ist die Bildung der Teilnehmergemeinschaft wichtig.

e) Abgrenzung von Waldflurbereinigungsgebieten

Das Waldflurbereinigungsgebiet ist so zu begrenzen, dass der Zweck der Waldflurbereinigung möglichst vollkommen erreicht wird. Bei der Abgrenzung sind die topographischen Gegebenheiten und natürlichen Grenzen zu beachten. Nach § 56 FlurbG sind feste Grenzzeichen an der Verfahrensgrenze sicherzustellen. Die Feststellung der Verfahrensgrenzen hat sich als sehr aufwendig erwiesen.

Aus diesem Grunde werden Vereinfachungslösungen in Kapitel 5.3.1 erläutert. Bei der Feststellung der Grenze des ländlichen Bodenordnungsverfahrens hängt der Aufwand entscheidend von der Lage und Länge der Grenze und der Anzahl der festzustellenden Grenzpunkte ab. Nicht selten treten Grenzlängen von 50 bis 80 km Länge mit 2.000 bis 3.000 Grenzpunkten auf, die häufig nach den Festlegungen des Urkatasters herzustellen sind.

f) Grundsätze für die zweckmäßige Neugestaltung von Waldflurbereinigungsgebieten

Die Neugestaltungsgrundsätze bilden das planerische Rahmenkonzept und die Grundlage für die Aufstellung des Wege- und Gewässerplans mit landschaftspflegerischem Begleitplan gem. § 41 FlurbG.

g) Wege- und Gewässerplan mit landschaftspflegerischem Begleitplan

Die Flurbereinigungsbehörde stellt im Benehmen mit dem Vorstand der Teilnehmergemeinschaft einen Plan über die gemeinschaftlichen und öffentlichen Anlagen auf. Die Obere Flurbereinigungsbehörde stellt diesen Plan nach einem Anhörungstermin fest. Dadurch wird die Zulässigkeit des Vorhabens im Hinblick auf die berührten öffentlichen Belange geregelt.

h) Naturschutzfachliche Planungen

Der Plan nach § 41 weist zugleich mit allen anderen Anlagen, die Anlagen zur Verwirklichung der Ziele des Naturschutzes und der Landschaftspflege aus. Das landespflegerische Konzept differenziert in Vermeidungs-, Kompensations- und zusätzliche gestaltende Maßnahmen. Eine ökologische Gesamtbilanz weist nach, dass die Kompensation insgesamt mit einem positiven Ergebnis abschließt. Dabei ist der funktionale Ausgleich für die betroffenen Landschaftspotenziale nachzuweisen.

i) Wertermittlung von Boden und Aufwuchs

Um die Teilnehmer mit Land von gleichem Wert abfinden zu können, ist der Wert der alten Grundstücke zu ermitteln. Wird eine Waldfläche einem anderen zugeteilt, ist für aufstehendes Holz, soweit möglich, Abfindungen in Holzwerten zu geben. Aus diesem Grunde wird nach der gesetzlichen Regelung des Flurbereinigungsgesetzes eine getrennte Wertermittlung des Bodens und der Holzwerte erforderlich.

Die Wertermittlung des Waldbodens und des Waldbestands stellen beide sehr aufwendige Arbeitsprozesse dar. Bayern entwickelt Vereinfachungen, auf die in Kap. 5.4 eingegangen wird.

j) Ausbau der gemeinschaftlichen Anlagen

Nach der Feststellung des Wege- und Gewässerplans mit landschaftspflegerischem Begleitplan werden die gemeinschaftlichen Anlagen ausgebaut. Schwerpunkt der Ausbaumaßnahmen sind die neuen Wege. Grundlagen für den Ausbau sind die Vorgaben der Richtlinien für den ländlichen Wegebau (RLW) sowie die in den einzelnen Bundesländern eingeführten forstlichen Grundsätze für Wirtschaftswege in Waldgebieten.

k) Planwunschtermin und Planvereinbarungen

Nach § 57 FlurbG sind die Teilnehmer vor der Aufstellung des Flurbereinigungsplanes über ihre Wünsche zur Abfindung zu hören. Damit nimmt bei der Waldflurbereinigung jeder Einzelne wesentlichen Einfluss auf die Gestaltung seiner Abfindung.

l) Landabzug

Den für die gemeinschaftlichen und öffentlichen Anlagen nach § 40 FlurbG erforderlichen Grund und Boden – vor allem für die neuen Waldwege – haben alle Teilnehmer nach dem Verhältnis des Wertes ihre alten Grundstücke zu dem Wert aller Grundstücke des Waldflurbereinigungsgebiets aufzubringen, sofern er nicht durch vor der Flurbereinigung vorhandene Anlagen gleicher Art oder durch einen bei der Neuvermessung des Flurbereinigungsgebiets sich ergebenden Überschuss an Flächen gedeckt oder von einzelnen Teilnehmern hergegeben wird.

m) Flurbereinigungsplan

Im Flurbereinigungsplan fasst die Flurbereinigungsbehörde die Ergebnisse des Verfahrens zusammen. Die Waldgrundstücke müssen in der Beschaffenheit, Bodengüte oder Entfernung vom Wirtschaftshof den alten Grundstücken entsprechen, soweit es mit einer großzügigen Zusammenlegung nach neuzeitlichen betriebswirtschaftlichen Erkenntnissen vereinbar ist. Die Abfindung erfolgt bei Waldgrundstücken zunächst streng nach dem Bodenwert, denn der Bodenwert ist Produktionsgrundlage und wichtigster Abfindungsfaktor. Dies gilt auch, obwohl der Bestandswert der Bäume den Bodenwert oft um ein Vielfaches übersteigt. Bereits Allnoch (1967) oder Staab (1990) haben sich mit den Schwierigkeiten der Landabfindung für Holzbestände eingehend auseinandergesetzt.

n) Vermessungsarbeiten in Waldflurbereinigungsverfahren

Bei der Waldflurbereinigung sind wegen der Unzugänglichkeit des Geländes und schlechten Sichten die vermessungstechnischen Arbeitsbereiche ein besonders zeitaufwendiger Prozess. Neben der Feststellung der Grenze des ländlichen Bodenordnungsverfahrens (Gebietsgrenze) sind auch die vermessungstechnische Trassierung des neuen Wegenetzes und alle Absteckungs- und Aufmessungsarbeiten sehr aufwendig. Dieser Gesamtaufwand ist neben der Bewertung der Grundstücke und des Holzbestandes entscheidende Ursache für den hohen Arbeitsaufwand und die lange Verfahrenslaufzeit. Es kommt darauf an, hier Kostenerleichterungen und Einsparungen zu finden.

o) **Ausführungsanordnung und Berichtigung der öffentlichen Bücher**

Ist der Flurbereinigungsplan unanfechtbar geworden, ordnet die Flurbereinigungsbehörde seine Ausführung an. Der im Flurbereinigungsplan vorgesehene Rechtszustand tritt an die Stelle des bisherigen. Nach Eintritt des neuen Rechtszustandes sind die öffentlichen Bücher auf Ersuchen der Flurbereinigungsbehörde nach dem Flurbereinigungsplan zu berichtigen.

p) **Schlussfeststellung**

Die Flurbereinigungsbehörde schließt das Verfahren durch die Feststellung ab, dass die Ausführung nach dem Flurbereinigungsplan bewirkt ist und den Beteiligten keine Ansprüche mehr zustehen, die im Flurbereinigungsverfahren hätten berücksichtigt werden müssen. Die Flurbereinigungsbehörde stellt fest, ob die Aufgaben der Teilnehmergemeinschaft abgeschlossen sind.

Bei dem **Modell 1** der Waldflurbereinigung in Rheinland-Pfalz haben sich die zuständigen Ministerien darauf verständigt, im Rahmen der projektbezogenen Untersuchungen zu überprüfen, ob privater Nutzwald in Bodenordnungsverfahren einbezogen werden soll. Auf dieser Grundlage wird ein sogenannter Teilfinanzierungsplan „Wald" erstellt, der die Basis für die Zusammenarbeit der Flurbereinigungsverwaltung mit den Landesforsten ist. Für diese Zusammenarbeit wurden der Fördergrundsatz für die Förderungen der Flurbereinigung und der Fördergrundsatz für die Förderungen des Wirtschaftswegebaus im Privatwald angepasst. Damit bestand die Möglichkeit, Wegebau einschließlich der Wegenebenkosten über forstliche Förderung genauso wie über Flurbereinigungsförderung zu finanzieren. Für die Zusammenarbeit und Aktivierung von Waldflurbereinigungsverfahren nach Modell 1 wurde eine Pendelliste erstellt, bei der die neu anzuordnenden und in Arbeit befindlichen Bodenordnungsverfahren jährlich einem Controlling unterzogen wurden.

Das sogenannte **Modell 2** ist gedacht für die Fälle, in denen der Wald einen neuen Anlass für bisher nicht geplante Flurbereinigungsverfahren liefert. Bei diesem Modell sollen Flurbereinigungsverfahren im Wald angeordnet werden, um den besonderen Zweck „Waldflurbereinigung" Rechnung tragen zu können. Arbeitstechnisch steht der Flurbereinigungsverwaltung für diese Aufgabe zu wenig Personal zur Verfügung. Es wurde daher überlegt, nach der Verfahrensanordnung ein Erschließungskonzept zu entwickeln und Baurecht durch Plangenehmigung oder Planfeststellung zu schaffen. Auf dieser Grundlage kann dem Forstamt mit einer vorläufigen Anordnung nach § 36 FlurbG die Einweisung in die für den Bau der Wege benötigte Fläche verschafft werden. Das Forstamt kann dann einen Kostenplan für den Weg aufstellen und in Eigenregie planen und bauen. Bei diesem Modell erfolgt die Wegebaumaßnahme durch das Forstamt in Eigenregie. Alternativ könnte der Wege- und Gewässerplan bei diesem Modell auch als Grundlage in den Teilfinanzierungsplan „Wald" einfließen. Ausbauträger wäre in diesem Fall die Teilnehmergemeinschaft in Eigenregie, wie im Modell 1 beschrieben. Die eigentlichen Bodenordnungsmaßnahmen, erfolgen bei Modell 2 langjährig zeitversetzt.

Gegenüber dem als Modell 1 beschriebenen Verfahren werden damit im Modell 2 zunächst nur die Arbeitsabschnitte **a), b), c), e), f), g) und h)** vollständig durchgeführt. Die Maßnahmen **d) und i)** werden nur bearbeitet, soweit es für die Herstellung des Baurechts erforderlich ist.

Die weiteren planerischen Arbeiten **j) bis o)** können bei dem Modell 2 vollständig zurückgestellt und einer späteren Bearbeitung überlassen werden. Um aufwendige Vorarbeit zu vermeiden, wurde vereinbart, dass die Initiative zur Einleitung derartiger Waldverfahren nach Modell 2 von den Waldbauvereinen und Gemeinden ausgehen soll. Diese stellen einen Antrag bei dem DLR für eine projektbezogene Untersuchung.

Die beiden in Rheinland-Pfalz neu in Angriff genommen Modellvorhaben sind als Pilotprojekte zu bewerten. Sowohl das Modell 1 als auch das Modell 2 werden von Eigentümern und Gemeinden stark nachgefragt. Das Bundesland Rheinland-Pfalz wird die Ergebnisse dieser Pilotverfahren nach Abschluss der Förderperiode evaluieren und für zukünftige Verfahren Vorschläge unterbreiten. (Mauerhof, Lorig, Vogelgesang 2007) (Nick 2008) (Mauerhof 2010)

5.3 Effizienzsteigerung bei der technischen Bearbeitung der Waldflurbereinigung

Die nachfolgenden Vorschläge zur Effizienzsteigerung bei der Bearbeitung der Waldflurbereinigung lassen sich aus neueren Untersuchungen und Vorgehensweisen in zwei Bundesländern ableiten. Die Bundesländer Rheinland-Pfalz und Bayern haben bei der praktischen Bearbeitung der Waldflurbereinigung Effizienzverluste festgestellt und erproben aus diesem Grund vereinfachte und kostenreduzierende planerisch-technische Bearbeitungen. Ein Teil der Vorgehensweisen wurde bereits in Acker-/Grünlandverfahren angewendet und soll in modifizierter Form auf die Waldflurbereinigung übertragen werden.

5.3.1 Minimierung des Aufwands für Herstellung der Verfahrensgrenze

Die Flurbereinigungsbehörde hat nach § 56 FlurbG, soweit erforderlich, vor Aufstellung des Flurbereinigungsplanes die Errichtung fester Grenzzeichen an der Grenze des Flurbereinigungsgebiets sicherzustellen. Das Erfordernis zur Errichtung fester Grenzzeichen ergibt sich aus dem Zweck der Flurbereinigung (Kenntlichmachung der Landabfindung) und aus dem Abmarkungsrecht der Bundesländer. In der Regel ist davon auszugehen, dass feste Grenzzeichen immer dann zu setzen sind, wenn ein Eigentumswechsel im Bereich der Verfahrensgrenze zu erwarten ist und landesrechtliche Vorschriften die Errichtung fester Grenzzeichen erforderlich machen. Die außen angrenzenden Eigentümer sind Nebenbeteiligte des Verfahrens gem. § 10 Nr. 2 FlurbG.

Traditionell wird die Gebietsgrenze als katastertechnische Maßnahme auf der Grundlage des Katasternachweises hergestellt. Hierzu wird von der Vermessungs- und Katasterverwaltung das Zahlen- und Kartenmaterial übernommen. Die Herstellung der Katastergrenze ist sehr aufwendig. In Rheinland-Pfalz beträgt die Gebühr für die Grenzfeststellung je Grenzpunkt 280 € multipliziert mit einem bodenwertabhängigen Faktor von 0,8 für Flurstücke bei einem Bodenwert über 0 bis 3000 €, also 224 € (Landesverordnung über die Gebühren der Vermessungs- und Katasterbehörden 2007). Bei Schwierigkeiten in der Topographie kommen entsprechende Zuschläge hinzu.

Das Beispiel in Abb. 5-1 zeigt ein Verfahrensgebiet in Rheinland-Pfalz mit 65 km Verfahrensgrenze und 1.800 Grenzpunkten in der Verfahrensgrenze. Allein für die Herstellung der Verfahrensgrenze lässt sich bei 1.800 Grenzpunkten ein Kostenaufwand von 403.200 Euro berechnen für eine Maßnahme, von der keine nachweisbaren Vorteile ausgehen. Muss die Arbeit mit eigenem Personal durchgeführt werden, so kann von einer Herstellung von etwa 5 Grenzpunkten pro Tag ausgegangen werden. Ein Verfahrensteam ist dadurch fast zwei Jahre allein durch die Herstellung der Verfahrensgrenze vor Ort gebunden.

Abb. 5-1: Verfahrensgebiet mit 65 km Verfahrensgrenze und 1.800 Grenzpunkten (RLP)

Aus diesem Grund hat das Land Rheinland-Pfalz nach Verbesserungsmöglichkeiten gesucht und den sogenannten „Verzicht auf Grenzfeststellung durch optimale Gebietsabgrenzung" eingeführt. Diese Vorgehensweise beruht auf dem Prinzip, dass die Gebietsgrenze nicht identisch mit der Neuvermessungsgrenze des Bodenordnungsverfahrens ist (vgl. Abb. 5-2).

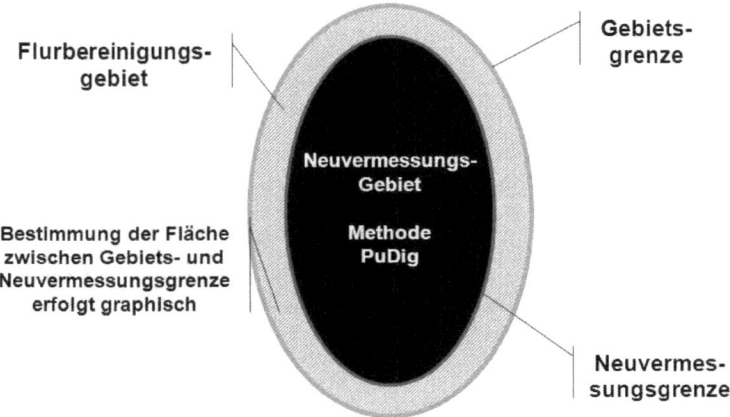

Abb. 5-2: Skizze für die Abgrenzung eines Verfahrensgebietes (Bottler 2002)

In Schmitt (2002) wird die Aufgabenstellung schon durch den Titel der Abfassung umfassend beschrieben: „Verzicht auf die vermessungstechnische Feststellung oder Wiederherstellung der Grenze des Flurbereinigungsgebietes, soweit sie zugleich Grenze einer gemeinschaftlichen oder öffentlichen Anlage ist, die zum Flurbereinigungsgebiet gehört". Für die Gebietsgrenze bleibt der Liegenschaftsnachweis unverändert bestehen, während die Neuvermessungsgrenze sachgerecht neu bestimmt wird. Die Fläche der dazwischenliegenden Flurstücke, in der Regel eine gemeinschaftliche oder öffentliche Anlage, wird auf der Grundlage des bestehenden und neu bestimmten Liegenschaftsnachweises errechnet, ist also ggf. als graphische Ermittlung einzustufen (vgl. Abb. 5-3).

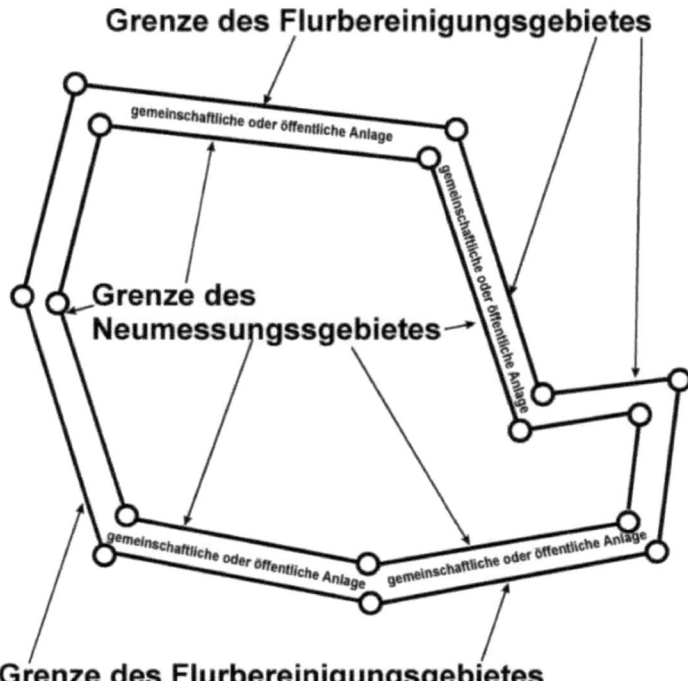

Abb. 5-3: Skizze für die Abgrenzung eines Verfahrensgebietes (Schmitt 2002)

Da, wie in Abb. 5-1 gezeigt, oft Grenzen von 50 bis 80 km Grenzlängen mit mehreren 1.000 Grenzpunkten auftraten, wird deutlich, welche Kosteneinsparung durch Verzicht auf die vollständige Gebietsgrenzmessung zu erzielen ist. Auch bei Vermessungs-/ Katasterverwaltungen sind originäre Einsparungen zu erzielen, denn neben den Arbeiten zur Vorbereitung und Durchführung der Vermessungen fallen auch die Prüf- und Übernahmearbeiten in der Katasterverwaltung weg.

Voraussetzung für das Unterlassen der Grenzermittlung an gemeinschaftlichen oder öffentlichen Anlagen, an die die Grenze dann jeweils zu legen ist, ist die Prüfung, dass eine sichtbare Verlagerung in der Örtlichkeit nicht stattgefunden hat. Dies kann in der Regel durch einen häuslichen Vergleich des für die Planung hergestellten aktuellen Orthophotos mit der Liegenschaftskarte sichergestellt werden. Bei der Einführung dieser Vorgehensweise in den Richtlinien für die Vermessung in Flurbereinigungsverfahren hat die Flurbereinigungsverwaltung übersichtliche Beispiele erstellt, die nachfolgend zur Dokumentation der Vorgehensweise als Abb. 5-4 bis 5-7 abgebildet werden.

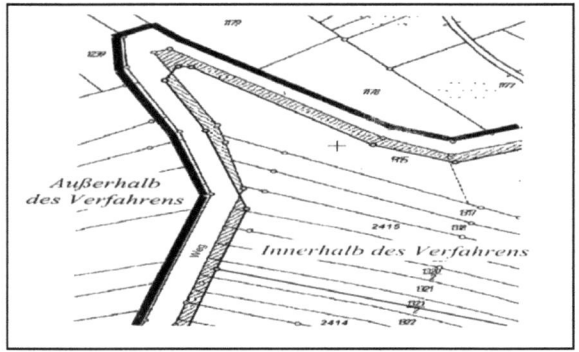

Abb. 5-4: Skizze für die Abgrenzung eines Verfahrensgebietes (Bottler 2002b)

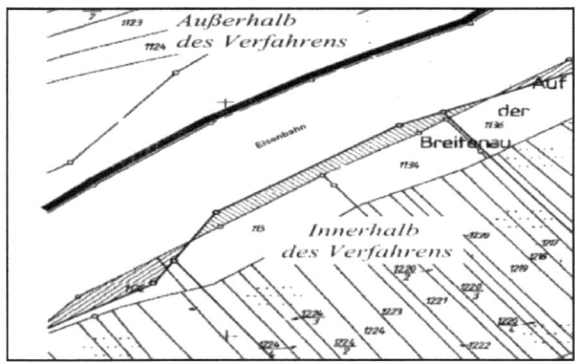

Abb. 5-5: Skizze für die Abgrenzung entlang einer Eisenbahntrasse (Bottler 2002b)

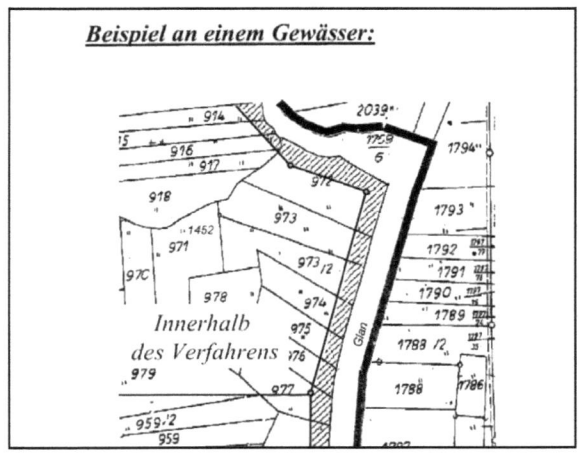

Abb. 5-6: Skizze für die Abgrenzung entlang eines Gewässers (Bottler 2002b)

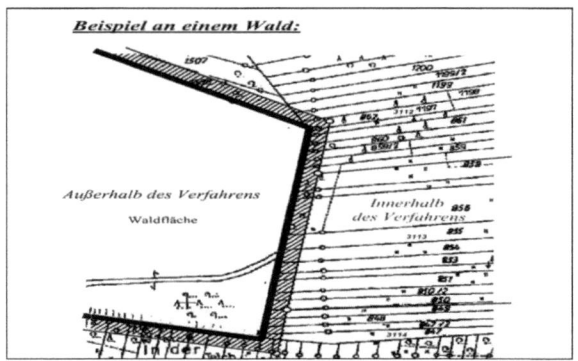

Abb. 5-7: Skizze für die Abgrenzung entlang eines Waldes (Bottler 2002b)

Bei der Abgrenzung entlang eines Waldgrundstückes bieten sich sogenannte „Sonderungen" an, bei denen das Waldflurstück vorübergehend in zwei Teile zerlegt wird; hierbei kann auf die vermessungstechnische Feststellung oder Wiederherstellung der Grenze des Flurbereinigungsgebiets weitgehend verzichtet werden.

Das Bundesland Rheinland-Pfalz hat mit den Nachbarländern Saarland und Nordrhein-Westfalen inzwischen diese Vorgehensweise ausgetauscht. Auch Thiemann beschreibt in Thiemann (2000) und Thiemann (2001) flurbereinigungsrechtliche Aspekte der Festlegung der Verfahrensgebietsgrenze, Die Methode ist erprobt und bewährt, hat sich aber noch nicht überall durchgesetzt. In den Bund-Länder-Arbeitsgremien sollte ein entsprechender Gedankenaustausch aktiviert werden, mit dem Ziel, die Methode zur Reduzierung des Kostenaufwandes bei der Waldflurbereinigung verstärkt einzusetzen.

5.3.2 Neue Ansätze Punktfestlegung in Waldflurbereinigungsverfahren

Die Übertragung der neuen Grundstücksgrenzen in die Örtlichkeit und die zugehörige Planaufmessung sind besonders aufwendige Vermessungstätigkeiten in einem Flurbereinigungsverfahren. Da es sich um eine Massenarbeit handelt, bei der mehrere tausend Punkte häuslich und örtlich zu bearbeiten sind, hat das Land Rheinland-Pfalz vereinfachte Lösungen erarbeitet. Basis dieser Verbesserungen ist die Katasterphotogrammetrie, bei der über Jahrzehnte ein Automatisierungsprozess entwickelt und verfeinert und dann in die Neuvermessungsmethode PuDig überführt wurde. In Durben (1996) wird erstmals die Punktfestlegung durch Digitalisierung (PuDig) beschrieben. Wichtigstes Ziel der Methode ist es, auf der Grundlage des Planes nach § 41 FlurbG die Koordinaten der geplanten neuen Grenzpunkte der Wege- und Gewässergrenzen sowie der neuen Flurstücksgrenzen in der Regel ohne vorherige Abmarkung im Gelände in ihrer jeweiligen Solllage zu bestimmen. Digitalisiert werden dabei zunächst die geplanten Grenzpunkte der gemeinschaftlichen und öffentlichen Anlagen sowie die geplanten Grenzpunkte der bedingten Grenzen. Durben (1996) beschreibt den Ablauf und die technischen Details der Methode und überführt sie abschließend in eine Kombination aller Meßmethoden.

Voraussetzung für den Einsatz von PuDig ist, dass ein verdichtetes, genaues und homogenes Vermessungspunktfeld vorliegt bzw. geschaffen wird. Rheinland-Pfalz hat allein in den letzten 10 Jahren über 100.000 ha nach der Methode PuDig bestimmt. Die Methode ist in den rheinland-pfälzischen Richtlinien (RiVerm1997) beschrieben und als Standardmethode zur Bearbeitung eingeführt. Dockweiler (1998) zeigt anhand eines Praxisbeispiels die vielfältigen Möglichkeiten der Methode wie folgt auf: „Die Bestimmung der Sollkoordinaten kann vorgenommen werden

- durch Digitalisierung
    * im Stereomodell
    * in Plänen Dritter
    * in Orthophotos - in der Regel im Maßstab 1 : 1 000
- durch Berechnungen z. B.
    * Berechnung der 2. Wegeseite
    * Parallitätsbedingungen
    * Kehrenmaßbestimmungen
    * u. a. Zwangsbedingungen

Jede Kombination der v. g. Bestimmungsarten ist möglich".

Da herkömmliche Orthophotos in Waldflächen wegen unzureichender Bodensichten für PuDig-Vermessungen versagen, wurde für Waldflurbereinigungsverfahren erstmals eine photogrammetrische Kreuzbefliegung eingesetzt und erprobt. Voraussetzung für die PuDig-Auswertung waren Digitale Geländemodelle für Waldflurbereinigungsverfahren, ein Raumbezug über temporäre Festpunkte und die Digitalisierung in so entstandenen hochgenauen Orthophotos (Durben 2011).

Abb. 5-8: PuDig-Bestimmung entlang eines Waldrands (Theisen 2011)

Soweit erforderlich wurden neue Bruchkanten in dem Digitalen Geländemodell ergänzt. Seit 2005 wird die Kreuzbefliegung erprobt. Sie hat sich in den Waldflurbereinigungsverfahren Vinxtbachtal und Rinnthal bewährt.

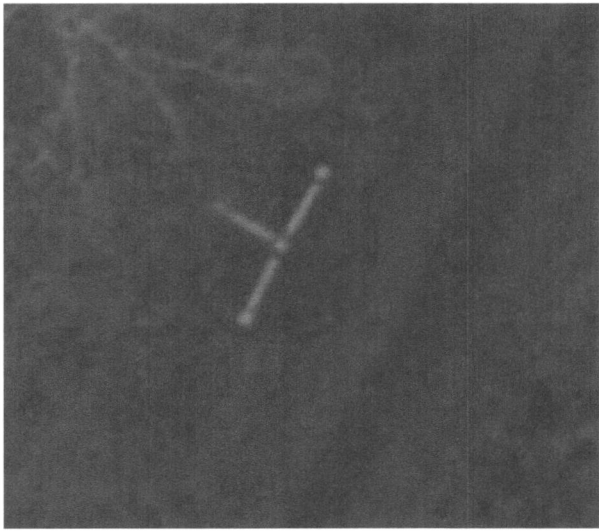

Abb. 5-9: gut ausmessbare PuDig-Messpunkte entlang eines Waldrands (Theisen 2011)

Abb. 5-10: PuDig-Punktauswertung entlang eines Waldrands (Theisen 2011)

Die Einsparungen der Punktfestlegung mit der Methode PuDig gegenüber herkömmlichen terrestrischen Methoden können aus Vergleichsverfahren geschätzt werden. Im Verfahren Vinxtbachtal wurde für die terrestrische vermessungstechnische Bestimmung von ca. 2.000 Messpunkten 12 Wochen Außendienst und eine Woche Innendienst aufgewendet (ein Ingenieur und ein Meßgehilfe). Diese 25 Mannwochen entsprechen ca. 1000 Mannstunden; das sind bei einem Verrechnungssatz des rheinland-pfälzischen Finanzministeriums in Höhe von 69,10 € je Arbeitsstunde (Oberfinanzdirektion Koblenz 2011) insgesamt 69 100 €. Der Aufwand wird in Vergleichsverfahren bestätigt.

In dem mit PuDig bearbeiteten Pilotverfahren Leuzbach-Altenkirchen wurden 447 ha Fläche auf der Grundlage einer Spezialbefliegung aus dem Jahre 2009 (digitale Farbbefliegung mit 60% Längsüberdeckung und 40% Querüberdeckung) mit einem Punktlagefehler von 0,5 cm beflogen. Die Kosten der Befliegung belaufen sich auf 3 €/ha, die Kosten der photogrammetrischen Auswertung auf 10 €/ha. Der Gesamtaufwand beläuft sich damit auf 5.811 €. Für die Bearbeitung von 532 Punkten PuDig-Vermessung wurden zusätzlich 3½ Arbeitsstunden eines Teams bestehend aus einem Photogrammeter und einem

Sachgebietsleiter aufgewendet (ca. 7 Mannstunden). Die Kosten der Befliegung mit den Personalkosten für 7 Arbeitsstunden à 69,10 € ergeben einen Gesamtaufwand von 6294,70 €. Um eine Vergleichsbasis mit dem Verfahren Vinxtbachtal herzustellen, muss man aber die Anzahl der gemessenen Punkte von 532 auf 2000 etwa vervierfachen. Dies führt zu einem Gesamtaufwand von 7745,80 € für das neu bearbeitete Pilotverfahren Leuzbach-Altenkirchen.

Der Aufwand von 7745,80 € in dem Pilotverfahren Leuzbach-Altenkirchen entspricht etwa 11% der Aufwandes von 69 100 € in dem Verfahren Vinxtbachtal. Durch Anwendung der Photogrammetrie bei der Methode PuDig konnte im Vergleich eine Aufwandsreduzierung um etwa 89% erzielt werden.

Durch den Einsatz von PuDig in Waldflurbereinigungsverfahren lassen sind folglich erhebliche Personalkosten einsparen. Auch die Zeitabläufe werden deutlich beschleunigt. Es besteht weiterer Forschungs- und Erprobungsbedarf, um die Effizienz der Methoden bei Waldflurbereinigungsverfahren weiter zu verbessern und für alle Bundesländer allgemein anwendbar auszugestalten.

5.3.3 Verzicht auf Abmarkung von Grenzen

Die Abmarkung von Grenzen ist in den deutschen Ländern sehr unterschiedlich geregelt. Das Bürgerliche Gesetzbuch regelt die Mitwirkung der Eigentümer bei einer Abmarkung und das Flurbereinigungsrecht geht davon aus, dass neu gebildete Grenzen festzulegen und örtlich anzuzeigen sind. Die Länder haben in ihrem Vermessungsrecht sehr unterschiedliche Ausnahmen festgelegt.

Da sich die Untersuchung schwerpunktmäßig auf Rheinland-Pfalz bezieht, wird im Folgenden auf Vereinfachungsmöglichkeiten des Landes Rheinland-Pfalz eingegangen. Das Landesgesetz über die Vermessung bietet in Rheinland-Pfalz die Möglichkeit, dass die Abmarkung auf Antrag der Eigentümer oder Erbbauberechtigten unterbleiben oder aus Gründen der Zweckmäßigkeit unterlassen werden kann. Entscheidend ist die Möglichkeit, dass die Flurbereinigungsbehörde die Abmarkung aus Gründen der Zweckmäßigkeit unterlassen kann. Dies gilt vor allem, wenn deren Bedeutung bei der Bewirtschaftung nachrangig ist.

Die Abmarkung ist zweckmäßigerweise bei allen landwirtschaftlich, weinbaulich, forstwirtschaftlich oder landespflegerisch genutzten Grundstücken zu unterlassen, die langfristig zusammenhängend aus einer Hand bewirtschaftet, gepflegt oder stillgelegt werden. Im Umkehrschluss kann eine Abmarkung überall dort zweckmäßig sein, wo Grundstücke unterschiedlicher Bewirtschafter oder Nutzer gegeneinander angrenzen und diese die Abmarkung auch wünschen.

In dieser Arbeit ist die Frage wichtig, inwieweit in Waldgebieten auf eine Abmarkung verzichtet werden kann und soll. Da in Kapitel 3 die Bedeutung der Identifizierbarkeit neuer Grenzpunkte und deren dauerhafte Sicherung herausgestellt und die Wertschöpfung berechnet wurde, kann es nur um Grenzpunkte gehen, die nicht zur Wertschöpfung beitragen. Wichtig für den Waldeigentümer sind die an Wegen abgehenden Grenzen seines Eigentums, für die er regelmäßig eine Abmarkung wünscht und oft sogar – wie gezeigt – zusätzliche Markierungen anbringt. Relativ unbedeutend dagegen ist die bisher übliche und zumeist vorgeschriebene Abmarkung der öffentlichen und gemeinschaftlichen Anlagen gegen die Privatgrundstücke im gekrümmten Verlauf der Wege.

Diese Frage ist bisher kaum untersucht, die einzige Veröffentlichung stammt von Schumacher (1998). Schumacher beschreibt das in Rheinland-Pfalz gelegene Flurbereinigungsverfahren Schönecken, das eine Verfahrensfläche von 1.261 ha umfasst, wovon 381 ha auf Waldflächen entfallen. Schumacher stellte Überlegungen an, wie er in einem ca. 200 ha großen geschlossenen Waldgebiet Kosten einsparen könnte, das durch schwierige Topographie, Querneigungen von 30 bis 50% und fehlender Erschließung gekennzeichnet ist. Grundgedanke war dabei, dass die neugebauten Wege nach dem Ausbau durch Böschungsober- und -unterkante topographisch definiert sind und für die Beteiligten eigentlich nur die Grenzen zum Nachbarflurstück interessieren.

Schumacher (1998) erläutert, dass in allen vorherigen Verfahren die Wege entsprechend ihrer Ausrundung durch Steine gegen die angrenzenden Eigentümerflurstücke abgegrenzt wurden. Er verzichtete hierauf im Verfahren Schönecken und sparte insgesamt ca. 1000 Steine an Abmarkungsmaterial ein. Er kalkulierte die Verfahrens- und Ausführungskosten mit 50 DM/Stein, womit sich eine Einsparung von 50.000 DM ergab. Hinzuzurechnen sind die Kosten für die Vermessungskontrollen, die nach einer Abmarkung zusätzlich durchzuführen sind.

Schumacher verhandelte das „Unterbleiben der Abmarkung" mit den Teilnehmern, da die Rechtsgrundlage für einen Abmarkungsverzicht im Jahre 1998 noch nicht vorlag und stellte fest, dass eine breite Zustimmung zu der Reduzierung der Abmarkung entlang der Wegegrenzen vorhanden war. Voraussetzung war jedoch, dass die vom Weg abgehenden Eigentumsgrenzen zu den (privaten) neuen Grundstücksnachbarn auf jeden Fall mit Grenzsteinen vermarkt werden mussten.

An zwei unterschiedlichen Kartenauszügen wird aufgezeigt, dass in einem Fall aufgrund bedingter Eigentumsflächen ohne Wegeanschluss die Vermarkung teilweise vorgenommen werden musste (Abb. 5-11), wohin gegen es in einem anderen Bereich (Abb. 5-12) zu einem fast vollständigen Wegfall der Vermarkung kam.

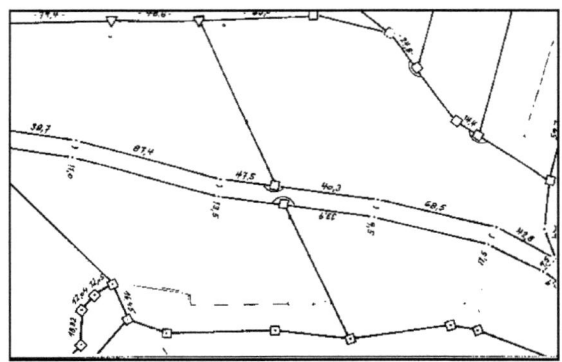

Abb. 5-11: abgemarkte Grenzen und Blockgrenzen der Waldflurbereinigung Schönecken (Schumacher 1998)

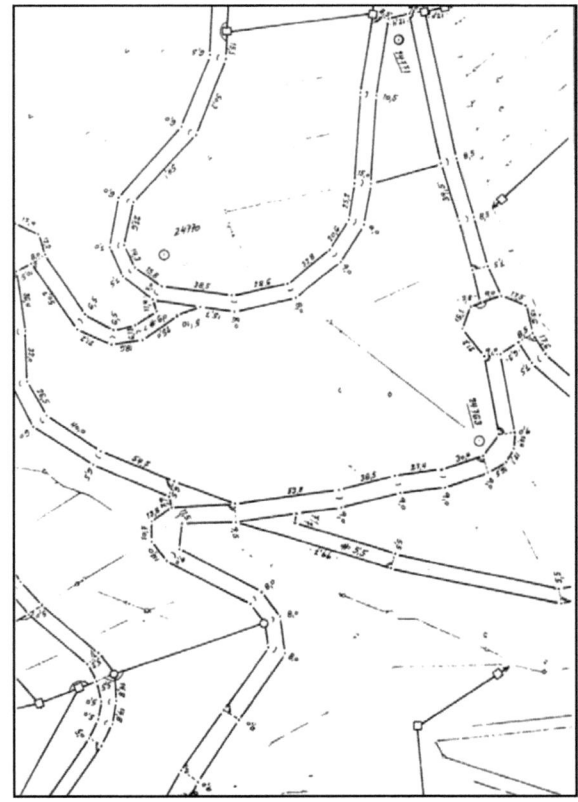

Abb. 5-12: tatsächlich abgemarkte Grenzen der Waldflurbereinigung Schönecken (Schumacher 1998)

Wertet man die Einsparungen aus, so sind in Abb. 5-12 von 122 ursprünglich notwendigen Vermarkungen 111 (also 91%) entfallen. In Abb. 5-11 konnten aufgrund der bedingten Grenzen immerhin 11 von 31 Abmarkungen (= 35%) eingespart werden. Dies verdeutlicht, wie sich die Einsparung von insgesamt 1000 Steinen zusammensetzt. Jede Einsparung an Abmarkung verringert die örtlichen Vermessungsarbeiten und trägt zu einem redundanzfreien Kataster bei, denn die ermittelten und gespeicherten Koordinaten gewährleisten eine fehlerfreie Grenze, bei der nur die örtliche Abmarkung unterblieben ist. Dies ist aber für die Abgrenzung eines Privatwaldes gegen einen Weg kein Mangel.

Abb. 5-13: unvermarkte und abgemarkte Grenzen der Waldflurbereinigung Thalfröschen (Baadte 2011)

An dem vorstehenden neueren Beispiel des Vereinfachten Flurbereinigungsverfahrens Thalfröschen (Baadte 2011) wird abschließend visualisiert, in welchen Fällen eine Vermarkung erfolgen sollte und wann auf eine Vermarkung verzichtet werden kann. Das Bild zeigt, dass die abgehende Grenze vermarkt wird, die Wegeknicke werden nur mit ihren Koordinaten bestimmt. Zur weiteren Kostenreduzierung bei der Waldflurbereinigung erscheint es zweckmäßig, in weiteren Pilotverfahren Reduzierungen der Abmarkung zu untersuchen.

5.4 Ansätze zur Reduzierung des Aufwands bei der Bewertung der Holzbestände

Die von der Projektgruppe „Einfache Waldverfahren" am ALE Unterfranken (vgl. Kap. 5.1) erprobte Vereinfachung der Waldbewertung wird im Folgenden ausführlich beschrieben. Das Ziel, Aufwand und Kosten zu reduzieren, soll durch eine wesentliche Vereinfachung der Waldbewertung, enger Einbindung der

Waldeigentümer und Beschleunigung der Abläufe erreicht werden (Bromma 2009). Das erste der eingeleiteten Pilotverfahren ist das Verfahren Mühlhausen 3 mit einer Waldfläche von 75 ha und 83 Teilnehmern, die 210 Grundstücke bzw. 140 Grundstücksanteile besitzen. (Bayerisches Staatsministerium für Ernährung, Landwirtschaft und Forsten 2011, Amt für Ländliche Entwicklung Unterfranken 2008)

Die in Mühlhausen erprobte vereinfachte Waldbewertung bedient sich der Vorgehensweise in der sogenannten Forsteinrichtung, die durch eine Waldinventur, Daten für die Führung und Planung des Betriebs ermittelt und für geregelte Forstbetriebe gesetzlich festgeschrieben ist. In der Projektgruppe wurde nach folgenden Schritten vorgegangen: (Günzelmann 2009)

a) Ein Forstsachverständige ermittelte die örtlich vorkommenden Bestandstypen. Das Waldgebiet wurde graphisch in Flächen gleichartiger Bestandstypen zerlegt und die Besonderheiten jedes Bestands wurden knapp beschrieben und mit einer Strichzeichnung für den Laien nachvollziehbar veranschaulicht.

b) Die Strichzeichnungen der Waldbilder wurden den interessierten Eigentümern im Wald anhand des dargestellten Bestands erklärt und die Besonderheiten und Nutzungsmöglichkeiten erläutert. Es wurden alle Verfahrensbeteiligte dazu aufgefordert zu prüfen, ob alle vorkommenden Waldbilder erfasst worden sind und Ergänzungsvorschläge innerhalb einer angemessenen Frist mitzuteilen. Des Weiteren wurde die Bildung von Wertklassen in die die Waldbilder eingeordnet werden sollen und die passende Anzahl von Wertklassen erläutert.

Abb. 5-14: Waldbilder aus der Legende zur Wertklassenkarte (Bromma 2009)

c) Die Teilnehmer sollten, jeder für sich, anhand der gezeichneten Waldbilder mit Kurzbeschreibung und der Angabe des Waldortes an dem jedes Waldbild in typischer Form zu finden ist, die Waldbilder einer Wertklasse zuordnen. Nach angemessener Frist wurden die zugeteilten Waldbilder mit dem Forstsachverständigen und den Beteiligten im Saal diskutiert.

d) Der Sachverständige entwirft in Begehungen im Wald die Wertklassenkarte. Die Grenzen zwischen den Wertklassen können mit GPS-Unterstützung aufgenommen werden. Die Entwurfskarte wird öffentlich zugänglich gemacht. Die Waldeigentümer können Einwände vorbringen bevor der TG-Vorstand beschließt, die Karte als Bewertungsgrundlage heranzuziehen.

e) Abschließend wird das Wertverhältnis der Klassen zueinander bestimmt, indem der Quadratmeterpreis für jede Wertklasse durch anonyme Befragung der Waldeigentümer in zwei Durchgängen und Durchschnittsbildung der Angaben ermittelt wird. In der Regel ergibt sich aus den genannten Werten eine Normalverteilungskurve; extreme Ausreißer können nach Absprache vor der Mittelbildung gestrichen werden. Der Vorstand der TG glättet die Werte bevor er sie festsetzt.

Für die Ermittlung der Quadratmeterpreise (Boden mit Bestand) wurden für eine ungefähre Vorstellung der Ober- und Untergrenzen der Marktpreise die Kaufpreissammlungen der Landratsämter in vergleichbaren Nachbargemarkungen herangezogen, aber lediglich als erster Anhaltspunkt, da keine genauen Angaben über den verkauften Waldbestand vorliegen. In dem Verfahren Mühlhausen 3 sind die Standortverhältnisse sehr einheitlich, daher konnte auf die Bildung mehrerer Bodenwertklassen verzichtet werden. Der Bodenwert wurde einheitlich mit 0,40 €/m² festgelegt. (Günzelmann 2009)

Abb. 5-15: Wertklassenkarte des Pilotverfahrens Mühlhausen 3 (Ausschnitt)(Bromma 2009)

Tabelle 5-1 zeigt den im Verfahren Mühlhausen 3 ermittelten Wert für Boden mit Bestand. Die sechste, niedrigste Wertklasse hat einen negativen Bestandswert von -0,10 €/m², da der Gesamtwert niedriger als der Bodenwert angesetzt ist. Dies ist durch den schlechten Zustand des Bestandes gerechtfertigt, der erst durch Investitionen in die Räumung der Fläche wieder in eine Nutzung geführt werden kann.

Tab. 5-1: Beschreibung und Quadratmeterpreis (Boden mit Bestand) der Wertklassen im Verfahren Mühlhausen 3 (nach Günzelmann 2009)

Wertklasse	Nutzungsmöglichkeit	Investitionsbedarf	€/m²
I	Auch stärkeres Stammholz, gutes Brennholz	Naturverjüngung auf „Mostflecken" und Unterpflanzung mit (Hain-) Buche	1,60
II	Schwaches Stammholz, gutes Brennholz		1,30
III	gutes Brennholz		0,95
IV	Geringes Brennholz (Aspe, Hasel)	Gute Stangen vorsichtig frei hauen, Aspe ausdünnen, Fehlstellen auspflanzen, Zaunbau	0,75
V	Bestenfalls geringes Brennholz	Nachbesserung wo nötig, Sträucher zurück nehmen, Zaunabbau	0,55
VI	Dörnernocken	Zaunbau und komplette Neukultur (Förderung)	0,30

Der Erfolg der vereinfachten Waldbewertung hängt wesentlich von der Zustimmung der Waldeigentümer zur Vorgehensweise ab. Oberholzer (1997) bedauert, dass einfachere Schätzverfahren in der Waldbewertung dort scheitern, wo Waldeigentümer der Waldflurbereinigung insgesamt ein großes Misstrauen entgegenbringen. Einfachere Bewertungsmethoden sieht er nur dort, „wo das Vertrauen in die Arbeit der mitwirkenden Förster hoch ist". Förderlich dafür ist, wenn die Zuteilung in Teamarbeit zwischen Flurbereinigungsingenieur und Forstsachverständigem, der auch die Bewertung durchgeführt hat, vorgenommen wird. Schon Lorig (1987) fragte sich, wie weit dehnbar der Begriff „Grundsätze" vom Gesetzgeber gedacht war, bei der festgelegten Holzbestandbewertung nach den Grundsätzen der Waldwertrechnung. Klar ist, dass eine strikte Einhaltung der Waldwertrechnung nicht unbedingt erforderlich ist, sonst hätte man den Einschub „Grundsätze der" nicht eingefügt, aber inwieweit man sich von der Waldwertrechnung entfernen kann, ist nicht ausgeführt.

Vollkommen anders gestaltet sich die Situation in einem beschleunigten Zusammenlegungsverfahren, da hier die Ermittlung des Wertes der Grundstücke in einfacher Weise vorzunehmen ist. Im freiwilligen Landtausch gelten die Vorschriften über das Wertermittlungsverfahren nicht, so dass die Teilnehmer des Verfahrens falls sie die Ermittlung ihrer Holzwerte wünschen, die Kosten dafür selbst zu tragen haben. Das führte in der Vergangenheit dazu, dass dafür von den Waldeigentümern kostengünstige, einfache Verfahren zur Bestandswertermittlung gewählt wurden.

5.5 Verknüpfung der Flurbereinigung mit FWZ

Die zweckmäßigste Vorgehensweise zur Verknüpfung von Flurbereinigung und Forstwirtschaftlichen Zusammenschlüssen ist es, forstwirtschaftliche Zusammenschlüsse unmittelbar im Verbund mit einem Waldflurbereinigungsverfahren durchzuführen und dabei schrittweise zu entwickeln. Forstwirtschaftliche Zusammenschlüsse können aber ebenfalls an ein Waldflurbereinigungsverfahren anschließen. Dies wurde bereits von Hahn (1960) und Oberholzer (1974) zur Sicherung der Ergebnisse der Waldflurbereinigung gefordert und gilt weiter.

Die Bildung von Forstwirtschaftlichen Zusammenschlüssen (FWZ) wird über das Bundeswaldgesetz (BWaldG) geregelt. Zweck des Bundeswaldgesetzes, ebenso wie der Landeswaldgesetze ist es, den Wald wegen seiner Nutz- Schutz- und Erholungsfunktion zu erhalten und seine ordnungsgemäße Bewirtschaftung nachhaltig zu sichern (§ 1 BWaldG). Um die Bewirtschaftung von Waldflächen zu verbessern, können sich Waldeigentümer zu FWZ zusammenschließen, die den Zweck verfolgen:

„... *insbesondere die Nachteile geringer Flächengröße, ungünstiger Flächengestalt, der Besitzzersplitterung, der Gemengelage, des unzureichenden Waldaufschlusses oder anderer Strukturmängel zu überwinden.*" (§ 16 BWaldG).

Es ist festzuhalten, dass die Waldflurbereinigung durch einen forstwirtschaftlichen Zusammenschluss nicht ersetzt werden kann, sondern dass sie die Voraussetzung zur Bildung von erfolgreichen Zusammenschlüssen schafft.

Tab. 5-2: Kombination der + Stärken und − Schwächen von Waldflurbereinigung und Forstwirtschaftlichem Zusammenschluss bei der Überwindung von Strukturmängeln im Privatwald in einem gemeinsamen Modell

	Waldflurbereinigung	Forstwirtschaftlicher Zusammenschluss
Fläche	+ Ausweisung des Verfahrensgebietes nach fachlichen Kriterien zur möglichst vollkommenen Erreichung des Flurbereinigungszweckes, auch bei nicht absoluter Zustimmung der Grundstückseigentümer	− Organisierte Fläche entsteht auf freiwilliger Basis und nicht nach betriebswirtschaftlichen Gesichtspunkten − Lücken in der Bewirtschaftungsfläche durch nicht beteiligte Parzellen
Eigentümer	+ Identifizierung aller Waldeigentümer innerhalb des Verfahrensgebietes + Vertreterbestellung nach § 119 FlurbG für unbekannte, nicht auffindbare oder sonst wie verhinderte Personen	− Kontakt zu Erbengemeinschaften, auswärtige Waldbesitzer oder sonst wie unbekannte Personen ist sehr schwierig, manchmal unmöglich
Infrastruktur	+ notwendige Infrastruktur wird zügig und fachgerecht nach dem Wege- und Gewässerplan ausgeführt	− Bau von Wegen und Holzlagerplätzen erfordert Zustimmung der Beteiligten im Erschließungsgebiet, u. U. Kompromisse oder lange Überzeugungsgespräche nötig
Grenzen	+ Ermittlung der genauen Grundstücksgrenzen + Aufwertung der Grundstücke durch eine Wiederherstellung oder Aktualisierung der meist aus Urkataster stammenden Grenzen	− Verunsicherung in der Bewirtschaftung durch unbekannte Grenzverläufe − Einweisung in Grenzverlauf ist Voraussetzung für Waldpflegevertrag

Kauf - Verkauf	+ Verzicht auf Landabfindung (§ 52 FlurbG) ermöglicht vergünstigte und schnelle Abfindung gegen Geld ohne Notar- und Grundbuchkosten + Betriebsvergrößerungen vereinfacht und vergünstigt möglich	− Verkauf und Kauf von Grundstücken auf freiem Markt ist mit Notar- und Grundbuchkosten und evtl. mit langwieriger Käufersuche bzw. Verkäufersuche und Maklergebühren verbunden
Arrondierung	+ Flurstücks Arrondierung erfolgt über eine Neueinteilung des Grundeigentums	+ Arrondierung erfolgt zusätzlich besitzübergreifend und schafft große, den Erfordernissen der Holzindustrie gerecht werdende Bewirtschaftungseinheiten
Marktteilnahme	− Auch bei optimaler Zusammenlegung der Parzellen sind die Besitzgrößen des Einzelnen zu klein, um auf dem Markt wahrgenommen zu werden	+ gebündelte Vermarktung ermöglicht eine optimale Wertschöpfung durch gemeinsame Pflege- Schutz- und Kulturmaßnahmen und Holzeinschläge

Nach dem Bundeswaldgesetz werden als FWZ zwischen Forstbetriebsgemeinschaften, Forstbetriebsverbänden und Forstwirtschaftlichen Vereinigungen unterschieden (§ 15 BWaldG). Am häufigsten wurden Forstbetriebsgemeinschaften als Dienstleistungszusammenschlüsse mit der Rechtsform des wirtschaftlichen Vereins gegründet. Selten gibt es sie auch als Besitz- und Eigentumszusammenschluss, indem der Waldbesitzer an dem Gesamtwirtschaftsergebnis der Gemeinschaft im Verhältnis zu seinem eingebrachten Wald beteiligt wird. Ebenso selten sind Forstbetriebsverbände, die als Körperschaften des öffentlichen Rechts von Amts wegen gegründet worden sind.

Forstwirtschaftliche Vereinigungen fassen noch größere Waldflächen zusammen, indem sie Forstbetriebsgemeinschaften und Forstbetriebsverbände auf privatrechtlicher Grundlage zusammenschließen (AID 2009). Gegenstand der folgenden Betrachtung ist die privatrechtliche Forstbetriebsgemeinschaft (FBG).

In Tab. 5-2 wird dargestellt, dass die Auswahl der Fläche, Identifizierung der Waldeigentümer, Umsetzung der Infrastrukturmaßnahmen, Grenzermittlung, Kauf und Verkauf im Waldflurbereinigungsverfahren vorteilhafter umgesetzt werden kann als durch einen FWZ. Im Gegenzug können die Kosten zur Ermittlung der Betriebsstruktur, die Vergrößerung der Schlaggrößen und Teilnahme auf dem Holzmarkt durch FWZ günstiger erreicht werden. Die Arrondierung über die Neueinteilung des Grundeigentums oder besitzübergreifend ohne Antastung des Eigentums wird von den Eigentümern je nach persönlicher Einstellung unterschiedlich bewertet. Aus fachlicher Sicht bedeutet die Reduzierung der Grundstückszahl und Formverbesserung der Striemengrundstücke auch eine Erleichterung in der besitzübergreifenden Bewirtschaftung durch FWZ und bei Katasterversagen ist eine Neuzuteilung oft die beste Lösung der Grenzherstellungsproblematik.

Durch die Kombination der Stärken beider Instrumente können optimale zukunftsfähige Strukturen im Privatwald geschaffen werden. In Anlehnung an das in dieser Arbeit geführte Experteninterview (Kap. 4.6) das der Frage nachging, wann der beste Zeitpunkt zur Holzmobilisierung ist, skizzieren folgende Überlegungen den nächsten Forschungsbedarf.

Schmitz (2010) führte aus, dass es für die Arbeit der Privatwaldbetreuung und der blockweisen Holzmobilisierung von großem Vorteil wäre, wenn in einem Waldflurbereinigungsverfahren, die Waldeigentümer, die an einer kooperativen Bewirtschaftung Interesse hätten, in einem Bereich abgefunden werden und die Waldeigentümer, die selbst wirtschaften möchten in einem anderen Bereich. So könnten dann mit weniger Aufwand große zusammenhängende Waldblöcke für die Holzernte ausgezeichnet werden. Schmitz beschrieb den Versuch, die Teilnehmer dazu zu bewegen, sich beim Planwunschtermin neben gleichgesinnten Teilnehmern abfinden zu lassen; allerdings stieß er damit auf keine Resonanz.

Hier stellt sich die 1. Forschungsfrage: Wie kann das Vertrauen der Waldeigentümer gewonnen werden, sich während der Durchführung einer Waldflurbereinigung auf die Bildung eines FWZ einzulassen?

Ein Forschungsprojekt an der TU München beschäftigt sich mit den Vorstellungen, Erwartungen und Meinungen über die Waldflurbereinigung aus der Sicht von Waldeigentümern, der Ämter und der Lokalpolitik (Suda, Gaggermeier, Koch 2011). Hieraus können sicherlich wertvolle Hinweise gewonnen werden, worauf sich das Vertrauen der Waldeigentümer stützt und welche Maßnahmen förderlich oder hinderlich sind.

Die 2. Forschungsfrage beschäftigt sich mit dem besten Zeitpunkt: Wann ist der vorteilhafteste Zeitpunkt um aus ökonomischer, ökologischer und sozialer Sicht ein bestmögliches Ergebnis zu erhalten?

Bisher sprachen Privatwaldbetreuer in einem Waldflurbereinigungsverfahren erst nach der Besitzeinweisung die Waldeigentümer an (vgl. Kap. 4.6), um sie zur blockweisen Holzernte zu bewegen. Man profitierte dabei von den aktuellen Eigentümerdaten, der Grenzsicherheit und der Erschließung.

Das Beispiel der Forstbetriebsgemeinschaft Bondorf, Baden-Württemberg zeigt, dass die Bildung einer Forstbetriebsgemeinschaft auch hier erst kurz vor Abschluss der Flurbereinigung Bondorf (Wald) stattfand. Durch den Leiter des Forstamts und den zuständigen Revierförster, die die Waldflurbereinigung von Anfang an intensiv begleiteten, wurde nach der Aufstellung des Flurbereinigungsplans im Frühjahr 2007 und der Besitzeinweisung im April 2007, im Mai 2007 die Bildung der Forstbetriebsgemeinschaft angeregt. Durch die Stürme „Wiebke" und „Lothar" und den in den nachfolgenden Jahren starken Käferbefall lagen in dem 161 ha umfassenden Flurbereinigungsgebiet große Kahlflächen. Das vereinfachte Flurbereinigungsverfahren Bondorf ordnete die Eigentumsverhältnisse, reduzierte die Grundstücksanzahl und baute Wege, um die erforderlichen Neuanpflanzungen auf den Kahlflächen zu ermöglichen. Sehr motivationsfördernd für die Bildung der Forstbetriebsgemeinschaft war die gemeinsame Begründung der Kahlflächen. (Ministerium für Ernährung und Ländlichen Raum Baden-Württemberg 2009) (Forstbetriebsgemeinschaft Bondorf 2007) (Speidel 2010) (Teilnehmergemeinschaft Bondorf (Wald) 2006)

Es ist festzuhalten, dass durch eine Waldflurbereinigung Bewirtschaftungshindernisse beseitigt werden, die die Bildung einer Forstbetriebsgemeinschaft oder durch Privatwaldbetreuer aktivierte Holzmobilisierung im Kleinprivatwald erst ermöglicht.

Dennoch können innerhalb eines Verfahrens die Bedürfnisse einer FBG schon in der Plangestaltung umgesetzt werden und damit optimal auf die zukünftige Bewirtschaftung ausrichten. Es bietet sich an, zwei verschiedene Vorgehensweisen zu erproben:

1. Die Bildung einer FBG gleichzeitig mit der Aufklärung zu einer Waldflurbereinigung, wodurch eine gegenseitige Beeinflussung von Anfang an gegeben ist. Die Planung der Wirtschaftswege wird an den Erfordernissen der FBG ausgerichtet. Es werden frühzeitig die Bereiche der gemeinschaftlichen Bewirtschaftung identifiziert und im Planwunschgespräch je nach Eigentümerinteresse berücksichtigt. Das Eigentum Gleichinteressierter wird nebeneinander abgefunden und die Zuteilung kann als Gruppenprozess abgewickelt werden. Nicht nur der Holzabfuhrweg, sondern auch weitere bodenbeanspruchende Maßnahmen wie die Lage der Holzlagerplätze, der Aufbau eines ökologisch wertvollen und den Bestand schützenden Waldaußenrand oder Aufforstungsbereiche können nach den Wünschen der FBG geplant werden.

2. Die Bildung einer FBG erfolgt nach der Legitimation aller Teilnehmer, wenn durch die qualitativ hochwertigen Unterlagen der Flurbereinigungsbehörde alle Teilnehmer bekannt sind, die Grenzen ermittelt und sogar der Wert von Boden mit Bestand berechnet wurde. Ein Gestaltungseinfluss auf die Wegeführung und –dichte ist nicht mehr möglich, da alle Grundstücke zu diesem Zeitpunkt schon erschlossen wurden. In der Planwunschanhörung können alle Teilnehmer, die der FBG beitreten wollen, ihren Wunsch äußern und bei der Zuteilung nebeneinander abgefunden werden. Dadurch können Lücken in den Bewirtschaftungsblöcken vermieden werden, die die Effektivität der kooperativen Bewirtschaftung senken.

Die Kombination der Waldflurbereinigung mit forstwirtschaftlichen Zusammenschlüssen jeglicher Art führt unbestritten zu einem höheren Nutzen als jede Maßnahme für sich allein. Es erscheint, dass die frühzeitige Kombination optimale Ergebnisse hervorbringt; dies gilt aber einer Überprüfung zu unterziehen.

5.6 Zuteilung nach Eigentümerzielsetzungen

In dem geplanten Forschungsprojekt „Waldneuordnung 2020" verfolgen Redmann und Wippel (2012) innovative Ziele motivationsgerechter Waldneuordnung. Ziel soll es sein, die Abläufe der klassischen Waldflurbereinigung an veränderte gesellschaftliche und ökonomische Gegebenheiten anzupassen, wodurch die Effizienz der eingesetzten Ressourcen gesteigert werden soll. Das Forschungsprojekt soll zusammen mit dem Dienstleistungszentrum Ländlicher Raum Rheinhessen-Nahe-Hunsrück, Rheinland-Pfalz, beantragt und durchgeführt werden.

Die Projektziele sollen im Zeitraum von 2012-2018 in einem Pilotwaldflurbereinigungsverfahren „Unteres Trauntal" in Rheinland-Pfalz erprobt werden. Das Verfahren umfasst eine Größe von etwa 1100 ha Wald mit 800 Eigentümern, die 8500 Flurstücke besitzen. Die Eigentumsstruktur ist klein parzelliert (vgl. Abb. 5-16).

Abb. 5-16: Pilotprojektgebiet (Redmann, Wippel 2012)

- Um die Gesetzmäßigkeit des abnehmenden Grenznutzens zu beachten, soll sich die Höhe des Mitteleinsatzes insbesondere im Wegebau an den naturalen Möglichkeiten der Waldgrundstücke wie Ertragskraft, Lage im Gelände und Stabilität der Holzbestände ausrichten. Auch wenn aus den Gesprächen mit den Waldbetreuern in Rheinland-Pfalz deutlich geworden ist, dass die Anpassung an den naturalen Möglichkeiten der Waldgrundstücke bereits heute Standard einer Waldflurbereinigung ist, lassen sich sicher weitere Erfahrungen gewinnen und Empfehlungen ausarbeiten.

- Die traditionelle nutzungsorientierte Zielsetzung der Waldeigentümer wurde zum Teil durch die Ziele Naturschutz, Erholung, Hobby, Outdoor-Aktivität oder Vermögensgegenstand ersetzt. Um dieser Entwicklung gerecht zu werden und den Mitteleinsatz zielgerichtet zu steuern, sollen Verfahren entwickelt werden, um die Waldeigentümerzielsetzungen zu erfassen und die Eigentümer mit gleicher Zielsetzung zusammen zulegen. Dadurch sollen in ausgewählten, geeigneten Waldbereichen des Flurbereinigungsgebiets einheitliche Bewirtschaftungsbereiche entstehen, die entweder intensiv durch Holzgewerbebetreibende, extensiv durch Naturschutzinteressierte, gemeinschaftlich durch Genossenschaften oder mehrere Familien, verpachtet auf längere Zeit oder durch den Waldeigentümer selbst bewirtschaftet werden. Diese Vorgehensweise hat hohen Innovationscharakter. Bislang haben die Flurbereinigungsbehörden für den Entwurf des Wege- und Gewässerplanes in der Regel – wie gesetzlich vorgegeben – (nur) den Vorstand der Teilnehmergemeinschaft und nicht die einzelnen Eigentümer beteiligt.

- Die Waldeigentümer sollen über alternative Möglichkeiten zur individuellen Eigentumsübertragung wie die gemeinschaftliche Waldbewirtschaftung durch FWZ, die Bildung gemeinschaftlichen Waldeigentums und die temporäre Waldverpachtung intensiv und umfassend informiert werden. Auch wenn das Flurbereinigungsverfahren mit den Regelungen nach § 52 FlurbG im Verbund mit Vertreterbestellungen und Vollmachten bereits Ansätze enthält, sind auch Verbesserungen bei der Kommunikation dieser Regelungen durch eine Internetplattform denkbar.

- Der Aufwand der Waldbewertung soll reduziert werden, indem das in Forsteinrichtungs-verfahren zur Inventarisierung und Beplanung von Wäldern eingesetzte Einteilungsschema nach Waldzustandstypen für die Waldbewertung in der Flurbereinigung angepasst wird. Diese stratenweise Waldeigentumsbewertung orientiert sich an der typischen Baumartenzusammensetzung, einer definierte Altersspanne und ähnlichen Ertragspotentialen. Eine vergleichbare Vorgehensweise wurde schon in dem in dieser Arbeit befragten Waldflurbereinigungsverfahrens Adenau-Herschbroich-Leimbach praktiziert und in Lorig (1987) beschrieben. Außerdem können auf die neuen Erfahrungen aus dem Pilotprojekt Mühlhausen 3 (vgl. Kap. 5.4) zurückgegriffen werden, die diese Vorgehensweise gerade erproben.

Ob der nachfolgend in Abb. 5-17 theoretisch visualisierte Projektansatz innerhalb eines tatsächlich angeordneten Waldflurbereinigungsverfahren planerisch, rechtlich und technisch umgesetzt werden kann, bleibt dem weiteren Verlauf des Forschungsprojekts und des Waldflurbereinigungsverfahrens vorbehalten.

Nach dem graphischen Vorschlag würden für ganze Bereiche Erschließungsmaßnahmen unterlassen und auch auf eine Neuordnung des Eigentums verzichtet. Sowohl von der Organisation des Ablaufs (vgl. Ablaufdarstellungen in Kap. 5.2) als auch bezüglich der Organisation und Kostenbeteiligung würde damit ein völlig neues Modell entstehen, das von allen bisherigen Vorgehensweisen deutlich abweicht.

A = Flächen für 25 Jahre verpachtet anstatt veräußert. Eigentumsübertragung der Waldbesitzer, die Waldbesitz behalten, aber nicht selber bewirtschaften wollen, hat hierhin (nach A) stattgefunden. Die Flächen werden nachhaltig durch den Pächter bewirtschaftet

B = Eigentum wurde zusammengelegt, eine gemeinsame Bewirtschaftung, z. B. durch Waldgenossenschaft oder mehrere Familien erfolgt. Es ist nur eine Grenzfindung und –markierung für die Gesamtfläche, nicht für die einzelnen, ideellen Anteile erforderlich.

C = „Vereinfachtes Waldflurbereinigungs-Verfahren"

D = Neuaufforstung mit Kurzumtriebsplantagen oder Walderwartungsland, Nutzung für regenerative Dorfenergie. Nah am Dorf, kurze Wege = günstige Energie.

E = Intensivierte, nachhaltige Forstwirtschaft durch Eigentümer, die Holzgewerbe betreiben. Zusammen gelegte, gekaufte Flächenanteile.

F = Flächenzuteilung für Unentschlossene, die trotz Aufklärungen und Beratungen nicht zu einer Zielfindung kamen.

G = Vorrangfläche für regenerative Energiequellen, z. B. Windkraftanlagen.

0 = Vorrangfläche Naturschutz, keine Erschließung. „Urbane" Waldeigentümer werden hierhin zusammengelegt. Größere Entfernung von Dorf sorgt für geringere Störungen, wird der geringeren Wirtschaftsintensität gerecht.

Abb. 5-17: Beispielhafte Visualisierung „Waldneuordnung 2020"
(Redmann, Wippel 2012)

Sollte dieses Modell praktizierbar sein, wären sowohl Kosten als auch Nutzen nicht mehr flächendeckend für die gesamte Waldfläche, sondern nur als eine Summation über sehr unterschiedliche Bearbeitungsabschnitte ermittelbar. Auch wenn Skepsis bleibt, ob das Verfahren umgesetzt werden kann, handelt es sich um den weitreichendsten Innovationsansatz für Waldflurbereinigungsverfahren in Deutschland. (Hinz 2011)

5.7 Zukunftsfähige Waldbewirtschaftung (Forschungsprojekt)

In einem Forschungsprojekt an der TU München soll dargestellt werden, was die derzeitigen Methoden zur Überwindung der Strukturnachteile im kleinparzellierten Privatwald im Stande sind zu leisten und welche neuen Ansätze ggf. möglich oder nötig sind. Es werden mündliche und schriftliche Befragungen mit Akteuren von Waldflurbereinigungen, Waldkörperschaften, Waldkorporationen u.a. geführt, die darüber Aufschluss geben sollen, welche Faktoren zu einer erfolgreichen Waldbewirtschaftung führen. Erste Ergebnisse über die Befragungen von Akteuren von Waldflurbereinigungsverfahren in Bayern liegen vor. (Suda, Gaggermeier, Koch 2012)

Als zentrale These für die Untersuchung der Waldflurbereinigung wird formuliert, dass aufgrund der besonderen Struktur ein weitgehend konfliktfreier Ablauf des Verfahrens gewährleistet wird.

Die weitere These wird aufgestellt, dass das Vertrauen, dass sich die involvierten Akteure entsprechend den Vereinbarungen verhalten werden, ein wichtiges Kriterium für die erfolgreiche Durchführung einer Waldflurbereinigung ist.

Es wurden die positiven und negativen Einflussfaktoren auf den Ablauf einer Waldflurbereinigung herausgearbeitet und den drei Kategorien Akteure – Ausgangssituation – Verfahrensbedingungen zugeordnet. Es lassen sich daraus schon erste Schlüsse ziehen, die die aufgestellten Thesen bestätigen. Das Vertrauen der Grundstücksteilnehmer in die fachliche und soziale Kompetenz der beteiligten Akteure Gemeinde, Förster, ALE, Sachverständiger und Vorstand der TG bestimmt maßgeblich den Erfolg des Verfahrens. Das Vertrauen kann durch die ständig gegebene Möglichkeit des persönlichen Gesprächs bei Verunsicherungen im Verlauf des Verfahrens gestärkt und aufrechterhalten werden.

Die Auswertung der weiteren Befragungen in dem Forschungsprojekt lassen Ergebnisse erwarten, die den Mangel an analytisch empirischem Zugang zur Waldflurbereinigung in der forstwissenschaftlichen Literatur ausgleichen. Die Bedeutung der Waldflurbereinigung spielte in der forstfachlichen Literatur bisher eine untergeordnete Rolle. Die Waldflurbereinigung wurde bei der Beschreibung von Strukturnachteilen des Kleinprivatwaldes nur erwähnt oder es wurden lediglich durchgeführte Verfahren beschrieben.

Fazit

Die vielfältigen aufgezeigten Forschungsansätze erstrecken sich über Verbesserungen der technischen Bearbeitung bis hin zur Optimierung des Ablaufs und Verknüpfung mit anderen Instrumenten. Die Erfahrungen aus den Projekten helfen zukünftige Waldflurbereinigungen kostengünstiger zu gestalten und die neuen Anforderungen der Waldeigentümer besser zu erfüllen.

6 Zusammenfassung

Der deutsche Privatwald wird von der Struktur des Kleinprivatwalds dominiert, die in weiten Teilen eine nachhaltige, ertragsorientierte Bewirtschaftung nicht zulässt. Das hohe Wertschöpfungspotenzial des Clusters Forst, Holz und Papier, die gestiegene Holznachfrage, die Inwertsetzung des ländlichen Raums und Anpassungsstrategien an den Klimawandel machen es dringend erforderlich, die Strukturen für eine zukünftige Nutzung neu zu gestalten und zur Beseitigung der Bewirtschaftungshindernisse die wirksamsten Instrumente einzusetzen. Es war das Ziel dieser Arbeit, Möglichkeiten und Wertschöpfungspotenziale der Waldflurbereinigung zu untersuchen und herauszuarbeiten, dass die Flurbereinigung von Waldflächen ein besonders geeignetes Instrument zur Aktivierung einer nachhaltigen Forstwirtschaft im Kleinprivatwald ist.

Die Untersuchung der Wirkungsbreite der Waldflurbereinigung führte zu einer Identifizierung von 32 Wirkungsfeldern, die durch Waldflurbereinigungsverfahren positiv verändert werden können. Diese erstmalige Zusammenstellung aller denkbaren Leistungsbereiche der Waldflurbereinigung ermöglichte eine umfassende und komplette Bewertung der Leistungen dieses Instrumentes. Die Einteilung der Wirkungsfelder in fünf Wertschöpfungsbereiche zeigte deutlich, dass die weitschichtige Wirkungsbreite der Waldflurbereinigung die ökonomischen, ökologischen und sozialen Aspekte des Wirtschafts- und Lebensraums Wald gleichberechtigt stärkt.

Die Auseinandersetzung mit dem erstmals vor 27 Jahren berechneten Nutzen eines Waldflurbereinigungsverfahrens zeigte, dass eine Mischung aus monetär tangiblen Bewertungen und vom Text her überzeugenden, aber nicht in die Rechnung einfließenden intangiblen, beschreibenden Bewertungen zu einer drastischen Unterbewertung des Waldflurbereinigungsverfahrens führte und schon damals der Realität nicht gerecht wurde. Die bereits mit mehr tangiblen Ansätzen von BMS Consulting (2007) entworfene Wirkungsanalyse für Flurbereinigungsverfahren hatte auf drei in Rheinland-Pfalz gelegene Waldflurbereinigungsverfahren angewendet, ein durchschnittliches Nutzen-Kosten-Verhältnis von **2,9 : 1** zum Ergebnis. Da aber auch bei dieser umfassenden Berechnung einige intangible Nutzwerte nicht monetarisiert waren, wurde eine vollständige Neugestaltung der Bewertungsmethode erforderlich.

Um den realen Nutzen der Waldflurbereinigung abzubilden, wurden alle 32 identifizierten Leistungsbereiche in vergleichbarer Weise quantifiziert. Auch die bisher als intangibel eingestuften Leistungen erhielten einen monetären Wert. Um diese schwierige Aufgabe zu erfüllen, wurden verschiedenartige Bewertungsmethoden aus anderen Wissenschafts- und Untersuchungsbereichen, wie zum Beispiel die Zahlungsbereitschaftsanalyse oder die Ermittlung von Ersatzpreisen, auf die Leistungsbewertung der Waldflurbereinigung übertragen. Die Anwendung des neuen ganzheitlichen Wertschöpfungsmodells auf die drei zuvor schon bewerteten Waldflurbereinigungsverfahren ergab ein durchschnittliches Nutzen-Kosten-Verhältnis von **16 : 1** bzw. eine Wertschöpfung von 16 000 € je ha Waldflurbereinigungsfläche. Da der allgemein bekannt hohe und weit ausstrahlende Nutzen der Holzmobilisierung für die Wertschöpfungskette des Clusters Forst, Holz und Papier die anderen Nutzwerte weit übertrifft, wurde zusätzlich als regionale Wertschöpfung ein Wertschöpfungsmodell ohne die Wertschöpfungskette des Clusters Forst, Holz und Papier mit einem durchschnittlichen Nutzen- Kosten- Verhältnis von **6 : 1** berechnet.

Neben der Rohstoffversorgung des Clusters Forst, Holz und Papier konnten sieben weitere Nutzentreiber identifiziert werden, die einen überdurchschnittlich hohen Nutzen erbringen. Im betriebswirtschaftlichen Bereich bringt die Steigerung der Holznutzung die größten Vorteile; im Bereich Eigentums- und Rechtssicherheit ist die Verbesserung der Auffindbarkeit und die Sicherung des Bodenwerts besonders bedeutend; im touristisch-kulturellen Bereich ist die Erholungsnutzung wichtigster Nutzentreiber; im Bereich Natur-, Klima- und Landschaftsschutz ist die Erhaltung der Wälder von herausragender Bedeutung und im sozialen Bereich ist die höhere Arbeitssicherheit und eventuell die Entwicklung von Windenergiestandorten besonders vorteilhaft. Es fanden sich in allen fünf gesellschaftspolitischen Wirkungsbereichen Nutzentreiber, die durch Setzung von entsprechenden Verfahrensschwerpunkten deutlich gesteigert werden können. Daraus lässt sich folgern, dass jeder Wirkungsbereich für sich alleine Aufwand und Kosten eines Waldflurbereinigungsverfahrens rechtfertigt.

Das anhand der rheinland-pfälzischen Gegebenheiten entwickelte ganzheitliche Wertschöpfungsmodell wurde (für einen Leistungsvergleich nach Art. 91 d GG als Basis der Arbeit einer Sonderarbeitsgruppe Leistungsvergleich der Bund-Länder-Arbeitsgemeinschaft Landentwicklung) so überarbeitet und angepasst, dass es nun deutschlandweit auf alle zukünftigen und anhängigen Waldflurbereinigungsverfahren angewendet werden kann. Die entworfenen Variationen der 32 Wertschöpfungsbereiche geben die Möglichkeit, verschiedene Ausgangssituationen von Waldflurbereinigungsverfahren bei den Berechnungen des Leistungsvergleiches zu berücksichtigen.

Eine Teilnehmerbefragung von Eigentümern von mehr als 200 ha Wald im untersuchten rheinland-pfälzischen Waldgebiet bestätigt durch die hohe Zufriedenheit und eigene Einschätzung der Waldeigentümer die Ansätze und Ergebnisse der berechneten Wertschöpfungen.

In einem Experteninterview wurden die Vorteile der Waldflurbereinigung diskutiert. Dabei wurde herausgearbeitet, dass nicht nur der Nutzen, sondern auch die Kosten der Waldflurbereinigungsverfahren optimiert werden müssen. Ergebnis waren verschiedene Verbesserungsmöglichkeiten der technischen und planerischen Verfahrensabläufe, die teilweise schon in Bayern und Rheinland-Pfalz in Erprobung sind. Bereits die bisher erzielten Ergebnisse in Rheinland-Pfalz zeigen, dass sowohl die Laufzeiten der Verfahren als auch die Ausführungs- und Verfahrenskosten der Waldflurbereinigung deutlich reduziert werden können.

Abschließend wurden Überlegungen für eine optimale Verknüpfung von Waldflurbereinigung und forstwirtschaftlichen Zusammenschlüssen skizziert. Es wurde festgestellt, dass in dem wenig erforschten Schnittstellenbereich „Flurbereinigung von Waldflächen" und dem gesellschaftlich sehr bedeutenden Bereich „Waldnutzung und -erhaltung" weiterer Forschungsbedarf besteht. Die wesentlichen Ansätze laufender Forschungsprojekte wurden abschließend aufgezeigt.

Literaturverzeichnis

AELF Regensburg, Amt für Ernährung, Landwirtschaft und Forsten 2011: Das Belassen alter Wildschutzzäune stellt eine Ordnungswidrigkeit dar! Bayerisches Staatsministerium für Ernährung, Landwirtschaft und Forsten (StMELF) www.aelf-re.bayern.de/forstwirtschaft

Allnoch, D. 1967: Die Begründung von Holznutzungsrechten in der Flurbereinigung anstelle der Geldabfindung. Recht der Landwirtschaft, 19.Jahrg., Nr.8, S. 197-200

Amt für Ländliche Entwicklung Unterfranken 2008: Ländliche Entwicklung in Bayern. Waldflurbereinigung Mühlhausen 3. 02/2008. www.landentwicklung-unterfranken.de

Amt für Landwirtschaft, Flurneuordnung und Forsten Mitte 2008: Schlussbericht des Pilotprojekts „Konzept Waldflurneuordnung im Huy"

AID 2009: Forstwirtschaftliche Zusammenschlüsse, Heft 1456, Bonn, http://www.wald wissen.net/themen/betriebsfuehrung/zusammenschluesse/lwf_aidheft_forstwirtschafliche_zusammenschluesse_DE

AllMBl 2008: Allgemeines Ministerialblatt der bayerischen Staatsregierung. Nr. 12, 21. Jahrgang. München, 20.10.2008

Arbeitsgemeinschaft Flurbereinigung (ArgeFlurb) 1985: Waldflurbereinigung. Schriftenreihe des Bundesministers für Ernährung, Landwirtschaft und Forsten (Hrsg.)

ArgeLandentwicklung 2003: Landentwicklung und Naturschutz, Schriftenreihe der Bund-Länder-Arbeitsgemeinschaft Landentwicklung (ArgeLandentwicklung), Heft 19; http://www. landentwicklung.de/de/instrumente-der-landentwicklung/flurbereinigung/naturschutz-und-landschaftspflege/

Baadte, N. 2011: Vereinfachtes Flurbereinigungsverfahren Thalfröschen (Wald). Powerpoint-Vortrag, Februar 2011. Dienstleistungszentrum Ländlicher Raum, Westpfalz (unveröffentlicht) - Materialsammlung zum Erfahrungsaustausch "Vermessungstechnische Bearbeitung von Waldflurbereinigungsverfahren" im Dienstleistungszentrum Ländlicher Raum Rheinhessen-Nahe-Hunsrück, Bad Kreuznach am 20.07.2011

Bach, H.-U., Spitznagel, E. 2003: Gesamtfiskalische Modellrechnungen – Was kostet uns die Arbeitslosigkeit? IAB Kurzbericht, Ausgabe Nr. 10, Nürnberg

Backmann, M. 2012: Rural development by forest land consolidation in Sweden. In: Wertschöpfung durch Waldflurbereinigung und ländliche Infrastrukturen. Vier-Länder-Infrastrukturtagung Deutschland-Schweiz-Österreich-

Luxemburg – und – Internationaler Erfahrungsaustauch zur Wertschöpfung durch Waldflurbereinigung der Länder Schweden-Finnland-Schweiz-Österreich-Norwegen-Luxemburg-Deutschland. Schriftenreihe Deutsche Landeskulturgesellschaft – DLKG, Sonderheft 05, 2012

Badische Zeitung 2008: Verantwortung geht in neue Hände über. Jugendzeltplatz Steinbachmatt. Artikel vom 12. August 2008

Bär, K. 2009: Forstbetriebe erzielten Rekordergebnisse. LWF aktuell 68/2009

BAFU Bundesamt für Umwelt 2006: Arbeitssicherheit im Privatwald. Der Bund will mit einem Massnahmenpaket die Arbeitssicherheit im Privatwald erhöhen. Faktenblatt 1. Mediendienst 18. Januar 2006. http://www.bafu.admin.ch. zuletzt aufgerufen am 29.07.2011

Bauer, F., Franke, J., Grätschenberger, K. 1979: Flurbereinigung und Erholungslandschaft - Empirische Studie zur Wirkung der Flurbereinigung auf den Erholungswert der Landschaft - Schriftenreihe des Bundesministers für Ernährung, Landwirtschaft und Forsten, Reihe B: Flurbereinigung, Heft 68

Bayerische Forstverwaltung: www.forst.bayern.de

Bayerisches Staatsministerium für Ernährung, Landwirtschaft und Forsten (StMELF) 2011: Vereinfachte Waldneuordnung – Pilotprojekte in Unterfranken. Gespräch mit W. Ewald und M. Geierhos am 16.03.2011, schriftliche Ausfertigung vom 11.03.2011 W. Ewald

Bayerisches Staatsministerium für Landwirtschaft und Forsten (Hrsg.) 2008: Cluster-Studie Forst und Holz in Bayern 2008. www.cluster-forstholzbayern.de

Bayerische Staatsregierung und Bayerisches Staatsministerium für Umwelt, Gesundheit und Verbraucherschutz (Hrsg.) 2008: Klimaprogramm Bayern 2020, Minderung von Treibhausgasemissionen, Anpassung an den Klimawandel, Forschung und Entwicklung

Bayerische Staatsregierung 2008: Weihenstephaner Erklärung zu Wald und Forstwirtschaft im Klimawandel, Gemeinsame Erklärung der Bayerischen Staatsregierung und der forstlichen Verbände und Vereine in Bayern Waldtag Bayern Freising-Weihenstephan 18. Juli 2008

Becker, G., Borchers, J., Mutz, R. 2000: Die Motive der Privatwaldbesitzer in NRW. Allgemeine Forstzeitschrift AFZ, 55 (22), S. 1181 - 1183

Beinhofer B. 2008: Berücksichtigung von Risiko in der Waldbewertung. AFZ-Der Wald 17/2008, S.918-920
http://www.waldinventur.wzw.tum.de/index.php?id=22

Besch, A. 2012: Waldflurneuordnung in Luxemburg – Strategien zur Verbesserung der Struktur und Infrastruktur. In: Wertschöpfung durch Waldflurbereinigung und ländliche Infrastrukturen. Vier-Länder-Infrastrukturtagung Deutschland-Schweiz-Österreich-Luxemburg – und – Internationaler Erfahrungsaustauch zur Wertschöpfung durch Waldflurbereinigung der Länder Schweden-Finnland-Schweiz-Österreich-Norwegen-Luxemburg-Deutschland. Schriftenreihe Deutsche Landeskulturgesellschaft – DLKG, Sonderheft 05, 2012

BMELV Bundesministerium für Ernährung, Landwirtschaft und Verbraucherschutz (Hrsg.) 2009: Waldbericht der Bundesregierung 2009.
www.bmelv.de

BMELV Bundesministerium für Ernährung, Landwirtschaft und Verbraucherschutz 2009b: Was ist unsere Landwirtschaft wert? Eu-Zahlungen für Landwirtschaft und ländlichen Raum. aid infodienst Verbraucherschutz, Ernährung, Landwirtschaft (Hrsg.)

BMELV Bundesministerium für Ernährung, Landwirtschaft und Verbraucherschutz (Hrsg.) 2010: Rahmenplan der Gemeinschaftsaufgabe „Verbesserung der Agrarstruktur und des Küstenschutzes" für den Zeitraum 2010 - 2013

BMELV Bundesministerium für Ernährung, Landwirtschaft und Verbraucherschutz (Hrsg.) 2011: Wirtschaftliche Lage der forstwirtschaftlichen Betriebe. Buchführungsergebnisse der Testbetriebe des Forstwirtschaftsjahres 2009. BMELV – Referat 123

BMELV Bundesministerium für Ernährung, Landwirtschaft und Verbraucherschutz 2011b: Informationen zur Einbeziehung weiterer Beihilfen in die Betriebsprämienregelung im Jahr 2012 und zur Anpassung der Werte der Zahlungsansprüche. Januar 2011
http://www.bmelv.de/DE/Landwirtschaft/Direktzahlungen-Foerderung/Direktzahlungen/direktzahlungen_node.html

BWI 2004: Bundeswaldinventur BWI². BMELV Bundesministerium für Ernährung, Landwirtschaft und Verbraucherschutz (Hrsg.)
www.bundeswaldinventur.de

BMS Consulting 2005: Wirkungsorientiertes Controlling: Gesamtwirtschaftliche Wertschöpfungsanalyse von Bodenordnungsverfahren der Verwaltung für Agrarordnung am Beispiel der Bodenordnung nach § 87 FlurbG (Unternehmensflurbereinigung), Abschlussbericht, Düsseldorf.

BMS Consulting 2006: Wirkungsorientiertes Controlling: Entwicklung und Einführung eines Konzeptes zur Wirkungsanalyse und- Prognose für Bodenordnungsverfahren in Rheinland-Pfalz (Abschlussbericht). Ministerium für Wirtschaft, Verkehr, Landwirtschaft und Weinbau des Landes Rheinland-Pfalz (Hrsg.) abgedruckt in Nachrichten aus der Landeskulturverwaltung Rheinland-Pfalz, Sonderheft 17, in: http://www.landschafft.rlp.de/Internet/global/inetcntr

mwvlw.
nsf/dlr_web.xsp?src=Y72I4M9H03&p1=FQ32A3R0UC&p4=2S5BX6V1QU

BMS Consulting 2007: Wirkungsorientiertes Controlling - Entwicklung und Einführung eines Konzeptes zur Wirkungsanalyse und- Prognose für Bodenordnungsverfahren in Rheinland-Pfalz (Abschlussbericht Phase I und II). Ministerium für Wirtschaft, Verkehr, Landwirtschaft und Weinbau des Landes Rheinland-Pfalz (Hrsg.) abgedruckt in Nachrichten aus der Landeskulturverwaltung Rheinland-Pfalz, Sonderheft 19, in: http://www.landschafft.rlp.de/Internet/glo bal/inetcntrmwvlw.nsf/dlr_web.xsp?src=Y72I4M9H03&p1=FQ32A3R0UC&p4=2 S5BX6V1QU

BMS Consulting 2008: Wirkungsorientiertes Controlling - Entwicklung eines Konzeptes zur Wirkungsanalyse und- Prognose für Dorfflurbereinigungen in Rheinland-Pfalz (Abschlussbericht), abgedruckt in Nachrichten aus der Landeskulturverwaltung, Sonderheft 21 (2009), in:
http://www.landschafft.rlp.de/Internet/global/themen.nsf/ALL/9049269AC05DA3 29C12575590029648A/$FILE/NLKV_sonderheft21.pdf

BMU Bundesministerium für Umwelt, Naturschutz und Reaktorsicherheit 2011: Kurzinfo Energiewende, Stand Oktober 2011. Kurzinfo Windenergie. Windkraft im Wald, Stand 20.09.2011 www.bmu.de

BMU Bundesministerium für Umwelt, Naturschutz und Reaktorsicherheit (Hrsg.) 2007: Nationale Strategie zur biologischen Vielfalt vom Bundeskabinett am 7. November 2007 beschlossen

BMVBS Bundesministerium für Verkehr, Bau und Stadtentwicklung 2011: Verkehrssicherheitsprogramm 2011, www.bmvbs.de

BMVEL Bundesministerium für Ernährung, Landwirtschaft und Verbraucherschutz (Hrsg.) 2004: Verstärkte Holznutzung. Zugunsten von Klima, Lebensqualität, Innovation und Arbeitsplätzen (Charta für Holz)

BMVEL Bundesministerium für Ernährung, Landwirtschaft und Verbraucherschutz (Hrsg.) 2005: Meilensteine der Agrarpolitik – Umsetzung der europäischen Agrarreform in Deutschland, Berlin

Bofinger, J., Hesse, R. 2011: Neue Wege der archäologischen Prospektion aus der Luft. Mit Airborne-Laserscanning Bodendenkmalen auf der Spur. Denkmalpflege in Baden-Württemberg Nachrichtenblatt der Landesdenkmalpflege 40. Jahrg. 1/2011, S. 35-39 www.denkmalpflege-bw.de

Bokermann, R., Kaufmann, J., Buhse, B. 2000: Ausprägung und Wirksamkeit integrierter Entwicklung in einer ländlichen Region Hessens. Zeitschrift für Kulturtechnik und Landentwicklung (41), Heft 2, S. 62-67.

Bont, A. 2010: Flurbereinigungen – Gestern, Heute, Morgen. Ministerium für Wirtschaft, Verkehr, Landwirtschaft und Weinbau Rheinland- Pfalz (Hrsg.) Landentwicklung und Ländliche Bodenordnung. Nachrichtenblatt Heft 52/ 2011, S.162 - 163

Borchert, H. 2008: Neue Wege beim Bodenschutz. Bodenschutz bei der Holzernte, Bayerische Landesanstalt für Wald und Forstwirtschaft LWF aktuell 67/2008

Borchert, H., Kölling C. 2004: Waldbauliche Anpassung der Wälder an den Klimawandel jetzt beginnen. Bayerische Landesanstalt für Wald und Forstwirtschaft LWF aktuell 43/2004

Borchert, H. 2004: Ökonomische Folgen des Trockenjahres 2003 und die Kosten des Waldumbaus. Bayerische Landesanstalt für Wald und Forstwirtschaft LWF aktuell 43/2004, S.31-32

Bottler, K. 2002: Vermessung und Abmarkung in ländlichen Bodenordnungsverfahren. Nachrichten aus der Landeskulturverwaltung Rheinland-Pfalz, NLKV Heft 37 S. 120-125

Bottler, K. 2002b: Vortrag zur Einführung neuer Vermessungsregelungen in Rheinland-Pfalz (unveröffentlicht) - Materialsammlung zum Erfahrungsaustausch "Vermessungstechnische Bearbeitung von Waldflurbereinigungsverfahren" im Dienstleistungszentrum Ländlicher Raum Rheinhessen-Nahe-Hunsrück, Bad Kreuznach am 20.07.2011

Bromma, R. 2009: Wege zur vereinfachten Neuordnung von Kleinprivatwäldern. In: Landeskultur – Motor der Waldentwicklung. Schriftenreihe Deutsche Landeskulturgesellschaft – DLKG, Heft 6, 2009

Brosinger, F., Tretter, S. 2007: Waldbau im Zeichen des Klimawandels. Bayerische Landesanstalt für Wald und Forstwirtschaft LWF aktuell Nr. 60, S. 21-23

Brumberg, F.-W. 2009: „Ländliche Entwicklung und Denkmalpflege" an Beispielen aus Mittelfranken. DVW Bayern Mitteilungen 3/2009 www.dvw-bayern.de

BUND Bund für Umwelt und Naturschutz Deutschland 2011: Wildkatze: Netze des Lebens. www.bund.net

Burgmaier, K., Miersch, K., Donié, M. 1995: Auswirkungen einer Flurbereinigung auf agrarstrukturelle Faktoren der Flurstruktur. Zeitschrift für Kulturtechnik und Landentwicklung (36), Heft 1, S. 18-21.

BVVG 2010: Geschäftsbericht 2010. Bodenverwertungs- und -verwaltungs GmbH (Hrsg.) www.bvvg.de

Clusterinitiative Forst und Holz in Bayern 2008: Abschlussbericht Cluster Forst und Holz in Bayern – Ergebnisse der Cluster-Studie 2008 - im Auftrag der

Clusterinitiative Forst und Holz in Bayern.
http://www.lwf.bayern.de/publikationen

Costa, R. 2000: Waldrand – Lebensraum voller Überraschungen. Faktenblatt 7, 1. Aufl. Amt für Wald Graubünden. www.waldwissen.de

Dieter, M., Thoroe, C. 2003: Forst- und Holzwirtschaft in der Bundesrepublik Deutschland nach neuer Sektorenabgrenzung. Forstwissenschaftliches Centralblatt 122, S.138 – 151

Dietz, P., Knigge, W., Löffler, H. 1984: Walderschließung, ein Lehrbuch für Studium und Praxis unter besonderer Berücksichtigung des Waldwegebaus. Paul Parey Verlag

DLR Eifel 2010a: Kosten und Wirkungsanalyse von Flurbereinigungsverfahren für das Verfahren Hinterhausen-Büdesheim, bearbeitet durch Dienstleistungszentrum Ländlicher Raum Eifel, Bitburg (unveröffentlicht)

DLR Eifel 2010b: Kosten und Wirkungsanalyse von Flurbereinigungsverfahren für das Verfahren Lissingen, bearbeitet durch Dienstleistungszentrum Ländlicher Raum Eifel, Bitburg (unveröffentlicht)

DLR Eifel 2010c: Kosten und Wirkungsanalyse von Flurbereinigungsverfahren für das Verfahren Birresborn, Modellrechnung für die vorliegende Untersuchung, bearbeitet durch Dienstleistungszentrum Ländlicher Raum Eifel, Bitburg (unveröffentlicht)

DLR Eifel 2010d: Zusammenstellung der tatsächlich entstandenen zuwendungsfähigen Ausführungskosten im Flurbereinigungsverfahren Hinterhausen/Büdesheim (Waldanteil), Auszug aus dem Finanzierungsplan für die vorliegende Untersuchung, bearbeitet durch Dienstleistungszentrum Ländlicher Raum Eifel, Bitburg, unveröffentlicht

DLR Eifel 2010e: Zusammenstellung der tatsächlich entstandenen zuwendungsfähigen Ausführungskosten im Flurbereinigungsverfahren Lissingen (Waldanteil), Auszug aus dem Finanzierungsplan für die vorliegende Untersuchung, bearbeitet durch Dienstleistungszentrum Ländlicher Raum Eifel, Bitburg, unveröffentlicht

DLR Eifel 2010f: Vereinfachtes Flurbereinigungsverfahren Hinterhausen/Büdesheim. PowerPoint Präsentation, Hrsg. Dienstleistungszentrum Ländlicher Raum Eifel, Bitburg

DLR Eifel 2010g: Erfahrungsaustausch Waldflurbereinigung Lissingen und Hinterhausen/Büdesheim. PowerPoint Präsentation, Dienstleistungszentrum Ländlicher Raum Eifel, Bitburg (Hrsg.)

DLR Eifel 2010h: Vereinfachtes Flurbereinigungsverfahren Hinterhausen/Büdesheim. Infobroschüre, Dienstleistungszentrum Ländlicher Raum Eifel, Bitburg (Hrsg.)

DLR Eifel 2010i: Waldflurbereinigung Lissingen, Infobroschüre. Dienstleistungszentrum Ländlicher Raum Eifel, Bitburg (Hrsg.)

DLR Eifel 2010j: Flurbereinigungsverfahren Birresborn. Infobroschüre. Dienstleistungszentrum Ländlicher Raum Eifel, Bitburg (Hrsg.)

DLR Eifel 2010k: Vereinfachtes Flurbereinigungsverfahren Lissingen, PowerPoint Präsentation, Hrsg. Dienstleistungszentrum Ländlicher Raum Eifel, Bitburg

DLR Eifel 2011: Verfahren Hinterhausen /Büdesheim und Lissingen, Gegenüberstellung alter und neuer Bestand, Berechnung der Größencluster der Flurstücke, Powerpoint-Präsentation

Dockweiler, S. 1998: PuDig, vielfältige Möglichkeiten für wirtschaftliche Neuvermessung- Eine Herausforderung für den Vermessungsingenieur. Nachrichten aus der Landeskulturverwaltung Rheinland-Pfalz, NLKV Heft 30, S. 97-100

Durben, H. 1996: Punktfestlegung durch Digitalisierung (PuDig). Nachrichten aus der Landeskulturverwaltung Rheinland-Pfalz, NLKV Heft 25, S. 81-86

Durben, H. 2011: Erfahrungsaustausch "Vermessungstechnische Bearbeitung von Waldflurbereinigungsverfahren" im Dienstleistungszentrum Ländlicher Raum Rheinhessen-Nahe-Hunsrück, Bad Kreuznach am 20.07.2011

DVS Deutsche Vernetzungsstelle Ländliche Räume 2011: ELER in Deutschland. Übersicht über die in den Programmen der Länder angebotenen Maßnahmen. Maßnahmensteckbriefe. Maßnahmen zur Förderung der nachhaltigen Bewirtschaftung bewaldeter Flächen gem. Art. 36 b) VO (EG) Nr. 1698/2005. Code 221 – 227. Bundesanstalt für Landwirtschaft und Ernährung (Hrsg.)

Eggers, R. 1961: Probleme der Waldflurbereinigung. Recht der Landwirtschaft, 13.Jahrg. Nr.5, S. 113-117

Egidi, H. 2012: Waldumbau durch forstliche Maßnahmen der Zukunft – Beiträge für Klimaschutz und Naturschutz. In: Wertschöpfung durch Waldflurbereinigung und ländliche Infrastrukturen. Vier-Länder-Infrastrukturtagung Deutschland-Schweiz-Österreich-Luxemburg – und – Internationaler Erfahrungsaustauch zur Wertschöpfung durch Waldflurbereinigung der Länder Schweden-Finnland-Schweiz-Österreich-Norwegen-Luxemburg-Deutschland. Schriftenreihe Deutsche Landeskulturgesellschaft – DLKG, Sonderheft 05, 2012

Elsasser, P. 1996: Der Erholungswert des Waldes, Monetäre Bewertung der Erholungsleistung ausgewählter Wälder in Deutschland. Schriften zur Forstökonomie, Band 11, Frankfurt am Main

Erni, V., Fruti, F. 2005: Vorkalkulation in der voll mechanisierten Holzernte: „HeProMo" in einem praktischen Beispiel. Eidgenössische Forschungsanstalt WSL. Wald und Holz 86,1 S.55-57 www.waldwissen.net

Empfehlungen Waldwegebau 2002: Teil 1 Empfehlungen für Planung, Bau und Instandhaltung von Waldwegen im Staatswald des Landes Rheinland-Pfalz. www.waldwissen.net

Fenz, B., Stampfer, K. 2005: Optimierung des Holztransports durch Einsatz von faltbaren Containern (LogRac) Endbericht http://www.wabo.boku.ac.at/uploads/media/Optimierung_des_Holztransportes_durch_Einsatz_von_faltbaren_Containern__LogRac_.pdf

Fleck, M. 2010: Privatwaldbetreuer des Forstamts Gerolstein, Rheinland-Pfalz. Telefonisches Interview am 19.8.2010 zum Flurbereinigungsverfahren Birresborn (Wald)

Forstbetriebsgemeinschaft Bondorf 2007: Forstbetriebsgemeinschaft Bondorf W. V. Forstbetriebsgemeinschaft Bondorf wurde gegründet. Artikel vom 07.05.2007. Vereins-News www.bondorf.de

ForstBW Landesbetrieb Forst Baden-Württemberg 2010: Spontanmeldung. Erste Abschlüsse 2011. vom 09.12.2010 www.forstbw.de

Forster, B., Meier, F. 2008: Sturm, Witterung und Borkenkäfer. Risikomanagement im Forstschutz. Eidgenössische Forschungsanstalt WSL. Merkblatt für die Praxis 44, 8 S.

Friedrich, H. 1987: Waldflurbereinigung – Ein Diskussionsbeitrag. Nachrichten aus der Landeskulturverwaltung Rheinland-Pfalz, 6.Jahrg. 7. Heft S. 61-68

Gemeinde Altenkirchen 2009: Kulturwirtschaft: Erschließung des ökonomischen Potenzials für kleine Kommunen. Kurzfassung der Studien „Förderung von Unternehmen der Kulturwirtschaft und des Handelns in der Raiffeisenregion" „Identifizierung des kulturell-touristischen Potenzials der Verbandgemeinde Altenkirchen". Auftraggeber: Gemeinde Altenkirchen (Westerwald), gefördert vom Ministerium für Wirtschaft, Verkehr, Landwirtschaft und Weinbau und dem Ministerium für Bildung, Wissenschaft, Jugend und Kultur des Landes Rheinland-Pfalz, erstellt von media k GmbH (Bad Mergentheim), TU Wien, Verein Kultur und Arbeit (Mainz/Bad Mergentheim), Dezember – April 2009

Grüneberger, U. 2003: Zur Quantifizierung von Wertschöpfungsbeiträgen der Flurneuordnungsbehörde, Ministerium für Wirtschaft, Verkehr, Landwirtschaft und Weinbau Rheinland-Pfalz (Hrsg.) Nachrichtenblatt, Heft 39, S. 87-109.

Grünwald, W. 2006: Was ist mein Wald wert? Landwirtschaftskammer Salzburg. http://www.lk-salzburg.at zuletzt aufgerufen am 30.08.2011

Grünwald, W. 2011: Verkehrswert von Waldflächen. Landwirtschaftskammer Salzburg. http://www.lk-salzburg.at zuletzt aufgerufen am 30.08.2011

Günter, E. 2010: Büroleiter des Forstamts Ahrweiler, Rheinland-Pfalz. Persönliches Interview im Wald von Schalkenbach im Waldflurbereinigungsgebiet Vinxtbachtal, Rheinland-Pfalz am 23.07.2010

Günzelmann, B. 2009: Möglichkeiten und Grenzen der Waldflurbereinigung in Unterfranken. 6. Forstpolitisches Forum „Walderschließung" am 02.12.2009, Amt für Ernährung, Landwirtschaft und Forsten, Kitzingen, z.Zt. Amt für Ländliche Entwicklung Würzburg

Hack, G. 2011: DLR Eifel, Rheinland-Pfalz. Mehrmalige telefonische Auskünfte zu den Waldflurbereinigungsverfahren Hinterhausen-Büdesheim und Lissingen

Hahn, T. 1960: Flurbereinigung von Waldflächen. Grundsätze und Verfahren. Schriftenreihe für Flurbereinigung, Heft 30. Bundesministerium für Ernährung, Landwirtschaft und Forsten (Hrsg.)

Harst, A. 2010: Vorsitzende der Teilnehmergemeinschaft Waldflurbereinigung Vinxtbachtal. Persönliches Interview im Wald von Schalkenbach im Waldflurbereinigungsgebiet Vinxtbachtal, Rheinland-Pfalz am 23.07.2010

Hartwig, K.-H., Armbrecht, H. 2005: Volkswirtschaftliche Effekte unterlassener Infrastrukturinvestitionen. Studie im Auftrag des Bundesverbandes der deutschen Zementindustrie, des Hauptverbandes der Deutschen Bauindustrie und des Verbandes der Automobilindustrie, Düsseldorf

Hasel, K. 1985: Forstgeschichte, Ein Grundriß für Studium und Praxis, Pareys Studientexte

Heinzlmeir, A. 1983: Landwirtschaftlicher Bodenpreis – ein Beitrag zur Klärung des Einflusses der Flurbereinigung. Dissertation, Fakultät für Bauingenieur- und Vermessungswesen der technischen Universität München

Henkes, E. 1991: Waldflurbereinigung als Instrument der Landentwicklung – Probleme und Erfahrungen aus der Praxis- in: Nachrichten aus der Landeskulturverwaltung Rheinland-Pfalz, 10.Jahrg. 16. Heft S. 21-47

Henkes, E. 1998: Wirkungen der Verfahren nach dem FlurbG. Nachrichten aus der Landeskulturverwaltung Rheinland-Pfalz, 17. Jg., Heft 29, S. 23-34.

Henkes, E. 2006: Waldflurbereinigung. Ministerium für Wirtschaft, Verkehr, Landwirtschaft und Weinbau Rheinland-Pfalz (Hrsg.) in: Landentwicklung und Ländliche Bodenordnung, Nachrichtenblatt, Heft 45/2006, S. 49-64.

Henkes, E. 2009: Waldflurbereinigung - einmal anders: Nutzungsentflechtungen, Offenhaltungsmaßnahmen, geordnete Aufforstungen. in: Landeskultur – Motor der Waldentwicklung. Schriftenreihe Deutsche Landeskulturgesellschaft – DLKG, Heft 6, 2009

Herbstritt, S., Kohnle, U. 2009: Dritter Bericht der IUFRO-Arbeitsgruppe 1.05.05. Europäischer Stammzahlversuch Fichte. AFZ-Der Wald 8/2008, S.428-431 www.waldwissen.net

Hessisches Ministerium für Wirtschaft, Verkehr und Landesentwicklung 2011: Waldflurbereinigung; Dissertation an der Universität der Bundeswehr München. E-Mail vom 16.02.2011 K.-H. Franz, Referat Geoinformation, Vermessung, Flurneuordnung

Heuer, E. 2009: Studie bestätigt: Deutsche Wälder sind wichtige Kohlenstoffsenke. Allgemeine Forstzeitschrift AFZ - Der Wald 20/2009, S.6 – 8.

Hinz, S. 2011: Erfahrungsaustausch "Vermessungstechnische Bearbeitung von Waldflurbereinigungsverfahren" (Traditionelle Bearbeitung in Rheinland-Pfalz, Beispiel: Vinxtbachtal - Moderne Befliegungsbeispiele, Beispiele Leuzbach-Altenkirchen, Rinnthal - Einsatz Laserscanner in Nordrhein-Westfalen). Dienstleistungszentrum Ländlicher Raum Rheinhessen-Nahe-Hunsrück, Bad Kreuznach, Rheinland-Pfalz am 20.07.2011, eigene Mitschriften

Hinz, S. 2011b: Teilnahme am 09.12.2011 Startgespräch zur Projektstudie „Waldneuordnung 2020" im Bundesministerium für Ernährung, Landwirtschaft und Verbraucherschutz, Bonn. Gespräche mit M. Redmann (UNIQUE forestry and land use), N. Riehl (BMELV) u.a.

Hinz, S. 2012: Der neue Ansatz: Ganzheitliches Wertschöpfungsmodell der Waldflurbereinigung. In: Wertschöpfung durch Waldflurbereinigung und ländliche Infrastrukturen. Vier-Länder-Infrastrukturtagung Deutschland-Schweiz-Österreich-Luxemburg – und – Internationaler Erfahrungsaustauch zur Wertschöpfung durch Waldflurbereinigung der Länder Schweden-Finnland-Schweiz-Österreich-Norwegen-Luxemburg-Deutschland. Schriftenreihe Deutsche Landeskulturgesellschaft – DLKG, Sonderheft 05, 2012

Hinz, S. 2012b: Teilnahme und Protokolle der Sitzungen der Sonderarbeitsgruppe „Leistungsvergleich der Bund-Länder-Arbeitsgruppe Landentwicklung" im Ministerium für Umwelt, Landwirtschaft, Ernährung, Weinbau und Forsten, Rheinland-Pfalz

Irma „Interreg Rhein-Maas Aktivitäten" 2000: IRMA II B 7 Dokumentation von Beispielen der schonenden Bewirtschaftung von sensiblen Niederschlagsflächen und Bachauen in der Waldwirtschaft. Im Auftrag des Landesamtes für Wasserwirtschaft Rheinland-Pfalz, beauftragt durch L.A.U.B. GmbH Mainz, bearbeitet von Büro FoNat, Klaus Remmy, Bernkastel-Kues

Immobilienmarktbericht Deutschland 2009 (2010): Arbeitskreis der Gutachterausschüsse und Oberen Gutachterausschüsse in der Bundesrepublik Deutschland (Hrsg.)

IZT Institut für Zukunftsstudien und Technologiebewertung 2008: Waldzukünfte Basispapier. Zukunftsfeld „Wald und Klimawandel" Im Rahmen des Projektes Zukünfte und Visionen Wald 2100. www.waldzukünfte.de

Kändler, G., Schmidt, M., Breidenbach, J. 2005: Der Wald in Baden-Württemberg im Jahr 2002 und seine Entwicklung seit 1987 – Die wichtigsten Ergebnisse der zweiten Bundeswaldinventur. FVA Forstliche Versuchs- und Forschungsanstalt Baden-Württemberg, Artikel vom 01.01.2005 der Abt. Biometrie und Informatik. www.fva-bw.de

Karmann, H. 1988: Ökonometrische Bestimmung der Einflußgrößen auf Bodenpreis und Bodenmarkt landwirtschaftlich genutzter Flächen in der bayerischen Flurbereinigung. Dissertation, Fakultät für Bauingenieur- und Vermessungswesen der technischen Universität München.

Kaulfuß, S. 2011: Technische Maßnahmen zur Waldbrandvorbeugung. Forstliche Versuchs- und Forschungsanstalt Baden-Württemberg (FVA). http://www.waldwissen.net, 09.03.2011

Keilen 2011: Wind im Wald in Rheinland-Pfalz aus der Sicht der Regional- und Bauleitplanung. Fachtagung BMU und DNR, Windenergie im Wald, 13. September 2011, BMU Berlin -Teilnehmermappe- www.bmu.de

Kennel, M. 2004: Vorbeugender Hochwasserschutz durch Wald und Forstwirtschaft in Bayern – Ergebnisse eines Demonstrationsvorhabens. Bayerische Landesanstalt für Wald und Forstwirtschaft (Hrsg.). LWF Wissen 44

Keymer, U., Linhart, C., Rintelen, P-M., Stumpf, M., Widermann, R. 1989: Der Einfluß der Flurbereinigung auf die Bewirtschaftung landwirtschaftlicher Betriebe in Bayern. Bayerisches Staatsministerium für Ernährung, Landwirtschaft und Forsten (Hrsg.): Materialien zur Flurbereinigung, Heft 16, München.

Klare, K., Roggendorf, W., Tietz, A., Wollenweber, I. 2005: Untersuchungen über Nutzen und Wirkungen der Flurbereinigung in Niedersachsen. Bundesforschungsanstalt für Landwirtschaft (FAL) (Hrsg.): Arbeitsberichte des Bereichs Agrarökonomie 01/2005, Braunschweig, literatur.vti.bund.de/digbib_extern/bitv/zi039137.pdf.

Klare, K. 2006: Kosten und Nutzen von Waldflurbereinigungen, Arbeitsberichte des Bereichs Agrarökonomie der FAL, Heft 1 2006, Braunschweig

Knaut, W. 2005: Großräumige Waldgrenzermittlungen – Erfahrungsbericht. DVW Bayern 4.2005 S. 507 -518

Knoke, T. 2009: Die ökonomische Zukunft der Fichte. Bayerische Landesanstalt für Wald und Forstwirtschaft LWF Wissen 63, S. 16-21 www.waldwissen.net

Köhler, B. 2008: Thüringer Mobilisierungsprojekt vergrößert sich. Zwischenbericht nach einjähriger Mobilisierungstätigkeit der Privatwaldförderung Thüringen. Holz-Zentralblatt, Nr. 6, S.135 vom 8. Februar 2008.

König, M. 1985: Untersuchungen über Auswirkungen, Nutzen und Kosten von Waldflurbereinigungsverfahren. Freiburg im Breisgau. Dissertation, www.freidok.uni-freiburg.de/.../Publikationstext_Dissertation_03_02_2007_def.pdf -

Kommunale Doppik Rheinland-Pfalz 2006: Schlussbericht, Kapitel 5. Abschlussbericht 2006 Empfehlungen zur Ersterfassung und Erstbewertung von Vermögen, Sonderposten, Rückstellungen, Verbindlichkeiten und Rechnungsabgrenzungsposten in der Eröffnungsbilanz der Gemeinde (Fortschreibung der Empfehlung vom Juni 2005). Stand 31. März 2006. www.rlp-doppik.de

Konnen, C. 2009: Waldflurneuordnung in Luxemburg. In: Landeskultur – Motor der Waldentwicklung. Schriftenreihe Deutsche Landeskulturgesellschaft – DLKG, Heft 6, 2009

Konttinen K., Uimonen M. 2012: Assessing the need for forest land consolidation in Finland. In: Wertschöpfung durch Waldflurbereinigung und ländliche Infrastrukturen. Vier-Länder-Infrastrukturtagung Deutschland-Schweiz-Österreich-Luxemburg – und – Internationaler Erfahrungsaustauch zur Wertschöpfung durch Waldflurbereinigung der Länder Schweden-Finnland-Schweiz-Österreich-Norwegen-Luxemburg-Deutschland. Schriftenreihe Deutsche Landeskulturgesellschaft – DLKG, Sonderheft 05, 2012

Kranz, T.; Straube, M. 2010: Volkswirtschaftliche Kosten durch Straßenverkehrsunfälle. Berichte der Bundesanstalt für Straßenwesen. Allgemeines Heft A 34. Bundesanstalt für Straßenwesen (Hrsg.) (www.bast.de)

Krehan, H. 2008: Das ABC der Borkenkäferbekämpfung an der Fichte. BFW-Praxisinformation 17, 17-18

Kreisl, R. 1986: Einstellungen von Waldbesuchern zu Erholungseinrichtungen im Wald. Schriftenreihe der Bundesanstalt für Agrarwirtschaft Nr.42 (Österreich)

Kremer, J. 2008: Regenerationsvermögen befahrungsbedingt strukturveränderter Böden. Antworten aus einer Literaturstudie und eigenen Untersuchungen. LWF aktuell 67/2008, S.13 - 15

Kroés, G. 1971: Der Beitrag der Flurbereinigung zur regionalen Entwicklung: Sozialökonomische Auswirkungen, Kosten, Konsequenzen. Versuch einer Quantifizierung am Beispiel mehrerer Flurbereinigungsverfahren in Nordrhein-Westfalen. Bundesministerium für Ernährung, Landwirtschaft und Forsten (Hrsg.). Schriftenreihe für Flurbereinigung, Heft 55, Münster-Hiltrup.

Küpker, M. 2007: Der Wert biologischer Vielfalt von Wäldern in Deutschland. Eine sozioökonomische Untersuchung von Maßnahmen zur Förderung der Biodiversität. Dissertation an der Universität Hamburg der Fakultät für Mathematik, Informatik und Naturwissenschaften des Departments Biologie. Hamburg 2007

Kuner, R., Peck, H. 1994: Waldflurbereinigung im Realteilungsgebiet. Allgemeine Forstzeitschrift AFZ 25/1994, S. 1416-1419

Landesbetrieb Hessen Forst (Hrsg.) 2008: Unfallbericht 2007

Landesbetrieb Hessen Forst: www.hessen-forst.de

Landesforsten Rheinland-Pfalz: www.wald-rlp.de

Lanschützer, F. 2005: Verkehrswert von Wald richtig ermitteln. Bundesministerium für Land- und Forstwirtschaft, Umwelt und Wasserwirtschaft. Bauernjournal West vom 23.08.2005 www.landnet.at zuletzt aufgerufen am 30.08.2011

Liechti, T., Stocker, R. 2005: Das Plenterprinzip am Steilhang. Wald und Holz 2/05 S. 40-42 www.waldwissen.net

Lorig, A. 1987: Technisches Verfahren zur Plangestaltung bei der Waldflurbereinigung in Rheinland-Pfalz. Zeitschrift für Kulturtechnik und Flurbereinigung – 28 (1987), S.75-87

Lorig, A. 2006: Neue Strategien der Landentwicklung – Leitlinien, Programme, Partnerschaften, in: Landentwicklung und Ländliche Bodenordnung, Heft 45, Seite 4

Lorig, A, Kasten,T., Mosieck,T., Pieper,T. 2006: Zur Objektivierung von Wertschöpfungen. Kosten-Nutzen-Analyse, monetäre Wertschöpfung und wirtschaftliche Impulse durch ländliche Bodenordnungsverfahren, in: FORUM, Zeitschrift des Bundes der Öffentlich bestellten Vermessungsingenieure, Heft 4, 2006, 32 Jahrgang

Lorig, A., Kasten, T., Mosiek, T., Pieper, T. 2007: Kosten-Nutzen-Analyse, monetäre Wertschöpfung und wirtschaftliche Impulse durch Ländliche Bodenordnungsverfahren. Ministerium für Wirtschaft, Verkehr, Landwirtschaft und Weinbau Rheinland- Pfalz (Hrsg.) Landentwicklung und Ländliche Bodenordnung. Nachrichtenblatt Heft 46/ 2007 S.40 - 53

Lorig, A. 2010: Abschluss der Untersuchungen zur Effizienz der Flurbereinigung - Praxisreife Fortentwicklung der Erfolgskontrolle, Bewertung durch den Ausschuss für Planung und Technik der Bund-Länder-Arbeitsgemeinschaft Landentwicklung, unveröffentliche Niederschriften des Ausschusses, fernmündliche Mitteilung vom 21.12.2010

Lorig, A. 2011: Beratung bei der Berechnung der tangiblen Wirkungsansätze nach dem Prognosetool von BMS Consulting 2007 für die Verfahren Hinterhausen-Büdesheim, Lissingen und Birresborn, telefonische Auskünfte im Januar 2011

LUBW Landesanstalt für Umwelt, Messungen und Naturschutz Baden-Württemberg 2008: Offenhaltung der Landschaft. Ideen und Erfahrungen. Naturschutz-Praxis, Landschaftspflege, Merkblatt 5. www.lubw.baden-wuerttemberg.de

Lünenschloß, M. 2008: Umfang und Bedeutung der Waldflurneuordnung in Deutschland und im Besonderen in Baden-Württemberg, Studienarbeit am Geodätischen Institut der Universität Karlsruhe, 1.Juli 2008, Aufgabenstellung und Betreuung MR L. Berendt. (unveröffentlicht)

Lüscher, P., Frutig, F., Sciacca, S., Spjevak, S., Thees, O. 2009: Physikalischer Bodenschutz im Wald. Bodenschutz beim Einsatz von Forstmaschinen. Merkblatt Praxis 45: 12 S. ISSN 1424-2876. www.waldwissen.net

Lüscher, P., Sciacca, S., Thees, O. 2008a: Bestrebungen zur Verbesserung des Bodenschutzes in der Schweiz. Vorgehen und Lösungsansätze der Schweiz zum Schutz der Bodenfruchtbarkeit. LWF aktuell 15, 67: 19-21. www.waldwissen.net

Lüscher, P., Sciacca, S., Halter, M. 2008b: Regeneration von Wurzelraumfunktionen nach mechanischer Belastung. In Fahrspuren gepflanzte Erlen fördern die Regeneration in verdichteten Böden. LWF aktuell 15,67, S.11 – 12

LWF – Bayerische Landesanstalt für Wald und Forstwirtschaft (Hrsg.) 2001: Rundholz richtig lagern! LWF Merkblatt Nr.7, November 2001

Manger, R. 1988: Waldflurbereinigung in Bayern, Aufgabe für die Zukunft – Zukunft für die Aufgabe? In: Berichte aus der Flurbereinigung, 60/1988, S. 27-33 Bayerisches Staatsministerium für Ernährung, Landwirtschaft und Forsten (Hrsg.)

Mantel, K. 1990: Wald und Forst in der Geschichte. Ein Lehr- und Handbuch

Martens, D., Bauer N. 2010: Gepflegte Wälder für gepflegte Seelen? Bayerische Landesanstalt für Wald und Forstwirtschaft, LWF aktuell 75/2010 S. 60-61

Mauerhof, H., Lorig, A., Vogelgesang, H. 2007: Waldflurbereinigung, ein wichtiges Instrument zur Förderung des ländlichen Raums. Ministerium für Wirtschaft, Verkehr, Landwirtschaft und Weinbau Rheinland-Pfalz (Hrsg.) Landentwicklung und Ländliche Bodenordnung, Nachrichtenblatt Heft 46 / 2007 S.37-40

Mauerhof, H. 2009: Neue Kooperationsansätze zwischen Waldentwicklung und Waldflurbereinigung. In: Landeskultur – Motor der Waldentwicklung. Schriftenreihe Deutsche Landeskulturgesellschaft – DLKG, Heft 6, 2009

Mauerhof, H. 2010: Ministerium für Umwelt, Forsten und Verbraucherschutz. Persönliches Gespräch in Mainz am 21.07.2010

MLWF Ministerium für Landwirtschaft, Weinbau und Forsten (Hrsg.) 1988: Für den ländlichen Raum - Waldflurbereinigung

MLWF 1989: Ministerium für Landwirtschaft, Weinbau und Forsten, Hrsg. Für den ländlichen Raum – Landentwicklung, Landwirtschaft und Landespflege, Mainz, in: http://www.landschafft.rlp.de/Internet/global/inetcntrmwvlw.nsf/dlr web.xsp? src=Y72I4M9H03&p1=FQ32A3R0UC&p4=2S5BX6V1QU

Ministerium für Ernährung und Ländlichen Raum Baden-Württemberg (Hrsg.) 2009: Geschäftsbericht 2008. Flurneuordnung Bondorf (Wald), Landkreis Böblingen, S.22-23. Verwaltung für Flurneuordnung und Landentwicklung Baden-Württemberg. MLR 09-2009-46

Ministerium für Infrastruktur und Landwirtschaft des Landes Brandenburg 2011: Ihre Anfrage zur Bedeutung der Waldflurbereinigung im Land Brandenburg vom 08. Februar 2011. E-Mail vom 02.03.2011 T. Wienand, Referat Ländliche Entwicklung

Ministerium für Klimaschutz, Umwelt, Landwirtschaft, Natur- und Verbraucherschutz Nordrhein-Westfalen 2011: Bedeutung der Waldflurbereinigung in Nordrhein-Westfalen. E-Mail vom 02.03.2011, M. Hunke-Klein, Referat Bodenordnung, Vermessung u. Technologie in der Flurbereinigung

Ministerium für Landwirtschaft und Umwelt Sachsen-Anhalt 2011: Waldflurbereinigungsverfahren. E-Mail vom 16.02.2011, H. Bertling,

Ministerium für Landwirtschaft, Umwelt und ländliche Räume Schleswig-Holstein 2011: Anfrage Waldflurbereinigung. E-Mail vom 22.02.2011 D. Brodtmann, Referat Ländliche Entwicklung

Ministerium für ländlichen Raum, Ernährung und Verbraucherschutz Baden-Württemberg 2011: Anfrage zur Bedeutung der Waldflurbereinigung in Baden-Württemberg, Aktenzeichen 46-8460.37, Berendt, L. 31.03.2011

Ministerium für Landwirtschaft, Umwelt und Verbraucherschutz Mecklenburg-Vorpommern 2011: Anfrage im Rahmen der Dissertation von Frau Dipl.-Geogr. Hinz zur Bedeutung der Waldflurbereinigung in Mecklenburg-Vorpommern. Aktenzeichen: VI 340-1/5430-233, T. Reiners, 04.03.2011

Ministerium für Wirtschaft, Verkehr, Landwirtschaft und Weinbau Rheinland-Pfalz 2011: Anfrage zur Bedeutung der Waldflurbereinigung in Rheinland-Pfalz. Aktenzeichen: 8604-3_000, A. Lorig 11.02.2011

Ministerium für Wirtschaft, Verkehr, Landwirtschaft und Weinbau Rheinland-Pfalz (Hrsg.) 2006: Leitlinien Landentwicklung und Ländliche Bodenordnung. Ministerium für Wirtschaft, Verkehr, Landwirtschaft und Weinbau Rheinland-Pfalz (Hrsg.) 2008: Strategiepapier für die Entwicklung der ländlichen Räume in Rheinland-Pfalz

Ministerium für Wirtschaft, Verkehr, Landwirtschaft und Weinbau (Hrsg.) 2011: Entwicklungsprogramm „Agrarwirtschaft, Umweltmaßnahmen, Landentwicklung" (PAUL). CCI Nr.: 2007DE06RPO017 Entwicklungsprogramm PAUL - 5. Version_4. Änderungsantrag (Stand: Januar 2011)

Ministerium für Umwelt und Forsten (Hrsg.) 2005: Jahresbericht 2001, 2002, 2003. 46. Folge. Landesforstverwaltung Rheinland-Pfalz , Mainz. www.wald-rlp.de

Ministerium für Umwelt und Naturschutz, Landwirtschaft und Verbraucherschutz des Landes Nordrhein-Westfalen (Hrsg.) 2007: Landeswaldbericht Nordrhein-Westfalen 2007.

Ministerium für Wirtschaft und Wissenschaft Saarland 2011: Bedeutung der Waldflurbereinigung. E-Mail vom 02.03.2011 E. Ritsch, Gespräch am 03.03.2011

Mittendorfer, F. 2006: Wertschöpfung aus Flurbereinigungsverfahren Dahnen. Schriftliche Mitteilung vom 19.10.2006

Monzel, R. 1994: Problematik der Aufforstung – aus dem Blickwinkel der Landwirtschaft. Heimatjahrbucharchiv Landkreis Vulkaneifel, Jahrbuch 1994, S.22 - 24. www.jahrbuch-vulkaneifel.de

Mößmer, R. 2002: Vorbeugender Hochwasserschutz im Wald – Umsetzung im praktischen Forstbetrieb. In: Hochwasserschutz im Wald. Bayerische Landesanstalt für Wald und Forstwirtschaft (LWF) (Hrsg.), LWF-Bericht Nr.40, S.55 - 66

Mrosek, T., Kies, U., Schulte, A. 2005: Clusterstudie Forst und Holz Deutschland 2005. Holz-Zentralblatt, Nr. 84, 4. November 2005, Sonderdruck

MUFV Ministerium für Umwelt und Forsten Rheinland-Pfalz (Hrsg.) 2005: 10 Jahre Aktion Blau, Gewässerentwicklung in Rheinland-Pfalz. Bearbeitung: Landesamt für Umwelt, Wasserwirtschaft und Gewerbeaufsicht (LUWG), Rheinland-Pfalz. Herausgeber: MUFV,Abteilung Wasserwirtschaft. www.aktion-blau.de, www.luwg.rlp.de

MUFV Ministerium für Umwelt, Forsten und Verbraucherschutz RLP (Hrsg.) 2009: Geschäftsbericht 2009 der Landesforsten Rheinland-Pfalz. www.wald-rlp.de

Nemestothy, N. 2009: Boden unter Druck – sind Bodenschutz und Holzernte vereinbar? BFW-Praxisinformation 19, 9 – 13. www.waldwissen.net

Nemestothy, N. 2010: Der Bau von Wildzäunen muss gelernt sein. Bauernzeitung 18, Technik III. Bundesamt für Wald BFW, Österreich. aus waldwissen.net

Neumann, M. 2003: Beim Setzen schon ans Ernten denken. Der Fortschrittliche Landwirt, Graz (8): 8-9. Bundesamt für Wald BFW, Österreich. aus waldwissen.net

Nick, W. 2008: Waldflurbereinigung. Neue Ansätze und Vorgehensweisen. Ministerium für Wirtschaft, Verkehr, Landwirtschaft und Weinbau Rheinland-Pfalz (Hrsg.) Landentwicklung und Ländliche Bodenordnung, Nachrichtenblatt Heft 48 / 2008 S. 20-24

Niedersächsische Landesforsten (Hrsg.) 2009: Unfallbericht 2008. Niedersächsisches Forstliches Bildungszentrum. www.landesforsten.de

Niedersächsisches Ministerium für den ländlichen Raum, Ernährung, Landwirtschaft und Verbraucherschutz (Hrsg.) 2004: Der Wald in Niedersachsen, Ergebnisse der Bundeswaldinventur II, Heft 55, Aus dem Walde - Schriftenreihe Waldentwicklung in Niedersachsen

Niedersächsisches Ministerium für Ernährung, Landwirtschaft, Verbraucherschutz und Landesentwicklung 2011: Anfrage zur Bedeutung der Waldflurbereinigung in Niedersachsen. Aktenzeichen: 306.2-61143 S. Gruber 12.04.2011

Nordwestdeutsche Forstliche Versuchsanstalt (Hrsg.) 2007: Clusterstudie Forst und Holz Niedersachsen, Beiträge aus der Nordwestdeutschen Versuchsanstalt-Band 1, Universitätsverlag Göttingen

Nüßlein, S. 2007: Waldnavigation bringt Holz in Bewegung. Bayerische Landesanstalt für Wald und Forstwirtschaft LWF aktuell 56, S. 6-7.

Oberfinanzdirektion Koblenz 2011: Personalkostenverrechnungssätze Beamte RLP für 2012. Zentrale Besoldungs- und Versorgungsstelle, Koblenz 23.12.2011 http://www.zbv-rlp.de/fileadmin/user_upload/ZBV/PDF/service/Kosten-_und_Leistungsrechnung/PKVS_2012.pdf

Oberholzer, G. 1974: Waldflurbereinigung. Zeitschrift für Kulturtechnik und Flurbereinigung 15, S. 297-305

Oberholzer, G. 1975: Waldflurbereinigung – Probleme und neue Möglichkeiten. Zeitschrift für Kulturtechnik und Flurbereinigung 16, S. 86-96

Oberholzer, G. 1976: Der Wald in der Flurbereinigung – einige grundsätzliche Überlegungen. Allgemeine Vermessungsnachrichten AVN, Heft 10/1976, S.334-338

Oberholzer, G. 1993: Landentwicklung als angewandte Systemforschung. Nachrichten aus der Landeskulturverwaltung Rheinland-Pfalz, 12. Jg., Heft 19, S. 3-12.

Oberholzer, G. 1997: Die heutige Problemlage der Waldflurbereinigung, in: Allgemeine Vermessungsnachrichten (AVN), Heft 4, S. 125 – 136

Odenthal-Kahabka, J. 2005: Handreichung Sturmschadensbewältigung. LFV Baden-Württemberg und Landesforsten Rheinland-Pfalz (Hrsg.)

Ortsgemeinde Birresborn 2003: Eröffnung des Kylltal-Radweges. www.birresborn.com 24.08.2003. Quelle: www.densborn-eifel.de

Ortsgemeinde Birresborn 2005: Neuer Rastplatz für Biker und Angler an der Salbachbrücke. www.birresborn.com 10.07.2005. Quelle: Trierischer Volksfreund

Osen, G. 2012: Waldflurbereinigung in Norwegen. In: Wertschöpfung durch Waldflurbereinigung und ländliche Infrastrukturen. Vier-Länder-Infrastrukturtagung Deutschland-Schweiz-Österreich-Luxemburg – und – Internationaler Erfahrungsaustauch zur Wertschöpfung durch Waldflurbereinigung der Länder Schweden-Finnland-Schweiz-Österreich-Norwegen-Luxemburg-Deutschland. Schriftenreihe Deutsche Landeskulturgesellschaft – DLKG, Sonderheft 05, 2012

Ott, W., Baur, M. 2005: Der monetäre Erholungswert des Waldes. Umwelt-Materialien Nr. 193. Bundesamt für Umwelt, Wald und Landschaft, Bern. 68 S. http://www.buwalshop.ch Code: UM-193-D

Pawig, U. 2009: Neue Strategien der Waldflurbereinigung. In: Landeskultur – Motor der Waldentwicklung. Schriftenreihe Deutsche Landeskulturgesellschaft – DLKG, Heft 6, 2009

PEFC - Arbeitsgruppe Rheinland-Pfalz 2010: 3. Regionaler Waldbericht Rheinland-Pfalz. Ministerium für Umwelt, Forsten und Verbraucherschutz Rheinland-Pfalz

Peck, H 1993: Waldflurbereinigung Unteralpfen-Oberalpfen-Remetschwiel. Staatliches Forstamt Waldshut, Schriftverkehr am 14.10.1993

Peck, H 2011: Waldflurbereinigung Unteralpfen-Oberalpfen-Remetschwiel 1975-1997. Landratsamt Waldshut, Kreisforstamt. Schriftverkehr am 03.11 2011

Rabold, B., Schallmayer, E., Thiel, A. 2000: Der Limes – Die Deutsche Limes Straße vom Rhein bis zur Donau, Konrad Theiss Verlag GmbH, Stuttgart, S. 8

Redmann, M., Wippel, B. 2012: Projektskizze „Waldneuordnung 2020" Verfahren und modellhafte Umsetzung effizienter und motivationsgerechter Waldflurbereinigung. UNIQUE forestry and land use GmbH, Freiburg, unveröffentlicht

Reiher, D. 2010: Privatwaldbetreuer des Forstamts Ahrweiler, Rheinland-Pfalz. Persönliches Interview im Wald von Schalkenbach im Waldflurbereinigungsgebiet Vinxtbachtal, Rheinland-Pfalz am 23.07.2010

Reiterer, F. 2007: Kalamitätsrisiko berücksichtigen. Forstzeitung 10-2007 www.forstbuero.at

Rieger, G. 2011: Gemeinschaftseigentum in Alleineigentum überführen – Erbengemeinschaften im Kleinprivatwald. Allgemeine Forstzeitschrift AFZ-Der Wald, Heft 2/2011, S. 34

Rösler, S. 1999: Die optimale Logistikkette: Wie können Holztransport und Holzhandel besser in die Logistikkette integriert werden? Forsttechnische Informationen 10/1999 S.86

Roschewitz, A., Holthausen, N. 2007: Wald in Wert setzen für Freizeit und Erholung. Situationsanalyse. Umwelt-Wissen Nr. 0716. Bundesamt für Umwelt, Bern. 39 S. Online-Version: verändert, Stand: 10.09.2007

Ruhm, W. 2011: Mischwald erfolgreich bewirtschaften. Bauernzeitung 48 (1.Dezember 2011) www.waldwissen.net

Rumpf, W. 1989: Waldflurbereinigung, aus der Sicht der Landesforst- und Landeskulturverwaltung. Ministerium für Wirtschaft, Verkehr, Landwirtschaft und Weinbau Rheinland-Pfalz (Hrsg.) in: Nachrichten aus der Landeskulturverwaltung, 8. Jg., Heft 11, S. 42-50.

Ruwenstroth, G., Schierenbeck, B., 1980: Effizienz der Flurbereinigung – Effizienz unterschiedlicher Maßnahmen und Maßnahmenbündel in der Flurbereinigung. Schriftenreihe für Flurbereinigung des Bundesministers für Ernährung, Landwirtschaft und Forsten (Hrsg.), Reihe B: Flurbereinigung, Heft 69. http://www.landentwicklung.de/

Ruwenstroth, G., Schierenbeck, B., Strang, H. 1982: Effizienz der Flurbereinigung - Optimierungsberechnungen. Schriftenreihe für Flurbereinigung des Bundesministers für Ernährung, Landwirtschaft und Forsten (Hrsg.), Reihe B: Flurbereinigung, Heft 73. http://www.landentwicklung.de/

Ruwenstroth, G., Schierenbeck, B., 1985: Effizienz der Flurbereinigung - Anwendungsfälle, Schriftenreihe für Flurbereinigung des Bundesministers für Ernährung, Landwirtschaft und Forsten (Hrsg.), Reihe B: Flurbereinigung, Heft 75. http://www.landentwicklung.de/

Sächsische Landesanstalt für Landwirtschaft (Hrsg.) 2007: Vorbeugender Hochwasserschutz durch Wasserrückhalt in der Fläche unter besonderer Berücksichtigung naturschutzfachlicher Aspekte am Beispiel des Flusseinzugsgebiets der Mulde in Sachsen. Schriftenreihe der Sächsischen Landesanstalt für Landwirtschaft Heft 35/2007. Projektleitung: Prof. Dr.-Ing. F. Sieker, Leibniz Universität Hannover, Institut für Wasserwirtschaft, Hydrologie und landwirtschaftlichen Wasserbau. www.smul.sachsen.de

Schaber-Schoor, G. 2004: Wirkungen forstwirtschaftlicher Maßnamen auf Fließgewässer. In: Fließgewässer im Wald. FVA, Freiburg in Breisgau, 2004, 41-58. www.waldwissen.net

Schaber-Schoor, G. 2008: Wieviel Totholz braucht der Wald – Ergebnisse einer Literaturrecherche als Grundlage für ein Alt-, Totholz- und Habitatbaumkonzept. FVA-einblick 2/2008, S. 5-8 www.waldwissen.net

Schäffer, J. 2002: Befahren von Waldböden - ein Kavaliersdelikt? Der Waldwirt 29 (12), S. 21 - 23

Schaffner, S. 2001: Realisierung von Holzvorräten im Kleinprivatwald - Typen von Waldbesitzern und deren Verhalten bezüglich Waldbewirtschaftung und Nutzungsaufkommen. Dissertation am Wissenschaftszentrum Weihenstephan der TU-München

Schaffner, S. Suda, M. 2008: Erholungseinrichtungen im Urteil der Bürger. Bayerische Landesanstalt für Wald und Forstwirtschaft LWF aktuell 63, S.12-15

Schiffarth, B. 2010: Geschäftsführer des Waldbauvereins Ahrweiler, Rheinland-Pfalz. Persönliches Interview im Wald von Schalkenbach im Waldflurbereinigungsgebiet Vinxtbachtal, Rheinland-Pfalz am 23.07.2010

Schiffarth, B. 2011: Geschäftsführer des Waldbauvereins Ahrweiler, Rheinland-Pfalz. Telefonisches Interview am 13.1.2011 zum Waldflurbereinigungsverfahren Adenau-Herschbroich-Leimbach

Schlosser, F. 1999: Ländliche Entwicklung im Wandel der Zeit – Zielsetzungen und Wirkungen. Magel, Holger (Hrsg.): Materialsammlung der Technischen Universität München, Lehrstuhl für Bodenordnung und Landentwicklung, Heft 21.

Schmitt, N. 2002: Verzicht auf die vermessungstechnische Feststellung oder Wiederherstellung der Grenze des Flurbereinigungsgebietes, soweit sie zugleich Grenze einer gemeinschaftlichen oder öffentlichen Anlage ist, die zum Flurbereinigungsgebiet gehört. Nachrichten aus der Landeskulturverwaltung Rheinland-Pfalz, NLKV Heft 37, S. 117-119

Schmitz, W., Mauerhof, H. 2006: Kleinprivatwald im Blick der Forstpolitik. Landesforsten Rheinland-Pfalz.www.rlp.de

Schmitz, W. 2010: Privatwaldreferent des Landes Rheinland-Pfalz. Persönliches Interview im Wald von Schalkenbach im Waldflurbereinigungsgebiet Vinxtbachtal, Rheinland-Pfalz am 23.07.2010

Schmitz, W. 2012: Zukunftsweisende Modelle der Waldflurbereinigung in Rheinland-Pfalz. In: Wertschöpfung durch Waldflurbereinigung und ländliche Infrastrukturen. Vier-Länder-Infrastrukturtagung Deutschland-Schweiz-Österreich-Luxemburg – und – Internationaler Erfahrungsaustauch zur Wertschöpfung durch Waldflurbereinigung der Länder Schweden-Finnland-Schweiz-Österreich-Norwegen-Luxemburg-Deutschland. Schriftenreihe Deutsche Landeskulturgesellschaft – DLKG, Sonderheft 05, 2012

Scholles, F. 2008: Bewertungsmethoden Die Dosten-Nutzen-Analyse. In: Fürst, D., Scholles, F. 2008 (Hrsg.): Handbuch Theorien und Methoden der Raum- und Umweltplanung. 3., vollständig überarbeitete Auflage

Schraml, U. 2009: Erholung und Tourismus als Themen einer Zukunftsstrategie für die Waldnutzung in Deutschland. Arbeitsbericht 02/2009. Fakultät für Forst- und Umweltwissenschaften, Albert-Ludwigs-Universität Freiburg

Schraml U., Volz, K.-R. 2003: Urbane Waldbesitzer. Studien zur Beratung und Betreuung im nichtbäuerlichen Kleinprivatwald. Freiburger Schriften zur Forst- und Umweltpolitik

Schütz, J.-P. 2002: Polyvalenter Waldbau. Skript zu Vorlesung Waldbau IV. Professur Waldbau ETH-Zentrum Zürich

Schulte, A., Bokermann, R. 2002: Ein Bewertungsansatz für Projekte der ländlichen Entwicklung. Landnutzung und Landentwicklung, Heft 5, S. 198-204.

Schulz, C. 2005: Die diskrete Kohlenstoffspeicherung der deutschen Forstpartie. Bayerische Landesanstalt für Wald und Forstwirtschaft LWF-aktuell 49, Kapitel 13.

Schumacher, U. 1998: Verzicht auf Abmarkung in Waldgebieten am Beispiel des laufenden Flurbereinigungsverfahrens Schönecken. Nachrichten aus der Landeskulturverwaltung Rheinland-Pfalz, NLKV Heft 30, S. 80-82

Schumann, M. 2010: Waldflurbereinigung. Schriftliche Mitteilung vom 09.04.2010 des ADD Trier, DLR Rheinland-Pfalz

Schurr, C. 2006: Zwischen Allmende und Anti-Allmende: eine Untersuchung zur Struktur und Strukturentwicklung des kleinflächigen privaten Waldeigentums unter den Bedingungen der gesellschaftlichen Transformation am Beispiel des Freistaates Sachsen. Dissertation www.freidok.uni-freiburg.de

Schwantag, F., Wingerter, K. 2008: Flurbereinigungsgesetz - Standardkommentar, 8. Auflage, Kommentare zu landwirtschaftlichen Gesetzen, Band 13, Agricola-Verlag

Seegmüller, S. 2005: Die Forst-, Holz- und Papierwirtschaft in Rheinland-Pfalz. Forschungsanstalt für Waldökologie und Forstwirtschaft Rheinland-Pfalz

Seintsch, B. 2007: Die Darstellung der volkswirtschaftlichen Bedeutung des Clusters Forst und Holz: Ergebnisse und Tabellen für 2005. Arbeitsbericht des Instituts für Ökonomie 2007/3. Bundesforschungsanstalt für Forst- und Holzwirtschaft. Hamburg

Seintsch, B. 2010: Entwicklungen des Clusters Forst und Holz zwischen 2000 und 2007 – Ergebnisse und Tabellen für das Bundesgebiet und die Länder. Arbeitsbericht des Instituts für Ökonomie der Forst- und Holzwirtschaft 2010/2. Johann Heinrich von Thünen-Institut, Bundesforschungsanstalt für Ländliche Räume, Wald und Fischerei, Hamburg

Sölter, W. et al. 1981: Das römische Germanien aus der Luft. Gustav Lübbe Verlag GmbH, Bergisch Gladbach, Lizenzausgabe für Manfred Pawlak Verlagsgesellschaft mbH, Herrsching, S. 89-91

Sommer, S. 2012: Bayerisches Landesamt für Denkmalpflege, Praktische Denkmalpflege: Archäologische Denkmäler, München Telefonische Auskunft am 20.02.2012.

Sippel, K., Stiehl, U. 2005: Archäologie im Wald, Erkennen und Schützen von Bodendenkmälern. Landesbetrieb HESSEN-FORST Kassel 2005 (Hrsg.)

Speidel, M. 2010: Aufwand und Wirkung der Waldflurbereinigung – Am Beispiel des Verfahrens Bondorf, Landkreis Böblingen. Diplomarbeit, Universität der Bundeswehr München, unveröffentlicht

Springemann, H. 2011: Gespräch am 23.02.2011. Amt für Landwirtschaft, Flurneuordnung und Forsten Mitte, Sachsen-Anhalt

SRU Sachverständigenrat für Umweltfragen 2008: Umweltgutachten 2008. Umweltschutz im Zeichen des Klimawandels

Staab, H. 1990: Nochmals: Holzbestandsbeitrag in Waldflurbereinigungen in: Nachrichten aus der Landeskulturverwaltung Rheinland-Pfalz, 9.Jahrg. 13. Heft S. 51-54

Staatsministerium für Umwelt und Landwirtschaft Freistaat Sachsen 2011: Anfrage zur Bedeutung der Waldflurbereinigung. Aktenzeichen:24-8460.91/1/12. T. Ebert-Hatzfeld 01.03.2011

Stadie, J.-P. 1993: Weiterentwicklung der Waldbewertung aus den Erfahrungen in der Waldflurbereinigung. Agrarrecht 10/93, S. 304 – 305

Stadie, J.-P. 2011: Internetauftritt Jens-Peter Stadie vom RP Freiburg 1986 öffentlich bestellter und vereidigter Forstsachverständiger. http://jens-peterstadie.de

Statistische Ämter des Bundes und der Länder: www.statistik-portal.de

Statistisches Bundesamt 2011: Unfallentwicklung auf deutschen Straßen 2010. Begleitmaterial zur Pressekonferenz am 6. Juli 2011 in Berlin, www.destatis.de

Statistisches Bundesamt 2008: Österrreich ist größter Abnehmer von deutschem Holz. Pressemitteilung vom 22.04.2008 www.destatis.de

Stumpf, M. 1989: Waldflurbereinigung Waldorf-Gönnersdorf in Besitzstands- und Erschließungsbeispielen. Ministerium für Wirtschaft, Verkehr, Landwirtschaft und Weinbau Rheinland-Pfalz (Hrsg.). Nachrichten aus der Landeskulturverwaltung, 8. Jg., Heft 11, S. 51-60.

Suda, M., Gaggermeier, A., Koch, M. 2011: Zwischenbericht Projekt G 32. „Möglichkeiten zur zukunftsfähigen Waldbewirtschaftung in klein- und kleinstparzellierten Waldgebieten". Forschungsprojekt des Kuratoriums der Bayerischen Landesanstalt für Wald- und Forstwirtschaft. Lehrstuhl für Wald- und Umweltpolitik, Technische Universität München, März 2011 (unveröffentlicht)

Suda, M., Gaggermeier, A., Koch, M. 2012: 2. Zwischenbericht Projekt G 32. „Möglichkeiten zur zukunftsfähigen Waldbewirtschaftung in klein- und kleinstparzellierten Waldgebieten". Forschungsprojekt des Kuratoriums der Bayerischen Landesanstalt für Wald- und Forstwirtschaft. Lehrstuhl für Wald- und Umweltpolitik, Technische Universität München, 29. Februar 2012 (unveröffentlicht)

Teilnehmergemeinschaft Bondorf (Wald) (Hrsg.) 2006: Unser Wald – gestern, heute und morgen. Infokarte zur Flurneuordnung Bondorf (Wald). Flurneuordnungsbehörde beim Landratsamt

Teilnehmergemeinschaft Unteralpfen-Oberalpfen-Remetschwiel (Wald) (Hrsg.) 1997: Waldneuordnung Unteralpfen-Oberalpfen-Remetschwiel. Amt für Flurneuordnung und Landentwicklung Bad Säckingen

Teilnehmergemeinschaft der Flurbereinigung Ibach (Wald)(Hrsg.) 2007: Der Wald von Ibach im Landkreis Waldshut – gut seit Generationen, gut für Generationen durch Waldflurneuordnung

Theisen, M. 2011: Erfahrungsaustausch "Vermessungstechnische Bearbeitung von Waldflurbereinigungsverfahren" im Dienstleistungszentrum Ländlicher Raum Rheinhessen-Nahe-Hunsrück, Bad Kreuznach am 20.07.2011

Thiemann, K.-H. 2000: Die flurbereinigungsrechtliche Festlegung der Verfahrensgebietsgrenze. – ZfV 125, Heft 6, S. 203 - 208

Thiemann, K.-H. 2001: Rechtliche Aspekte der Festlegung der Verfahrensgebietsgrenze nach § 56 FlurbG. – ZfV 126, Heft 6, S. 333 - 339

Thüringer Ministerium für Landwirtschaft, Forsten, Umwelt und Naturschutz 2011: Bedeutung der Waldflurbereinigung in Thüringen. Aktenzeichen 55-3709. K.-M.Prell 21.04.2011

TMLNU Thüringer Ministerium für Landwirtschaft, Forsten, Umwelt und Naturschutz 2008: Richtlinie des TMLNU. Förderung forstwirtschaftlicher Maßnahmen. Neufassung der Förderrichtlinie des Thüringer Ministeriums für Landwirtschaft, Naturschutz und Umwelt. Thüringer Staatsanzeiger Nr. 16/2008, S.572

Triebenbacher, C., Immler, T. 2007: Erfolgreich gegen den „Käfer". Bayerische Landesanstalt für Wald und Forstwirtschaft (Hrsg.). LWF aktuell 57, S. 42-43

Uhlenberg, E. 2009: Waldentwicklung als politischer Handlungsauftrag. In: Landeskultur – Motor der Waldentwicklung. Schriftenreihe Deutsche Landeskulturgesellschaft – DLKG, Heft 6, 2009

Umweltbundesamt (Hrsg.) 2008: Kosten-Nutzen-Analyse von Hochwasserschutzmaßnahmen. Umweltforschungsplan des Bundesministeriums für Umwelt, Naturschutz und Reaktorsicherheit. Forschungsbericht 20421212 UBA-FB 001169. www.umweltbundesamt.de

Umweltbundesamt: www.umweltbundesamt.de

Vicktorius, M. 2009: Gerolstein-Lissingen ein integrales Flurbereinigungsverfahren mit großer Bandbreite. Landentwicklung und ländliche Bodenordnung, Nachrichtenblatt Heft 50 Fachbeiträge. Ministerium für wirtschaft, Verkehr, Landwirtschaft und Weinbau (Hrsg.)

Vicktorius, M. 2011: DLR Eifel, Rheinland-Pfalz. Mehrmalige telefonische Auskünfte zu den Waldflurbereinigungsverfahren Hinterhausen-Büdesheim und Lissingen

Vogt, L., Pütz, M. 2010: Der Wert der Freizeit im Wald. Wald Holz 91 (11), 39-40; www. waldwissen.net

Verband der Teilnehmergemeinschaft Rheinland-Pfalz 2011: Kalkulationsgrundlage, Außenstelle Montabaur

Weber R., Frutig F., Gloor M. 2004: Mechanisierte Holzernte in Steil- und Gebirgslagen. Wald und Holz 2/04, S.33 – 37. www.waldwissen.net

Wedel, H., Barthel, E. 1992: Effizienz der Flurbereinigung - Gewandelte Rahmenbedingungen- Ansätze zur Weiterentwicklung einer Methode zur Ermittlung der Effizienz unterschiedlicher Maßnahmen und Maßnahmenbündel in der Flurbereinigung unter Berücksichtigung gewandelter Rahmenbedingungen. Schriftenreihe für Flurbereinigung des Bundesministers für Ernährung, Landwirtschaft und Forsten (Hrsg.), Reihe B: Flurbereinigung, Heft 79. http://www.landentwicklung.de/

Weimann, H. 1979: Grundsätzliches und Praktisches zur Flurbereinigung im Walde, in: Bewer, Hoppe, Labbé, Weimann 1980: Flurbereinigung als Mittel zur Verbesserung von Betriebswirtschaft und Betriebsstruktur, Vorträge der Sachverständigen-Fachtagung am 14. Und 15. November 1979 in Göttingen, Schriftenreihe des Hauptverbandes der landwirtschaftlichen Buchstellen und Sachverständigen, Heft 91, S. 49-67

Weiß, E., Kremer, S., Strang H. 1996: Effizienz der Flurbereinigung - Praxisreife Fortentwicklung der Erfolgskontrolle- Schriftenreihe für Flurbereinigung des Bundesministers für Ernährung, Landwirtschaft und Forsten (Hrsg.), Reihe B: Flurbereinigung, Heft 82. http://www.landentwicklung.de/

Weiß, E. 2000: Quellen zur Entstehungsgeschichte des Flurbereinigungsgesetzes der Bundesrepublik Deutschland von 1953, in: Forschungen der Europäischen Fakultät für Bodenordnung Straßburg, Band 22

Weiß, G., Bach, C. 2007: Holzmobilisierungsstrategien auf der Basis einer Waldeigentümerbefragung. Ländlicher Raum - Online-Fachzeitschrift des Bundesministeriums für Land- und Forstwirtschaft, Umwelt und Wasserwirtschaft, Österreich.

Wippel, B. 2011: Analyse und Weiterentwicklung regional ausgerichteter Strukturen der Kooperation, Beratung und Betreuung im Kleinprivatwald von Baden-Württemberg als Voraussetzung zur Verbesserung der Marktleistung. Endbericht. Forstkammer Baden-Württemberg Waldbesitzerverband e.V. (Hrsg.)

Wippel, B. 2012: Selbstständigkeit forstlicher Zusammenschlüsse – Waldnutzungsansätze in der Zukunft. In: Wertschöpfung durch Waldflurbereinigung und ländliche Infrastrukturen. Vier-Länder-Infrastrukturtagung Deutschland-Schweiz-Österreich-Luxemburg – und – Internationaler Erfahrungsaustauch zur Wertschöpfung durch Waldflurbereinigung der Länder Schweden-Finnland-Schweiz-Österreich-Norwegen-Luxemburg-Deutschland. Schriftenreihe Deutsche Landeskulturgesellschaft – DLKG, Sonderheft 05, 2012

Witzel, W. 2011: Forstamtsleiter vom Forstamt Gerolstein, Rheinland-Pfalz. Telefonisches Interview am 21.1.2011 zum Flurbereinigungsverfahren Birresborn (Wald)

Zangemeister, C. 1971: Nutzwertanalyse in der Systemtechnik. Eine Methodik zur multidimensionalen Bewertung und Auswahl von Projektalternativen. 2. Aufl., München

Zerhau, R. 2009: Waldflurbereinigung und ländliche Entwicklung in Südwestfalen. In: Landeskultur – Motor der Waldentwicklung. Schriftenreihe Deutsche Landeskulturgesellschaft – DLKG, Heft 6, 2009

Zillien, F. 1989: Waldflurbereinigung. Recht der Landwirtschaft, 41.Jahrg. S. 253-255

Gesetze Verordnungen Richtlinien Urteile:

[Gesetz zu dem Übereinkommen vom 5. Juni 1992 über die biologische Vielfalt] in der Fassung der Bekanntmachung vom 30. August 1997 – BGBl. II S. 1741

[**HgrG**] Haushaltsgrundsätzegesetz vom 19.8.1969 (Bundesgesetzblatt I Seite 1.273)

[**RiVerm 1997**] - Richtlinien für die Vermessungsarbeiten in Ländlichen Bodenordnungsverfahren) Rundschreiben des MWVLW vom 05.11.1997 (Az: 8063-5_100)

[**Landesverordnung über die Gebühren der Vermessungs- und Katasterbehörden vom 4. Dezember 2007**] (GVBl S. 304) zuletzt geändert durch Landesverordnung vom 26. August 2008 (GVBl. S. 198)

[**LNRG**] Landesnachbarrechtsgesetz vom 15. Juni 1970 mehrfach geändert durch Artikel 1 des Gesetzes vom 21.07.2003 (GVBl. S. 209) Rheinland-Pfalz

[**VV-BHO**] Allgemeine Verwaltungsvorschriften zur Bundeshaushaltsordnung vom 14. März 2001 (GMBl 2001, S. 307)

[**VV-BHO-Anhang zu § 7**] Verwaltungsvorschriften Arbeitsanleitung Einführung in Wirtschaftlichkeitsuntersuchungen – RdSchr. d. BMF vom 31. August 1995 – II A 3 – H 1005 – 23/95

[**Waldföpr 2007**] Richtlinie für Zuwendungen zu waldbaulichen Maßnahmen im Rahmen eines forstlichen Förderprogramms. Bekanntmachung des Bayerischen Staatsministeriums für Landwirtschaft und Forsten vom 12. März 2007 Az.: F 2-NW 264-1716. AllMBl Nr. 10/2007

LG München Urteil vom 12.10.2005: Az.: 26 O 10845/05

BGH 02.12.2005 – V ZR 11/05

Anhang

Univ.-Prof. Dr.-Ing. Karl-Heinz Thiemann
Institut für Geodäsie - Professur für Landmanagement

Universität der Bundeswehr München · 85577 Neubiberg
Werner-Heisenbergweg 39

Dipl.-Geografin Silvia Arabella Hinz   10. November 2010
Telefon:
E-Mail:

Sehr geehrter Waldbesitzer,

ein aktuelles Forschungsvorhaben der Professur für Landmanagement der Universität der Bundeswehr München befasst sich mit der Waldflurbereinigung. Es werden die Möglichkeiten aber auch die Grenzen der Waldflurbereinigung zur Förderung des Kleinprivatwaldes untersucht.

Für diese Untersuchung wurde das Flurbereinigungsverfahren Adenau-Herschbroich-Leimbach ausgewählt, da in diesem Verfahren eine sehr große Waldfläche von 2200 ha bearbeitet wurde.

Ich möchte Sie nun darum bitten, in dem beiliegenden kurzen Fragebogen in acht Fragen zu beantworten, welche Wirkung die Flurbereinigung auf Ihren Waldflächen für Sie persönlich hatte. Am besten ist es, wenn Sie spontan die Antwort ankreuzen, die Ihnen als erstes zusagt. Die Befragung wird anonym durchgeführt, daher kann kein Rückschluss auf ihre Person gezogen werden. Wenn Sie noch weitere Anmerkungen haben, würde es mich freuen, wenn Sie mir diese auf dem Fragebogen mitteilen.

Herr Bernd Schiffarth, der Geschäftsführer des Waldbauvereins Ahrweiler, unterstützt diese Untersuchung und hat sich bereit erklärt, die Verteilung und die Sammlung der Fragebögen zu übernehmen. Für seine freundliche Hilfe bedanke ich mich sehr herzlich.

Das Ergebnis der Befragung wird dann im Rahmen meiner Doktorarbeit veröffentlicht. Wenn Sie Fragen dazu haben, können Sie mich gerne telefonisch oder per e-Mail kontaktieren.

Ich bedanke mich für Ihre Unterstützung.

Mit freundlichen Grüßen

Dipl.-Geografin Silvia Arabella Hinz

Universität der Bundeswehr München ·
85577 Neubiberg
Institut für Geodäsie ·
Professur für Landmanagement
Dipl.-Geografin Silvia Arabella Hinz

Fragebogen zur Waldfläche im Flurbereinigungsverfahren Adenau

Wie groß ist Ihr Waldeigentum? _____ ha, aufgeteilt auf _____ **Parzellen**.
Welche Art von Waldbeständen besitzen Sie? _____
Hat sich Ihre Waldfläche nach der Flurbereinigung verändert (Zukauf, Verkauf)?

Die Waldfläche ist ☐ **größer**   ☐ **kleiner**   ☐ **gleich geblieben**.

Welche Bedeutung haben die verschiedenen Waldfunktionen für Sie heute?

0 = unwichtig, 1 = teilweise wichtig, 2 = wichtig, 3 = sehr wichtig (bitte ankreuzen)

Über den **Holzverkauf** erwirtschafte ich ein zusätzliches Einkommen.	[0] [1] [2] [3]
Mein Wald liefert mir **Brennholz** für den **Eigenbedarf**.	[0] [1] [2] [3]
Mein Wald dient mir und meinen Erben als **Geldreserve für Notfälle**.	[0] [1] [2] [3]
Es macht mir **Freude** in meinem **Wald zu arbeiten**.	[0] [1] [2] [3]
Durch meinen Wald trage ich zum **Natur- und Klimaschutz** bei.	[0] [1] [2] [3]
Es macht mich **stolz**, **Wald zu besitzen**.	[0] [1] [2] [3]

Haben sich nach der Flurbereinigung Funktionen Ihres Waldes für Sie verändert?

Einkommen	☐ wichtiger	☐ unwichtiger	☐ gleich geblieben
Brennholzversorgung	☐ wichtiger	☐ unwichtiger	☐ gleich geblieben
Geldanlage	☐ wichtiger	☐ unwichtiger	☐ gleich geblieben
Arbeitsfreude	☐ wichtiger	☐ unwichtiger	☐ gleich geblieben
Natur- und Klimaschutz	☐ wichtiger	☐ unwichtiger	☐ gleich geblieben
Besitzerstolz	☐ wichtiger	☐ unwichtiger	☐ gleich geblieben

Welche Veränderungen sind nach der Flurbereinigung in Ihrem Wald aufgetreten?

Die Intensität der **Nutzung** ist	☐ gestiegen	☐ gesunken	☐ gleich
Die **Arbeitsbedingungen** haben sich	☐ verbessert	☐ verschlechtert	☐ gleich
Die **Bestände** sind	☐ gepflegter	☐ ungepflegter	☐ gleich
Die **Gelderträge** durch Bewirtschaftung sind	☐ höher	☐ niedriger	☐ gleich

Wie wichtig waren Ihnen die verschiedenen Maßnahmen in der Flurbereinigung?

0 = unwichtig, 1 = teilweise wichtig, 2 = wichtig, 3 = sehr wichtig (bitte ankreuzen)

- ► Ausbau der **Waldwege** ☐0 ☐1 ☐2 ☐3
- ► Kenntnis der **Grundstücksgrenzen** ☐0 ☐1 ☐2 ☐3
- ► **Zusammenlegung** der zersplitterten Waldgrundstücke ☐0 ☐1 ☐2 ☐3
- ► **Formgebung** der neuen Waldgrundstücke ☐0 ☐1 ☐2 ☐3
- ► Möglichkeit zum **Zukauf** oder **Verkauf** von Fläche ☐0 ☐1 ☐2 ☐3
- ► **Austausch** mit landwirtschaftlicher Fläche ☐0 ☐1 ☐2 ☐3
- ► Gewässerrenaturierung, Ausweisung von **Naturschutz**flächen ☐0 ☐1 ☐2 ☐3

Wie schätzen Sie die Wirkung der Flurbereinigung ein?

Sie brachte Arbeitserleichterungen und Kosteneinsparungen.	☐ richtig ☐ falsch
Die Eigenbeteiligung konnte wieder erwirtschaftet werden.	☐ richtig ☐ falsch
Die Flurbereinigung hatte einen positiven Einfluss auf den Wald.	☐ richtig ☐ falsch
Die Interessen der Teilnehmer, Behörden und des Naturschutzes wurden gut miteinander koordiniert.	☐ richtig ☐ falsch
Ich bin mit dem Ergebnis der Flurbereinigung zufrieden.	☐ richtig ☐ falsch
Ich würde anderen eine Waldflurbereinigung empfehlen	☐ richtig ☐ falsch

Wie hat sich Ihr Verhalten nach der Flurbereinigung verändert?

Ich beschäftige mich mit meinem Wald	☐ mehr	☐ weniger	☐ gleich
Mein Kontakt zum Forstamt, Privatwaldbetreuer ist	☐ häufiger	☐ seltener	☐ gleich

Haben Sie nach der Flurbereinigung teilgenommen an:

- Weiterbildungen (z.B. Motorsägenkurs etc.) ☐ ja ☐ nein
- Kooperationsmöglichkeiten zur Waldbewirtschaftung ☐ ja ☐ nein
  (z.B. gemeinsamer Einsatz von Lohnunternehmen)

Haben Sie auch schon vor der Flurbereinigung teilgenommen an:

- Weiterbildungen ☐ ja ☐ nein
- Kooperationsmöglichkeiten zur Waldbewirtschaftung ☐ ja ☐ nein

Vielen Dank für Ihre Unterstützung!

i want morebooks!

Buy your books fast and straightforward online - at one of world's fastest growing online book stores! Environmentally sound due to Print-on-Demand technologies.

Buy your books online at
www.get-morebooks.com

Kaufen Sie Ihre Bücher schnell und unkompliziert online – auf einer der am schnellsten wachsenden Buchhandelsplattformen weltweit! Dank Print-On-Demand umwelt- und ressourcenschonend produziert.

Bücher schneller online kaufen
www.morebooks.de

VDM Verlagsservicegesellschaft mbH
Heinrich-Böcking-Str. 6-8　　Telefon: +49 681 3720 174　　info@vdm-vsg.de
D - 66121 Saarbrücken　　　Telefax: +49 681 3720 1749　　www.vdm-vsg.de

Printed by Books on Demand GmbH, Norderstedt / Germany